普通高等教育规划教材

工程施工监测与数据处理

贺跃光　杜年春
吴盛才　徐卓揆　编著

人民交通出版社
China Communications Press

内 容 提 要

本书在总结变形监测理论与技术进展的基础上，以介绍变形网平差方法、变形分析理论、变形监测的基本方法、监测资料分析与整理、变形监测预报模型作为基础，通过提炼和总结在监测领域的多年教学科研成果，分章节阐述建筑物变形监测、采空区地表高速公路监测、边坡地质灾害及监测、基坑工程监测、隧道工程监测、桥梁工程监测、大坝安全监测技术，以及以尾矿库在线监测系统为例的监测信息管理系统。本书的特点是理论联系工程实践，系统性和工程实用性较强，在引导读者掌握变形监测基础理论和工程监测技术的同时，注重强化读者解决工程监测技术问题的能力。

本书以渗透工程实例的形式反映工程施工过程中监测及工程运营中监测的技术问题及监测数据处理方法，可以作为测绘工程专业本科生教材，也可作为普通高校土木工程专业研究生及相关专业工程技术人员的参考书。

图书在版编目(CIP)数据

工程施工监测与数据处理 / 贺跃光等编著. — 北京
：人民交通出版社，2013.9
ISBN 978-7-114-10908-9

Ⅰ. ①工… Ⅱ. ①贺… Ⅲ. ①施工监测—数据处理
Ⅳ. ①TU712

中国版本图书馆 CIP 数据核字(2013)第 226631 号

书　　名：工程施工监测与数据处理
著 作 者：贺跃光　杜年春　吴盛才　徐卓揆
责任编辑：王　霞　温鹏飞
出版发行：人民交通出版社
地　　址：(100011)北京市朝阳区安定门外外馆斜街 3 号
网　　址：http://www.ccpress.com.cn
销售电话：(010)59757973
总 经 销：人民交通出版社发行部
经　　销：各地新华书店
印　　刷：北京交通印务实业公司
开　　本：787×1092　1/16
印　　张：20
字　　数：462 千
版　　次：2013 年 9 月　第 1 版
印　　次：2013 年 9 月　第 1 次印刷
书　　号：ISBN 978-7-114-10908-9
定　　价：49.00 元

序

我很高兴地阅读了贺跃光教授等著作《工程施工监测与数据处理》，该书以变形监测的基本理论与方法为基础篇，以土木建筑工程、水利工程及矿山工程监测作为实践篇，理论与实践相互渗透，遂成一部系统的工程监测理论、方法与实践的技术与学术专著。

随着国家基础设施建设的加大投入，工程安全监测领域的新理论与新技术得到快速发展，工程监测领域人员不断壮大，高校变形监测知识培养和企事业单位有关监测培训工作日益增加，受生产力发展水平和从业人员素质等因素制约，专业教材更新迫切，《工程施工监测与数据处理》一书，全面阐述最新变形监测的理论、技术及数据处理方法，紧密结合工程实践，系统介绍建(构)筑物、基坑工程、边坡工程、采空区上方高速公路建设工程、隧道工程、桥梁工程、水利水电大坝工程及尾矿坝、排土场的变形机理、监测点布设、监测内容、监测周期及监测资料分析与处理等，很有特色。该书理论紧密联系实际，深入浅出，展现工程监测理论与技术并突出应用，参考性强，是工程变形监测领域的一部力作，对工程施工与运营的安全监测具有很好的指导、借鉴作用。

我将本书推荐给从事工程变形监测设计、施工、工程管理、教学、科研等工作的人员和广大读者，相信本书的出版对我国工程、施工监测技术水平的提高，会起到积极推动作用。

中国工程院院士　刘宝琛

2013 年 4 月 17 日

前　言

近几年来，国家基础设施建设的投入加大，工程安全监测领域的新理论与新技术快速发展，针对在建工程及已建成工程开展监测工作的队伍不断壮大。

工程监测是工程施工与运营的安全保障。随着工程规模的不断加大，工程结构的复杂程度也越来越高，工业与民用建(构)筑物、大型基坑工程、大型边坡工程、采空区地表高速公路及铁路建设工程、隧道工程、大型桥梁工程、大型水利水电大坝工程、大型尾矿库及排土场的安全施工与安全运营，均离不开安全监测。

为施工企业培训工程监测技术人员，以及为测绘工程专业本科生和非测绘类的相关专业研究生、工程硕士班学员授课时，很难找到一本具备变形监测的基本理论与方法、监测资料分析与整理、变形监测预报模型的理论基础，又对各类工程施工及运营监测技术作较为详细介绍的，适应各层次读者的教材。有鉴于此，作者总结多年科研和工程实践经验，并参考大量文献，在总结变形监测理论与技术进展的基础上，以介绍变形网平差方法、变形分析理论、变形监测的基本方法、监测资料分析与整理、变形监测预报模型作为基础，分章节阐述建筑物变形监测、采空区地表高速公路监测、边坡地质灾害及监测、基坑工程监测、隧道工程监测、桥梁工程监测、大坝安全监测技术，以及以尾矿库在线监测系统为例的监测信息管理系统。

在本书撰写过程中，作者力图体现以下特色：

(1)基础理论、基本技术与科研工程实践经验相结合。在引导读者掌握变形监测基础理论和工程监测技术的同时，注重强化读者解决工程监测技术问题的能力，突出系统性和工程实用性。

(2)针对各类工程的监测，全面、详细，强调实用性。以变形监测的基本理论与方法为基础，结合土木建筑工程、水利工程及矿山工程监测实践，理论与实践相互渗透

(3)监测技术反映最新发展动态。如监测领域的GPS技术、三维激光扫描、InSAR监测及变形监测自动化，以及深层位移监测技术、地下水位监测技术、内力监测技术等。

全书共十三章，具体编写分工如下：第一章到第十二章由贺跃光主持撰写，第十三章由杜年春主持撰写，吴盛才，徐卓揆参加了全书撰写。

值本书出版之机，感谢中铁三局、中铁十二局、本溪钢铁集团公司、中国铝业集团公司、裕源房地产开发、新澧化工有限公司等等众多单位给予的支持；作者的研究生熊莎等参与了资料的收集与整理工作。

限于编写时间和掌握资料有限，书中疏漏之处在所难免，请各位专家和读者不吝赐教。

作者

2013.3

前 言

作者
2013

目　录

第1章 变形监测理论与技术进展

工程建筑物从施工开始到竣工运行，大都需要监测其变形。通常，对工程施工状况或运行性状进行实时监视测量的过程，一般需要持续一段时间，以获得数据或参数的历时变化过程。

由于受各种因素影响，工程建筑物及其设备在其建设及运行过程中都会产生变形。变形在一定限度之内，可以认为是正常现象，如果变形超过规定限度，就会影响工程建筑物的建设与使用，严重时还会危及安全，造成生命、财产的巨大损失。可能产生变形的各种自然或人工建(构)筑物，统称为变形体。对变形体在运动的空间和时间域内进行周期性的重复观测，称为变形观测。如对基坑工程、边坡工程、桥梁工程、大坝、建筑物、隧道工程的施工监测；对由于地应力的长期累积而可能导致地壳形变的监测；对山体不稳可能导致滑坡所进行的坡体监测；对由于采矿、采油和抽取地下水而导致地面沉陷的监测；对拦河大坝的安全稳定性监测等等，都是变形监测的具体实例。

近年来，以监测数据处理和监测预报为代表的变形测量理论迅速发展，变形监测技术也已发展到依托现代测绘工程技术与传感测试技术的点、线、面立体交叉阶段。在变形体上布置变形观测点，在变形区影响范围之外的稳定地点设置固定观测站，用高精度测量仪器定期监测变形区内网点的三维(x、y、z方向)位移变化，是获取变形体变形特征的行之有效的外部监测方法。这些方法主要泛指高精度地面监测、摄影测量、三维激光扫描及GPS监测等手段。

1.1 变形监测预报预计理论

对变形体的研究既有客观上的不确定性，也有主观上的非确定性。客观上的不确定性包括随机性、模糊性、信息的不完备性和信息处理的不确定性。由于综合客观因素的影响和对变形机理的认识不足，导致了理论分析和模拟的非确定性。针对岩土工程中的非确定性，许多问题都要做出全局性、综合性的系统分析，因而，系统分析方法已显示出广阔的应用前景。同时，包括灰色系统理论、时间序列分析、分数维理论、混沌理论、随机介质理论以及人工神经网络理论等在内的许多新理论、新方法也被应用到变形监测中来。

变形监测预报预计理论主要有如下三个方面：理论预计模型；基于实测数据的预计理论；基于软件的数值模拟。

1.1.1 理论预计模型

1969年Peck研究隧道实测资料时系统地提出了地层损失概念，即地层损失是指隧道施工中实际开挖的土体体积与竣工隧道体积之差，竣工隧道体积还包括隧道周边包裹的压入浆体体积。Peck 假定，隧道地层损失均匀分布，施工引起的地表沉降横向曲线近似正态分布，在不排水情况下，形成的地表沉降槽体积，理论上等于地层损失体积，地表沉降分布的预计公式如下：

$$S(x)=S_{\max}\cdot\exp\left(-\frac{x^2}{2i^2}\right) \tag{1-1}$$

$$S_{\max}=\frac{V_i}{i\sqrt{2\pi}}\approx\frac{V_i}{2.5i} \tag{1-2}$$

式中：$S(x)$——隧道中心轴线距离 x 处地表沉降量；

V_i——隧道单位长度地层损失；

i——沉降槽宽度系数；

$S_{\max}$——隧道中心轴线地表最大沉降值。

此外，还有随机介质理论预计边坡工程、基坑工程、隧道工程、矿山工程等地表移动与变形，地层变形时空统一预计理论，以及基于神经网络的地表移动参数反分析等方法。

1.1.2 基于实测数据的预计理论

根据实测数据建模，预测变形发展趋势。预计方法有统计分析法、时间序列分析法、灰色系统理论预测法、模糊数据预测预报分析法、人工智能遗传算法、蚁群算法和模拟退火算法及不断发展的预计模型组合分析法，如小波—神经网络预测分析法、灰色—神经网络预计法等。

1.1.3 数值分析软件模拟

预计理论及基于实测数据的模型理论方法均未全面反馈移动与变形状况，且变形体高度非线性、复杂性，难以定量求解。基于有限元法、离散元法、边界元法及各种耦合算法等的软件程序有效解决了此问题，促进了工程的发展。目前使用的主要商业软件有：FLAC，ANSYS，同济曙光，ADINA，ABAQUS，MARL，3D-SIGMA，2D-SIGMA，GIS 等。

1.2 工程变形监测技术

1.2.1 边坡工程监测

对于设计边坡而言，关键在于给出与临界位移、应变值相对应的边坡角值；对于生产边坡而言，关键在于给定移动与变形区间，以便采取对策。

矿山边坡是一种临时性或半永久性边坡，矿山边坡允许的变形，通常要比其他工程边坡变形要大。而公路、铁路、水利水电等工程边坡则是一种永久性边坡，边坡失稳将产生严重的经济和社会后果。

由于难以按变形准则设计边坡，于是就产生了这样的矛盾：人们并不能在使用过程中观测下滑力和抗滑力的真实值是否与预测结果一致，反之在生产上却只能以位移的实际发展对边坡实行管理。

既然边坡位移和变形难以利用现有的力学计算加以预测，而管理边坡又必须考虑实际发生的位移，对实际边坡发生的位移和变形进行监测，用测得的结果来说明边坡的现状，并推断边坡变形发展趋势就显得十分重要。

露天矿边坡监测的任务，是提供全矿区边坡恶性发展的报警，以保证作业人员及设备的安全，反之在变形趋稳时解除警报，以便组织生产。提供可靠的监测资料以识别不稳定边坡变形和潜在破坏机制及其影响范围，制订防灾、减灾措施；提供信息以便矿山调整采、掘计划，甚至修改设计；参与提出处理潜在滑体方案，为方案的实施提供安全监测，并对处理效果提出评价。对可能发生滑坡的危险边坡进行观测，查明滑动性质、滑体规模、准确预报滑坡等，以确保生产安全，避免灾难性事故的发生。

边坡监测的内容包括：边坡面上移动值的大小和分布，移动的过程、规律；滑动面位置、形状，滑体的大小、滑动方向；边坡移动对坡顶及其附近各种建筑物的危害程度；加固措施的效果。

对边坡的变形监测，是科学管理边坡和正确处理潜在问题的重要依据，而监测系统的布置则取决于边坡岩体的性质以及对边坡的认识程度。例如，对重要边坡，在移动范围外埋设控制点，在开挖边界附近埋设若干监测点组成监测网(有的还在测点上安置固定反射觇标)，使用全站仪，采用常规大地测量的方法，可达到变形监测目的。

随着技术的发展，边坡高度及坡度越来越大，边坡稳定性分析要求实时进行。利用测量机器人本身所具有的伺服电机和自动照准功能，通过蓝牙通信，可由计算机程序控制仪器完成自动测量、自动数据处理、自动发送数据、数据预警等操作，实现自动化与智能化的完美结合。测量机器人是高精度、高智能型全站仪，能自动搜索、识别、精确照准和跟踪目标，获取目标的角度、距离、坐标等数据，并自动将测量数据记录。测量机器人还支持计算机远程控制，相当于一个传感器，其基本原理是由计算机上的控制软件通过串口或者蓝牙通信的方式向机器人发送指令，机器人响应指令并将响应结果返回给计算机。全球导航卫星系统(GNSS，Global Navigation Satellite System)，包含 GPS、GLONASS、Galileo 系统、中国的 Compass(北斗)，不断向民用开放，并可通过远程遥控，实现自动化监测。三维激光扫描技术以及 InSAR 技术也可进行大范围、高精度监测，越来越多的在边坡监测领域应用。

此外，监测方法还包括：采用锚索或锚杆进行加固的边坡，可埋设传感器监测其受力状况；通过监测抗滑桩中钢筋受力情况，可反馈边坡变形趋势；测斜技术的突破，从主要依靠人工逐渐转变为人工智能，为边坡稳定性分析提供可靠数据；还有，在边坡裂缝处安装地表传感伸缩计，组建物联网可远程监控裂缝发展情况，对保证安全起重要作用。

1.2.2　基坑工程监测

基坑工程通常施筑于城市建筑物和地下管线密集分布的区域，其工程质量关乎着生命财产安全。因此，常需将基坑工程开挖引起的地表移动与变形限定在一定范围之内，亦即要求挡土结构的水平位移和其邻近地表的变形限制在允许值之内。

广义的基坑工程设计包括勘察、支护结构设计、施工、监测和周围环境保护等几个方面。基坑工程施工现场监测的内容分为两大部分：①围护结构监测，包括支护桩墙、支撑、围檩和圈梁、立柱、坑内土层等监测；②相邻环境监测，包括相邻土层、地下管线、相邻地表及房屋监测。

目前，我国通用的基坑工程现场监测内容及监测仪器见表 1-1。

基坑工程现场监测内容及监测仪器　表 1-1

<table>
<tr><th>监测对象</th><th>监测项目</th><th>监测仪器</th><th>必要性</th></tr>
<tr><td rowspan="4">围护桩墙</td><td>桩墙顶水平位移与沉降</td><td>全站仪、水准仪</td><td>必测</td></tr>
<tr><td>桩墙深层挠曲</td><td>测斜仪</td><td>必测</td></tr>
<tr><td>桩墙内力</td><td>钢筋应力传感器、频率仪</td><td>选测</td></tr>
<tr><td>桩墙水平压力</td><td>压力盒、孔隙水压力探头、频率仪</td><td>选测</td></tr>
<tr><td>水平支撑</td><td>轴力</td><td>钢筋应力传感器、位移计、频率仪</td><td>必测</td></tr>
<tr><td rowspan="2">围檩和圈梁</td><td>内力</td><td>钢筋应力传感器、频率仪</td><td>选测</td></tr>
<tr><td>水平位移</td><td>全站仪</td><td>选测</td></tr>
<tr><td>立柱</td><td>垂直沉降</td><td>水准仪</td><td>宜测</td></tr>
<tr><td>坑底土层</td><td>垂直隆起</td><td>水准仪</td><td>选测</td></tr>
<tr><td>坑内地下水</td><td>水位</td><td>观测井、孔隙水压力探头、频率仪</td><td>选测</td></tr>
<tr><td rowspan="2">相邻地层</td><td>分层沉降</td><td>分层沉降仪、频率仪</td><td>选测</td></tr>
<tr><td>水平位移</td><td>全站仪</td><td>选测</td></tr>
<tr><td rowspan="2">地下管线</td><td>垂直沉降</td><td>水准仪</td><td>必测</td></tr>
<tr><td>水平位移</td><td>全站仪</td><td>必测</td></tr>
<tr><td rowspan="3">相邻房屋</td><td>垂直沉降</td><td>水准仪</td><td>必测</td></tr>
<tr><td>倾斜</td><td>全站仪</td><td>必测</td></tr>
<tr><td>裂缝</td><td>裂缝观测仪</td><td>必测</td></tr>
<tr><td rowspan="2">坑外地下水</td><td>水位</td><td>观测井、孔隙水压力探头、频率仪</td><td>必测</td></tr>
<tr><td>分层水压</td><td>孔隙水压力探头、频率仪</td><td>选测</td></tr>
</table>

深基坑围护结构的监测，常用常规测量方法，即用视准线测量、水准测量等方法监测桩墙的水平位移和沉降，测斜仪测量桩墙深层挠曲。垂直位移通常容易测量，水平位移测量的外业观测时间长，对施工影响大，还需在较好的观测条件下进行。由于工程现场条件限制，特别是城市施工场地往往十分狭窄，可供监测使用的空间有限，测点遭施工破坏的情况时有发生，使用常规测量方法存在困难，由此，许多基坑支护结构无法监测。目前监测基坑的可靠技术，主要依靠传感技术，如支撑轴力监测、土压力监测、孔隙水压力监测、水位监测、深层水平位移监测，其精度也不断提高，且受外界环境影响较小。采用三维激光扫描技术以及摄影测量方法可对整体进行监测。随着监测仪器精度和智能性的不断突破，位移监测也可通过远程遥控进行自动监测，如采用徕卡 TM30。

1.2.3 地下工程监测

地下工程的监测被认为是 1∶1 的现场试验，所获取的信息不仅可用于反馈设计和指导施工，而且也是现场等效参数的客观反映。

通常，地下工程监测包括如下内容：施工阶段支护、结构工程监测；施工阶段沿线环境监测；运营阶段线路、结构和环境监测。

位移监测是地下工程施工过程中岩体性态监测的最有效方法。在施工中常用方法有：光学测量法；收敛（闭合）量测量以及钻孔引伸计测量法。

监测方案应根据地层岩土条件、地下工程结构埋深、支护类型、开挖方式及环境状况等因素制订，并按工程需要适时开展工作。通常监测方法可以是大地测量方法或近景摄影测量方法，也可选择位移计、收敛计、测斜仪、沉降仪等物理仪器测量。

在变形测量过程中，当变形体发生显著变化时，应及时调整测量方案。同步进行地上、地下监测，观测记录也应同时附有施工现状、荷载变化、地层岩土和气象等资料。

地下工程建设经常会遇到地下空间测量及断面收敛测量问题。地下监测技术指监测结构体及岩土内部变形的技术。常用的内部位移观测仪器有位移计、测缝计、测斜仪、沉降仪、垂线坐标仪、引张线、多点变位计和应变计等。传统的位移计等点式监测设备，采用电阻式、电感式、电容式、压电式等传感器，易受雷击等电磁干扰，故障率高。近些年，利用光在光纤中的反射及干涉原理，已开发出各种各样的光纤传感器，其中包括多种用于变形监测的传感器。采用光纤传感器可以进行分布式、长距离、大范围的面状监测，且由于测点输入的不是电源而是光源，因此系统不受电磁干扰，稳定性好。光纤传感器本身又是信号的传输线，可进行远程监测，成本低。目前开发的变形监测光纤传感器主要形式和指标见表1-2。

变形监测光纤传感器的主要形式及指标　　表1-2

方　式	面　状		点　状	
光纤监测技术	BOTDR	BOCDA	FBG	MDM
精度	$1\times10^{-4}\sim1\times10^{-5}$	7×10^{-4}	4×10^{-6}	1mm
测量时间	5～15min	不详	高速实时	高速实时
测量范围/测点数	10～50km/分布式	1km/分布式	10km/数百点	10km/数十点
长度分辨率	1m	10cm	点	点
优点	长距离、分布式	高空间分辨率、分布式	高速、高精度	高速、高精度
缺点	高速监测性能差，光纤性能影响监测	光纤两端测量长距离监测不可	点式，监测距离及点数与光源强度有关	点式监测，测点多时测定时间长
适用工程	堤防、隧道、边坡，不适合激烈变化的边坡	结构物，如桥梁的监测	适合激烈变化的边坡工程，桥梁振动监测	结构物监测

采用光纤监测技术需要将传感器布置到需要监测部位，对于一些不能布点的监测部位，该技术无法使用。

1.3　变形监测方法

许多灾害的发生与变形有着极为密切的联系，如地震、溃坝、滑坡及桥梁垮塌等。大型建（构）筑物的大量兴建，以及滑坡等地质灾害的频繁发生，促使变形监测理论和技术迅速发展。目前，变形监测正向多学科交叉联合的边缘学科方向发展，成为相关学科研究人员合作的领域。已有的研究工作涉及地壳形变、滑坡、大坝、桥梁、隧道、高层建筑、结构工程及矿区地面变形等。随着科学技术的进步和对变形监测要求的不断提高,变形监测技术也在不断地向前发展。

1.3.1 数字化摄影测量

摄影测量作为一种遥感式数据采集方法,作业人员可以远离被测对象进行测量。数字化近景摄影测量,使摄影测量的内、外业工作大大简化,对操作人员要求大大降低,与常规的边、角测量方法相比,外业速度快,信息记录全,而且在许多常规测量无法作业的地点(如矿山井筒内、塌陷区等)也能进行测量。同时,可将像片(数字影像)量测、三维坐标计算、计算结果的绘图输出一体化,整个内业过程在计算机上完成,操作方便。

由于使用高质量数字摄影机和高分辨率量测仪器,近景摄影测量点位测定精度高。而高精度则为摄影测量在变形监测中拓广了应用,如大型滑坡的变形监测,将摄影机安置在待监测滑坡体周围稳定点上,在不同时期对监测点进行摄影测量,并利用相应软件对测量数据进行处理,得到变形点的三维坐标,并确定变形量。其优点是:不需要直接接触被测物体,适合于恶劣条件下的作业;快速获取被监测物体大量信息,减少野外工作量,适合于较大区域的变形监测;提供完全和瞬时的三维空间信息;同时测定任意点变形。

如图 1-1 所示,目标点(控制点和待定点)在像空间坐标系和物空间坐标系之间的关系见式(1-3)。

$$x=-f\frac{a_1(X-X_S)+b_1(Y-Y_S)+c_1(Z-Z_S)}{a_3(X-X_S)+b_3(Y-Y_S)+c_3(Z-Z_S)}$$

$$y=-f\frac{a_2(X-X_S)+b_2(Y-Y_S)+c_2(Z-Z_S)}{a_3(X-X_S)+b_3(Y-Y_S)+c_3(Z-Z_S)} \tag{1-3}$$

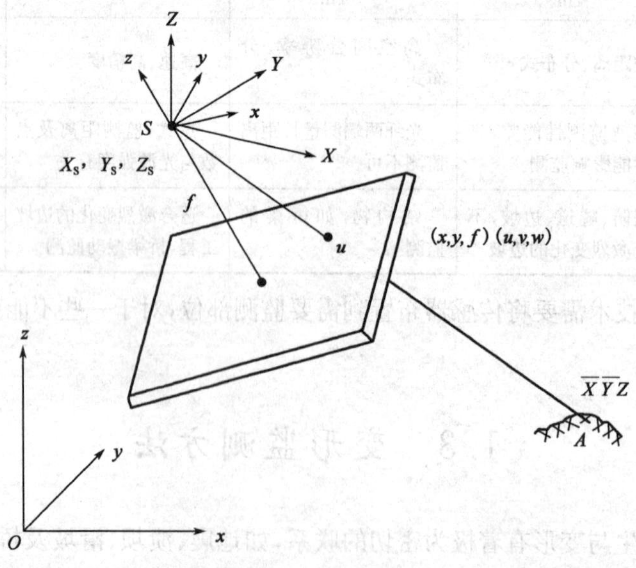

图 1-1 监测原理示意

式中：x,y——像点坐标；

f——摄影机主距；

X,Y,Z——目标点在物空间坐标系 $O\text{-}XYZ$ 中的坐标；

X_S,Y_S,Z_S——摄站点 S 的物空间坐标；

a_i,b_i,c_i——两轴系的方向余弦。

式(1-3)还可表达为：

$$\begin{bmatrix} x \\ y \\ -f \end{bmatrix} = \lambda \begin{bmatrix} a_1 & b_1 & c_1 \\ a_2 & b_2 & c_2 \\ a_3 & b_3 & c_3 \end{bmatrix} \cdot \begin{bmatrix} X-X_S \\ Y-Y_S \\ Z-Z_S \end{bmatrix} \tag{1-4}$$

为求出目标点的物空间坐标，需测定一些控制点坐标或外方位元素（摄影坐标和两轴系旋角），数据处理系统中，采用附有已知条件的自由网平差和拟稳平差，计算得到各像点的两期物空坐标，并解算出各测点的三维位移量或二维位移量（例如，垂直位移 ΔZ 和指向基坑方向的水平位移 ΔX），并绘出平面测点、摄站布置图。

1.3.2　高精度变形测量机器人系统

测量机器人是能进行自动搜索、跟踪、辨识和精确照准目标，并获取角度、距离、三维坐标以及影像等信息的智能型电子全站仪，具有自动目标识别传感装置和提供照准部转动的电动机。内置于全站仪中的CCD阵列传感器可识别被测量棱镜返回的红外光，CCD判别接受后，电动机驱动全站仪自动转向棱镜，实现自动精确照准。CCD识别不可见红外光，能够在夜间、雾天甚至雨天（保证镜面无雨水）进行监测，可以实现监测自动化。测量机器人与能够制订测量计划、控制测量过程、进行测量数据处理与分析的软件系统相接合，可以代替人完成许多测量任务。

以三边交会法确定监测点三维坐标，实现全自动观测为例，说明测量机器人的工作原理。建立三个观测站，并安装三套自动测距系统，在被监测对象上设置多个监测点，在监测点上安置反光镜，通过计算机控制对各监测点自动监测。以第一次测得各点坐标作为初始值，以后每测一次得到一组坐标值，然后将全部数据自动存入数据库，实时显示观测点的位移过程线、安全状态等，并按预设参数作超限报警。

变形测量机器人系统由三套高精度自动测距系统、数据通信设备、反射棱镜组、系统软件、中央控制室主计算机、频率校准仪、高精度通风温度计、数字气压计、数字湿度计等组成（图1-2）。设三个基准点的坐标分别为(x_1,y_1,z_1)，(x_2,y_2,z_2)，(x_3,y_3,z_3)，监测点坐标为(x_p,y_p,z_p)，三个基准点与同一监测点的距离分别为 s_1,s_2,s_3，则：

$$\begin{aligned} s_1 &= \sqrt{(x_1-x_p)^2+(y_1-y_p)^2+(z_1-z_p)^2} \\ s_2 &= \sqrt{(x_2-x_p)^2+(y_2-y_p)^2+(z_2-z_p)^2} \\ s_3 &= \sqrt{(x_3-x_p)^2+(y_3-y_p)^2+(z_3-z_p)^2} \end{aligned} \tag{1-5}$$

设初次观测 p 点的坐标为(x_p^0,y_p^0,z_p^0)，第 i 期观测 p 点的坐标为(x_p^i,y_p^i,z_p^i)，则 p 点在 x，y，z 方向上的位移分量分别为：

$$\Delta x_p = x_p^i - x_p^0$$
$$\Delta y_p = y_p^i - y_p^0$$
$$\Delta z_p = z_p^i - z_p^0 \tag{1-6}$$

p 点的总位移为：

$$\Delta s = \sqrt{\Delta x_p^2 + \Delta y_p^2 + \Delta z_p^2} \tag{1-7}$$

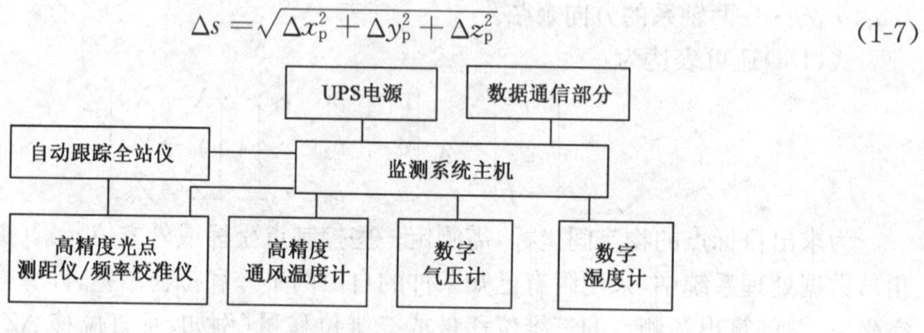

图 1-2　变形测量机器人系统

这样，进行自动连续观测时，每次观测可得到一个位移值，从而可获得移动速度及移动变化规律，并通过设定极限值来判断是否超限和报警。

测量机器人监测系统一般采用两种方式：固定式全自动持续监测；移动式半自动变形监测。

1)固定式全自动持续监测系统

在野外测站上建立监测房，将全站仪长期固定在测站上，通过供电通信系统与计算机相连，实现无人值守、全天候连续监测、自动数据处理、自动报警、远程监控等，目前该类系统有单台极坐标模式、多台空间前方交会模式、多台网络模式等。

单台极坐标模式配置简单，设备利用率高，但监测范围较小，无法组网测量，要达到亚毫米级精度，必须采取合理的测量方案和数据处理方法。该方法特别适用于小区域(约 $1km^2$ 内)实时自动化监测的变形体。空间前方交会主要采用距离空间前方交会，以三边或多边交会法确定监测点的三维坐标，该模式利用高精度边长，获得亚毫米点位精度。但系统配置过于庞大，成本较高，设备利用率较低，同时由于受几何图形结构限制，较平坦的地面监测不宜采用。多台网络模式是将多台测量机器人和多台控制计算机通过网络、通信供电电缆连接起来，组成监测网络系统，该模式通过组网解算各测站点的坐标，然后对变形观测数据进行统一差分处理，该模式实现控制网测量、变形点测量及数据处理的完全自动化，非常适合较大区域变形监测。自动化数据处理软件的功能菜单见图 1-3。

固定式全自动变形监测系统的缺点：没有多余观测量，测量的精度随着距离的增长而显著降低，且不易检查发现粗差；系统所需的测量机器人、棱镜、计算机等设备因长期固定，需采取特殊的保护措施；需要雄厚资金做保证，测量机器人等昂贵仪器设备只能在一个监测项目中专用。

2)移动式半自动变形监测系统

基于常规的搬站方式，利用便携计算机或全站仪内置程序自动控制全站仪进行测量。在各观测墩上安置仪器，进行必要的测站设置，定向后测量机器人将按预置参数，自动寻找目标，精确照准、记录观测数据，计算限差，做超限重测或等待人工干预等。完成一个测点工作后，将仪器搬到下一测点，重复上述工作，直至所有外业工作完成。该方式简单、灵活、成本低，已应用在上海磁悬浮工程、南水电站大坝等工程变形监测中。常用仪器见图 1-4。

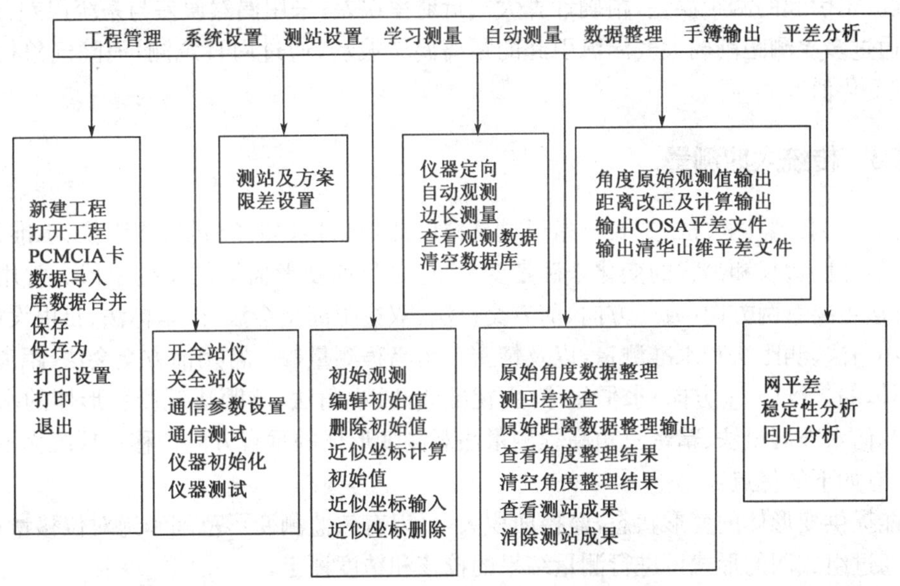

图 1-3　自动化数据处理软件主要功能菜单图

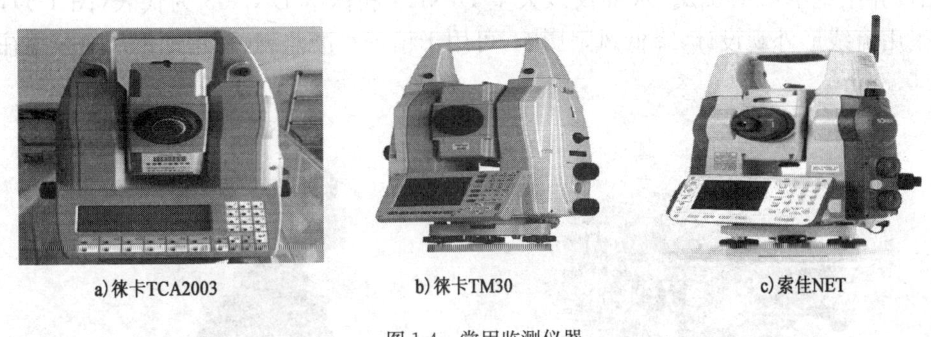

图 1-4　常用监测仪器

在测站位置选择恰当的情况下，监测点的精度取决于测距仪的测距精度。通常，测距精度表示为：

$$m_D = \pm (A + B \cdot D) \tag{1-8}$$

式中：A——与所测距离长短基本无关的部分(mm)；

B——比例误差系数(mm/km 或 1×10^{-6})；

D——所测距离(m)；

m_D——一次测距中误差(mm)。

式(1-8)中，非比例误差 A 主要由对中误差及反光镜照准误差所引起。比例误差系数 B 中调制频率误差、气象元素测定误差均较大，其中关键是气象代表性误差较大，且对测距影响不稳定，有时甚至连仪器的标称精度都无法达到。

提高测量机器人系统测距精度的措施有：严格室内仪器检定，通过在监测现场强制对中、反光镜上设照准镜或固定反光镜等措施来降低非比例误差 A 的影响；对比例误差，通过采用频率校准仪，使测尺频率误差减小，采用超线性石英高精度温度计，通过计算机采集数据，计算气象元素测定引起的测距误差，精确计算大气折射率误差；采用偶然误差与系统误差分别处理的办法，通过多次测距削弱大气湍流引起的距离偶然波动，通过周日观测，消除气象代表性误差的系统变化值。

1.3.3 传统大地测量

传统大地测量监测方法，主要是指通过高精度测量仪器（如经纬仪、测距仪、水准仪、全站仪等）测量角度、边长和高程的变化来确定变形，这是目前变形监测的主要手段。常用大地测量监测方法主要有两方向（或三方向）前方交会法、双边距离交会法、极坐标法、自由设站法、视准线法、小角法、测距法和水准测量，以及精密三角高程测量等。常用前方交会法、距离交会法监测变形体的二维（x、y 方向）水平位移；用视准线法、小角法、测距法观测变形体的水平单向位移；用几何水准测量法、精密三角高程测量法观测变形体的垂直方向位移。传统大地测量监测方法具有如下的优点：

(1)能提供变形体的变形状态，监控面积大，可以有效监测变形范围和绝对位移量；

(2)通过组成网的形式可进行测量结果的校核和精度评定；

(3)灵活性大，能适用不同精度要求、不同形式的变形体和不同的外界条件。

全站仪介绍见本章 1.3.2。水准仪以天宝 DINI03 和徕卡 DNA03 为代表（图 1-5），其中 DNA03 采用流线形外观设计，降低风阻影响，可用于精密水准监测，采用铟钢尺每公里往返差精度为±0.3mm。

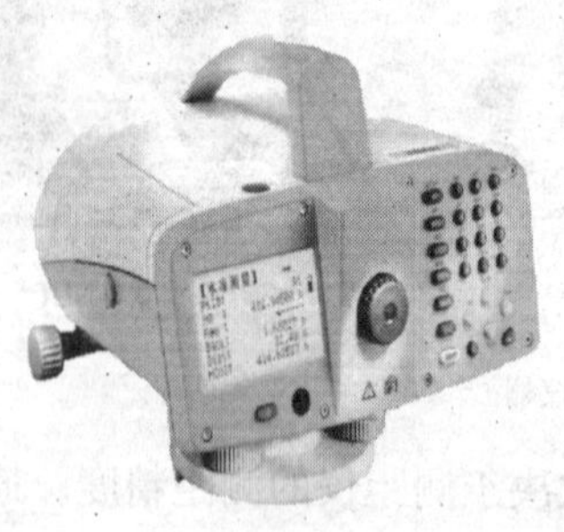

a)徕卡DNA03

b)天宝DINI03

图 1-5 电子水准仪

1.3.4 GPS 监测

GNSS 由于其定位速度快、全天候、自动化、测站之间无需通视、可同时测定点的三维坐标及精度高等特点，对经典大地测量及地球动力学研究产生极其深刻的影响，在变形监测中的应用也十分广泛。

工作原理：地球上任何地点，任何时刻，高度角 20°以上至少能同时观测到 4～5 颗卫星，在地面上用 GPS 接收机接收 4 颗以上卫星发射来的信号，测定接收机天线至卫星的距离，经技术处理后，即可得到待测点的三维坐标。监测站点之间无需通视，大大减少了工作量，而且利用无线通信技术可将观测数据传到数据处理中心，实现远距离监测。

与传统变形监测方法相比较，GPS 具有精度高、速度快、操作简便等优点，而且利用 GPS 和计算机技术、数据通信技术、数据处理与分析技术集成，可实现从数据采集、传输、管理到变形分析与预报的自动化，达到远程在线网络实时监控目的。GPS 可提供点位基于全球坐标系统的变化，不受局部变形影响，可监测全球范围或区域范围内的地球板块运动，为地震监测提供数据。目前，已利用 GPS 建立中国地壳运动观测网络；在工程监测方面，静态 GPS 技术用于大型滑坡体、露天矿边坡、海上勘探平台沉陷、城市地面沉陷等大范围监测；RTK 技术进行高耸建筑物风振监测、桥梁振动监测等。例如，李家峡滑坡、四川雅安峡口滑坡、黄腊石滑坡、龙羊峡水电站近坝库岸滑坡、三峡库区滑坡等监测均采用了 GPS 技术。

GPS 变形监测作业模式可概括为周期性和连续性两种。当变形速率相当缓慢，局部时间域和空间域内可认为稳定不动时，通过 GPS 进行周期性变形监测，监测频率视具体情况可为数月、一年或甚至更长时间。周期性模式一般采用静态相对定位方法，前述三峡库区滑坡、李家峡水电站滑坡等监测均采用该模式。连续性变形监测采用固定监测仪器进行长时间数据采集，获得变形数据系列，具有较高时间分辨率，适用于自动化要求高、数据采集周期短的监测项目。

1)特点

(1)测站间无需通视。传统变形监测方法，只有点之间通视才能进行观测，而 GPS 测量只需测站上空开阔，可使变形监测点位布设方便而灵活，省去中间传递点，节省费用。

(2)同时提供监测点三维位移信息。传统变形监测，平面位移和垂直位移采用不同方法分别进行，监测周期长、工作量大，监测时间和点位很难保持一致，给变形分析增加难度，采用 GPS 可同时精确测定监测点三维位移信息。

(3)全天候监测。GPS 测量不受气候条件限制，无论起雾刮风、下雨下雪均可进行正常监测。配备防雷电设施后，可实现长期全天候观测，极为适应防汛抗洪、滑坡、泥石流等地质灾害监测。

(4)监测精度高。GPS 可提供 1×10^{-6} 甚至更高相对定位精度，如果 GPS 接收机天线保持固定不动，则天线的对中误差、整平误差、定向误差、天线高测定误差等并不影响监测结果。同样，GPS 数据处理时起始坐标误差、卫星信号传播误差(电离层延迟、对流层延迟、多路径误差)中公共部分的影响也可消除或削弱，利用 GPS 进行变形监测可获得$\pm(0.5\sim2)$mm 的精度。

(5)操作简便，易实现监测自动化。GPS 接收机自动化程度已越来越高，体积越来越小，重量越来越轻，且便于安置和操作。同时，GPS 接收机预留有必要接口，可方便用户利用各监测点建成无人值守自动监测系统，实现从数据采集、传输、处理、分析、报警到入库的自动化。

(6)GPS 大地高用于垂直位移测量。GPS 定位获得的是大地高，而用户需要的是正常高或正高，两者关系如下：

$$h_{正常高} = H_{大地高} - \xi \tag{1-9}$$

$$h_{正高} = H_{大地高} - N \tag{1-10}$$

其中,高程异常ξ和大地水准面差距N的确定精度较低,导致转换后的正常高或正高精度不高。但由于垂直位移监测所关心的只是高程变化,对于工程局部范围而言,完全可用大地高变化进行垂直位移监测。

根据变形体特征,GPS连续性监测可采用静态相对定位和动态相对定位两种数据处理,变形监测一般要求具有实时性。例如,超水位蓄洪,必须时刻监视大坝变形状况,要求监测系统具有实时数据传输、分析与处理能力;桥梁静、动载试验和高层建筑物的振动监测,主要目的在于获取变形信息及其特征,可事后进行数据分析与处理;建在滑坡体上的城区、厂房,需实时掌握其变化状态,以便及时采取安全措施,可采用全天候实时监测方法,即建立GPS自动化监测系统,系统精度可按要求设定,目前最高监测精度可达到亚毫米级,系统响应速度快,从控制中心敲击键盘开始,几分钟就可了解监测点实时变化情况。

动态监测方面,过去一般采用加速度计、激光干涉仪等测量设备测定建筑结构的振动特性,但随着建筑物高度增加,对监测工作连续性、实时性和自动化程度要求提高,常规测量技术已越来越受到局限。近几年来,国内外利用GPS进行了许多试验研究工作。例如,利用GPS技术对加拿大卡尔加里(Calgary)塔在强风作用下的结构动态变形测量;大跨度悬索桥和斜拉桥(如广东虎门大桥)已安装GPS实时动态监测系统;采用GPS测量深圳帝王大厦风力振动特性等。为获得监测对象的动态特征,需要进行连续、高频率数据采样,高采样率卫星接收机(20Hz、10Hz、5Hz)已成为研究工程建(构)筑物动态变形特性的新方法。

2)数据处理方法

GPS监测网的基线解算和平差计算,一般采用瑞士BERNESE大学的BERNESE软件或美国麻省理工学院的GAMIT/GLOBK软件和IGS精密星历。BERNESE和GAMIT/GLOBK软件均为科研用途的高精度GPS数据处理软件,其数据处理主要分为两个方面:一是对GPS原始数据进行处理,获得同步观测网基线解;二是对各同步观测网的解进行整体平差和分析,获得GPS网整体解。数据处理重点在于同步网的基线处理,而网的平差分析,特别是多个子网的系统误差、粗差分析及随机误差处理,目前尚无非常理想方法。国内有影响的GPS平差软件有:武汉大学的GPS科傻系列平差处理软件和同济大学的TG2PPS静态定位后处理软件,主要用于商用GPS软件基线处理后的三维和二维GPS网平差。

3)存在问题

在高山峡谷、地下、建筑物密集地区和密林深处,由于卫星信号被遮挡及多路径效应影响,其监测精度和可靠性不高或无法进行监测;应用GPS技术,也只能获取形变体上部分离散点的位移信息。另外,根据已有滑坡GPS监测资料分析结果,目前GPS监测水平位移精度较高,而监测垂直位移精度较低(约比水平位移监测精度低两倍),使得高精度变形监测中难以利用GPS同时精确测定平面位移和垂直位移。因此GPS还无法完全替代其他监测技术,而应在必要时通过GPS与其他技术(GIS、RS、InSAR、近景摄影测量和特殊变形测量技术等)集成变形监测系统。

目前,GPS动态变形监测数据处理主要采用整周模糊度动态解算方法,但该法只能达到厘米级精度,不能满足高精度动态变形监测需要。另外,对于动态变形监测,由于监测点在很短时间内的变形微小,表现为一种弱信号,而误差却成为强噪声,如何从受强噪声干扰的序列观测数据中提取微弱的特征信息,以提高监测精度,是GPS动态监测系统的关键技术问题。目前,这一问题通常是采用数据平滑或Kalman滤波方法在时域内进行处理。对于变形频率和幅值等主要变形特征的分析,则通常采用频谱分析法将时域内的数据序列通过Fourier级数转换到频域内进行分析。但由于这些方法本身存在的缺陷,对于非平稳、非等时间间隔观测信号的变形特征提取存在局限性。

4)发展趋势

(1)GPS变形监控在线实时分析系统。对大坝、大型桥梁、高层建(构)筑物、滑坡和地区性地壳变形监测,建立技术先进而又实用的GPS变形监控在线实时分析系统是重要发展趋势。这种系统由数据采集、传输和处理与分析等部分组成,使监测数据得到及时分析和处理,实时评价变形现状并预测发展趋势,为灾害分析与预报提供科学依据,对处于活跃阶段的滑坡体变形及断层相对运动监测具有重要意义。由于建立连续运行的GPS网络系统进行大坝和滑坡等监测成本昂贵,因此,高精度GPS一机多天线变形在线实时监测分析系统具有重要意义。

(2)"3S"(GPS、GIS、RS)集成变形监测系统。"3S"技术集成可为分析、研究各种灾变信息的相互关系提供技术支撑,特别是时态GIS(Temporal GIS,简称TGIS)技术,可描述四维空间地质现象,除具有一般GIS功能外,还能记载研究区域内各种地质现象的演绎过程,对滑坡等地质灾害的监测预报具有重要作用。因此,"3S"集成变形监测系统,也是变形监测技术的重要发展趋势之一。

(3)GPS与其他变形监测技术集成监测系统。为克服GPS监测的局限性,根据监测对象和目的,将GPS与其他监测技术(如InSAR、摄影测量和特殊监测技术等)集成组合形成综合变形监测系统,实现不同监测技术的优势互补。例如,将GPS与InSAR集成GPS/InSAR变形监测系统,实现离散点位测定到四维形变场(x,y,z,t)的整体动态精确测定,拓广GPS监测应用范围。融入GPS的空间测地技术已应用于大坝及滑坡精密监测和板块运动、亚板块运动等研究,使地壳形变观测在空间域的控制能力和分辨能力得到极大提高,为推进高精度变形监测研究注入活力。

(4)小波分析理论用于GPS动态变形分析。为克服经典Fourier分析不能描述信号时频特征的缺陷,将小波变换用于GPS动态变形分析,即利用小波变换多分辨率特性,实现GPS动态监测数据的滤波、变形特征信息提取,以及不同变形频率的分离。小波分析为高精度变形特征提取提供数学工具,适应非平稳信号消噪。因此,基于小波分析理论的GPS动态监测数据处理研究具有广泛前景。

1.3.5　三维激光扫描

1)基本原理

地面三维激光扫描仪是一种集成多种高新技术的测绘仪器,已应用于变形监测之中。三维激光扫描仪采用非接触测量方式,通过激光扫描获得的数据真实可靠,最直接地反映客观事物实时、真实的形态特性。激光扫描仪测量通过激光扫描和距离传感获取被测目标表面形态，一般由激光脉冲发射器、接收器、时间计数器等组成。激光脉冲发射器周期地驱动激光二极管发射激光脉冲，并通过接受透镜接收目标表面后向反射信号，利用稳定的石英时钟对发射信号与接收信号的时间差进行计数，经计算机处理，显示或存储输出距离和角度资料，并与距离传感器获取的数据相匹配，最后，经系列数据处理，获取目标表面三维坐标，进行各种量算或建立立体模型。

三维激光扫描仪测量速度快，采集信息量大，利用三维激光扫描仪进行滑坡监测，可形成滑坡体的点云图，可生成尺寸精确的滑坡体 CAD 模型，使滑坡体的变形分析形象直观。

地面三维激光仪主要由激光扫描仪、PC 机、电源和三角架组成。激光测距系统、激光扫描系统、集成 CCD 摄像机和仪器内部控制与校正系统，共同组成激光扫描仪系统。目前，激光测距系统的测距原理包括脉冲测距法、基于相位的测距法和激光三角法，其中 TOF 脉冲测距法已广泛应用。

(1)脉冲测距法(TOF，Time-of-Flight)，是一种高速激光测时测距技术。其测距范围在几百米到几千米之间，随着扫描测距范围增大，其点位测量精度会相应变低，该方法测量的四个步骤：激光发射，激光探测，时延估计，时间延迟测量。

(2)相位测量测距法。与时间测量原理相比，其扫描范围最大为 100m，精度可达到毫米级，适合中等距离的扫描测量。

(3)激光三角测距法。扫描距离仅几米到几十米，精度可达亚毫米级，该方法在工业测量和逆向工程中应用广泛。

2)系统集成

应用地面三维激光扫描技术获取数据后实现的功能之一，是对目标体模型几何与纹理信息的获取和准确描述这些信息。与此同时，激光光束能够量测得到目标体表面的反射强度信息，但是激光光束波长对强度信息有所限制，因此点云只能描述实体的表面信息。考虑到单独扫描的缺陷，实际工程应用中，用激光扫描测量同时，利用高分辨率的数码相机获取扫描实体的影像数据，对扫描目标体的纹理信息进行相应的补充，而扫描实体的模型重建输出必须在点云数据及纹理数据的融合下才能实现。地面激光扫描仪和 CCD 技术结合应用，一定程度上弥补了单一扫描的不足。目前市场上的绝大多数地面三维扫描系统是地面激光扫描仪与 CCD 技术的集成。具有真彩色信息的三维空间的点云数据就是由这种集成的扫描系统获取的。

激光雷达通过发射红外激光直接测量雷达中心到地面点的角度和距离信息，获取地面点的三维数据。激光雷达属于无合作目标测量技术，不需要任何测量专用标志，直接对物体测量，能够快速获取高密度的三维数据，所以又称三维激光扫描技术。根据承载平台不同，三维激光扫描又分机载型、车载型、站载型，其中车载型和站载型属于地面三维激光扫描。

3)特点

三维激光扫描特点主要体现在数据采集的高密度、高速度和无合作目标测量。用户可以设置测点间隔密度为 0.1～2.0m，以每秒几十点、几千个点乃至上万个点的速度测量，具有很强的数字空间模型信息的获取能力。地面三维激光扫描仪的测程，根据仪器种类，从几米到 2km 以上。其中 10m 以内测程为超短程，10～100m 为短程，100～300m 为中程，300m 以上为远程。由于三维激光扫描测量受步进器的测角精度、仪器测时精度、激光信号的信噪比、激光信号反射率、回波信号强度、背景辐射噪声强度、激光脉冲接收器灵敏度、测量距离、仪器与被测目标面所形成角度等方面影响，一般中远程三维激光扫描仪的单点测量精度在几毫米到数厘米之间，模型的精度要远高于单点精度，可达 2～3mm。目前常见的地面三维激光扫描仪及主要技术参数见表 1-3。

常见的地面三维激光扫描仪及主要技术参数　　表 1-3

型号	厂家	最大范围	扫描现场	测量精度	测量速度
ILRIS-3D	Optech	1500m	40°×40°	模型化精度：±3mm	2000 点/s
ILRIS-3_6D	Optech	1500m	360°×360°	模型化精度：±3mm	2000 点/s
Cymx2500	Leica	100m	40°×40°	模型化精度：±2mm	1000 点/s
HDS3000	Leica	100m	360°×270°	单点精度：±4mm/50m	1800 点/s
HDS4500	Leica	25.2m	360°×310°	单点精度：±3mm+160ppm	50 万点/s
LMS-Z210i	Riegl	400m	360°×80°	单点精度：±15mm	旋转棱镜 8000 点/s
LMS-Z420i	Riegl	1000m	360°×80°	单点精度：±10mm	振荡棱镜 12000 点/s

地面三维激光扫描技术主要特点：①快速性。可在瞬间快速获取监测对象表面海量点云数据。②非接触性。无需事先接触扫描目标，非常适合危险区域测量作业。③穿透性。使点云数据对物体不同层面的几何信息成为可能。④实时、动态、主动性。对扫描数据的快速性使采集的三维数据具有实时动态特征，且其主动式扫描，使野外测量工作不受时间与空间限制，可随时随地进行。⑤高密度、高精度特性。可利用软件对扫描间隔进行自行设置，扫描点云数据具有高密度性，但在扫描间隔过小情况下，扫描所需要时间相对较长，此外，目前扫描仪测量可达 2mm。⑥数字化、自动化。可直接获取目标体的距离信号，且易控制扫描过程，实现成果自动化输出，可靠性良好。⑦自动聚焦功能。建立的模型接近实体原形。⑧集成性。将 GPS 定位系统与新型激光扫描系统集成，通过扫描控制软件的坐标转换，可直接获取点云三维坐标数据。

地面三维激光扫描仪作为非接触式高速激光测量方式，与同样具有快速测量优势的数字摄影测量相比，降低了对地表纹理的要求，无需像控点，能反应对象细节信息。

4)趋势与问题

三维激光扫描技术能快速准确地生成监测对象的三维数据模型，已在桥梁、文物、滑坡体、泥石流、火山等领域快速面监测中应用。美国佛罗里达州运输部利用 ILRIS-3D 进行桥梁加载变形监测试验，以分析桥梁结构承受能力，并通过与传统监测手段在外界所需条件、测量精度、测量时间、需要人员、测量总点数、成果输出等方面比较，认为三维激光扫描技术在变形监测方面可行。

目前，激光扫描技术的发展趋势是：①先进、高效校准技术标准的建立；②数据采集过程中盲区（如水域、黑色区域等）的处理；③高精度、小型一体化硬件系统的研发，降低硬件设备费用；④点云数据处理时间的减少。

激光扫描系统得到是海量数据，点云具有一定的散乱性，没有实体特征参数，直接利用三维激光扫描数据比较困难。必须建立针对三维激光扫描技术的整体变形监测概念，研究与之相适应的变形监测理论及数据处理方法。现有基于监测点的变形监测模式不适用于基于三维激光扫描仪的变形监测，必须探讨无监测点的监测对象测量方法；研究监测对象三维模型的建立和模型的匹配；研究基于三维监测对象模型的变形分析理论及方法；建立基于激光三维扫描技术的监测数据和模型精度的评价体系等。

1.3.6 InSAR 监测

InSAR 技术是通过空间遥感技术获取高精度地表三维信息，国内已较多应用于地表形变监测中。例如，人类活动所引起的城市地表形变，地下矿藏开采所引起的地面沉降，各种自然灾害导致的地表形变等。InSAR 通过雷达卫星在相邻重复轨道上对同一地区进行两次成像，对所记录的相对相位进行干涉处理，经相位解缠获取地形高程数据。由于合成孔径雷达差分干涉测量技术（Differential Interferometry Synthetic Aperture Radar，D-InSAR）具有成本低，无需建立监测网，覆盖范围大，省时，可以全天候不受云、天气影响和高精度等优点，已成功应用于地表形变监测、冰川活动、滑坡等监测。

遥感技术现势性强、覆盖面积广、重复观测周期短，按探测波长可将遥感分为光学遥感、热红外遥感、微波遥感等。自 1960 年末 NASA 首次应用雷达干涉测量(InSAR)技术对火星和月球表面进行观测以来，InSAR 技术大面积快速监测地面变形得到迅速发展，合成孔径雷达已经在地质、测绘、环境、海洋、气象和军事等领域普遍应用(图 1-6)。

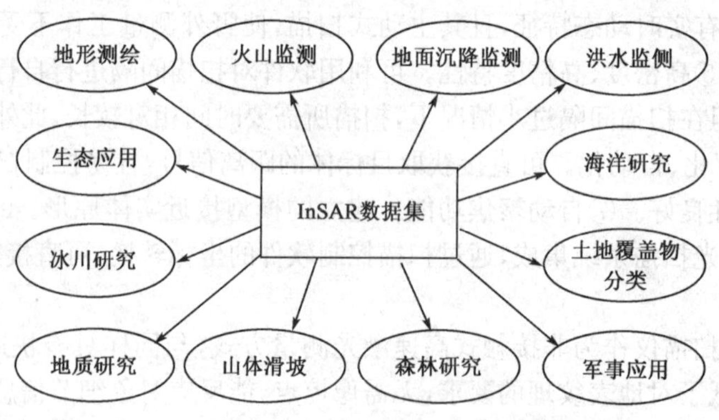

图 1-6 InSAR 技术的应用

InSAR 技术是利用卫星或者飞机等平台上的雷达天线发射雷达信号，根据两幅雷达影像上来自同一位置的雷达回波信号，参考传感器高度、雷达波长、视向和天线基线等参数，精确确定地面点三维位置。为充分利用雷达相位信息，快速监测出地面变形，在 InSAR 基础上，D-InSAR 通过一定方式获取地表形变前后雷达干涉图之间的相位差，提取地表目标形变信息。

1)基本原理

InSAR 是由合成孔径雷达 (SAR)发展而来。合成孔径雷达成像是一种相干主动微波成像。根据 SAR 干涉模式的不同，可将 SAR 干涉测量分为 3 种类型：SAR 交轨干涉测量、SAR 顺轨干涉测量、SAR 重复轨道干涉测量。

InSAR 融合高分辨率 SAR 和干涉测量，利用储存在雷达影像中的相位信息进行测高、点目标定位及大面积地表形变的监测。InSAR 技术通过利用至少两景不同时间段内获取的覆盖同一地表区域的雷达卫星影像，进行系列处理，探测地表位移。目前大多数星载雷达卫星系统均采用重复轨道干涉测量模式，即单天线平台在不同时刻不同轨道上获取干涉影像对方式。一般是用不同时刻对覆盖同一研究地区获取的影像进行干涉处理。图 1-7 为重复轨道干涉测量模式下，卫星轨道与地面目标的相对几何位置。

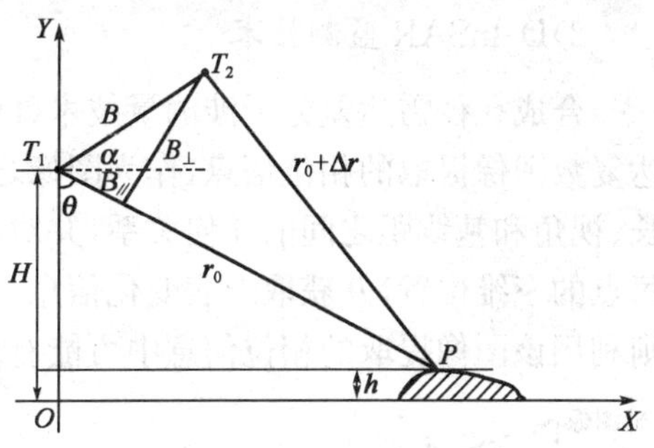

图 1-7 InSAR 成像几何位置

图中 T_1 和 T_2 为两次卫星飞行位置（卫星天线位置），地面点 P 的高程为 h，H 为雷达天线飞行高度。假设地球表面为平面且未发生形变，天线 T_1 的星下点 O 为坐标原点，则 Y 轴表示距离方向，而 SAR 平台沿垂直于纸面的方向飞行，则该方向为方位向。两天线 T_1 与 T_2 之间的距离为基线 B。基线与距离向的夹角为 α、θ 为雷达波的入射角，基线 B 在斜距 T_1P 方向的投影为平行基线 $B_{//}$，而在垂直于斜距方向的投影为垂直基线，用 $B_\perp$ 表示。T_1、T_2 与地面目标点 P 间的距离分别为 r_0 和 $r_0+\Delta r$。

则 T_1 和 T_2 关于目标 P 的相位可分别表示为：

$$\varphi_1=-\frac{4\pi}{\lambda}(r_0+\Delta r) \tag{1-11}$$

$$\varphi_2=-\frac{4\pi}{\lambda}r_0 \tag{1-12}$$

则 T_1 和 T_2 关于目标 P 的相位差为：

$$\phi=\varphi_1-\varphi_2=-\frac{4\pi}{\lambda}(r_0+\Delta r-r_0)=-\frac{4\pi}{\lambda}\Delta r \tag{1-13}$$

计算：

$$\Delta r=-\frac{\lambda}{4\pi}\phi \tag{1-14}$$

其中 ϕ 为干涉相位，可由经过配准的两幅 SAR 单视复数图像（Single Look Complex, SLC）共轭相乘得到。

根据几何关系知：

$$B_\perp=B\cos(\theta-\alpha) \tag{1-15}$$

$$B_{//}=B\sin(\theta-\alpha) \tag{1-16}$$

在 ΔT_1T_2P 内，利用余弦定理可得：

$$\sin(\theta-\alpha)=\frac{(r_0+\Delta r)^2-r_0^2-B^2}{2r_0B} \tag{1-17}$$

由于 $r_0\gg\Delta r$，$r_0\gg B$，式(1-17)可简化为：

$$\Delta r\approx B\sin(\theta-\alpha)=B_{//} \tag{1-18}$$

P 点高程可用式(1-19)表示：

$$h=H-r_0\cos\theta \tag{1-19}$$

在合成孔径雷达干涉测量处理中，雷达天线的飞行高度 H、基线 B、倾角 α 可从雷达系统参数信息中获取，因此根据上述方程，可以解算出 θ，再将其代入式(1-18)中，即可计算得到目标 P 的精确高程，此为 InSAR 测高的基本原理。

2)D-InSAR 监测技术

合成孔径雷达差分干涉测量技术(D-InSAR)建立在 InSAR 技术基础上，根据合成孔径雷达复数图像提取的相位信息，作为图像之间相位信息变化来源，通过确定传感器高度、雷达波长、视角和基线距之间的几何关系，并对所获得信息进行系列处理，最终精确得到复数图像上每点的三维位置，并获取地表变化信息。如果在雷达两次获取影像期间，外界条件发生变化，则利用该图像提取的相位信息中可能有多种相位贡献，主要包括地形相位、形变相位、大气延迟相位、参考面相位及随机噪声等。D-InSAR 技术可以在大面积范围内(100km×100km)监测地面的微小形变，不需要人员进入灾害地区，而且一幅 D-InSAR 图像可提供 1 万 km^2 的空间分辨率达 5m×20m 的地表形变数据。

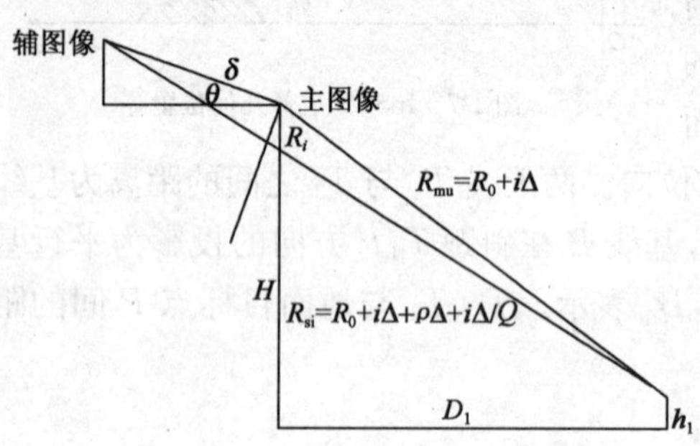

图 1-8 两轨法差分干涉测量成像几何关系示意图

两轨法进行差分干涉测量的成像几何关系见图 1-8。

在缺乏 DEM 数据区域，InSAR 研究无法采用；InSAR 干涉纹图与已有 DEM 之间不存在影像相关的灰度相似性，只能通过两者几何特征的纯几何配准，此外 DEM 上很难找到与 InSAR 干涉纹图具有明显特征的同名点；DEM 自身存在的误差也影响地形形变信息精度，如测图时地形特征点选取不准确等引入的误差。

3)永久散射体差分干涉技术(PS-InSAR)

永久散射体是在长时间内保持稳定反射特征的点目标。其具体思路：利用同一地区的多幅较长时间间隔 SAR 图像，提取较好相干性像元，构成成像区子集，分析该子集内像元的相位变化，得到高精度形变值。即使在相干性不理想地区，也可从这些相位稳定的像元上获取高精度形变结果。永久散射体点在雷达图像上表现为稳定高亮度目标。永久散射体点分两大类：一类是天然散射体点，如建筑物、裸岩、高塔等；另一类是人工散射体点，即人工角反射器。利用这些稳定散射体点，将大量长时间间隔的重复轨道数据进行干涉处理，生成大量干涉图，并建立联合方程，换算迭代求解，得到监测区域地表变形速率、高程误差及大气误差。这些稳定散射体点构成高精度监测网络，以此来获得监测区域的相对位移。雷达信号的相干退化程度由一个像素内散射中心的分布决定。

永久散射体差分技术的优势：可选择较大时间基线和空间基线的图像对，因选取的数据量较大，可相应提高处理精度，精度可达到毫米级。

永久散射体差分技术适用范围较小，遇到地表斜距视线向变化规律不确定情况，其使用将受到限制，且永久散射体点分布状态随机性较大，难以统一进行标准网络性划分。

4)角反射器差分干涉技术(CR-InSAR)

角反射器差分干涉技术是在重复轨道差分干涉测量基础上发展的差分干涉技术。通过在被监测地区放置若干个人工角反射器，要求这些人工角反射器的反射强度优于监测区周围其他参考物，这些人工角反射器在SAR图像上成像信息为一个个明显的亮白点，通过监测这些亮白点的相位变化，最终得到监测地表形变信息，图1-9为三面人工角反射器。

图1-9　三面人工角反射器

角反射器差分干涉技术适用相关性很差甚至完全无相关区域，可进行长时间监测，可应对突发事件，做到实时甚至准时形变监测，变形监测精度高。

1.3.7　变形监测自动化

自动化监测可在无人值守下实现自动监测和数据自动传输。利用现代无线通讯技术，实现监测设备与系统库主机之间的双向通讯，系统主机自动控制监测设备工作，监测设备自动向系统主机发送监测数据信息。要求监测数据与数据库数据格式完整接口，高精度监测设备可有效控制测量误差，确保监测数据精度达到预定目标。

水工建筑物、桥梁等自动化监测系统是实现安全信息长期自动采集、自动传输、自动分析处理和安全评价的系统。安全监测自动化系统可分为数据(信息)采集系统和信息管理及安全评价系统：前者由传感器(监测仪器)、通信介质、电源设施、测量控制装置和数据采集工作站等构成；后者由信息录入子系统、数据预处理、误差分析子系统、数学模型、预报子系统、信息融合与安全评价子系统、结果输出子系统等构成。安全评价系统是由数据库服务器、计算机工作站和相应软件构成；数据采集系统是由传感器、测量控制装置和数据采集工作站构成。

大型桥隧施工在线监测系统利用测量机器人的伺服电动机和自动照准功能，通过串口RS232或蓝牙通信，由计算机程序控制仪器完成自动测量、自动数据处理、自动发送数据、数据预警等操作，实现自动化与智能化的完美结合。运用该系统可极大提高长周期、高频率、多监测点项目工作效率。自动在线监测系统主要由自动监测模块和数据处理模块两部分构成(图1-10)。

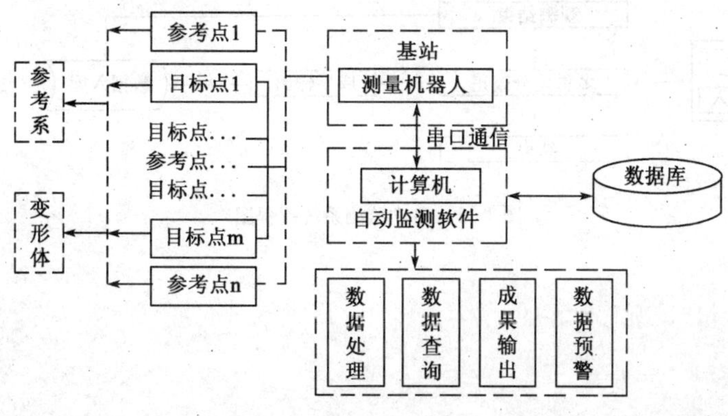

图1-10　大型桥隧施工在线监测系统

(1)监测网组成。测量机器人自动变形监测系统实质为自动极坐标测量系统,监测网布设成简单控制网,网中包含基准点、目标点和测站点。基准点为已知点,埋设不少于3个且远离变形区域,能为监测网提供方位、高程差分、距离差分和角度差分基准。要求基准点覆盖变形区域,埋设在稳定基岩上、离变形区足够远;目标点尽量布设在能最大程度反映变形区域的位置,并安置反射单棱镜;测站点选在能与基准点、目标点通视,且远离变形区域的合适位置。

(2)自动监测系统工作流程。测量机器人安置在测站点,棱镜安置在目标点和基准点,利用通讯电缆将计算机和测量机器人连接起来构成基站,通过测量获得基准点和目标点的周期性观测数据,根据基准点数据对目标点进行实时差分改正,计算目标点的三维变形量,分析目标点的变形趋势、安全性。自动监测系统流程见图1-11。

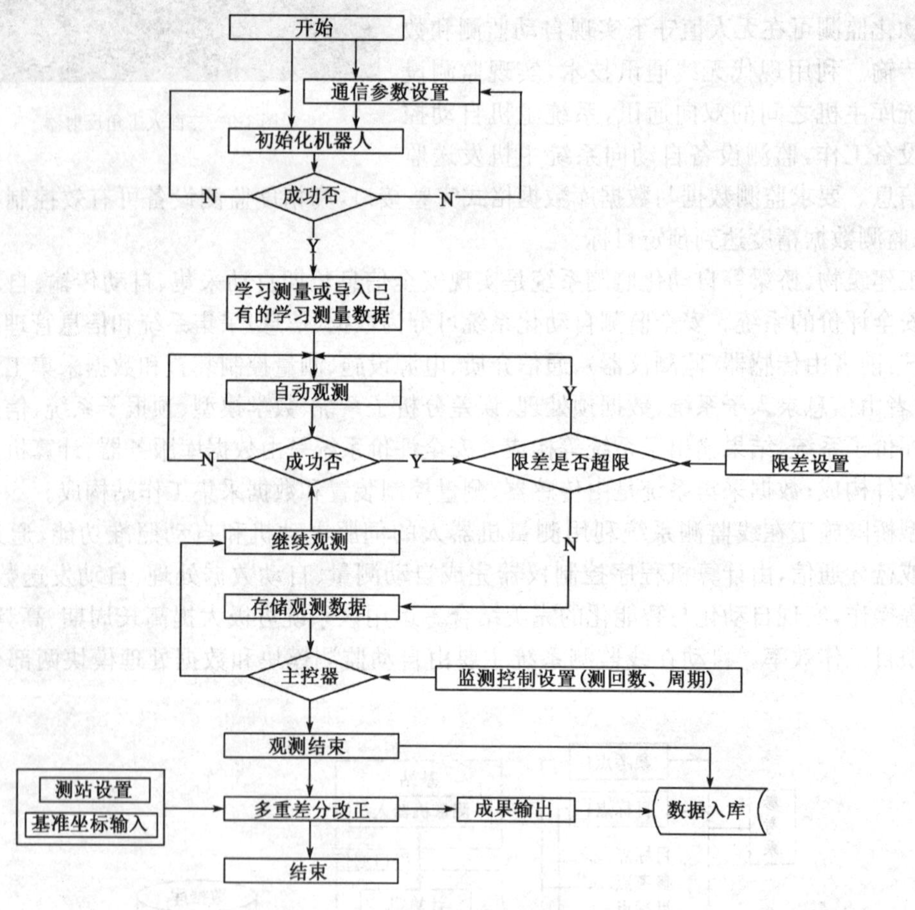

图1-11 自动监测系统流程图

第2章　变形网平差及变形分析

变形监测主要运用大地测量方法、摄影测量方法、GPS、InSAR和特殊测量手段。需要建立平面和高程控制网，并在监测对象及其周围布置一系列监测点，通过对控制网及监测点重复测量，获得监测数据，确定变形大小及其规律。用于变形测量的控制网，称为变形控制网，简称变形网。变形网的平差方法有三种：经典平差法、秩亏自由网平差法、拟稳平差法。

2.1　变形网的特点

与工程控制网相比，变形网有其特点，这些特点决定了变形网平差与工程控制网平差方法的区别。

2.1.1　布网目的

变形网具有与工程控制网不同的布网目的。工程控制网的布网目的是保证工程的各个部位能处在一定的相互关系中。例如，贯通测量控制网需保证从两边测量的贯通点偏差不能超过某一限差；工矿区控制网是保证地面、地下的各种工程设施处在一定的相互关系之中。因此，对于工程控制网，网点之间的相对精度至关重要。衡量控制网等级的重要指标就是网的最弱边精度。

但变形网则不同，变形网布网的目的是为了测定网点变形，而网点之间的相对精度则不是主要的。由于布网的目的不同，影响网的质量因素也就不同，例如大气折光引起的误差、测距仪的比例误差等系统误差对工程控制网的精度影响很重要，因而必须设法减小，但对变形网的影响却不是主要的，只要观测仪器、观测条件及观测人员等相同，在计算变形的过程中则能相互抵消或消除，使确定的变形量不受这些误差的影响。

2.1.2　布网原则

变形网与工程控制网布网原则不同。工程控制网布网时，网点的选择一般是按如下原则：①网点视野开阔；②构成网点之间的图形规则，最好是等边三角形；③三角形角度一般要控制在30°～150°内。

而变形网则完全是根据监测的需要来布设网点。例如，变形监测的工作基点，应尽量选在地质条件好、受力干扰较小的地方，或根据工作点的位置确定，再选择一局部稳定点。而对于网点的视野、网点之间的相互关系则没有要求，为了设置稳定点，一般要花费较大费用。

2.1.3 变形网图形复杂,多余观测多

变形网图形复杂,多余观测多。工程控制网的观测以构成简单的三角形、大地四边形或中点多边形为宜,可按条件平差或间接平差。而变形网则以能通视监测为原则,不追求图形如何构成,并且多余观测越多越好。图 2-1 所示为某原油码头的变形测量网,从该网可以看出变形网布设的这一特点。

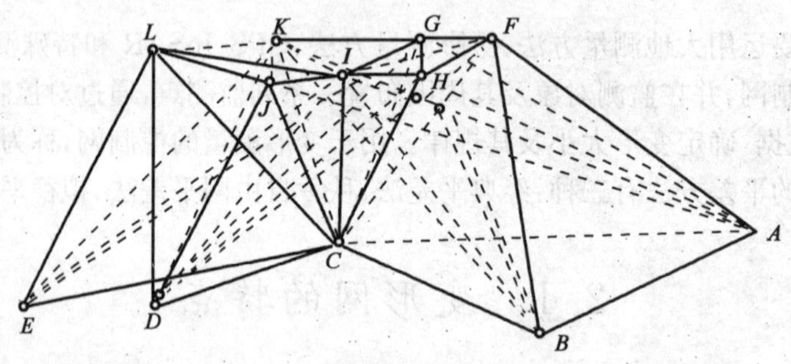

图 2-1 某原油码头变形测量网

2.1.4 传统变形网边短,精度高

传统的变形网边短,但精度高,并且多采用强制对中装置。变形测量网的边长一般在几百米或一千米左右,采用先进的仪器,且观测往往是按国家一、二等精度要求进行。

2.1.5 变形网可以无已知数据

在工程控制网中,控制网必须有一个已知点的坐标,一个已知方向,一条已知边长;变形网则可以不要这些数据,而按自由网平差。尽管工程控制网中,已知点、已知方向可假定,但已知边必不可少;而变形网可以是纯测角网,不需要任何观测边或已知边。

2.2 变形网按经典网平差

经典的测量控制网平差时必须具备必要的起算数据,并以这些起算数据为基准,确定其他网点的坐标,这些必要的起算数据一般称为参考基准。

变形网实质仍然是一种如何确定网点位置的测量控制网,因此可以按经典控制网平差方法进行平差,确定网点的位置。考虑到变形网图形复杂,多余观测多的特点,变形网的平差一般选用间接平差法。

2.2.1 间接平差原理

设实际观测值组成的向量为 L,未知数为 X_L,改正数为 V,则:

$$L + V = F(X_L) \tag{2-1}$$

式中：$L=(L_1,L_2,\cdots,L_n)^{\mathrm{T}}$，$V=(V_1,V_2,\cdots,V_n)^{\mathrm{T}}$；

$F(X_{\mathrm{L}})=(f_1(X_{\mathrm{L}}),f_2(X_{\mathrm{L}}),\cdots,f_n(X_{\mathrm{L}}))^{\mathrm{T}}$。

通常直接观测量与未知量之间存在非线性函数关系，例如，三角网中的边长与坐标的关系为：

$$S_{12}=\sqrt{(X_{2\mathrm{L}}-X_{1\mathrm{L}})^2+(Y_{2\mathrm{L}}-Y_{1\mathrm{L}})^2}$$

方向与坐标的关系为：

$$\alpha_{12}=\arctan\frac{Y_{2\mathrm{L}}-Y_{1\mathrm{L}}}{X_{2\mathrm{L}}-X_{1\mathrm{L}}}$$

对于这种非线性的函数关系，给定未知数一个近似值 X_0，即令：

$$X_{\mathrm{L}}=X_0+X$$

线性化后可得观测方程：

$$l+V=AX \tag{2-2}$$

式中：$l_i=L_i-L_{i0}$，$L_{i0}=f_i(X_0)$，$l=(l_1,l_2,\cdots,l_n)^{\mathrm{T}}$。

其中 A 为线性化时，由近似坐标 X_0 计算的误差方程系数；X 为近似坐标的改正数；l 由直接观测值 L 计算所得，不是直接观测值，但为了方便，习惯称 l 为观测值。

设观测权为 P，根据最小二乘原理：

$$V^{\mathrm{T}}PV=\min \tag{2-3}$$

求极值，有：

$$\frac{\mathrm{d}(V^{\mathrm{T}}PV)}{\mathrm{d}x}=2V^{\mathrm{T}}P\frac{\mathrm{d}V}{\mathrm{d}X}=2V^{\mathrm{T}}PA=0$$

转置后有：

$$A^{\mathrm{T}}PV=0 \tag{2-4}$$

考虑式(2-2)，有：

$$A^{\mathrm{T}}P(AX-l)=0$$

$$A^{\mathrm{T}}PAX=A^{\mathrm{T}}Pl \tag{2-5}$$

式(2-5)即为间接平差的法方程，令 $N=A^{\mathrm{T}}PA$，则有：

$$NX=A^{\mathrm{T}}Pl \tag{2-6}$$

式中：N——法方程系数矩阵。

经典网具有必要的起算数据，所以 N 满秩，因而可以采用经典的测量平差求解法方程。按矩阵求逆的方法，可以求得未知数：

$$X=N^{-1}A^{\mathrm{T}}Pl \tag{2-7}$$

其他平差值分别为：

$$V=AX-l=(AN^{-1}A^{\mathrm{T}}P-E)l \tag{2-8}$$

$$\overline{l}=l+V=AX=AN^{-1}A^{\mathrm{T}}Pl \tag{2-9}$$

单位权方差的估计值为：

$$S^2=\frac{V^{\mathrm{T}}PV}{n-t} \tag{2-10}$$

式中：n——观测值个数；

t——未知数个数。

已知观测权为 P，则观测值协因素矩阵为 $Q_l = P^{-1}$。根据误差传播定理，有：

$$Q_X = (N^{-1}A^TP)Q_l(N^{-1}A^TP)^T$$
$$= N^{-1}A^TPQ_lPAN^{-1} = N^{-1}NN^{-1} = N^{-1} = (A^TPA)^{-1} \tag{2-11}$$

$$Q_{\bar{l}\bar{l}} = AQ_{xx}A^T = AN^{-1}A^T \tag{2-12}$$

$$Q_V = (AN^{-1}A^TP - E)Q_l(AN^{-1}A^TP - E)^T$$
$$= Q_l - AN^{-1}A^T = Q_{\bar{l}\bar{l}} - Q_{ll} \tag{2-13}$$

$$Q_{XV} = (N^{-1}A^TP)Q_l(AN^{-1}A^TP - E)^T = N^{-1}A^T(PAN^{-1}A^T - E)$$
$$= N^{-1}A^TPAN^{-1}A^T - N^{-1}A^T = 0 \tag{2-14}$$

$$Q_{VV} = (AN^{-1}A^TP)Q_l(AN^{-1}A^TP - E)^T$$
$$= AN^{-1}A^T(PAN^{-1}A^T - E)^T = 0 \tag{2-15}$$

由式(2-14)、式(2-15)可知：$Q_{XV}=0$，$Q_{VV}=0$，表明平差后，观测值改正数 V、未知数 X、观测值平差值相互独立，这一性质对变形分析与变性检验有着十分重要的意义。

另外，由式(2-13)知：

$$Q_l = Q_{\bar{l}\bar{l}} + Q_V$$

因为协因素矩阵本身的性质：

$$Q_V, Q_{\bar{l}\bar{l}}, Q_l \geqslant 0$$

所以：

$$Q_l \geqslant Q_V, Q_l \geqslant Q_{\bar{l}\bar{l}}$$

表明观测值的平差值的精度要比平差前高，观测改正数的精度也比观测值精度高。

若对同一监测网先后进行两次观测，两次观测所求同一点的坐标肯定会有差异。因此必须判断这一差值是由于观测误差引起，还是由于网点的移动引起，必须根据点的坐标误差或位置误差判断，点位误差椭圆是表示点的误差的一种方法。

误差椭圆的计算式为：

$$\lambda_1 = \frac{1}{2}(Q_{xixi} + Q_{yiyi} + q) \tag{2-16}$$

$$\lambda_2 = \frac{1}{2}(Q_{xixi} + Q_{yiyi} - q) \tag{2-17}$$

$$q = \sqrt{(Q_{xixi} - Q_{yiyi})^2 + 4Q_{xiyi}^2} \tag{2-18}$$

$$E = S_0\sqrt{\lambda_1}, F = S_0\sqrt{\lambda_2}$$

其中：E 表示误差椭圆的长半轴；F 表示误差椭圆的短半轴；长半轴与 X 轴夹角为：

$$\alpha = \arctan\frac{2Q_{xiyi}}{Q_{xixi} - Q_{yiyi}} \tag{2-19}$$

2.2.2 变形网按经典网平差的三种情形

分三种情况来讨论变形网按经典网平差。

1)变形网为测边网或边角网

(1)选择稳定可靠的点作为已知点，稳定可靠的方向作为已知方向。工程控制网一般是根据与高一级控制网的联测，确定已知点和已知方向，少数独立的控制网或专用控制网是根据工程需要确定已知点和已知方向。但变形网必须选择稳定的点作为已知点，稳定可靠的点之间的方向作已知方向。稳定点选择的原则是：离受力变化区比较远；附近无其他施工场地（道路开挖、削坡等）；地质条件好；点位埋设稳固。

(2)建立误差方程式。边长误差方程为：

$$V=-\frac{x_{0j}-x_{0i}}{s_{ij}}\delta x_i-\frac{y_{0j}-y_{0i}}{s_{ij}}\delta y_i+\frac{x_{0j}-x_{0i}}{s_{ij}}\delta x_j+\frac{y_{0j}-y_{0i}}{s_{ij}}\delta y_j-l \tag{2-20}$$

其中：x_{0i}，y_{0i}，x_{0j}，y_{0j}分别表示点i、j的近似坐标；$l=s-s_0$，s为直接观测值，s_0为由近似坐标计算得出的两点间的距离。

方向观测误差方程为：

$$V=-\delta_\alpha+\frac{y_{0j}-y_{0i}}{s_{ij}^2}\delta x_i-\frac{x_{0j}-x_{0i}}{s_{ij}^2}\delta y_i-\frac{y_{0j}-y_{0i}}{s_{ij}^2}\delta x_j+\frac{x_{0j}-x_{0i}}{s_{ij}^2}\delta y_j+\frac{y_{0j}-y_{0i}}{s_{ij}}\delta y_j-l \tag{2-21}$$

其中：δ_α为定向角未知数；$l=L_1+Z_0-L_0$，Z_0为定向角未知数近似值，L_0为由近似坐标反算的近似方位角。

列出各观测的误差方程后，便可组成法方程，求出各点坐标及有关平差量。

(3)计算变形值。根据不同时期两次观测的平差，可以求出两次观测时网点的位置X_{I}、X_{II}，网点移动的变形值为：

$$d=X_{\mathrm{II}}-X_{\mathrm{I}} \tag{2-22}$$

显然d中包含观测误差。而判断d究竟是由误差引起还是由移动变形引起，就是变形检验所要研究的问题。

2)变形网为测角网

某水电站坝区变形监测网，在大坝蓄水前建立，鉴于当时的条件，是在网中测量一条基线，并以此基线为起算边进行平差。如图2-2所示，大坝蓄水后对该网重新观测，而在第二次观测时除测角外，还观测了4条边，在第二次观测前通过水准测量已发现原基线的两点都产生了移动。第二次观测后平差发现，所有的边平均增加了1～2cm，通过分析网的实际情况，认为不可能所有的网点都产生了移动，因而两次观测边长中包含系统偏差。在进行变形网平差时必须舍弃边观测值，采用纯测角进行平差。

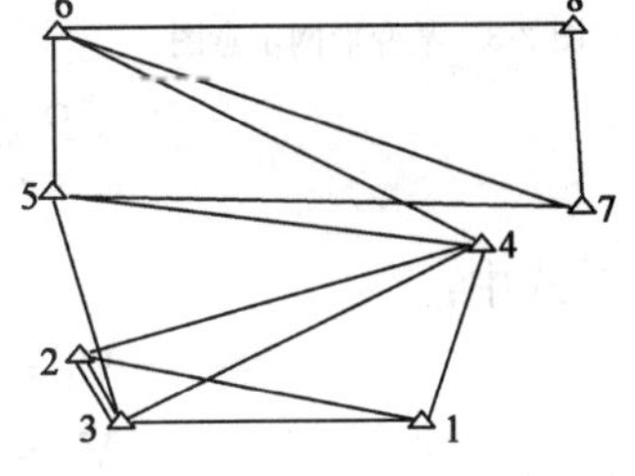

图2-2 某水电站坝区变形监测网

具体平差按如下步骤进行：

(1)选择初次观测时基线的两个端点为已知点或选择其中一个端点为已知点，任意选择一个方向为已知方向，按间接平差求出各点坐标，由于网本身观测精度高，各边仍有较高的精度。

(2)选择两个稳定点，以这两个点为已知起始点，其坐标值取上述平差求得的坐标，将整个网按测角网重新平差。而上述平差后求得的各点坐标值可作为各点的坐标近似值，稳定点选择的方法仍然与第一种相同。

(3)以后各期观测都以上述两个稳定点为起始点，进行平差。

(4)根据各期观测结果，计算网点移动变形值：

$$d = X_{\text{II}} - X_{\text{I}}$$

3)变形网为高程网

当高程网中只有一个稳定点时,可用该稳定点为起算点,对网进行平差,确定各点高程,然后根据各期观测网点的高程,确定网点的变形:

$$d = H_{\text{II}} - H_{\text{I}}$$

当网中有多个稳定点时,可按下列步骤计算:

(1)任选一点为起算点,进行平差,确定各点的高程。

(2)分析确定各稳定点,将上述平差后的高程作为这些稳定点的已知高程,然后以这些稳定点为固定点,对各期进行平差计算。

(3)根据各期观测网点的高程值,确定各网点变形值。

例 2-1 图 2-3 所示变形网,两次观测数据如下:

第Ⅰ期		第Ⅱ期	
$h_1=3.476$	$s_1=1\text{km}$	$h_1=3.455$	$s_1=1\text{km}$
$h_2=1.328$	$s_1=2\text{km}$	$h_2=1.314$	$s_2=2\text{km}$
$h_3=2.198$	$s_3=2\text{km}$	$h_3=2.190$	$s_3=2\text{km}$
$h_4=3.234$	$s_4=1\text{km}$	$h_4=3.225$	$s_4=1\text{km}$

其中 A,B,C,D 均为稳定点,试求两期观测之间 P 点的变形值。

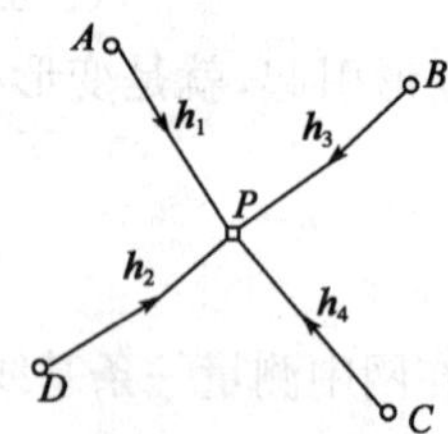

图 2-3 某变形网示意图

解:第一步,任选一起算点,如 A 点,假定 $H_A=100\text{m}$,B、C、D 未知。由于设有多条观测路线,可直接计算各点高程。

$$H_P = H_A + h_1 = 103.476$$
$$H_B = H_P - h_3 = 101.278$$
$$H_C = H_P - h_4 = 100.242$$
$$H_D = H_P - h_2 = 102.148$$

第二步,将 A、B、C、D 作为固定点,对第Ⅰ期重新进行平差,选 P 点近似坐标为 103.476,按间接平差有:

$$V = AX - l$$

式中:

$$V_1 = \delta H_P - l_1, l_1 = h_1 - (H_{P0} - H_A) = 0$$
$$V_2 = \delta H_P - l_2, l_2 = h_2 - (H_{P0} - H_B) = 0$$
$$V_3 = \delta H_P - l_3, l_3 = h_3 - (H_{P0} - H_C) = 0$$
$$V_4 = \delta H_P - l_4, l_4 = h_4 - (H_{P0} - H_D) = 0$$

$$P = \begin{bmatrix} 1 & 0 & 0 & 0 \\ 0 & \frac{1}{2} & 0 & 0 \\ 0 & 0 & \frac{1}{2} & 0 \\ 0 & 0 & 0 & 1 \end{bmatrix}$$

$$A = (1,1,1,1)^T, N = A^TPA = 3, X = N^{-1}A^TPl = 0$$

$$\delta H_P = X = 0, H_{P1} = H_{P0} + \delta H_P = 103.476$$

$$Q_P = N^{-1} = \frac{1}{3}$$

第三步，第Ⅱ期平差。

$$V_1 = \delta H_P - (-10)$$

$$V_2 = \delta H_P - (-14)$$

$$V_3 = \delta H_P - (-8)$$

$$V_4 = \delta H_P - (-9)$$

$$N = 3, l = (-10, -14, -8, -9)^T$$

$$A^TPl = -30$$

$$X = N^{-1}A^TPl = \frac{1}{3}(-30) = -10$$

$$\delta H_P = X = -10$$

$$\delta H_{P\text{II}} = 103.476\text{m} - 10\text{mm} = 103.466\text{m}$$

第四步，求变形。

$$d = H_{P\text{II}} - H_{P\text{I}} = 103.466 - 103.476 = -10\text{mm}$$

例 2-2 有一水准变形网，如图 2-4 所示，各路线的高差观测值及距离如下：

第Ⅰ期		第Ⅱ期	
$h_1 = 0.505$	$s_1 = 4\text{km}$	$h_1 = 0.499$	$s_1 = 4\text{km}$
$h_2 = 4.010$	$s_2 = 1\text{km}$	$h_2 = 4.021$	$s_2 = 1\text{km}$
$h_3 = -2.003$	$s_3 = 2\text{km}$	$h_3 = -2.017$	$s_3 = 2\text{km}$
$h_4 = -2.501$	$s_4 = 4\text{km}$	$h_4 = -2.499$	$s_4 = 4\text{km}$

其中 P_1，P_3 为稳定点，试求两期观测间 P_2，P_4 点的变形值。

解：第一步，选择 P_1 已知点，假定 $H_1 = 100\text{m}$。

由于图形简单，可采用条件平差，则 $W = 11$，按与路线成正比分配，有：

$$V_1 = -4, V_2 = -1, V_3 = -2, V_4 = -4$$

各观测值得平差值为：

$$\overline{h_1} = 0.501, H_1 = 100.00$$

$$\overline{h_2} = 4.009, H_2 = H_1 + \overline{h_1} = 100.501$$

$$\overline{h_3} = -2.005, H_3 = H_2 + \overline{h_2} = 104.510$$

$$\overline{h_4} = -2.505, H_4 = H_3 + \overline{h_3} = 102.505$$

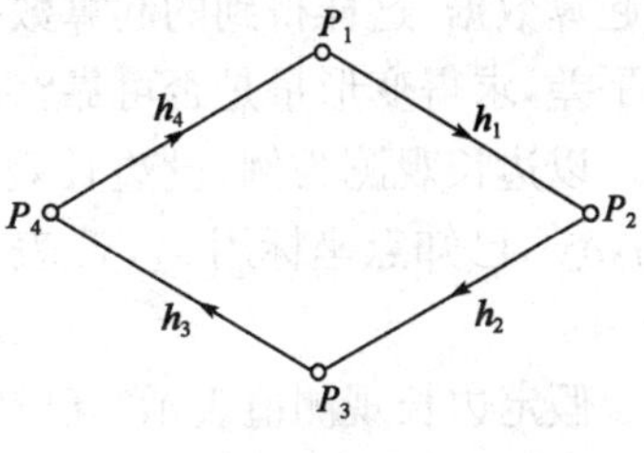

图 2-4 水准变形网示意图

第二步，以 P_1，P_3 为已知点，上述计算的 H_1，H_3 为已知高程，重新对第Ⅰ期进行平差。此时，原闭合环变成了 $P_1 - P_2 - P_3$ 及 $P_3 - P_4 - P_1$ 两条附合导线，分别平差有：

$$P_1 - P_2 - P_3: \quad W_1 = 5, V_1 = -4, V_2 = -1$$

$$P_3 - P_4 - P_1: \quad W_2 = 6, V_3 = -2, V_4 = -4$$

求得：

$$\overline{h_1} = 0.491, H_1 = 100.00$$
$$\overline{h_2} = 4.019, H_2 = H_1 + \overline{h_1} = 100.491$$
$$\overline{h_3} = -2.015, H_3 = H_2 + \overline{h_2} = 104.510$$
$$\overline{h_4} = -2.495, H_4 = H_3 + \overline{h_3} = 102.495$$

第三步：对第Ⅱ期观测进行平差。

路线 $P_1 - P_2 - P_3$：　$W_1 = 10, V_1 = -8, V_2 = -2$

路线 $P_3 - P_4 - P_1$：　$W_2 = -6, V_3 = 2, V_4 = 4$

$$\bar{h}_1 = 0.491, H_1 = 100.00$$
$$\bar{h}_2 = 4.019, H_2 = H_1 + \bar{h}_2 = 100.491$$
$$\bar{h}_3 = -2.015, H_3 = H_2 + \bar{h}_3 = 104.510$$
$$\bar{h}_4 = -2.495, H_4 = H_3 + \bar{h}_4 = 102.495$$

第四步：计算变形值。

$$d_2 = H_{2\text{Ⅱ}} - H_{2\text{Ⅰ}} = 100.491 - 100.501 = -10\text{mm}$$
$$d_4 = H_{4\text{Ⅱ}} - H_{4\text{Ⅰ}} = 102.495 - 100.505 = -10\text{mm}$$

2.2.3 变形网按经典网平差时起始数据误差的影响

经典控制网测量要求固定点的精度比待定点精度高一个以上等级，例如，布设四等控制网，要求起算点、起算方向和起算边精度达三等以上。即使如此，现代测量平差与数据处理中让起算数据带权参与平差，或采用其他方法可减少起算数据误差的影响。

变形测量网本身的观测精度一般要求非常高：如大地变形监测网，本身就是采用最好的仪器，按最高的要求进行观测；大坝变形监测网，则采用强制归心。

变形网经典平差，是利用第Ⅰ期观测的观测值平差计算，得到稳定点的坐标或其他数据作为起算数据，这样得到的起算数据的精度肯定不会比重复观测精度高，那么用这样起算数据进行平差，求得变形量是否可靠？起算数据的误差对平差结果的影响如何？

以边长观测为例，设边长观测值为 s，待定点坐标近似值为 x_{0i}, y_{0i}。近似坐标改正数为 $\delta x_i, \delta y_i$，已知点坐标用 x_s, y_s 表示，已知点坐标的误差用 $\delta x_0, \delta y_0$ 表示，即：

$$x_s = x_{s0} + \delta x_0, y_s = y_{s0} + \delta y_0 \tag{2-23}$$

假定边长观测值表示一已知点与待定点 i 之间的距离，则误差方程为：

$$s_i + V = \sqrt{(x_{0i} + \delta x - x_{s0})^2 + (y_{0i} + \delta y - y_{s0})^2} \tag{2-24}$$

线性化后有：

$$V_i = \frac{x_{0i} - x_{s0}}{s}\delta x_i + \frac{y_{0i} - y_{s0}}{s}\delta y_i - l_i \tag{2-25}$$

其中：

$$l_i = s_i - \sqrt{(x_{0i} - x_{s0})^2 + (y_{0i} - y_{s0})^2} = s_i - s_{0i} \tag{2-26}$$

在不考虑已知点误差的情况下，一般把包含误差的(x_s, y_s)作为无误差的值，代替(2-26)

中(x_{s0},y_{s0})进行计算，即实际计算时取：

$$l_i = s_i - \sqrt{(x_{0i} - x_s)^2 + (y_{0i} - y_s)^2} \tag{2-27}$$

考虑式(2-23)，有：

$$\begin{aligned} l_i &= s_i - \sqrt{(x_{0i} - x_{s0} - \delta x_0)^2 + (y_{0i} - y_{s0} - \delta y_0)^2} \\ &= s_i - \sqrt{(x_{0i} - x_{s0})^2 + (y_{0i} - y_{s0})^2} - \frac{x_{0i} - x_{s0}}{s}\delta x_0 - \frac{y_{0i} - y_{s0}}{s}\delta y_0 \end{aligned} \tag{2-28}$$

令：

$$l_i^{(1)} = s_i - s_0, l_i^{(2)} = -\frac{x_{0i} - x_{s0}}{s}\delta x_0 - \frac{y_{0i} - y_{s0}}{s}\delta y_0 \tag{2-29}$$

则有：

$$l_i = s_i - s_0 + l_i^{(2)} = l_i^{(1)} + l_i^{(2)} \tag{2-30}$$

由此可见，误差方程常数项 l 由两部分组成：第一部分是与观测值有关的 $l^{(1)}$，而另一部分 $l^{(2)}$ 是由起算数据误差引起的。

由平差计算公式有：

$$\begin{aligned} V &= AX - l \\ X &= N^{-1}A^{\mathrm{T}}Pl = N^{-1}A^{\mathrm{T}}P(l^{(1)} + l^{(2)}) \\ &= N^{-1}A^{\mathrm{T}}Pl^{(1)} + N^{-1}A^{\mathrm{T}}Pl^{(2)} \end{aligned} \tag{2-31}$$

如果起算数据有误差，则 $l^{(2)} \neq 0$，说明网点坐标受起算数据误差的影响。对于变形网，如果进行了两期观测，且两期观测方案相同，则第Ⅰ期平差后可求得：

$$X_{\mathrm{I}} = N^{-1}A^{\mathrm{T}}Pl_{\mathrm{I}}^{(1)} + N^{-1}A^{\mathrm{T}}Pl_{\mathrm{I}}^{(2)} \tag{2-32}$$

第二期平差后求得：

$$X_{\mathrm{II}} = N^{-1}A^{\mathrm{T}}Pl_{\mathrm{II}}^{(1)} + N^{-1}A^{\mathrm{T}}Pl_{\mathrm{II}}^{(2)} \tag{2-33}$$

如果在两期观测过程中，起算点(已知点)能保持稳定不变，则已知点坐标的真值在第Ⅰ、Ⅱ期之间是相同的，因而其误差 $\delta x_0 = x_s - x_{s0}$、$\delta y_0 = y_s - y_{s0}$，在两期观测时也相同，由式(2-29)可知起始误差对于第Ⅰ期的影响与对第Ⅱ期的影响相同，即：

$$l_{\mathrm{I}}^{(2)} = l_{\mathrm{II}}^{(2)}$$

因而有：

$$\begin{aligned} d &= X_{\mathrm{II}} - X_{\mathrm{I}} = N^{-1}A^{\mathrm{T}}Pl_{\mathrm{II}}^{(1)} + N^{-1}A^{\mathrm{T}}Pl_{\mathrm{II}}^{(2)} - N^{-1}A^{\mathrm{T}}Pl_{\mathrm{I}}^{(1)} - N^{-1}A^{\mathrm{T}}Pl_{\mathrm{I}}^{(2)} \\ &= N^{-1}A^{\mathrm{T}}Pl_{\mathrm{II}}^{(1)} - N^{-1}A^{\mathrm{T}}Pl_{\mathrm{I}}^{(1)} = N^{-1}A^{\mathrm{T}}P(l_{\mathrm{II}}^{(1)} - l_{\mathrm{I}}^{(1)}) \end{aligned}$$

上式表明起算数据误差对移动没有影响，也就是说，变形网作为经典网平差时，对固定点的精度要求不高。

但如果在两期之间起算点不稳定而产生了变形，则第Ⅱ期的起始坐标真值 x_{s0}，y_{s0} 与第Ⅰ期就不会相同，因而 $l_{\mathrm{I}}^{(2)}$ 就不会与 $l_{\mathrm{II}}^{(2)}$ 相同，即 $l_{\mathrm{I}}^{(2)} \neq l_{\mathrm{II}}^{(2)}$。此时 d 的计算将会受到影响。因此在选择起始点时，一定要选择网中稳定的点作为起算点。

2.3 变形网作为秩亏自由网平差

2.3.1 问题的提出

工程控制网布网时，一般是从已知的起算点出发，根据已知点的位置，规范对图形的要求，并根据工程本身对网点的要求，确定点的位置。对于独立的工程控制网，也是根据工程的要求确定点位，构成图形，同时考虑起始点的位置。亦即对于工程控制网起始点的位置，在网的设计时就已考虑。

当变形网作为经典平差时，起算点的位置必须稳定可靠，对变形网起算点的这一要求可能产生两个问题：一是网中可能有多个稳定点，选择不同的稳定点作为起算点时，其平差结果肯定不同，因而可能得到多组平差解；另一个问题是，可能很难预先确定变形网的哪些点是绝对不动的。

图 2-2 所示为某水电站变形监测网，第Ⅰ期平差时选择 1、2 两点为起算点，并且在这两点之间测量基线，事实上 1、2 两点也是在远离大坝的山坡上，在布网时，从各方面情况看，1、2 两点山坡的坡脚处进行了航道施工，改变了 1、2 两点处的应力场，从而引起移动。因此，第Ⅱ期观测不可能再选 1、2 两点为起算点。

地壳形变监测网也难以寻找稳定不动的固定点作为起算点。以新丰江水库为例，库区地质条件复杂，断层纵横交错。蓄水后库区即频繁发生地震，最大震级达 6.2 级，在这样复杂的地质条件与环境中，要找观测期间都是稳定的点比较困难。

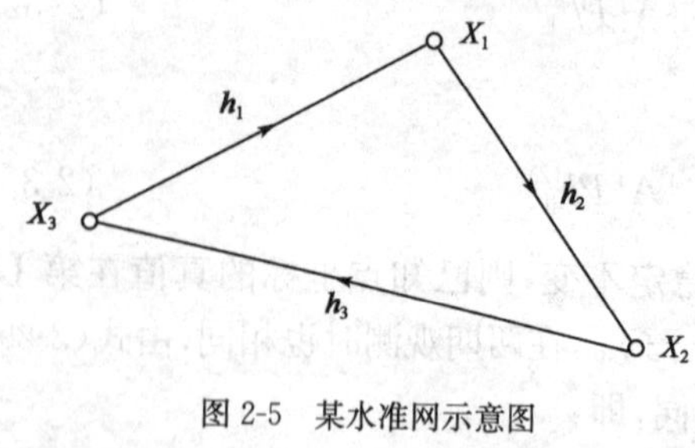

图 2-5 某水准网示意图

秩亏自由网平差针对经典自由网平差选择不同起始点将得出不同的结果问题，不预先假定固定点，所有网点等同看待，即所有网点坐标都视为待定量。但由于缺少起算数据，按这种方法组成误差方程后，求出的法方程系数矩阵是秩亏的。

例如，设有一水准网(图 2-5)，如果按经典平差，则必须选一起算点，若选点 3 为已知点，则：

$$V_1 = x_1 - l_1$$

$$V_2 = -x_1 + x_2 - l_2$$

$$V_3 = -x_2 - l_3$$

即：

$$V = \begin{bmatrix} 1 & 0 \\ -1 & 1 \\ 0 & -1 \end{bmatrix} \begin{bmatrix} x_1 \\ x_2 \end{bmatrix} - \begin{bmatrix} l_1 \\ l_2 \\ l_3 \end{bmatrix}$$

$$V = AX - l$$

系数阵 A 中，任意二阶行列式都不为 0，由矩阵理论可知，$R(A)=2$。

法方程：

$$A^{T}AX = A^{T}l$$

即：

$$V = \begin{pmatrix} 2 & -1 \\ -1 & 2 \end{pmatrix}\begin{pmatrix} x_1 \\ x_2 \end{pmatrix} = \begin{pmatrix} l_1 & -l_2 \\ l_2 & -l_3 \end{pmatrix}$$

$$|N| = \begin{vmatrix} 2 & -1 \\ -1 & 2 \end{vmatrix} \neq 0$$

故 $R(A)=2$ 满秩，法方程有唯一解：$X=N^{-1}A^{T}l$

如果网中不设起算点，即把 x_3 与 x_2、x_1 等同看作未知数，则上述水准网的误差方程为：

$$\begin{bmatrix} V_1 \\ V_2 \\ V_3 \end{bmatrix} = \begin{bmatrix} 1 & 0 & -1 \\ -1 & 1 & 0 \\ 0 & -1 & 1 \end{bmatrix}\begin{bmatrix} x_1 \\ x_2 \\ x_3 \end{bmatrix} - \begin{bmatrix} l_1 \\ l_2 \\ l_3 \end{bmatrix}$$

此时，系数矩阵 A 的行列式为：

$$|A| = \begin{vmatrix} 1 & 0 & -1 \\ -1 & 1 & 0 \\ 0 & -1 & 1 \end{vmatrix} = 0, \begin{vmatrix} 1 & 0 \\ -1 & 1 \end{vmatrix} = 1 \neq 0$$

故 $R(A)=2$，A 为降秩阵，由此所得的法方程系数阵为：

$$N = A^{T}A = \begin{bmatrix} 2 & -1 & -1 \\ -1 & 2 & -1 \\ -1 & -1 & 2 \end{bmatrix}$$

而且有：

$$|N| = \begin{vmatrix} 2 & -1 & -1 \\ -1 & 2 & -1 \\ -1 & -1 & 2 \end{vmatrix} = 0, \begin{vmatrix} 2 & -1 \\ -1 & 2 \end{vmatrix} = 3 \neq 0$$

故 $R(N)=2$，N 为秩亏的矩阵（奇异矩阵），其凯利逆 N^{-1} 不存在。此时的法方程为相容方程，按经典平差方法不能得到唯一解。如何求解上述相容法方程的问题，就是秩亏自由网的平差问题。

由于这种方法是把所有网点等同看待，不需要假定已知点，因此，当变形网中很难找到稳定可靠的点作为已知点时，这种方法就有十分重要的理论与实际意义，因而秩亏自由网平差在变形测量中得到广泛应用。

2.3.2 网秩亏的几何意义及秩亏数计算

A 与 N 产生秩亏可能有两种原因：第一种是缺少必要观侧值，如图 2-6 所示的测边网，由于缺少必要的观测，无法确定 5、6、7、8 点的坐标，这样会使 A 及 N 产生秩亏，这种秩亏一般称为形亏；另一种原因是缺少必要的已知数据，这种情况一般称数亏。对秩亏自由网的讨论主要是针对数亏网开展研究。

如图 2-7 所示，观测三角形的 3 个角度，如果给定 1、2 两点在此坐标系中的位置（坐标），那么角度表示点 3 与 1、2 两点之间的相对位置关系，根据角度就可确定 3 点在坐标系中的位置，这实际上就是经典平差过程的几何描述。

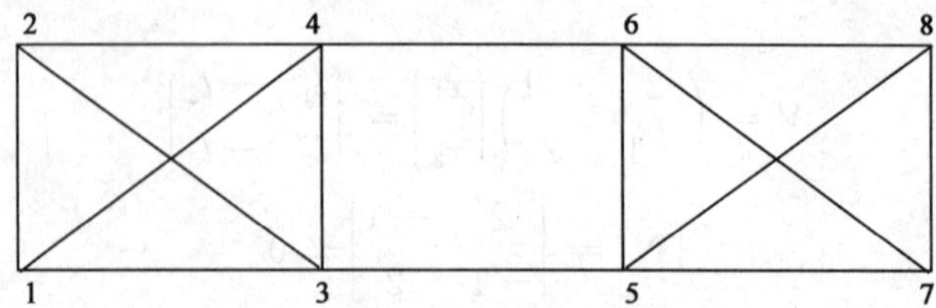

图 2-6　形亏网示意图

但如果不给定 1、2 两点坐标，则该网(三角形)在坐标系中的位置是任意的，可以任意对三角形进行平移、旋转、缩放而不改变三角形的角度。平移、旋转、缩放构成 4 个自由度，给定一个坐标就少一个自由度。例如给定 1 点的 x 坐标，则 1 点只能在 y 方向平移，2、3 两点只能绕 1 点旋转和缩放；如果给定一个点的坐标则整个网不能平移，只能旋转，少了 2 个自由度；如果再给定一个方向，则整个网不能旋转，只能缩放，少了 3 个自由度；如果再给定一个边长就不能缩放，网中没有自由度，网就变成了经典网。

同理，图 2-8 所示的高程网，如果不给定一个点的高程，则整个网可以上下移动。所以网的秩亏，在数学上表现为法方程有无穷多组解，在几何上则表现为网的位置不能固定。

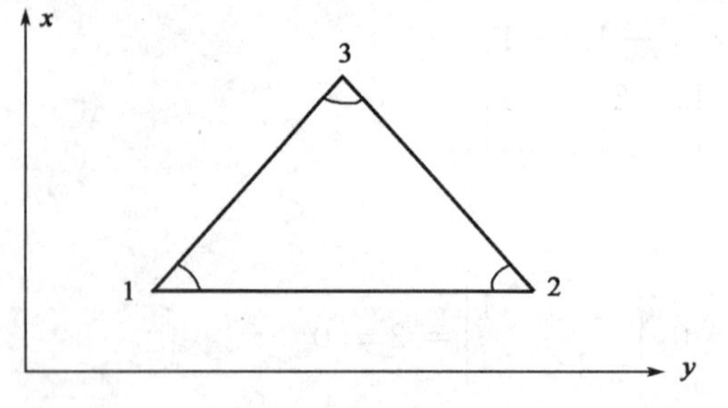

图 2-7　数亏网示意图

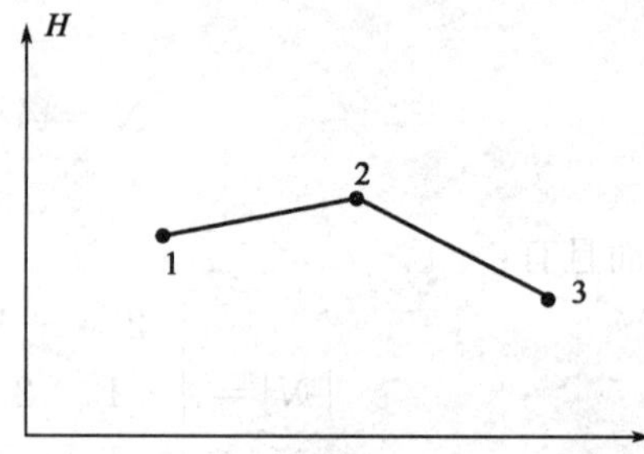

图 2-8　高程网示意图

对于平面网和高程网，秩亏数的计算取决于下列固定数据的量：

(1)如果没有固定点(没有限制 x,y 方向的平移)，产生的秩亏数为 2。

(2)如果没有固定方向(没有限制网的旋转)，产生的秩亏数为 1。

(3)如果没有固定边，也没有边观测值(没有限制比例尺伸缩)，产生秩亏数为 1。

(4)如果没有起算高程(没有限制高程方向的平移)，产生秩亏数为 1。

对于测角网，如果没有起算数据，由上述分析可知，产生的秩亏数为 2+1+1=4；对于测边网或边角网，如果没有起算数据，产生的秩亏数为 2+1=3；对于高程网，如果没有起算数据，产生的秩亏为 1。用公式表示为：

测角网：$R(A)=R(N)=t-4$

测边网、边角网：$R(A)=R(N)=t-3$

高程网：$R(A)=R(N)=t-1$

其中：t 为法方程的维数。在前面例中 $R(A)=R(N)=3-1=2$，与例中计算结果相同。

2.3.3 广义逆矩阵

与经典平差不同的是，秩亏网平差时法方程系数矩阵是秩亏的，矩阵秩亏时求逆的理论，就是广义逆矩阵理论。下面根据秩亏平差的需要，介绍广义逆阵的有关知识及其在任意线性方程组解算中的应用。

对于任意矩阵 $\underset{mn}{A}$，有如下几种情形。

1) A^{-1}

当 $m=n$，即 A 为方阵，且 $R(A)=m$ 时，可按通常的方法求逆 A^{-1}，就是凯利逆，这时有：

$$AA^{-1} = A^{-1}A = E$$

2) g 逆 A^{-}

当 A 为任意矩阵(方阵、长亏阵、满秩或秩亏)时，可求得一个广义逆，记为 A^{-}，定义为：

$$AA^{-}A = A \tag{2-34}$$

A^{-} 又叫 g 逆。由于满足式(2-34)的 A^{-} 有无穷多个，因此 A^{-} 不唯一。

对于任意相容的线性方程组：

$$AX = B \tag{2-35}$$

可以证明：

$$X = A^{-}B \tag{2-36}$$

是它的一组解，即：

$$AA^{-}B = AA^{-}AX = AX = B$$

由于 $AX=0$ 的通解为：

$$X = (E - A^{-}A)M$$

故式(2-35)的通解为：

$$X = A^{-}B + (E - A^{-}A)M \tag{2-37}$$

其中 M 为任意矩阵。

有了 A^{-} 这种广义逆，就可以求解任意相容方程组。

对于 A^{-}，有如下两个重要性质：

$$A(A^{T}A)^{-}A^{T}A = A \tag{2-38}$$

$$A^{T}A(A^{T}A)^{-}A^{T}A = A^{T} \tag{2-39}$$

3) Moore-penrose 广义逆 A^{+}

由于 A^{-} 不唯一，因此加入适当的条件后，可得到另一种广义逆 A^{+}，又叫 Moore-penrose 广义逆，它是唯一的，而且必然存在，A^{+} 定义如下：

$$\left.\begin{aligned} AA^{+}A &= A \\ (A^{+}A)^{T} &= AA^{+} \\ A^{+}AA^{+} &= A^{+} \\ (AA^{+})^{T} &= AA^{+} \end{aligned}\right\} \tag{2-40}$$

也就是说，Moore-penrose 广义逆满足式(2-40)的四个条件，或者说满足四个条件者也必然是 Moore-penrose 广义逆。A^+ 又称最小二乘最小范数逆，意即对于线性方程组，其解：

$$X = A^+ B \tag{2-41}$$

是唯一的，而且 X 满足最小二乘条件 $V^TV=\min$ 和最小范数条件 $X^TX=\min$。

2.3.4 秩亏自由网平差

最小二乘最小范数原则下平差自由网，出现了不少解法，其各有特点，但平差结果相同。根据所运用的数学工具不同，可分为三类：一类是利用广义逆理论；第二类是转化为经典平差方法来处理；第三类是利用特征值。

1)直接求解

对于误差方程：

$$AX = l + V$$

且 $R(A)=t-d$，d 为秩亏数，根据最小二乘原则，求得法方程为：

$$NX = A^TPl \tag{2-42}$$

式中 $R(N)=R(A)=t-d$。由于 N 是奇异的，即法方程是相容方程，它可以有无数组解。用经典平差，满足误差方程的 V 有无数组，选择其中 $V^TPV=\min$ 这一组。鉴于此，对于法方程的无数组解，选择 $X^TX=\min$ 的这一组解作为法方程的最后解，按条件极值原理：

$$\varphi = X^TX - 2K^T(NX - A^TPl)$$

取一阶导数为 0，得：

$$\frac{\partial\varphi}{\partial X} = 2X^T - 2K^TN = 0 \tag{2-43}$$

即：

$$X = NK \tag{2-44}$$

代入法方程有：

$$NNK = A^TPl \tag{2-45}$$

式(2-45)是根据极值条件推导求得，所以满足方程的 K 都符合极值条件，任取一组解：

$$K = (NN)^- A^TPl \tag{2-46}$$

则有：

$$X = N(NN)^- A^TPl \tag{2-47}$$

式(2-47)中，NN 仍是秩亏的，秩亏数仍为 d，即 $R(NN)=R(N)=R(A)=t-d$。$(NN)^-$ 不唯一，即 K 值不唯一，但可证明：$X=N(NN)^-A^TPl$ 却是唯一的。

对上述解，关键是如何求得 $(NN)^-$，以 N^- 为例，说明求 N^- 的一般方法。令：

$$\underset{tt}{N} = \begin{bmatrix} N_{11} & N_{12} \\ N_{21} & N_{22} \end{bmatrix}, B = \begin{bmatrix} E_1 & 0 \\ -N_{21}N_{11}^{-1} & E_2 \end{bmatrix}$$

其中：N_{11} 为 $(t-d)\times(t-d)$ 维的矩阵，N_{22} 为 $d\times d$ 维的矩阵，且 $R(N)=t-d$。

E_1，E_2 分别为单位阵，则：

$$BN = \begin{bmatrix} N_{11} & N_{12} \\ 0 & N_{22} - N_{21}N_{11}^{-1}N_{12} \end{bmatrix}$$

显然有 $R(BN) \geqslant R(N_{11}) = t-d$，由线性代数理论：

$$R(BN) \leqslant R(N) = t-d$$

必有：

$$N_{22} - N_{21}N_{11}^{-1}N_{12} = 0 \tag{2-48}$$

由此可以证明：

$$N^{-} = \begin{pmatrix} N_{11}^{-1} & 0 \\ 0 & 0 \end{pmatrix}$$

为 N 的一个广义逆。即：

$$\begin{aligned} NN^{-}N &= \begin{pmatrix} N_{11} & N_{12} \\ N_{21} & N_{22} \end{pmatrix} \begin{pmatrix} N_{11}^{-1} & 0 \\ 0 & 0 \end{pmatrix} \begin{pmatrix} N_{11} & N_{12} \\ N_{21} & N_{22} \end{pmatrix} \\ &= \begin{pmatrix} E & 0 \\ N_{21}N_{11}^{-1} & 0 \end{pmatrix} \begin{pmatrix} N_{11} & N_{12} \\ N_{21} & N_{22} \end{pmatrix} = \begin{pmatrix} N_{11} & N_{12} \\ 0 & N_{21}N_{11}^{-1}N_{12} \end{pmatrix} \end{aligned}$$

考虑式(2-48)，则有：

$$NN^{-}N = \begin{pmatrix} N_{11} & N_{12} \\ N_{21} & N_{22} \end{pmatrix} = N$$

同理，对于 $(NN)^{-}$，可以在方阵 NN 中任意去掉 d 行、d 列，将余下的部分（已是满秩的）求出凯利逆，再在原来去掉的行、列上补上 0，即为 NN 的一个广义逆。

在矩阵代数中，$X^{T}X$ 表示向量 X 的二次范数，简称范数，因此 $X^{T}X=\min$ 表示范数最小。令：

$$N_{m}^{-} = N(NN)^{-} \tag{2-49}$$

则有：

$$X = N_{m}^{-}A^{T}Pl \tag{2-50}$$

显然 N_{m}^{-} 也是 N 的一个广义逆，对法方程而言，由 N_{m}^{-} 求出的解 X，满足 $X^{T}X=\min$，所以称 N_{m}^{-} 为最小范数逆。

根据协因数传播定理，有：

$$Q_{xx} = N(NN)^{-}N(NN)^{-}N \tag{2-51}$$

可证明 Q_{xx} 满足 Moore-penrose 逆的四个条件，即：

$$Q_{xx} = N(NN)^{-}N(NN)^{-}N = N^{+}$$

由于 N^{+} 唯一，说明 Q_{xx} 也唯一。

理论上还可证明，由 $X^{T}X=\min$ 可以导出 $\mathrm{tr}(Q_{xx})=\min$，即未知量估计 X 的协因数阵的迹最小。

进一步求得观测改正数：

$$V = AX - l = [AN(NN)^{-1}A^{T}P - E]l \tag{2-52}$$

及单位权方差：

$$S^{2} = \frac{V^{T}PV}{n-t+b}$$

秩亏网平差与经典平差之间的关系有如下几点：

(1)两种平差方法所求得的观测改正数 V 及平差值 l 相同。

对于高程网，最后求得的平差后高程相同；对测角网，图形平差后的角度相同，而图形的位置、方位、比例则不同；对边角网或测边网，角度和边长相同，而图形的位置和方位则不同。两种平差求得的单位权方差相同。

(2)两种算法所求得的坐标一般不同。

通常，$X_{秩}^{T}X_{秩} << X_{经}^{T}X_{经}$，这是因为秩亏网平差增加了 $X^{T}X=\min$ 这个条件。

(3)两种方法所求得 $tr(Q_{xx})$ 不同。

由于 $tr(Q_{xx})_{秩} << tr(Q_{xx})_{经}$，因此进行变形检验时，秩亏网平差发现变形的能力往往比采用经典平差强。

2)转换法

秩亏网平差求得的观测改正数及观测平差值与经典平差相同，这说明两种平差方法平差后，得到的控制网的形状相同，不同的是控制网图形的位置、方位。如图 2-9 所示，如果先进行经典平差，就可能把经典平差后所得的图形经旋转、平移后，得到秩亏网的平差图形及平差结果。

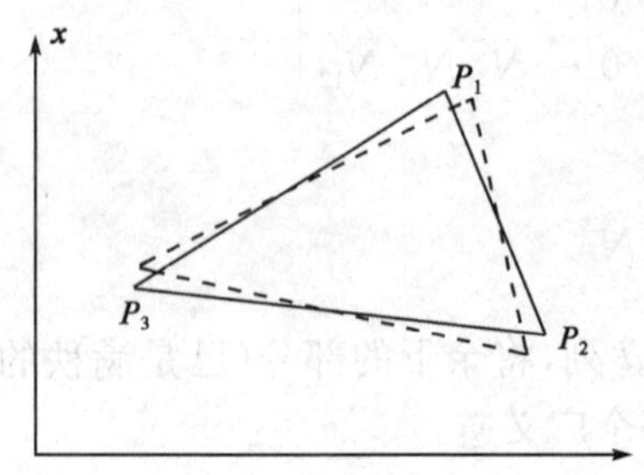

图 2-9　两种平差转换关系示意图

坐标变换公式为：

$$x_{li}=\Delta x+\lambda\cos\alpha\,\vec{x}_{li}+\lambda\sin\alpha\,\vec{y}_{li}$$
$$y_{li}=\Delta y-\lambda\sin\alpha\,\vec{x}_{li}+\lambda\cos\alpha\,\vec{y}_{li} \tag{2-53}$$

其中 x_l, y_l 表示秩亏网平差后的坐标；$\vec{x}_l, \vec{y}_l$ 表示经典平差的坐标。实际平差时，秩亏平差与经典平差有相同的近似坐标，即：

$$x_l=x_0+x\ ,\ \vec{x}_l=x_0+\vec{x}$$

式中 $x, \vec{x}$ 分别表示秩亏平差与经典平差时近似坐标的改正数。代入上式有：

$$x_{0i}+x_i=\Delta x+\lambda\cos\alpha x_{0i}+\lambda\sin\alpha y_{0i}+\lambda\cos\alpha\,\vec{x}_i+\lambda\sin\alpha\,\vec{y}_i$$
$$y_{0i}+y_i=\Delta y-\lambda\sin\alpha x_{0i}+\lambda\cos\alpha y_{0i}+\lambda\cos\alpha\,\vec{x}_i+\lambda\sin\alpha\,\vec{y}_i$$

相对 x_0 的值而言，$x, \vec{x}$ 是一个很小的量，且由于 $x, \vec{x}$ 很小，因此从 $\vec{x}_l$ 到 $\vec{x}$ 的旋转也一定很小，即 $\lambda\sin\alpha\,\vec{y}_i\approx 0$，$\lambda\cos\alpha\,\vec{x}_i=\vec{x}_i$，$\lambda\cos\alpha\,\vec{y}_i=\vec{y}_i$ 代入上式，整理后有：

$$x_i=\vec{x}_i+\Delta x+(\lambda\cos\alpha-1)x_{0i}+\lambda\sin\alpha y_{0i}$$
$$y_i=\vec{y}_i+\Delta y+(\lambda\cos\alpha-1)y_{0i}-\lambda\sin\alpha x_{0i} \tag{2-54}$$

令：

$$t=(\Delta x,\Delta y,\lambda\cos\alpha-1,\lambda\sin\alpha)^{T} \tag{2-55}$$

考虑所有网点的变换式，则有：

$$X=\vec{X}+Gt \tag{2-56}$$

式中：

$$G=\begin{bmatrix}1 & 0 & x_{01} & y_{01}\\ 0 & 1 & y_{01} & -x_{01}\\ 1 & 0 & x_{02} & y_{02}\\ 0 & 1 & y_{02} & -x_{02}\\ \cdots & \cdots & \cdots & \cdots\end{bmatrix}$$

式(2-56)就是目前常用的坐标变换公式,也可以对式中的 G 和 t 作变换,使 G 标准化。标准化得 G 为:

$$G=\begin{bmatrix} \frac{1}{\sqrt{\frac{u}{2}}} & 0 & \frac{x'_{01}}{T} & \frac{y'_{01}}{T} \\ 0 & \frac{1}{\sqrt{\frac{u}{2}}} & \frac{y'_{01}}{T} & -\frac{x'_{01}}{T} \\ \frac{1}{\sqrt{\frac{u}{2}}} & 0 & \frac{x'_{02}}{T} & \frac{y'_{02}}{T} \\ 0 & \frac{1}{\sqrt{\frac{u}{2}}} & \frac{y'_{02}}{T} & -\frac{x'_{02}}{T} \\ \cdots & \cdots & \cdots & \cdots \end{bmatrix}$$

此时有:

$$G^{\mathrm{T}}G=E$$

其中:u 为未知数个数;x'_{0i},y'_{0i} 为重心化坐标;T^2 为所有点到重心点的距离的平方和;即:

$$x'_0=\frac{\sum x_{0i}}{\frac{u}{2}},y'_0=\frac{\sum y_{0i}}{\frac{u}{2}}$$

$$x'_{0i}=x_{0i}-x'_0,y'_{0i}=y_{0i}-y'_0$$

$$T^2=\sum(x'^2_{0i}+y'^2_{0i})$$

对于高程网有:

$$G^{\mathrm{T}}=\left(\frac{1}{\sqrt{u}},\frac{1}{\sqrt{u}},\cdots,\frac{1}{\sqrt{u}}\right)$$

对于坐标变换式,关键是确定变换参数 t,根据秩亏自由网平差的最小范数条件,有:

$$X^{\mathrm{T}}X=\min$$

$$\frac{\partial(X^{\mathrm{T}}X)}{\partial t}=2X^{\mathrm{T}}\frac{\partial X}{\partial t}=2X^{\mathrm{T}}G=0$$

即:

$$G^{\mathrm{T}}X=0 \tag{2-57}$$

式(2-57)是由最小范数条件 $X^{\mathrm{T}}X=\min$ 转化而来,表示 $X^{\mathrm{T}}X=\min$ 与 $G^{\mathrm{T}}X=0$ 等价,考虑式(2-56)有:

$$G^{\mathrm{T}}(\vec{X}+Gt)=0$$

$$G^{\mathrm{T}}Gt=-G^{\mathrm{T}}\vec{X}$$

$$t=-(G^{\mathrm{T}}G)^{-1}G^{\mathrm{T}}\vec{X} \tag{2-58}$$

$$X=\vec{X}+Gt=\vec{X}-G(G^{\mathrm{T}}G)^{-1}G^{\mathrm{T}}\vec{X}$$

$$=[E-G(G^{\mathrm{T}}G)^{-1}G^{\mathrm{T}}]\vec{X} \tag{2-59}$$

如果取标准化的 G,则有:

$$X=(E-GG^{\mathrm{T}})\vec{X} \tag{2-60}$$

$$Q_X = (E - GG^{\mathrm{T}}) Q_{\overrightarrow{X}} (E - GG^{\mathrm{T}}) \tag{2-61}$$

如果首先进行了经典平差，就可以利用上式将经典平差结果转换成秩亏自由网平差结果。实际转换时，利用经典平差求得的待定未知量的估计与固定点坐标改正数 0 一起构成$\overrightarrow{X}$，即经典平差结果为：

$$X_1 = N_1^{-1} A_1^{\mathrm{T}} pl, Q_{x1} = N_1^{-1}$$

$$\overrightarrow{X} = \begin{pmatrix} X_1 \\ 0 \end{pmatrix}, Q_{\overrightarrow{X}} = \begin{pmatrix} Q_{x1} & 0 \\ 0 & 0 \end{pmatrix}$$

转换时还必须注意，G 的列数与秩亏数应严格对应。例如，测角网秩亏数一般为 4，则 G 取 4 列，但边角网或测边网的秩亏数为 3，所以进行转换时只能取 G 的前 3 列。

例 2-3 试对图 2-4 所示的水准网的第一期观测结果，按变换法求秩亏网平差结果。

解：(1)选择近似坐标：

$$X_0 = (10.000, 100.505, 104.515, 102.512)$$

(2)进行经典平差，由于图形简单，采用条件平差法。闭合差 $W=11$，得改正数为：$V_1=-4$，$V_2=-1$，$V_3=-2$，$V_4=-4$；平差值：$\overrightarrow{h_1}=0.501$，$\overrightarrow{h_2}=4.009$，$\overrightarrow{h_3}=-2.005$，$\overrightarrow{h_4}=-2.505$。

(3)选择固定点，这里假定 P_1 为固定点，则有：

$$\begin{aligned} H_1 &= 100 \\ H_2 &= h_1 + \overrightarrow{h_1} = 100.501 \\ H_3 &= h_2 + \overrightarrow{h_2} = 104.510 \\ H_4 &= h_3 + \overrightarrow{h_3} = 102.505 \end{aligned}$$

(4)计算经典平差坐标改正数$\overrightarrow{X}$：

$$\overrightarrow{X} = \begin{bmatrix} H_1 \\ H_2 \\ H_3 \\ H_4 \end{bmatrix} - X_0 = \begin{bmatrix} 0 \\ -4 \\ -5 \\ -7 \end{bmatrix}$$

(5)计算 G 阵及转换矩阵 $E-GG^{\mathrm{T}}$：

$$G = \left(\frac{1}{\sqrt{4}}, \frac{1}{\sqrt{4}}, \frac{1}{\sqrt{4}}, \frac{1}{\sqrt{4}}\right) = \frac{1}{2}(1,1,1,1)$$

$$E - GG^{\mathrm{T}} = \begin{bmatrix} 1 & 0 & 0 & 0 \\ 0 & 1 & 0 & 0 \\ 0 & 0 & 1 & 0 \\ 0 & 0 & 0 & 1 \end{bmatrix} - \frac{1}{4} \begin{bmatrix} 1 & 1 & 1 & 1 \\ 1 & 1 & 1 & 1 \\ 1 & 1 & 1 & 1 \\ 1 & 1 & 1 & 1 \end{bmatrix}$$

$$= \frac{1}{4} \begin{bmatrix} 3 & -1 & -1 & -1 \\ -1 & 3 & -1 & -1 \\ -1 & -1 & 3 & -1 \\ -1 & -1 & -1 & 3 \end{bmatrix}$$

(6)计算秩亏平差坐标：

$$X=(E-GG^{\mathrm{T}})\vec{X}=\frac{1}{4}\begin{bmatrix}3&-1&-1&-1\\-1&3&-1&-1\\-1&-1&3&-1\\-1&-1&-1&3\end{bmatrix}\begin{bmatrix}0\\-4\\-5\\-7\end{bmatrix}=\begin{bmatrix}4\\0\\-1\\-3\end{bmatrix}$$

本例中，图形简单，故先用条件平差法进行经典平差，但如果要计算协因素矩阵 Q_X，则必须先用间接平差。

3)附加条件法

秩亏网的平差模型实际为：

$$\left.\begin{aligned}l+V&=AX\\V^{\mathrm{T}}PV&=\min\\X^{\mathrm{T}}X&=\min\end{aligned}\right\}\tag{2-62}$$

在推导坐标转换公式时，已经指出，最小范数条件与 $G^{\mathrm{T}}X=0$ 等价，因此，上述平差模型可以转换为：

$$\left.\begin{aligned}l+V&=AX\\G^{\mathrm{T}}X&=0\\V^{\mathrm{T}}PV&=\min\end{aligned}\right\}\tag{2-63}$$

式(2-63)即为附有条件的间接平差模型。与经典的附有条件的间接平差模型不同的是，上述模型中，秩亏的误差方程系数矩阵 A 与条件系数矩阵 G 之间有一个重要的特性，即：

$$AG=0\tag{2-64}$$

从而也有：

$$A^{\mathrm{T}}PAG=NG=0\tag{2-65}$$

对于式(2-63)模型，按条件极值有：

$$\varphi=V^{\mathrm{T}}PV+2K^{\mathrm{T}}G^{\mathrm{T}}X=(AX-l)^{\mathrm{T}}P(AX-l)+2K^{\mathrm{T}}G^{\mathrm{T}}X\tag{2-66}$$

$$\frac{\partial\varphi}{\partial X}=2(AX-l)^{\mathrm{T}}PA+2K^{\mathrm{T}}G^{\mathrm{T}}=0$$

转置并整理后，有：

$$\left.\begin{aligned}A^{\mathrm{T}}PAX+GK&=A^{\mathrm{T}}Pl\\G^{\mathrm{T}}X&=0\end{aligned}\right\}\tag{2-67}$$

这就是附有条件的间接平差方程，可以直接求解。由于 $AG=0$，式(2-67)可简化。

第一式左乘 G^{T}，有：

$$G^{\mathrm{T}}A^{\mathrm{T}}PAX+G^{\mathrm{T}}GK=G^{\mathrm{T}}A^{\mathrm{T}}Pl$$

因为 $G^{\mathrm{T}}A^{\mathrm{T}}=(AG)^{\mathrm{T}}=0$，所以 $K=0$，则法方程可变为：

$$\left.\begin{aligned}A^{\mathrm{T}}PAX&=A^{\mathrm{T}}Pl\\G^{\mathrm{T}}X&=0\end{aligned}\right\}\tag{2-68}$$

第二式左乘 G 后加第一式，有：

$$(A^{\mathrm{T}}PA+GG^{\mathrm{T}})X=A^{\mathrm{T}}Pl\tag{2-69}$$

尽管 $A^{T}PA$ 秩亏，但 $AG=0$，也就是说 A 与 G 线性独立，G 的列数为 d，严格等于 A 的秩亏数，因而 $(A^{T}PA+GG^{T})$ 不秩亏，其凯利逆存在，故：

$$X=(A^{T}PA+GG^{T})^{-1}A^{T}Pl \tag{2-70}$$

这就是按附加条件法进行秩亏网平差时未知量 X 的解。

令：

$$Q=(A^{T}PA+GG^{T})^{-1}$$

则：

$$X=QA^{T}Pl \tag{2-71}$$

$$Q_{X}=QA^{T}PAQ=QNQ \tag{2-72}$$

考虑到：

$$Q(A^{T}PA+GG^{T})=E$$

$$QA^{T}PA=E-QGG^{T} \tag{2-73}$$

右乘 G，有：

$$QA^{T}PAG=G-QGG^{T}G$$

$$QGG^{T}G=G \tag{2-74}$$

取标准化的 G，即 $GG^{T}=E$，则有：

$$QG=G \tag{2-75}$$

代入式(2-73)有：

$$QA^{T}PA=QN=E-GG^{T}$$

$$Q_{X}=QNQ=Q(E-GG^{T})=Q-QGG^{T}$$

即：

$$Q_{X}=(A^{T}PA+GG^{T})^{-1}-GG^{T} \tag{2-76}$$

对比式(2-47)、式(2-50)、式(2-70)和式(2-76)可知，采用附加条件法进行秩亏网平差的计算要简单得多。

将 $G^{T}X=0$ 展开，对于平面网有：

$$\sum X_{i}=0\ ,\sum Y_{i}=0$$

对于高程网有：

$$\sum X_{i}=0$$

说明平差后网点坐标重心与近似坐标重心一致，因而称秩亏网平差为重心参考系不变的平差，秩亏网平差的基准是重心基准。与转化法一样，采用附加条件法进行秩亏网平差时，G 的列数必须与网的秩亏数严格一致。对测角网取 4 列，对于边角网或测边网取前面 3 列。

例 2-4 试对例 2-4 的数据用附加条件法进行平差。

解：(1)选择未知数近似值：

$$\begin{bmatrix} x_{01} \\ x_{02} \\ x_{03} \\ x_{04} \end{bmatrix}=\begin{bmatrix} 100.000 \\ 100.505 \\ 104.515 \\ 102.512 \end{bmatrix}$$

(2)组成误差方程(A,l)：

$$V=\begin{bmatrix}-1 & 0 & 0 & 0\\ 0 & -1 & 1 & 0\\ 0 & 0 & -1 & 1\\ 1 & 0 & 0 & -1\end{bmatrix}X-\begin{bmatrix}0\\0\\0\\11\end{bmatrix}$$

取 2km 路线的权为单位权，则：

$$P=\begin{bmatrix}0.5 & 0 & 0 & 0\\ 0 & 2 & 0 & 0\\ 0 & 0 & 1 & 0\\ 0 & 0 & 0 & 0.5\end{bmatrix}$$

(3)计算附加条件系数矩阵：

$$G=\left(\frac{1}{\sqrt{4}},\frac{1}{\sqrt{4}},\frac{1}{\sqrt{4}},\frac{1}{\sqrt{4}}\right)=\frac{1}{2}(1,1,1,1)$$

(4)组成法方程 $A^{T}PA$：

$$N=\begin{bmatrix}1.0 & -0.5 & 0 & -0.5\\ -0.5 & 2.5 & -2.0 & 0\\ 0 & -2.0 & 3.0 & -1.0\\ -0.5 & 0 & -1.0 & 1.5\end{bmatrix}$$

(5)计算 $Q=(N+GG^{T})^{-1}$：

$$GG^{T}=\frac{1}{4}\begin{bmatrix}1 & 1 & 1 & 1\\ 1 & 1 & 1 & 1\\ 1 & 1 & 1 & 1\\ 1 & 1 & 1 & 1\end{bmatrix}$$

$$Q=(N+GG^{T})^{-1}=\frac{1}{176}\begin{bmatrix}147 & 11 & -1 & 19\\ 11 & 99 & 55 & 11\\ -1 & 55 & 91 & 31\\ 19 & 11 & 31 & 115\end{bmatrix}$$

(6)计算 $A^{T}Pl$：

$$A^{T}Pl=(5.5,0,0,-5.5)^{T}$$

(7)计算未知量 X 的估值：

$$X=(N+GG^{T})^{-1}A^{T}Pl=(4.0,0,-1.0,-3.0)^{T}$$

(8)计算 X 的协因素阵 Q_X：

$$Q_X=(N+GG^{T})^{-1}-GG^{T}=\frac{1}{176}\begin{bmatrix}103 & -33 & -45 & -25\\ -33 & 55 & 11 & -33\\ 45 & 11 & 47 & -13\\ -25 & -33 & -13 & 71\end{bmatrix}$$

(9)检核 $G^{T}X=0$：

$$G^{T}X=\frac{1}{2}(4\quad -1\quad -3\quad)=0$$

2.3.5 秩亏变形网平差的若干性质

1)改正数 V 的不变性

经典自由网平差是在最小二乘原则下，通过改正数 V 来消除网中几何条件不符值；秩亏网平差，除满足 $V^{T}PV=\min$ 外，还必须同时满足 $X^{T}X=\min$。

(1)经典平差与秩亏网的改正数 V 相同

证明：

设误差方程 $V=AX-l$ 等权，则法方程：

$$A^{T}AX = A^{T}l$$
$$NX = A^{T}l$$
$$X = N^{-}A^{T}l$$

取不同的 N^{-}，能得到不同的 X，但不论哪个 X 总是能满足法方程。将上述 X 代入误差方程有：

$$V = (AN^{-}A^{T} - E)l \tag{2-77}$$

如果能证明 $AN^{-}A$ 为不变量，则说明用满足法方程的任意 X 求得的改正数不变。假设 N 有两个广义逆 N_1^{-} 和 N_2^{-}，根据广义逆的性质式(2-38)、式(2-39)：

$$A(A^{T}A)^{-}A^{T}A = A$$
$$A^{T}A(A^{T}A)^{-}A^{T} = A^{T}$$

有：

$$AN_1^{-}A^{T}A = A \text{ ,} AN_2^{-}A^{T}A = A$$

即：

$$AN_1^{-}A^{T}A = AN_2^{-}A^{T}A$$

两边右乘 $N_2^{-}A^{T}$，得：

$$AN_1^{-}A^{T}AN_2^{-}A^{T} = AN_2^{-}A^{T}AN_2^{-}A^{T}$$

由广义逆的上述性质，左边为 $AN_1^{-}A^{T}$，右边为 $N_2^{-}A^{T}AN_2^{-} = N_2^{-}$，即：

$$AN_1^{-}A^{T} = AN_2^{-}A^{T} \tag{2-78}$$

说明 $AN^{-}A^{T}$ 为不变量。当权为 P 时，令 $P=g^{T}g$，$N=A^{T}g^{T}gA=(gA)^{T}(gA)$，用 gA 代替 A 并代入式(2-78)，有：

$$gAN_1^{-}A^{T}g^{T} = gAN_2^{-}A^{T}g^{T}$$
$$AN_1^{-}A^{T} = AN_2^{-}A^{T}$$

因此 $V=(AN^{-}A-Q)Pl$ 是不变量，同理：$l=AX=AN^{-}A^{T}Pl$ 也是不变量。

(2)秩亏网平差与经典平差改正数 V 的相同性

证明：

将误差方程改写为：

$$V = (A_1A_2)\begin{pmatrix} X_1 \\ X_2 \end{pmatrix} - l \tag{2-79}$$

其中 X_2 对应于经典平差时固定点的坐标；X_1 对应于经典平差待定点的坐标，则法方程为：

$$\begin{pmatrix} A_1^T PA_1 & A_1^T PA_2 \\ A_2^T PA_1 & A_2^T PA_2 \end{pmatrix} \begin{pmatrix} X_1 \\ X_2 \end{pmatrix} = \begin{pmatrix} A_1^T Pl \\ A_2^T Pl \end{pmatrix} \tag{2-80}$$

$$X = \begin{pmatrix} X_1 \\ X_2 \end{pmatrix} \begin{pmatrix} A_1^T PA_1 & A_1^T PA_2 \\ A_2^T PA_1 & A_2^T PA_2 \end{pmatrix}^{-1} \begin{pmatrix} A_1^T Pl \\ A_2^T Pl \end{pmatrix} \tag{2-81}$$

取：

$$N^- = \begin{pmatrix} (A_1^T PA_1)^{-1} & 0 \\ 0 & 0 \end{pmatrix} \tag{2-82}$$

则：

$$X_1 = (A_1^T PA_1)^{-1} A_1^T Pl, X_2 = 0$$

$$V = (A_1 \quad A_2) \begin{pmatrix} X_1 \\ X_2 \end{pmatrix} - l = A_1 (A_1^T PA_1)^{-1} A_1^T Pl - l$$

$$= [A_1 (A_1^T PA_1)^{-1} A^T - Q] Pl \tag{2-83}$$

按经典平差列出的方程式：

$$V = A_1 X_1 - l$$

$$X_1 = (A_1^T PA_1)^{-1} A_1^T Pl$$

$$V = A_1 (A_1^T PA_1)^{-1} A_1^T Pl - l = [A_1 (A_1^T PA_1)^{-1} A_1 - Q] Pl$$

即秩亏网平差与经典网平差的改正数相同。另外由 X_1 可知，经典平差解是秩亏平差的 N^- 按式(2-82)时的特解。

2)未知量估计的有偏性

未知参数的真值为$\overrightarrow{X}$，则有：

$$E(l) = A\overrightarrow{X} \tag{2-84}$$

$$E(X) = N^+ A^T PE(l) = N^+ A^T PA\overrightarrow{X} = N^+ N\overrightarrow{X} \tag{2-85}$$

因为 $N^+ N \neq E$，所以有观点认为秩亏网平差时估计量 X 是有偏的。但 $N^+ N = E - GG^T$，代入式(2-85)有：

$$E(X) = (E - GG^T)\overrightarrow{X} = \overrightarrow{X} - GG^T\overrightarrow{X} \tag{2-86}$$

因为在秩亏网平差时，对估值附加条件 $G^T X = 0$，如果考虑真值 X 也满足上述条件，即 $G^T \overrightarrow{X} = 0$，则有：

$$E(X) = \overrightarrow{X} - GG^T\overrightarrow{X} = \overrightarrow{X}$$

即估计也是无偏的。因此另一种观点认为，在参考基准 $G^T\overrightarrow{X} = 0$ 下，秩亏网平差时估计量 X 也是无偏的。

3)移动量估计的有偏性

设第Ⅰ，Ⅱ期观测时，网点坐标真值分别为$\overrightarrow{X_{\text{I}}}$，$\overrightarrow{X_{\text{II}}}$，则移动量真值为 $d = \overrightarrow{X_{\text{II}}} - \overrightarrow{X_{\text{I}}}$。若观测方案相同，则 AB 有：

$$E(l_{\text{II}}) - E(l_{\text{I}}) = A\overrightarrow{X_{\text{II}}} - A\overrightarrow{X_{\text{I}}} = A(\overrightarrow{X_{\text{II}}} - \overrightarrow{X_{\text{I}}}) = A\overrightarrow{d} \tag{2-87}$$

$$d = \overrightarrow{X_{\text{II}}} - \overrightarrow{X_{\text{I}}} = N^+ A^T Pl_{\text{II}} - N^+ A^T Pl_{\text{I}} = N^+ A^T P(l_{\text{II}} - l_{\text{I}}) \tag{2-88}$$

$$E(d)=N^{+}A^{T}PE[(l_{\text{II}}-l_{\text{I}})]=N^{+}A^{T}PA\vec{d}=N^{+}N\vec{d}$$
$$=(E-GG^{T})\vec{d}=\vec{d}-GG^{T}d\neq\vec{d} \tag{2-89}$$

说明移动量$\vec{d}$是有偏的。其偏量 $\Delta d=-GG^{T}\vec{d}$ 称为伪移动。要注意的是:$G^{T}\vec{d}$一般不可能为 0。

4)估计量 X 的方差最小

线性代数理论中有如下一条性质,设有一个方程组:

$$\underset{mn}{C}\underset{np}{Y}=\underset{mp}{S} \tag{2-90}$$

若 $Y^{T}Y=\min$,则有 $tr(Y^{T}Y)=\min$。

对于法方程:

$$NX=A^{T}Pl$$

任意解为:

$$X=N^{-}A^{T}Pl$$
$$Q_{X}=N^{-}A^{T}PAN^{-}$$

令 $P=CC^{T}$,则:

$$Q_{X}=(N^{-}A^{T}C)(N^{-}A^{T}C)^{T}=DD^{T} \tag{2-91}$$

式中 $D=N^{-}A^{T}C$,可以看出 D 为方程:

$$ND=A^{T}C \tag{2-92}$$

的解,该方程的最小范数解为:

$$D=N^{+}A^{T}C \tag{2-93}$$

此时:

$$tr(Q_{X})=tr(DD^{T})=tr(N^{-1})=tr(D^{T}D)=\min \tag{2-94}$$

说明秩亏法方程的所有解中,以 $X=N^{+}A^{T}Pl$ 的方差 Q_{X} 的迹 $tr(Q_{X})$最小。

5)未知函数的统计性质

设未知参数的线性函数为$\vec{F}=f^{T}\vec{X}$,其估计量为:

$$F=f^{T}X=f^{T}N^{+}A^{T}Pl \tag{2-95}$$

$$E(F)=f^{T}N^{+}A^{T}PE(l)=f^{T}N^{+}A^{T}PA\vec{X}=f^{T}N^{+}N\vec{X} \tag{2-96}$$

可知,要使 F 为无偏估计,则必有:

$$f^{T}N^{+}N=f^{T}$$

在平面网中,边长、角度、方向等量与未知量 X 的函数关系:

$$F=A_{f}X+F_{0} \tag{2-97}$$

其中 A_{f} 与误差方程系数等同,F_{0} 为常数项。因此,其无偏条件为:

$$A_{f}N^{+}N=A_{f}(E-GG^{T})=A_{f}-A_{f}GG^{T}=A_{f}$$

即:

$$A_{f}G=0 \tag{2-98}$$

对于测角网,其边长的误差方程系数 A_{x} 不满足 $A_{x}G=0$,因此,测角网作为秩亏网平差时,边长的估计是有偏的。

2.4　变形网的拟稳平差法

变形网按经典平差时，网中必须具备固定点，即以固定不动的点为基准，才能得出真实的位移场。变形网按秩亏网平差，实际上是将网中所有点等同看待，以网的重心为基准，确定各期之间的变形值。但在许多情况下，网中既不存在固定不动的点，网中的所有点也不能等同看待，因为有些点可能处于地质条件不好、受力变化比较大的地方，这些点移动的可能性很大；而另外一些点则可能处于较为稳定，受力变化较小的地方。当网点产生了移动，则网的重心会发生变化，以重心为基准求出的变形值就可能受到歪曲。然而在某些情况下，事先并不知道哪些点稳定，哪些点不稳定，但经过观测及平差后，往往能知道一些点可能移动了，而另一些点可能移动较少。在这些情况下，采用经典平差或秩亏网平差显然都不合理。针对这些情况，采用拟稳平差法，也称之为部分迹最小的平差法。

拟稳平差的基本思想是：将整个网点分成两组，第一组由网中相对稳定的点组成，称为拟稳点；另一组由相对不稳定的点组成，称为动点。秩亏网平差是对网中所有点施以最小范数条件 $X^T X=\min$，但拟稳平差只对其中第一组相对稳定的拟稳点施以最小范数条件 $X_F^T X_F=\min$，从而达到消除秩亏，求解未知量的目的。

2.4.1　拟稳定平差原理

设固定点坐标改正值为 X_F，移动点的坐标改正值为 X_M，则观测方程（X_F 的个数要大于网的秩亏数 d）为：

$$(A_F\ A_M)\begin{bmatrix} X_F \\ X_M \end{bmatrix} = L + V \tag{2-99}$$

法方程组是：

$$\begin{bmatrix} A_F^T A_F & A_F^T A_M \\ A_M^T & A_M^T A_M \end{bmatrix}\begin{bmatrix} X_F \\ X_M \end{bmatrix} = \begin{bmatrix} A_F^T L \\ A_M^T L \end{bmatrix} \tag{2-100}$$

令：

$$\begin{aligned} A_F^T A_F &= N_{FF}, A_F^T A_M = N_{FM} \\ A_M^T A_F &= N_{MF}, A_M^T A_M = N_{MM} \end{aligned} \tag{2-101}$$

消去式(2-100)中的 X_M，可得：

$$X_M = N_{MM}^{-1}(-N_{MF}X_F + A_M^T L)$$

及

$$(N_{FF} - N_{FM}N_{MM}^{-1}N_{MF})X_F = (A_F^T - N_{FM}N_{MM}^{-1}A_M^T)L \tag{2-102}$$

注意到式(2-102)中的满秩 N_{MM}，令：

$$\left.\begin{aligned} M &= N_{FF} - N_{FM}N_{MM}^{-1}N_{MF} \\ H^T &= A_F^T - N_{FM}N_{MM}^{-1}A_M^T \end{aligned}\right\} \tag{2-103}$$

则：

$$H^{T}H=(A_{F}^{T}-N_{FM}N_{MM}^{-1}A_{M}^{T})(A_{F}-A_{M}N_{MM}^{-1}N_{MF})$$
$$=N_{FF}-N_{FM}N_{MM}^{-1}N_{MF}=M \tag{2-104}$$

故式(2-102)可写成：

$$MX_{F}=H^{T}HX_{F}=H^{T}L \tag{2-105}$$

M 的秩亏数仍为 d，比较式(2-105)和式(2-42)中的法方程系数阵及常数阵，可见两者形式相同。因此，求解其最小二乘最小范数解 X_F 时，只要加上条件：

$$G_{F}^{T}X_{F}=0 \tag{2-106}$$

而 G_F 本身符合条件：

$$HG_{F}=0 \tag{2-107}$$
$$G_{F}^{T}G_{F}=E \tag{2-108}$$

则参照式(2-103)及式(2-76)，可求得 X_F 及其协因式 Q_{FF}。

将 G 按照固定点和移动点分成两子块：

$$G=\begin{pmatrix}G_{F}\\G_{M}\end{pmatrix} \tag{2-109}$$

则：

$$(A_{F}\ A_{M})\begin{pmatrix}G_{F}\\G_{M}\end{pmatrix}=0 \tag{2-110}$$

左乘$(A_{F}A_{M})^{T}$，并考虑式(2-101)，有：

$$\begin{pmatrix}N_{FF} & N_{FM}\\N_{MF} & N_{MM}\end{pmatrix}\begin{pmatrix}G_{F}\\G_{M}\end{pmatrix}=0 \tag{2-111}$$

由式(2-110)解得：

$$G_{M}=-N_{MM}^{-1}N_{MF}G_{F} \tag{2-112}$$

代入式(2-110)，有：

$$A_{F}G_{F}-A_{M}N_{MM}^{-1}N_{MF}G_{F}=0$$
$$(A_{F}-A_{M}N_{MM}^{-1}N_{MF})G_{F}=HG_{F}=0$$

满足式(2-107)。

为满足式(2-108)，只要令 G 式中的 u 为固定点未知数个数即可。

于是由式(2-102)，顾及式(2-70)和式(2-76)，得：

$$X_{F}=(N_{FF}-N_{FM}N_{MM}^{-1}+G_{F}G_{F}^{T})^{-1}\cdot(A_{F}^{T}-N_{FM}N_{MM}A_{M}^{T})L$$
$$=(M+G_{F}G_{F}^{T})^{-1}H^{T}L \tag{2-113}$$
$$Q_{FF}=(N_{FF}-N_{FM}N_{MM}^{-1}N_{MF}+G_{F}G_{F}^{T})-G_{F}G_{F}^{T}$$
$$=(M+G_{F}G_{F}^{T})^{-1}-G_{F}G_{F}^{T} \tag{2-114}$$

由固定点的未知数及协因素，又可进一步推求移动点的未知数及协因素。

由式(2-100)，有：

$$X_{M}=N_{MM}^{-1}(A_{M}^{T}L-N_{MF}X_{F})$$
$$=N_{MM}^{-1}[A_{M}^{T}-N_{MF}(M+G_{F}G_{F}^{T})^{-1}H^{T}]L \tag{2-115}$$

此外

$$A_M^T H = A_M^T (A_F^T - A_M N_{MM}^{-1} N_{FM}) = A_M^T A_F - A_M^T A_M N_{MM}^{-1} N_{MF}$$
$$= N_{MF} - N_{MF} = 0 \quad (2\text{-}116)$$

$$H^T A_M = 0 \quad (2\text{-}117)$$

参照式(2-73),式(2-75),可得:

$$(M + G_F G_F^T)^{-1} H^T H = E - G_F G_F^T \quad (2\text{-}118)$$

$$(M + G_F G_F^T)^{-1} G_F = G_F \quad (2\text{-}119)$$

$$G_F^T (M + G_F G_F^T)^{-1} = G_F^T \quad (2\text{-}120)$$

于是由式(2-115)可得协因素阵:

$$\begin{aligned} Q_{MM} &= N_{MM}^{-1} [A_M^T - N_{MF} (M + G_F G_F^T)^{-1}][A_M - H(M + G_F G_F^T)^{-1} N_{FM} \cdot N_{MM}^{-1}] \\ &= N_{MM}^{-1} - N_{MM}^{-1} A_M^T H (M + G_F G_F^T)^{-1} N_{FM} N_{MM}^{-1} - N_{MM}^{-1} N_{MF} \cdot \\ &\quad (M + G_F G_F^T)^{-1} H^T A_M N_{MM}^{-1} + N_{MM}^{-1} N_{MF} (M + G_F G_F^T)^{-1} H^T H (M + \\ &\quad G_F G_F^T)^{-1} N_{FM} N_{MM}^{-1} \\ &= N_{MM}^{-1} + N_{MM}^{-1} N_{MF} (E - G_F G_F^T)(M + G_F G_F^T)^{-1} N_{FM} N_{MM}^{-1} \\ &= N_{MM}^{-1} + N_{MM}^{-1} N_{MF} [(M + G_F G_F^T)^{-1} - G_F G_F^T]^{-1} N_{FM} N_{MM}^{-1} \\ &= N_{MM}^{-1} + N_{MM}^{-1} N_{MF} Q_{FF} N_{FM} N_{MM}^{-1} \end{aligned} \quad (2\text{-}121)$$

因此,在进行拟稳平差时,只要计算出 G_F,即可用上述公式得到 X_F, X_M, Q_{FF}, Q_{MM}。

2.4.2 拟稳平差的坐标变换法

实际工作中,经常是先进行经典平差或秩亏网平差,再进行拟稳平差,在进行变形分析时,甚至是不断地变换拟稳点组,即进行拟稳点组不同的拟稳平差,这时可利用坐标变换法。

假设$\hat{X}$为经典平差解,或秩亏网平差解或另一组拟稳平差解,则坐标变换公式为:

$$X = \hat{X} + Gt$$

对应拟稳点和动点,将 $X, \hat{X}, G$ 分为两部分:

$$X = \begin{pmatrix} X_F \\ X_M \end{pmatrix}, \hat{X} = \begin{pmatrix} \hat{X}_F \\ \hat{X}_M \end{pmatrix}, G = \begin{pmatrix} G_F \\ G_M \end{pmatrix}$$

则坐标变换式可写为:

$$X_F = \hat{X}_F + G_F t \quad (2\text{-}122)$$

$$X_M = \hat{X}_M + G_M t \quad (2\text{-}123)$$

坐标变换的关键是求出变换参数 t,在 $X_F^T X_F = \min$ 条件下,有:

$$\frac{\partial X_F^T X_F}{\partial t} = 2X_F^T \frac{\partial X_F^T}{\partial t} = 2X_F^T G_F = 0$$

$$G_F^T X_F = 0$$

这说明前一节的附加条件 $G_F^T X_F = 0$ 与 $X_F^T X_F = \min$ 的等价性。考虑式(2-122),有:

$$G_F^T(\hat{X}_{1F}+G_F t)=0$$

$$G_F^T G_F t=-G_F^T\hat{X}_F$$

$$t=-(G_F^T G_F)^{-1}G_F^T\hat{X}_F \tag{2-124}$$

代入式(2-122)、式(2-123),有:

$$X=\begin{pmatrix}X_F\\X_M\end{pmatrix}=\begin{bmatrix}\hat{X}_F\\\hat{X}_M\end{bmatrix}-\begin{pmatrix}G_F\\G_M\end{pmatrix}(G_F^T G_F)^{-1}G_F^T\hat{X}_F \tag{2-125}$$

令:

$$R=\begin{bmatrix}1&0&0&0&0\\0&1&0&\vdots&0\\0&0&\ddots&0&0\\0&\vdots&0&0&0\\0&0&0&0&\ddots\end{bmatrix}$$

式中对角线元素为1的部分对应 X_F,为0的部分对应 X_M,则有:

$$G^T R G=G_F^T G_F$$

$$G^T R\hat{X}=G_F^T\hat{X}_F$$

代入式(2-125),有:

$$X=\hat{X}-G(G^T RG)^{-1}G^T R\hat{X}=[E-G(G^T RG)^{-1}G^T R]\hat{X} \tag{2-126}$$

令 $S=E-G(G^T RG)^{-1}G^T R$,则式(2-126)可写为:

$$X=S\hat{X} \tag{2-127}$$

$$Q_X=SQ_X S^T \tag{2-128}$$

其中 S 为变换矩阵。

更一般的情况下,取 R 中对应于拟稳点的对角线元素为1,其他为0,排列顺序任意。

2.4.3 拟稳平差的统计性质

1)估计量 X 的有偏性

考虑式(2-99)、式(2-105)、式(2-115),有:

$$E(l)=A\bar{X}=(A_F\quad A_M)\begin{bmatrix}\hat{X}_F\\\hat{X}_M\end{bmatrix}=A_F\bar{X}_F+A_M\bar{X}_M$$

$$\begin{aligned}E(X_F)&=M^+H^T PE(l)=M^+H^T PA\bar{X}\\&=M^+H^T PA_F\bar{X}_F+M^+H^T PA_M\bar{X}_M=M^+M\bar{X}_F\end{aligned} \tag{2-129}$$

其中:$\bar{X}$,$\bar{X}_F$,$\bar{X}_M$ 分别表示相应值的真值。由于 $M^+M\neq E$,所以有一种观点认为,估计有偏,但与 N^+N 类似,也有:

$$M^+M=E-G_F G_F^T \tag{2-130}$$

代入式(2-129)有:

$$E(l)=(E-G_F G_F^T)\bar{X}_F=\bar{X}_F-G_F G_F^T\bar{X}_F \tag{2-131}$$

考虑平差时取 $G_F^T X_F=0$，同样取 $G_F^T \hat{X}_F=0$，则式(2-131)无偏，因此另一种观点认为，在参考基准 $G_F^T X_F=0$ 下，估计量 X_F 无偏，$G_F^T X_F=0$，也称为拟稳基准。

对于 X_M，有：

$$\begin{aligned}E(X_M)&=N_M^{-1}[A_M^T PE(l)-N_{MF}E(X_F)]\\&=N_M^{-1}[A_{MP}^{-1}A_M\overline{X}_M+A_{MP}^T A_F\overline{X}_F-N_{MF}E(X_F)]\\&=\overline{X}_M+N_M^{-1}M_{MF}[\overline{X}_F-E(X_F)]\end{aligned}\tag{2-132}$$

即 X_M 是否无偏取决于 X_F。如果 X_F 无偏，$\overline{X}_F-E(X_F)=0$，则 X_M 无偏，否则 X_M 有偏。

2)移动量的有偏性

$$d_F=X_F^{\mathrm{II}}-X_F^{\mathrm{I}},d_F=X_M^{\mathrm{II}}-X_M^{\mathrm{I}}$$

则：

$$\begin{aligned}E(d_F)&=E(X_F^{\mathrm{II}})-E(X_F^{\mathrm{I}})=M^+MX_F^{\mathrm{II}}-M^+MX_F^{\mathrm{I}}\\&=M^+M(X_F^{\mathrm{II}}-X_F^{\mathrm{I}})=M^+M\overline{d}_F\\&=\overline{d}_F-G_F G_F^T\overline{d}_F\neq\overline{d}_F\end{aligned}\tag{2-133}$$

这里 $G_F^T d_F$ 将不等于 0，因此，只有当网点无移动，即 $\overline{d}_F\neq 0$ 时才有 d_F 无偏。但拟稳平差是选择较为稳定的点，即不移动或移动很小的点作为拟稳点，因此这些点的移动量 d_F 一般都很小，所以其偏量：

$$d_{\Delta F}=G_F G_F^T\overline{d}_F\tag{2-134}$$

也很小。

$$\begin{aligned}E(d_M)&=E(X_M^{\mathrm{II}})-E(X_M^{\mathrm{I}})\\&=\overline{X}_M^{\mathrm{II}}-N_M^{-1}N_{MF}[\overline{X}_F^{\mathrm{II}}-E(X_F^{\mathrm{II}})]-\overline{X}_M^{\mathrm{I}}-N_M^{-1}N_{MF}[\overline{X}_F^{\mathrm{I}}-E(X_F^{\mathrm{I}})]\\&=\overline{d}+N_M^{-1}N_{MF}[\overline{d}_F-E(d_F)]=\overline{d}_M+N_M^{-1}N_{MF}G_F G_F^T\overline{d}_F\\&=\overline{d}_M+N_M^{-1}N_{MF}d_{\Delta F}\end{aligned}\tag{2-135}$$

显然 d_M 的有偏或无偏也取决于 d_F，如果拟稳点选择适当，$d_F=0$，则 d_M 无偏。一般情况下，拟稳点的移动相对都比较小，因而拟稳平差所求得移动量相对较为真实，这就是为什么拟稳平差在变形测量运用较多的原因。

3)改正数 V 与未知量函数的性质

改正数 V 与未知量函数的有关性质与秩亏网平差相同。

2.5　变形网的变形分析方法

平差计算后，得出各点两期观测间的坐标差，这种坐标差的产生包括两方面原因：一是由于点位在两期观测时刻间所产生移动的影响；二是由于两期观测误差所引起。为此，在判断点位是否有移动时，必须顾及到这两方面的大小，当移动量很大，比观测误差大许多时，容易得出点位是否移动的结论。如果情况不是这样，就会难作出点位是否移动的判断，这时只能借助数理统计假设检验手段。在许多变形测量问题中，往往具有监测性质，即尽可能及早发现点位的移动，也就是尽可能在移动量较小时发现，以便及时采取相应的措施。在这种情况下，一方面需要尽可能提高观测精度，另一方面应在成果处理时，尽可能精确地把观测误差和移动鉴别开来。

变形分析大体上包括两项内容：一是用合适的方法尽可能排除或减少测量误差的干扰，计算不同时间网点位置的差异量；二是分析这些量是属于误差干扰、坐标位移或地壳形变信息。前者与平差方法有关，后者常用数理统计方法。

2.5.1 平均间隙法

通过两期观测可分别进行平差，得出各点两期的坐标值，而且这些点的坐标值对同名点都各不相同(这时两期近似坐标应相同)。如果各点(包括原来认为不动的基点和可能移动的监测点)在两观测期间没有移动，则同名点间的坐标差只反映观测误差，因此，通过这种坐标差，即可得出观测值的一个经验方差 $\bar{S}_0^2$，这个方差可由两期观测值改正数得到，即对通常使用的经验方差 S_0^2 进行比较和检验。由式(2-12)和式(2-14)可知，平差值(坐标改正数)和观测值改正数(残差)间具有统计独立性，因此，用这两个方差的比构成的统计量服从 F 分布。用此量进行检验，看这两个方差是否相等，即是否出自同一统计总体，如果是，则表示坐标值的差完全是由观测误差所引起，因此可判断点位确实没有移动，否则点位产生了移动。

进行上述两期平差时，可假定必要的固定点(有固定点时)，即令与秩亏数 d 个数相同的未知数为零，进行经典平差；也可不要起始数据进行秩亏自由网平差，检验的具体作法如下。

由观测值改正数(残数)求得的经验方差：

$$S_0^2 = \frac{(V^{\mathrm{T}}PV)_{\mathrm{I}} + (V^{\mathrm{T}}PV)_{\mathrm{II}}}{f} \tag{2-136}$$

其中 f 为两期自由度之和，即：

$$f = n - u + d = n_1 - u_1 + d_1 + n_2 - u_2 + d_2$$

由两期的坐标差(即所谓间隙) $d_i(i=1,2,3,\cdots,t)$ 的加权平方平均值构成单位权经验方差 $\bar{S}_0^2$：

$$\bar{S}_0^2 = \frac{d^{\mathrm{T}}P_{\mathrm{d}}d}{h} \tag{2-137}$$

其中 $h=R(A)$，即为 d 中的独立分量个数；$d=X_{\mathrm{II}}-X_{\mathrm{I}}$，表示两个未知数向量之差，即同名点第Ⅰ期坐标和第Ⅱ期坐标向量之差，也可写成：

$$d = (-E_1, E_2)\begin{pmatrix} X_{\mathrm{I}} \\ X_{\mathrm{II}} \end{pmatrix} \tag{2-138}$$

P_{d} 为 d 的权阵：

$$P_{\mathrm{d}} = Q_{\mathrm{d}}^{+} \tag{2-139}$$

此处 Q_{d} 由式(2-138)根据协方差传播定律求得：

$$Q_{\mathrm{d}} = (-E_1, E_2)\begin{bmatrix} Q_{X_{\mathrm{I}}X_{\mathrm{I}}} & Q_{X_{\mathrm{I}}X_{\mathrm{II}}} \\ Q_{X_{\mathrm{II}}X_{\mathrm{I}}} & Q_{X_{\mathrm{II}}X_{\mathrm{II}}} \end{bmatrix}\begin{bmatrix} -E_1 \\ E_2 \end{bmatrix} = Q_{X_{\mathrm{I}}X_{\mathrm{I}}} + Q_{X_{\mathrm{II}}X_{\mathrm{II}}} - 2Q_{X_{\mathrm{I}}X_{\mathrm{II}}} \tag{2-140}$$

式(2-140)中，当第Ⅰ、Ⅱ期单独平差时，$Q_{X_{\mathrm{I}}X_{\mathrm{II}}}=0$。

如果两期观测的设计矩阵和观测方法相同，则：

$$Q_{\mathrm{d}} = 2Q_{XX} \tag{2-141}$$

当采用经典平差时,Q_d 满秩:

$$P_d^1 = Q_d^+ = Q_d^{-1} = \frac{1}{2}Q_{XX}^{-1} = \frac{A_0^T A_0}{2} \tag{2-142}$$

其中:A 表示经典平差时的误差方程系数阵。由式(2-142)可知,两期坐标间隙的权阵是法方程系数阵之半。当采用秩亏自由网平差时,因 Q_d 秩亏,故应采用其零特征值的特征矢量使其正交化。实际上,自由网平差后未知数协因素阵 Q_{XX} 的零特征值特征矢量就是 G,因为:

$$Q_{XX}G = (A^TA + GG^T)G - GG^TG = G - G = 0$$

于是有:

$$\begin{aligned}P_d &= \frac{1}{2}Q^+ = \frac{1}{2}\{[(A^TA+GG^T)^{-1} - GG^T]^{-1} - GG^T\} \\ &= \frac{1}{2}[(A^TA+GG^T)^{-1} - GG^T] = \frac{1}{2}A^TA\end{aligned} \tag{2-143}$$

因此,秩亏自由网平差时,与两期坐标间隙的权阵相对应,自由网平差时法方程系数阵是一半。

由于:

$$F_{h,f} = \frac{\overline{S}_0^2}{S_0^2} = \frac{d^TP_dd}{hS_0^2} \tag{2-144}$$

统计量服从 F 分布,其自由度分别为 $\overline{S}_0^2$ 的自由度 h 和 S_0^2 的自由度 f。

选用显著水平 α(一般 α=0.05 或 0.01)。由上述问题的检验性质可知,主要看 $\overline{S}_0^2$ 是否大于 S_0^2,因此属右尾检验,即将算出的 $F_{h,f}$ 与 F 分布表查出的 $F_\alpha(h,f)$ 分位值比较,如果:

$$F_{h,f} > F_\alpha(h,f) \tag{2-145}$$

则表明 $\overline{S}_0^2$ 比 S_0^2 大,即有:

$$P[F_{h,f} > F_\alpha(h,f)] = \alpha$$

由此说明整个网中有移动发生,否则,没有发生移动。这种检验是整体检验,即只能判断整个网中有无移动发生,至于移动发生在何点,则无法回答。

上述检验可用经典平差,也可用秩亏自由网平差,即可以考虑有必要数目的固定点,也可考虑没有任何固定点。对于同一变形网的观测结果,用这两种平差法检验结果是否相同?要说明这个问题,需根据式(2-144)判断,由于两种平差法的 h 和 S_0^2 是相同的,因此,主要看分子是否相同。下面以水准网为例,令秩亏自由网平差的误差方程系数阵为 A_{nt},未知数 X_{t1},t 为未知数个数,n 为观测值个数,并设:

$$A_{nt} = (\alpha_{n1}, A_{t-1}^0), X_{1t}^T = (X_1, X_{t-1}^T)$$

式中:A_0,X 分别为经典平差时误差方程系数阵及未知数矢量,这里假定第一点(未知数)为固定点(起始点)。

令 L_1,L_2 表示对应于两期的观测值与近似值之差(常数项)。

对于经典平差,设两期平差设计阵 A_0 相同,并设两期平差未知数矢量为 X_{01} 和 X_{02},两期未知数值变化为 $d^1 = X_{02} - X_{01}$,式(2-144)中的分子项用 R_0 表示:

$$R_0 = d^1 P_d^1 d^1 = (X_{01} - X_{02})^{\mathrm{T}} \left(\frac{A_0^{\mathrm{T}} A_0}{2}\right) (X_{01} - X_{02})$$

$$= \frac{1}{2}(L_1^{\mathrm{T}} - L_2^{\mathrm{T}}) A_0 (A_0^{\mathrm{T}} A_0)^{-1} (A_0^{\mathrm{T}} A_0)(X_{01} - X_{02})$$

$$= \frac{1}{2}(L_1^{\mathrm{T}} - L_2^{\mathrm{T}}) A_0 (X_{01} - X_{02}) \tag{2-146}$$

对于秩亏自由网平差，有：

$$(A^{\mathrm{T}} A + GG^{\mathrm{T}})^{-1} A^{\mathrm{T}} A = E - GG^{\mathrm{T}}$$

可得：

$$R = d^{\mathrm{T}} P_d d = \frac{1}{2}(L_1^{\mathrm{T}} - L_2^{\mathrm{T}}) A (A^{\mathrm{T}} A + GG^{\mathrm{T}})^{-1} (A^{\mathrm{T}} A)(X_1 - X_2)$$

$$= \frac{1}{2}(L_1^{\mathrm{T}} - L_2^{\mathrm{T}}) A (E - GG^{\mathrm{T}})(X_1 - X_2)$$

由式(2-60)知，$X = (E - GG^{\mathrm{T}})\bar{X}$，有：

$$X = (E - GG^{\mathrm{T}}) \begin{pmatrix} 0 \\ X_0 \end{pmatrix}$$

故：

$$R = \frac{1}{2}(L_1^{\mathrm{T}} - L_2^{\mathrm{T}}) A (E - GG^{\mathrm{T}}) \left[\begin{pmatrix} 0 \\ X_{01} \end{pmatrix} - \begin{pmatrix} 0 \\ X_{02} \end{pmatrix} \right]$$

$$= \frac{1}{2}(L_1^T - L_2^T)(\alpha, A_0) \left[\begin{pmatrix} 0 \\ X_{01} \end{pmatrix} - \begin{pmatrix} 0 \\ X_{02} \end{pmatrix} \right]$$

$$= \frac{1}{2}(L_1^{\mathrm{T}} - L_2^{\mathrm{T}}) A_0 (X_{01} - X_{02}) \tag{2-147}$$

比较式(2-146)和式(2-147)可知 $R_0 = R$，因此经典平差和自由网平差所得检验量式(2-144)是相同的，稳定性检验的结论也相同，而且经典平差时所假定的起始点即使已发生移动，两者检验结果仍然相同。

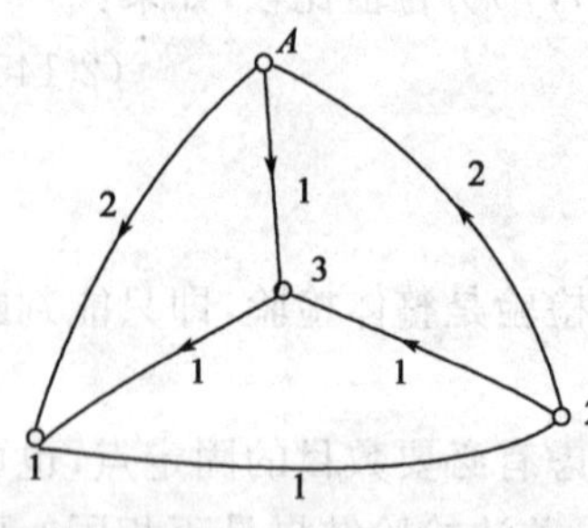

图 2-10 某工程建筑物监测网示意图

例 2-5 图 2-10 所示为一监测工程建筑物沉降的水准网，线路旁的标注数值为该测段的测站数。该水准网已进行两期观测，所测高差见表 2-1，A 点可视为固定点，$H_A = 35.500$，试检验点 1、2、3 的稳定性。

观测高差及权值 表 2-1

高 差	观 测 高 差 (mm)		$P_a = \frac{C}{n_a}$
	第 1 次观测	第 2 次观测	
h_{A1}	+45.2	+44.9	1
h_{12}	+265.8	+265.6	2
h_{2A}	−310.3	−310.2	1
h_{A3}	−26.2	−26.0	2
h_{31}	+70.8	+70.6	2
h_{23}	−336.5	−336.0	2

解:线路的权 $P_{ik}=\frac{C}{n_{ik}}$,其中 n_{ik} 为 i、k 线路上的测站数,取 $C=2$,计算的权列于表 2-1 中。设各点近似高程相等。

$$A_0=\begin{bmatrix}1 & 0 & 0\\ -1 & 1 & 0\\ 0 & -1 & 0\\ 0 & 0 & 1\\ 1 & 0 & 1\\ 0 & -1 & 1\end{bmatrix}$$

$$A_0^{\mathrm{T}}P_0A_0=\begin{bmatrix}5 & -2 & -2\\ -2 & 5 & -2\\ -2 & -2 & 5\end{bmatrix}$$

$$(A_0^{\mathrm{T}}P_0A_0)^{-1}=\frac{1}{70}\begin{bmatrix}26 & 16 & 14\\ 16 & 26 & 14\\ 14 & 14 & 21\end{bmatrix}$$

$$H^{\mathrm{I}}=\begin{bmatrix}H_1^{\mathrm{I}}\\ H_2^{\mathrm{I}}\\ H_3^{\mathrm{I}}\end{bmatrix}=(A_0^{\mathrm{T}}P_0A_0)^{-1}A_0^{\mathrm{T}}P_0L_1+\begin{bmatrix}35.500\\ 35.500\\ 35.500\end{bmatrix}=\begin{bmatrix}35.54479\\ 35.81046\\ 35.47392\end{bmatrix}$$

同理:

$$H^{\mathrm{II}}=\begin{bmatrix}H_1^{\mathrm{II}}\\ H_2^{\mathrm{II}}\\ H_3^{\mathrm{II}}\end{bmatrix}=\begin{bmatrix}35.54470\\ 35.81026\\ 35.47310\end{bmatrix}$$

$$S_0^2=\frac{(V^{\mathrm{T}}PV)_{\mathrm{I}}+(V^{\mathrm{T}}PV)_{\mathrm{II}}}{f}=\frac{0.269+0.100}{2(6-3)}0.0616$$

同期高程变化 d^1 为:

$$d^1=H^{\mathrm{II}}-H^{\mathrm{I}}=\begin{bmatrix}-0.09\\ -0.26\\ +0.18\end{bmatrix}$$

$$d^1P_{\mathrm{d}}^1d^1=\frac{d^1A_0^{\mathrm{T}}P_0A_0d^1}{2}=(-0.09\quad -0.26\quad +0.18)$$

$$\begin{bmatrix}2.5 & -1 & -1\\ -1 & 2.5 & -1\\ -1 & -1 & 3\end{bmatrix}\begin{bmatrix}-0.09\\ -0.26\\ +0.18\end{bmatrix}=0.366$$

取 $\alpha=0.05$,$h=3$,查表 $F_{\mathrm{h,f}}(3,6)=4.8$,而

$$F_{h,f}=\frac{d^1 p_d^1 d^1}{hS_0^2}=\frac{0.366}{3\times 0.0616}=2.0$$

因为 $F_{h,f}\leqslant F_{0.05}(h,f)$，故认为没有移动发生，即 1、2、3 点是稳定的。

对于上例，如果用秩亏自由网平差进行检验，则统计量 $F_{h,f}$ 分布相同，只需计算分子是否相同即可。

自由网平差时高程差可由经典平差变换求得，即 $G^T=\left(\frac{1}{2}\quad\frac{1}{2}\quad\frac{1}{2}\quad\frac{1}{2}\right)$。

$$d=(E-GG^T)\begin{pmatrix}0\\d^1\end{pmatrix}=\begin{bmatrix}\frac{3}{4}&-\frac{1}{4}&-\frac{1}{4}&-\frac{1}{4}\\-\frac{1}{4}&\frac{3}{4}&-\frac{1}{4}&-\frac{1}{4}\\-\frac{1}{4}&-\frac{1}{4}&\frac{3}{4}&-\frac{1}{4}\\-\frac{1}{4}&-\frac{1}{4}&-\frac{1}{4}&\frac{3}{4}\end{bmatrix}\begin{bmatrix}0\\-0.09\\-0.26\\+0.18\end{bmatrix}=\begin{bmatrix}+0.0425\\-0.0475\\-0.2175\\+0.2225\end{bmatrix}$$

$$A^TPA=\begin{bmatrix}4&-1&-1&-2\\-1&5&-2&-2\\-1&-2&5&-2\\-2&-2&-2&6\end{bmatrix}$$

$$d^TP_dd=\frac{1}{2}d^TA^TPAd=0.366$$

因此，上式计算结果与经典平差结果相同。

上述检验是整体检验，如果要确定移动发生在哪一点或哪一组点，应采用间隙分块法。如对一变形测量网(包括基点和可能移动的点)，为检验整个网有无移动发生，则可用平均间隙法检验。如发现整个网已动，则将间隙较大的一点或数点(可能已发生移动)作为一组，其余可能是稳定的点作为一组，用间隙分块法来检验，从而确定可能移动的点是否已真正移动。

这一方法对变形测量中的基点稳定性的检验也很有用，因为变形测量中一般设有多基点，如果这些基点中后来又有个别点产生移动，则应将其从基点组中剔除，否则对确定动点的位移会带来影响。

所谓间隙分块法是将观测点分成可能稳定的点组，用下标 F 表示；以及可能移动的点组，用下标 M 表示。则坐标差(间隙)矢量为：

$$d^T=(d_F^T\quad d_M^T)$$

而相应的权矩阵分块成：

$$P_d=\begin{pmatrix}P_{FF}&P_{FM}\\P_{MF}&P_{MM}\end{pmatrix}$$

则：

$$d^TP_dd=d_F^TP_{FF}d_F+2d_F^TP_{FM}d_M+d_M^TP_{MM}d_M \tag{2-148}$$

为使式(2-148)分成动点和稳定点两部分，令：

$$\bar{d}_M=d_M+P_{MM}^{-1}P_{MF}d_F \tag{2-149}$$

$$\overline{P}_{FF} = P_{FF} - P_{FM}P_{MM}^{-1}P_{MF} \tag{2-150}$$

则：

$$d^{T}P_{d}d = d_{F}^{T}\overline{P}_{FF}d_{F} + \overline{d}_{M}^{T}P_{MM}\overline{d}_{M} \tag{2-151}$$

对其证明，将式(2-149)、式(2-150)代入右边：

$$\begin{aligned}
& d_{F}^{T}(P_{FF} - P_{FM}P_{MM}^{-1}P_{MF})d_{F} + (d_{M} + P_{MM}^{-1}P_{MF}d_{F})^{T}P_{MM}(d_{M} + P_{MM}^{-1}P_{MF}d_{F}) \\
= & d_{F}^{T}P_{FF}d_{F} - d_{F}^{T}P_{FM}P_{MM}^{-1}P_{MF}d_{F} + d_{F}^{T}P_{MM}d_{M} + d_{M}^{T}P_{MM}P_{MM}^{-1}P_{MF}d_{F} + \\
& d_{F}^{T}P_{FM}P_{MM}^{-1}P_{MM}d_{M} + d_{F}^{T}P_{FM}P_{MM}^{-1}P_{MM}P_{MM}^{-1}P_{MF}d_{F} \\
= & d_{F}^{T}P_{FF}d_{F} + d_{M}^{T}P_{MM}d_{M} + 2d_{F}^{T}P_{FM}d_{M} \\
= & d^{T}P_{d}d
\end{aligned}$$

由式(2-151)可知，其右边第一项可用来检验 F 点组的稳定性，第二项可用来检验 M 点组的稳定性。

实际工作中，一般是通过平均间隙法检验，证实发生移动后，把间隙最大的点作为动点，把余下的点作为稳定点，然后计算：

$$\overline{S}_{F}^{2} = \frac{d_{F}^{T}\overline{P}_{FF}d_{F}}{h_{f}} \tag{2-152}$$

其中 h_{f} 为 F 组中独立的未知数个数。计算统计量：

$$F_{hf,f} = \frac{\overline{S}_{F}^{2}}{S_{0}^{2}} \tag{2-153}$$

将此计算值和 F 分布的分位值 $F_{\alpha}(h_{f}, f)$ 进行比较，如果：

$$F_{hf,f} < F_{\alpha}(h_{f}, f) \tag{2-154}$$

则表明 F 点组是稳定的，也就是所剔除的 M 点组确实为动点。

2.5.2　线性假设法

两期观测放在一起统一平差时，可采用线性假设法进行变形分析。这时，一般都有不移动的基点存在，但也可以没有基点而进行统一平差。

其基本思想是：①两期观测进行统一平差，由式(2-136)可求得经验方差值；②假设条件即 H_{0}，其形式即式(2-138)等于零，也就是两期观测同名点坐标差等于零，即没有移动发生；③加上此假设条件后，与原方程组一起平差，平差后又可求得一个经验方差；④与平均间隙法一样，对这两个方差进行检验，以确定二者是否属同一母体，如果是，则两期同名点坐标确实等于零，因而无移动发生，如果不是，则有移动发生。

求两种经验方差，实际上并不需要真正进行两次平差，而可通过一定的关系式推导，其推导过程如下。

(1)两期一起平差。

令：

$$X_{P} = \begin{pmatrix} X_{\mathrm{I}} \\ X_{\mathrm{II}} \end{pmatrix}, P = \begin{pmatrix} P_{\mathrm{I}} & 0 \\ 0 & P_{\mathrm{II}} \end{pmatrix}$$

则：

$$\begin{pmatrix} A_{\mathrm{I}} & 0 \\ 0 & A_{\mathrm{II}} \end{pmatrix}\begin{pmatrix} X_{\mathrm{I}} \\ X_{\mathrm{II}} \end{pmatrix}=\begin{pmatrix} l_{\mathrm{I}} \\ l_{\mathrm{II}} \end{pmatrix}+\begin{pmatrix} V_{\mathrm{I}} \\ V_{\mathrm{II}} \end{pmatrix} \tag{2-155}$$

法方程为：

$$NX_{\mathrm{P}}=A^{\mathrm{T}}Pl$$

$$X_{\mathrm{P}}=N^{-1}A^{\mathrm{T}}Pl$$

则残差的带权平方和 Ω_0 为：

$$\Omega_0=(AX_{\mathrm{P}}-l)P(AX_{\mathrm{P}}-l) \tag{2-156}$$

于是可求第一个经验方差。

(2)建立假设 H_0。

$$d_i=X_{\mathrm{II}i}-X_{\mathrm{I}i}=0 \tag{2-157}$$

即两期同名点坐标等于零，因为是一个线性方差组，故叫"线性假设"，线性方程个数为 γ（$\gamma=1,2\cdots$），但不大于网中独立未知数个数。

式(2-157)又可写成下列形式：

$$C^{\mathrm{T}}\overline{X}_{\mathrm{P}}=W \tag{2-158}$$

其中：

$$C_{\mathrm{rt}}^{\mathrm{T}}=\begin{bmatrix} 1 & 0 & 0 & 0 & 0 & \cdots & -1 & 0 & 0 & 0 & 0 & \cdots \\ 0 & 1 & 0 & 0 & 0 & \cdots & 0 & -1 & 0 & 0 & 0 & \cdots \\ 0 & 0 & 1 & 0 & 0 & \cdots & 0 & 0 & -1 & 0 & 0 & \cdots \\ 0 & 0 & 0 & 1 & 0 & \cdots & 0 & 0 & 0 & -1 & 0 & \cdots \\ & & \vdots & & & & & & & \vdots & & \end{bmatrix}=(E_{\mathrm{r\cdot r}} \quad \vdots \quad E_{\mathrm{r\cdot r}})$$

第Ⅰ期　　　　第Ⅱ期

$$\overline{X}_{\mathrm{P}}^{\mathrm{T}}=(X_{\mathrm{II}1}\quad Y_{\mathrm{II}1}\quad X_{\mathrm{II}2}\quad Y_{\mathrm{II}2}\quad \cdots \quad \vdots \quad X_{\mathrm{I}1}\quad Y_{\mathrm{I}1}\quad X_{\mathrm{I}2}\quad Y_{\mathrm{I}2}\quad \cdots\quad)$$

至 $\frac{t}{2}$ 点　　　　至 $\frac{t}{2}$ 点

$$W^{\mathrm{T}}=(0,0,\cdots)$$

(3)求解。将原来的误差方程式(2-155)和条件式(2-158)组成附有条件的间接平差，进行求解，得出法方程为：

$$N\overline{X}_{\mathrm{P}}+CK=A^{\mathrm{T}}Pl \tag{2-159a}$$

$$C^{\mathrm{T}}X_{\mathrm{P}}=W \tag{2-159b}$$

式中 $R[C]=r\leqslant t-d$（独立未知数个数）。

由式(2-159a)，求 Moore-penrose 逆，得：

$$\overline{X}_{\mathrm{P}}=N^{+}(A^{\mathrm{T}}Pl-CK)=X_{\mathrm{P}}-N^{+}CK \tag{2-160}$$

代入式(2-159b)：

$$C^{\mathrm{T}}X_{\mathrm{P}}-C^{\mathrm{T}}N^{+}CK=W$$

$$C^{\mathrm{T}}N^{+}CK=C^{\mathrm{T}}X_{\mathrm{P}}-W \tag{2-161}$$

因 C 满秩，故 $C^{T}N^{+}C$ 也满秩，这时可求得其凯利逆：

$$K=(C^{T}N^{+}C)^{-1}(C^{T}X_{P}-W)$$

代入式(2-160)，求得：

$$\overline{X}_{P}=X_{P}-N^{+}C(C^{T}N^{+}C)^{-1}(C^{T}X_{P}-W) \tag{2-162}$$

其中：X_P 为不加线性假设时，按自由网平差后的点位坐标(坐标改正值)；$\overline{X}_P$ 为加上条件式(2-158)后所得的相应值。

将式(2-162)代入式(2-158)，有：

$$X_{P}-\overline{X}_{P}=N^{+}C(C^{T}N^{+}C)^{-1}C^{T}(X_{P}-\overline{X}_{P}) \tag{2-163}$$

由平差结果组成加权残差平方和 Ω_H：

$$\begin{aligned}\Omega_{H}&=(A\overline{X}_{P}-l)^{T}P(A\overline{X}_{P}-l)\\&=\{A[X_{P}-N^{+}C(C^{T}N^{+}C)^{-1}C^{T}(X_{P}-\overline{X}_{P})]-l\}^{T}\cdot\\&\qquad P\cdot\{A[X_{P}-N^{+}C(C^{T}N^{+}C)^{-1}C^{T}(X_{P}-\overline{X}_{P})]-l\}\\&=A(X_{P}-l)^{T}P(AX_{P}-l)-(AX_{P}-l)^{T}P\cdot\\&\quad AN^{+}C(C^{T}N^{+}C)^{-1}C^{T}(X_{P}-\overline{X}_{P})^{T}P(AX_{P}-l)+\\&\quad[AN^{+}C(C^{+}N^{+})^{-}C^{T}(X_{P}-\overline{X}_{P})^{T}PAN^{+}\\&\quad C(C^{T}N^{+}C)^{-1}C^{T}(X_{P}-\overline{X}_{P})^{T}]\end{aligned} \tag{2-164}$$

因为：

$$(AX_{P}-l)^{T}PA=X_{P}^{T}A^{T}PA-l^{T}PA=(A^{T}PAX_{P}-A^{T}Pl)^{T}=0 \tag{2-165}$$

故第二项为零；由于第三项为第二项的转置阵，故第三项亦为零。

将式(2-163)代入第四项，变成：

$$\begin{aligned}[A(X_{P}-\overline{X}_{P})]^{T}PA(X_{P}-\overline{X}_{P})&=(X_{P}-\overline{X}_{P})^{T}A^{T}PA(X_{P}-\overline{X}_{P})\\&=(X_{P}-\overline{X}_{P})^{T}N(X_{P}-\overline{X}_{P})=R\end{aligned} \tag{2-166}$$

即：

$$\Omega_{H}=\Omega_{0}+R \tag{2-167}$$

式(2-167)表明：加上线性假设后，使网形产生变化，所得到的加权残差平方和 Ω_H 比不加线性假设时的残差平方和 Ω_0 要大 R，即 Ω_H 由 Ω_0 和 R 两个独立部分组成。

计算 R 要用到 $\overline{X}_P$，即要加上假设后，另外进行一次平差，这样很不方便，故用式(2-162)代入，得：

$$\begin{aligned}R&=[N^{+}C(C^{+}N^{+}C)^{-1}(C^{T}X_{P}-W)]^{T}NN^{+}C(C^{T}N^{+}C)^{-1}\cdot(C^{T}X_{P}-W)\\&=(C^{T}X_{P}-W)^{T}(C^{T}N^{+}C)^{-1}C^{T}N^{+}NN^{+}C(C^{T}N^{+}C)^{-1}(C^{T}X_{P}-W)\end{aligned} \tag{2-168}$$

式中 $N^{+}NN^{+}=N^{+}$，这是 Moore-penrose 逆的性质，于是：

$$R=(C^{T}X_{P}-W)^{T}(C^{T}N^{+}C)^{-1}(C^{T}X_{P}-W) \tag{2-169}$$

(4)检验。

当 $W=0$ 时，$C^{T}X_{P}=X_{\text{II}}-X_{\text{I}}=d$。$(C^{T}N^{+}C)^{-1}$ 即为 d 的权阵 Q_d^{-1}，因此，R 实际上类似于式(2-136)的分子，可以组成两个相互独立的方差：

$$\frac{\Omega_{0}}{f}=S_{0}^{2},\frac{R}{r}$$

其中多余观测数 $f=n-u+d$，f 为 Ω_0 的自由度；$r=R[R]$，r 为 R 的自由度。因此 Ω_0、R 分别是自由度为 f 和 r 的 χ^2 变量。

由于式（2-156）中 Ω_0 和式（2-169）中 R，$E(AX_P-1)=0$，以及 $E(C^T X_P-W)=E(2X_P-1X)=E(d)=0$[当原假设式(2-158)为真时]，因此：

$$F_{r,f}=\frac{\frac{R}{r}}{\frac{\Omega_0}{f}}=\frac{R}{r\cdot S_0^2}=\frac{d^T Q_d^{-1} d}{r\cdot S_0^2} \tag{2-170}$$

属于中心 F 分布，则得出和式(2-144)相同的结果，可用 F 检验法，如果 $F_{r,f}\leqslant F_\alpha(r,f)$，则认为原假设确实为真，$E(d)=0$，因而点位没有移动。

在式(2-157)中，d 可包括所有待检验的点，也可只选用某一点进行逐点检验，看是否有移动发生。故这种方法不一定要整体一次进行检验，而可分区进行或逐点进行均可。

上述推导中，由于使用 N^+（伪逆），因此式(2-69)对上述的各种平差方案都适用，即拟稳平差、经典平差、自由平差均可。

2.5.3 相对误差椭圆法

根据线性假设法，可以逐一地对网点作出是否移动的假设，逐点对网点进行检验。例如，对于第 i 点，可假设 H_0 为：

$$d_i=\begin{pmatrix} d_{xi} \\ d_{yi} \end{pmatrix}=\begin{bmatrix} x_i^{\mathrm{II}}-x_i^{\mathrm{I}} \\ y_i^{\mathrm{II}}-y_i^{\mathrm{I}} \end{bmatrix}=\begin{pmatrix} 0 \\ 0 \end{pmatrix}$$

则：

$$C^T=\begin{bmatrix} 0 & 0 & \cdots & 1 & 0 & 0 & \cdots & -1 & 0 & 0 & \cdots \\ 0 & 0 & \cdots & 0 & 1 & 0 & \cdots & 0 & 1 & 0 & \cdots \end{bmatrix}$$

$$W=(0\quad 0)^T,Q_{di}=C^T Q_{xp} C=Q_{xi}^{\mathrm{I}}+Q_{xi}^{\mathrm{II}}$$

构成统计量：

$$T_i=\frac{d_i^T Q_{di}^{-1} d_i}{2S_0^2}\sim F(2,f) \tag{2-171}$$

当两期单独平差时，有：

$$Q_{di}=Q_i+Q_i=2Q_i,Q_{di}^{-1}=\frac{1}{2}Q_i^{-1}$$

式中 Q_i 为 Q_x 中对角线第 i 个二维子矩阵。计算 T_i 后，选定显著性水平 α，再查出 $F_\alpha(2,f)$，如果：

$$T_i<F_\alpha(2,f) \tag{2-172}$$

则认为原假设成立，也就是网点没有产生移动，或者说网点移动量 d_i 满足：

$$\frac{d_i^T Q_{di}^{-1} d_i}{2S_0^2}<F_\alpha(2,f)$$

或

$$d_i^{\mathrm{T}}Q_{\mathrm{d}i}^{-1}d_i < 2S_0^2F_\alpha(2,f) \tag{2-173}$$

则认为该点没有产生移动，d_i 值是由误差引起。

上述不等式可用椭圆在图上表示，椭圆的边界方程为：

$$d_i^{\mathrm{T}}Q_{\mathrm{d}i}^{-1}d_i = 2S_0^2F_\alpha(2,f) \tag{2-174}$$

按求误差椭圆的方法，可求得上述椭圆的元素为：

$$\left.\begin{aligned} E^2 &= 2S_0^2F_\alpha \cdot \lambda_1 \\ F^2 &= 2S_0^2F_\alpha \cdot \lambda_2 \\ \theta &= \frac{1}{2}\arctan\frac{2q_{xy\mathrm{d}_i}}{q_{xx\mathrm{d}_i} - q_{yy\mathrm{d}_i}} \end{aligned}\right\} \tag{2-175}$$

$$\lambda_1 = \frac{1}{2}(q_{xx\mathrm{d}_i} + q_{yy\mathrm{d}_i} + q),\lambda_2 = \frac{1}{2}(q_{xx\mathrm{d}_i} + q_{yy\mathrm{d}_i} - q)$$

$$q = \sqrt{(q_{xx\mathrm{d}_i} - q_{yy\mathrm{d}_i})^2 + 4q_{xy\mathrm{d}_i}^2}$$

其中 E、F、θ 分别为椭圆的长半轴、短半轴及长半轴的方向，$q_{xx\mathrm{d}}$、$q_{yy\mathrm{d}}$、$q_{xy\mathrm{d}}$取自 Q_{d_i}，即：

$$Q_{\mathrm{d}_i} = \begin{bmatrix} q_{xx\mathrm{d}_i} & q_{xy\mathrm{d}_i} \\ q_{yx\mathrm{d}_i} & q_{yy\mathrm{d}_i} \end{bmatrix}$$

当移动矢量 d_i 满足式(2-172)时，该矢量 d_i 在式(2-174)表示的椭圆内，因此对于任意网点，可作上述椭圆图，两期平差后可作出各点移动矢量图。如果某一网点的移动矢量超出了椭圆范围，则说明式(2-173)不满足，网点产生移动，否则认为式(2-173)满足，网点没有产生移动。这样将变形检验问题化成了几何问题。

由于判断是以式(2-174)或式(2-175)表示的椭圆为依据，且该椭圆实际上是第Ⅱ期相对第1期网点的相对误差椭圆，因此，称为相对误差椭圆法。该法的优点是能直观全面地表示网点移动的情况。相对误差椭圆的应用步骤如下：

(1)观测值进行平差，求得 X_{I}、X_{II}，$Q_{x\mathrm{I}}$，$Q_{x\mathrm{II}}$。

(2)求出 $Q_{\mathrm{d}} = Q_{x\mathrm{I}} + Q_{x\mathrm{II}}$，根据对应的 Q_{d_i}：

$$Q_{\mathrm{d}_i} = \begin{bmatrix} q_{xx\mathrm{d}_i} & q_{xy\mathrm{d}_i} \\ q_{yx\mathrm{d}_i} & q_{yy\mathrm{d}_i} \end{bmatrix}$$

按式(3-40)可求得各点的相对误差椭圆元素，并在图上按一定比例作出椭圆。

(3)计算 $d = X_{\mathrm{II}} - X_{\mathrm{I}}$，在上述网点图上，按相对误差椭圆相同比例展绘各点的移动矢量。

(4)若有某一点的移动矢量超出了椭圆范围，则认为该点产生了移动，否则认为该点没有产生移动。

2.6 变形分析中系统误差的影响与剔除

前面讲述的三种变形分析与检验方法：平均间隙法、线性假设法和相对误差椭圆法，都是在假定两期观测之间不存在系统误差，两期观测之间误差独立的条件下进行的。而实际观测中，各期观测值之间往往含有系统性误差，例如对测角、测高程，由地形地物引起的折光误差带有系统性；对测边，气象代表性误差部分是系统性的，如果两次观测使用同一仪器，则某些仪器误差也具有系统性。为消除这些系统误差的影响，通过在观测中采取措施，如尽量使用同样仪器进行各期观测，尽量使各期观测在同样条件下进行等等。本节将从理论上探讨系统误差对变形分析的影响，以及如何在变形分析中消除系统误差的影响。

2.6.1 系统误差对变形分析的影响

假定对某一变形网进行两期观测的方案相同，观测方差也相同，观测向量分别用 L_{I}，L_{II} 表示，两期观测网点坐标分别用 X_{I}，X_{II} 表示，两期观测误差分别用 ΔL_{I}，ΔL_{II} 表示，其系统误差（即两期观测中相同的误差部分）用 ΔL_0 表示，偶然误差（即两期观测中不同的误差部分）$\Delta L'_{\mathrm{I}}$，$\Delta L'_{\mathrm{II}}$ 表示，即：

$$\Delta L_{\mathrm{I}} = \Delta L'_{\mathrm{I}} + \Delta L'_0, \Delta L_{\mathrm{II}} = \Delta L'_{\mathrm{II}} + \Delta L'_0 \tag{2-176}$$

观测方差为：

$$D_{\mathrm{L}} = D'_{\mathrm{I}} + D_0 = D'_{\mathrm{II}} + D_0 = \sigma^2 P^{-1} \tag{2-177}$$

显然：

$$D'_{\mathrm{I}} = D'_{\mathrm{II}} = \sigma^2 P^{-1} \tag{2-178}$$

若两期观测网点没有产生移动，则有 $E(L_{\mathrm{I}})=E(L_{\mathrm{II}})$，此时有：

$$X_{\mathrm{I}} = N^{+}A^{\mathrm{T}}PL_{\mathrm{I}}, X_{\mathrm{II}} = N^{+}A^{\mathrm{T}}PL_{\mathrm{II}}$$

$$d = X_{\mathrm{II}} - X_{\mathrm{I}} = N^{+}A^{\mathrm{T}}PL_{\mathrm{II}} - N^{+}A^{\mathrm{T}}PL_{\mathrm{I}}$$

即：

$$\begin{aligned} d &= N^{+}A^{\mathrm{T}}P(L_{\mathrm{II}} - L_{\mathrm{I}}) \\ &= N^{+}A^{\mathrm{T}}P(\Delta L_{\mathrm{II}} - \Delta L_{\mathrm{I}}) \\ &= N^{+}A^{\mathrm{T}}P(\Delta L'_{\mathrm{II}} - \Delta L'_{\mathrm{I}}) \end{aligned} \tag{2-179}$$

相当于观测方差为 $D'_{\mathrm{II}}=D'_{\mathrm{I}}=\sigma^2 P^{-1}$ 的两期独立观测计算的结果，故有：

$$E\left(\frac{d^{\mathrm{T}}Q_{\mathrm{d}}^{\mathrm{T}}d}{h}\right) = \sigma'^2, \frac{d^{\mathrm{T}}Q_{\mathrm{d}}d}{\sigma'^2} \sim \chi^2(h) \tag{2-180}$$

又：

$$\frac{S^2 f}{\sigma^2} \sim \chi^2(f) \tag{2-181}$$

故：

$$F = \frac{d^{\mathrm{T}}Q_{\mathrm{d}}^{+}d}{h \cdot S^2} = \frac{\dfrac{\sigma'^2}{\sigma^2} \cdot \dfrac{d^{\mathrm{T}}Q_{\mathrm{d}}^{+}d}{h \cdot \sigma^2}}{\dfrac{S^2 \cdot f}{\sigma^2 \cdot f}}$$

即：

$$F \sim \frac{\sigma'^2}{\sigma^2} F(h, f) \tag{2-182}$$

取显著性水平 α，则：

$$F \leqslant \frac{\sigma'^2}{\sigma^2} F'_{\alpha}(h, f) \tag{2-183}$$

由此可知，用式(2-144)构成的统计量并不服从标准 F 分布，而必须乘因子$\frac{\sigma'^2}{\alpha^2}$，如果用式(2-144)构成的统计量进行统计检验，则用式(2-183)作为判别式。

比较式(2-145)与式(2-183)可知：如果观测不含系统误差，即 $D_0=0$，则 $\sigma^2=\sigma'^2$，式(2-136)与式(2-143)等价，因而用式(2-145)进行统计检验完全可行；但如果观测中含有系统误差，则 $\sigma^2<\sigma^2$，此时若用式(2-145)将降低检验的灵敏性。例如，在高精度的水平角观测中，系统误差占很大的比例，有时甚至超过 50%，如果按系统误差占总误差的 50%计算，则式(2-183)可变为：

$$F\leqslant 0.5F'_{\alpha}(h,f)$$

比较式(2-145)可知，这时仍按式(2-145)进行检验，则检验的灵敏性将大大降低。

2.6.2 系统误差的检验

假定两期观测方案相同，观测方差也相同，观测值的改正数(残差)向量分别取 V_{I}、V_{II}，则两期观测的协方差为：

$$S_{\mathrm{I},\mathrm{II}}=\frac{V_{\mathrm{I}}PV_{\mathrm{II}}^{\mathrm{T}}}{r} \tag{2-184}$$

式中：r——单期观测的多余观测分量。

若两期观测独立，即两期观测之间不存在系统误差，则协方差 $S_{\mathrm{I},\mathrm{II}}$ 的理论值 $\alpha_{\mathrm{I},\mathrm{II}}$ 应为零。由 $S_{\mathrm{I},\mathrm{II}}$ 可求相关系数：

$$\rho=\frac{S_{\mathrm{I},\mathrm{II}}}{S_{\mathrm{I}}\cdot S_{\mathrm{II}}} \tag{2-185}$$

其中：S_{I}^2，S_{II}^2 分别为第Ⅰ，Ⅱ期的方差占值；ρ 为样本相关系数(为区别多余观测分量 r，这里 ρ 表示样本相关系数)。根据相关系数，又可构成统计量：

$$F-\frac{\rho^2}{1-\rho^2}(r-2)\cdot F(1,r-2) \tag{2-186}$$

若 $F>F_{\alpha}(1,r-2)$，则可认为两期观测相关，即系统误差显著；否则，认为两期观测之间系统误差不显著。

相关系数的检验也可直接利用样本的相关系数，通过查取相关系数检验表的相关系数临界值 ρ_{α} 进行。

2.6.3 系统误差的剔除

1)两期观测方案相同

假定第一期观测时网点坐标为 X，则第二期观测时网点坐标为 $X+d$，此时误差方程：

$$V_{\mathrm{I}}=AX-L_{\mathrm{I}},V_{\mathrm{II}}=A(X+d)-L_{\mathrm{II}} \tag{2-187}$$

因观测方案相同，两式相减，得：

$$V_{\mathrm{II}}-V_{\mathrm{I}}=Ad-(L_{\mathrm{II}}-L_{\mathrm{I}}) \tag{2-188}$$

则上式写成：

$$V'=Ad-L' \tag{2-189}$$

显然，这是观测值为 L'、未知量为 d 的误差方程。考虑式(2-176)有：

$$\Delta L' = \Delta L_{\mathrm{II}} - \Delta L_{\mathrm{I}} = \Delta L'_{\mathrm{II}} - \Delta L'$$

$$D'_{\mathrm{L}} = 2\sigma'^2 P^{-1}$$

按间接平差，由式(2-189)得：

$$d = (A^{\mathrm{T}}PA)^{+}A^{\mathrm{T}}PL' = N^{+}A^{\mathrm{T}}P(L_{\mathrm{II}} - L_{\mathrm{I}})$$

比较式(2-179)可知，由式(2-187)简化为式(2-189)，所得平差结果不变。

由式(2-189)又可求得观测值 L' 的改正数 V'。

$$V' = Ad - L' = (AN^{+}A^{\mathrm{T}}P - E)L'$$

求方差因子 σ'^2 的估值 S'^2：

$$2S'^2 = \frac{V'^{\mathrm{T}}PV'}{r}$$

则：

$$S'^2 = \frac{V'^{\mathrm{T}}PV'}{2r} \tag{2-190}$$

式中：r——单期观测中多余观测数。

显然，$E(S'^2) = \sigma'^2$，利用 S'^2，代替式(2-144)中的 S^2，可构成统计量：

$$F = \frac{d^{\mathrm{T}}Q^{+}d}{h \cdot S'^2} \cdot F(h, r) \tag{2-191}$$

很显然，该统计量服从 $F(h,r)$ 分布，选定显著性水平，有：

$$F < F_{\alpha}(h, r) \tag{2-192}$$

利用式(2-192)就可进行统计检验。

由于统计量改造过程中，只是用 S'^2 代替 S^2，其 F 分布中的第二自由度相应地由 f 变为 r，故这种改造适用于平均间隙法、线性假设法及相对误差椭圆法等所有变形分析方法。

实际计算时，可直接由观值 L_{I}、L_{II} 构成 L' 进行计算，也可用第一期平差结果作为第Ⅱ期平差近似值，则观测值减去观测近似值后，第二期平差的未知量为 d，就构成 L' 再进行计算。

考虑到 $V' = V_{\mathrm{II}} - V_{\mathrm{I}}$，由式(2-190)，有：

$$S'^2 = \frac{(V_{\mathrm{II}} - V_{\mathrm{I}})^{\mathrm{T}}P(V_{\mathrm{II}} - V_{\mathrm{I}})}{2r} = \frac{V_{\mathrm{II}}^{\mathrm{T}}PV_{\mathrm{II}} + V_{\mathrm{I}}^{\mathrm{T}}PV_{\mathrm{I}} - 2V_{\mathrm{I}}^{\mathrm{T}}PV_{\mathrm{II}}}{2r}$$

$$= \frac{V_{\mathrm{II}}^{\mathrm{T}}PV_{\mathrm{II}} + V_{\mathrm{I}}^{\mathrm{T}}PV_{\mathrm{I}}}{2r} - \frac{V_{\mathrm{I}}^{\mathrm{T}}PV_{\mathrm{II}}}{r}$$

由确定 S^2 的表达式及式(2-184)可知，上式又可表示为：

$$S'^2 = S^2 - S_{\mathrm{I,II}}$$

即只要 $S_{\mathrm{I,II}} > 0$，就有 $S'^2 < S^2$。由于改造后的统计量在统计上仍然严密，所以利用改造后的统计量将取得更好的效果。

2)两期观测方案不同

若两期观测方案不同,则在两期观测中挑选相同观测分别组成 L_{I}、L_{II},然后再按上式求出估值 S'^2,并根据两期全部观测所求得的移动值 d,由式(2-191)构成统计量,按式(2-192)进行检验。

2.6.4 工程实例

例 2-6 图 2-11 所示为某大坝变形监测网,共观测了两期,两期观测方案不完全相同,其中第一期多测了 3~8 对向量观测。用常规的相对误差椭圆法进行变形检验,结合变形分析,采用逐步拟稳平差法。最后确定 1、5、6、7、8 点为拟稳点,2、3 点则为明显移动点,点 4 移动不明,点 4 位于一滑体下方,且点 4 移动方向与滑体滑动方向基本一致,很可能产生移动,变形分析结果见图 2-11 及表 2-2。

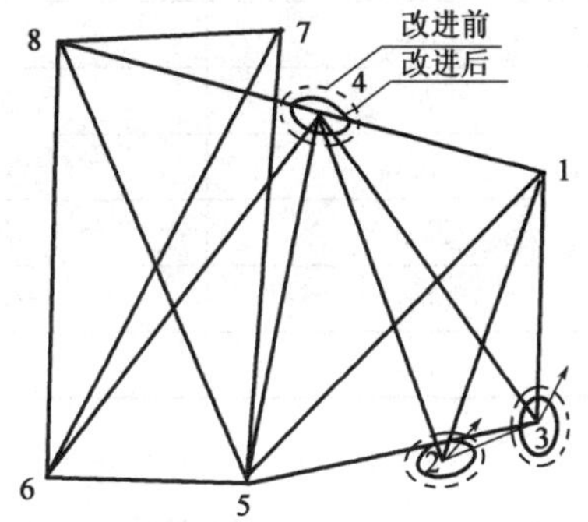

图 2-11 某大坝变形监测网示意图

改造前后相对变形椭圆元素

表 2-2

点号	长半轴(mm)		短半轴(mm)		方向(°)	dx(mm)	dy(mm)
	改造前	改造后	改造前	改造后			
1	2.16	1.45	2.00	1.34	28.5	−0.18	−0.14
2	3.21	2.15	2.29	1.53	75.1	2.37	2.35
3	2.86	1.92	2.24	1.50	0.1	2.45	−5.27
4	2.64	1.77	1.54	1.04	110.2	−0.48	1.40
5	1.95	1.30	1.01	0.67	59.2	0.14	−0.22
6	1.34	1.23	1.17	0.78	131.2	−0.33	0.39
7	2.57	1.72	1.73	1.20	134.0	−0.01	0
8	2.10	1.41	1.23	0.82	55.2	0.38	−0.04

根据第一期平差结果求得的方向观测中误差 $S=0.555$,两期综合为 $S=0.522$。由于两期观测方案不完全相同,属上述第二种情况,去掉第一期观测 3~8 之间的两个观测,进行平差,求得:$S'=0.34$,$S_{\mathrm{I},\mathrm{II}}=0.1884$,$\rho=0.749$,$\rho_{0.05}=0.497$,以 S'^2 构成的统计量,求得相对变形椭圆元素见表 2-3。比较可知:

(1)采用改造后的统计量,相对变形椭圆缩小了 33%,检验的灵敏性提高,该结果是通过改变观测方案、增加观测值等办法难以达到的,这说明采用改造后的统计量进行检验具有重要实际意义。

(2)通过检验,原来认为移动不明的点 4 确定为明显的移动点。

(3)反映两期观测之间系统误差大小的相关系数 ρ 远小于临界值 $\rho_{0.05}$,说明两期观测之间系统误差十分显著。

观测高差及权值 表 2-3

高差	观测高差(mm)		$P_{ik}=\frac{C}{n_{ik}}$
	第一次观测	第二次观测	
h_{A1}	+45.2	+44.9	1
h_{12}	+265.8	+265.6	2
h_{2A}	−310.3	−310.2	1
h_{A3}	−26.2	−26.0	2
h_{31}	+70.8	+70.6	2
h_{23}	−336.5	−336.0	2

2.7 变形测量问题的综合处理

变形测量可按经典平差、秩亏网平差或拟稳平差方法。变形分析可采用平均间隙法、分块间隙法、线性假设法、相对误差椭圆法等。那么，对具体问题，应采用哪种方法平差，然后又采用什么方法进行变形分析呢？变形网一般可分为以下几种类型：

(1)网中存在相对稳定点。例如，某些滑坡监测网，大坝、尾矿坝监测网，桥梁监测网及其他一些大型工程建(构)筑物的监测网，这些监测网中，可能有一部分点位于受力变化较小的地带，地质条件可能也相对较好。

(2)所有网点都可能产生移动。但每次观测总有一部分点移动较小或相对稳定，如北方冻土地带的平面或高程网、库区地形变监测网等，这些网中的网点都可能产生移动，但一次观测中可能只是其中一部分点产生移动，而另一次观测中又可能是另一部分点产生移动。

(3)所有网点产生整体相对位移。例如，监测地震断层的监测网、地震前后的地壳形变监测网。

2.7.1 网中存在相对稳定点

可采用经典平差法、拟稳平差法，也可采用秩亏网平差法。

当采用经典平差法时，变形检验可采用相对误差椭圆法。但如果固定点与变形点之间推算路线太长，则累积误差可能较大，因而作出的相对误差椭圆也可能较大，发现变形的能力差，此时可以采用拟稳平差法。当采用拟稳平差法时，变形分析与检验必须分两步进行。

(1)对选择的拟稳点作稳定性检验，要求：

$$\frac{d_{F}^{T}Q_{d_F}^{-1}d_{F}}{h\cdot S_{0}^{2}}<F_{\alpha}(h,f),\frac{d_{Fi}^{T}Q_{d_{Fi}}^{-1}d_{Fi}}{2S_{0}^{2}}<F_{\alpha}(2,f)$$

即用平均间隙法进行整体检验，用相对误差椭圆法进行单点检验，如果通过了上述检验，说明这些拟稳点确实较为稳定，可以对其他点(动点)进行变形分析。如果发现某点产生了移动，则必须从拟稳点组中去掉该点，重新进行拟稳平差和检验，直到各拟稳点满足要求为止。

重新进行拟稳平差，一般是用坐标变换法进行平差计算，即：

$$\left.\begin{aligned} d &= S\bar{d} \\ S &= E - G(G^{\mathrm{T}}RG)^{-1}G^{\mathrm{T}}R \\ Q_{\mathrm{d}} &= SQ_{\bar{\mathrm{d}}}S^{\mathrm{T}} \end{aligned}\right\} \tag{2-193}$$

其中 R 矩阵对角线上的元素对应于拟稳点为 1,对应于动点为 0,非对角元素全部为 0,利用式(2-193),可以不断求出新的拟稳平差结果并进行检验。

(2)当拟稳点最终确定,利用式(2-193)求出最后的平差结果。对动点 d_{M},可用相对误差椭圆法作变形分析,即可绘制各动点的误差椭圆,并将 d_{M} 展绘在图上。

如果整个网点都是相对稳定点,就是所谓的基准网,网点的稳定性检验一般称为基准点稳定性检验。这时平差可采用秩亏网平差法,而变形检验也包括两个内容:

$$\frac{d^{\mathrm{T}}Q_{\mathrm{d}}^{\mathrm{T}}d}{h\cdot S_0^2}<F_\alpha(h,f),\frac{d_i^{\mathrm{T}}Q_{\mathrm{d}i}^{-1}d_i}{2S_0^2}<F_\alpha(2,f)$$

即采用平均间隙法进行整体检验,采用相对误差椭圆法进行单点检验。

2.7.2 所有网点都可能产生移动

(1)寻找相对稳定点的方法很多,这里介绍筛选法,其步骤如下:

①用秩亏网平差方法对整个网进行平差,求出第Ⅰ、Ⅱ期的坐标及协方差,最后求出移动矢量 d 及 Q_{d}。

②用平均间隙法进行整体检验,用相对误差椭圆法进行单点检验。

③若在上述变形检验过程中,发现某些点产生了移动,则以这些点为动点,以其他点为拟稳点,运用式(2-193)求相应的拟稳平差结果。

④重复第②、③两步,直到所选择的拟稳点都能通过检验为止。

(2)作相对误差椭圆。

用相对误差椭圆法,作出各点的椭圆及移动矢量,直观反映网点移动情况。

2.7.3 所有网点产生整体相对位移

对于这种情况,可采用秩亏平差进行网的平差,用平均间隙法作整体检验。变形网平差与变形分析的宗旨是利用各种手段发现变形,得到变形的真实结果。

2.8 变形检验的灵敏性

当变形网或基点网中有一点产生了某一位移值 δ,能否通过前述检验方法发现,这就涉及检验的灵敏性问题。能及早发现移动,也就是当产生的位移还比较小时,就能被发现出来,这时变形检验的灵敏性高;反之,则灵敏性低。

检验的灵敏性问题,实际上就是检验的功效问题。检验功效就是将原假设从备择假设中区别出来的概率。如图 2-12，对于式(2-144)所示的方差比检验参数 $F_{h,f}$：

(1)当没有发生移动，即 H_0 假设为真时，此参数(即标准化平均间隙)服从中心 F 分布；

(2)当移动已发生，即 H_A 假设为真时，检验参数服从非中心 F 分布，零假设的坐标间隙期望值 $E(d)=0$，而备择假设的期望值 $E(\bar{d})=\bar{d}\neq 0$，非中心 F 分布的非中心参数 λ 为：

$$\lambda=\frac{\bar{d}^{\mathrm{T}}-Q_{d}^{-1}\bar{d}}{\sigma_0^2} \tag{2-194}$$

由图 2-12 可知，检验参数出现大于中心 F 分布位值 $F_\alpha(h,f)$ 的概率即为检验功效 γ，也就是说，当一定的位移值产生后(H_A 为真)，即非中心 F 分布已被确定，此时，能正确接受 H_A 假设而作出已发生移动结论的概率，就是检验功效。因此，在这里检验功效就是指能正确辨认出已发生移动的概率，这个概率越大，表示发现移动的灵敏性也越高。也可以说，在相同概率时，所需的非中心参数 λ 越小(相应地 $\bar{d}$ 也会越小)，其检验的灵敏性就越高。

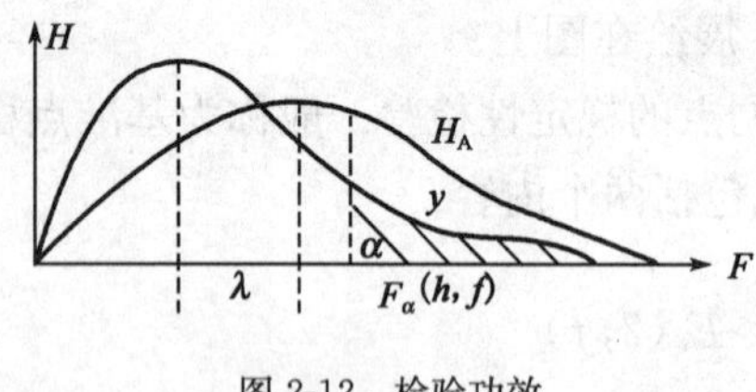

图 2-12　检验功效

变形监测网的灵敏性问题与网形设计方案有关，是变形网优化的重要内容。此外，在一定程度上，检验功效又和所用检验方法有关。

为分析变形网及检验方法的优劣，有时需要计算检验功效的大小，当参数为正态分布时，这一计算较容易，对于 F 检验，为了计算功效，可用下述近似公式：

$$\gamma=1-\beta \tag{2-195}$$

而

$$\beta=\frac{1}{2\pi}\int_{-x}^{x}e^{\frac{-t^2}{2}}\,\mathrm{d}t \tag{2-196}$$

其中：

$$x=\frac{\left[\dfrac{h\cdot F_\alpha(h,f)}{h+\lambda}\right]^{\frac{1}{3}}\cdot\left(1-\dfrac{2}{9f}\right)-\left[1-\dfrac{2(h+2\lambda)}{9(h+\lambda)^2}\right]}{\left\{\dfrac{2(h+2\lambda)}{9(h+\lambda)^2}+\dfrac{2}{9f}\cdot\left[\dfrac{h}{h+\lambda}\cdot F_\alpha(h,f)\right]^{\frac{2}{3}}\right\}^{\frac{1}{2}}} \tag{2-197}$$

对于具体网形，计算时要先知道移动值的大小 $\bar{d}$ 以及 σ_0^2，然后按网形计算协因素 Q_d，用式(2-194)求出，再按 h、f、α 及式(2-197)计算 x，用式(2-196)计算 β 时，可查正态分布表，最后用式(2-195)计算检验功效 γ。

现比较整体检验和单点检验的灵敏性，作为检验功效计算的实例。

水准基点网稳定性检验时，可用经典平差(即选一可靠稳定点作起始点)作整体检验[式(2-144)]，也可以用线性假设法导出单点检验公式，此时：

$$N^{+}=\begin{bmatrix}(A_0^{\mathrm{T}}A_0)^{-1} & 0\\ 0 & (A_0^{\mathrm{T}}A_0)^{-1}\end{bmatrix}=\begin{bmatrix}Q_{x_0x_0} & 0\\ 0 & Q_{x_0x_0}\end{bmatrix} \tag{2-198}$$

其中 $Q_{x_0x_0}$ 为经典平差时各点高程未知数的协因素。

则：

$$F_{\mathrm{r,f}} = \frac{d^{\mathrm{T}} Q_{\mathrm{d}}^{-1} d}{r S_0^2} = \frac{d^{\mathrm{T}} (C^{\mathrm{T}} N^{+} C)^{-1} d}{r S_0^2}$$

因为 $r=1, C^{\mathrm{T}} N^{+} C = 2q_{ii}$；$q_{ii}$ 为 $Q_{x_0x_0}$ 中相应于第 i 点高程的协因素；令 d_i 为 i 点的高程间隙，则单点检验公式为：

$$F_{1,\mathrm{f}} = \frac{d_i^2}{2q_{ii} S_0^2} \tag{2-199}$$

当网中某一点产生移动 $\bar{d}_i$ 后，对于单点检验，其非中心参数 r 为：

$$\lambda = \frac{d_i^2}{2q_{ii} S_0^2} \tag{2-200}$$

整体检验可用式(2-194)计算其非中心参数。由于 $\bar{d}$ 矢量中，只有一个不为零，其余都为零(因为只有 i 点产生移动 $\bar{d}$)，因此，整体检验求得的非中心参数也同式(2-200)。当网中只有一点移动后，用多点检验和单点检验，其非中心参数相同，且同式(2-200)。

对于整体检验和单点检验，为计算 r，要先根据式(2-197)计算 x，二者的 α、f、λ 值相同，不同的是 h 及 $F_\alpha(h,f)$。对于整体检验，$h=t-1$，t 为所有网点数；对于单点检验，$h=1$。

令 $\alpha=0.05$，$f=\infty$，分别取 $h=1$、5、10 计算随 λ 变化的功效曲线(图 2-13)。由图可见，当 $h=1$，即零点检验时功效最高，随着网点数的增加，功效降低，因此，可认为单点检验公式具有较高的灵敏性。

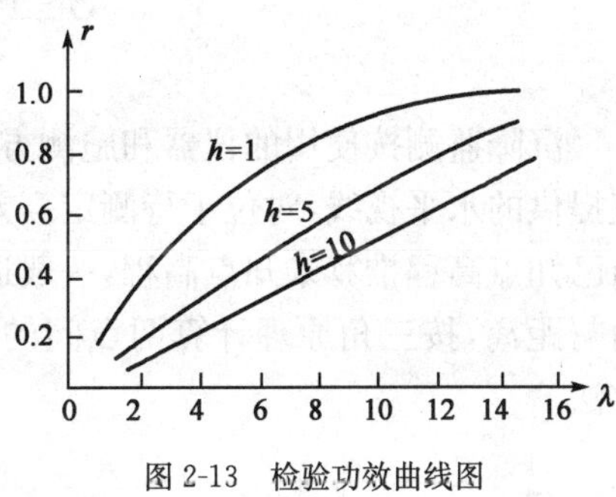

图 2-13　检验功效曲线图

第 3 章　变形监测的基本方法

沉降监测常用水准测量、三角高程测量或液体静力水准测量等方法；位移监测主要使用全站仪，采用小角法、前方交会法、后方交会法、导线法等；对建(构)筑物的倾斜监测则主要通过水准仪或经纬仪间接测量。工程建(构)筑物的建设呈大规模化，其对监测方法和技术的要求也越来越高，随着计算机、传感技术的发展，监测方法的革新导致监测技术智能化、自动化。主要体现在高精度电子水准仪、测量机器人、测斜仪、孔隙水压力计、土压力、裂缝计、水位计等仪器设备的出现，以及基于物联网技术的远程遥测监测系统的产生。基于此，本章介绍变形监测的基本方法。

3.1　沉 降 监 测

沉降监测按使用的仪器和施测方法分为水准测量和三角高程测量。水准测量是利用水准仪提供的水平视线，对位于待测定高差的两点上的水准尺进行读数，测得两点间的高差，进而由已知点高程推算未知点高程，一般适用于较为平坦地区；三角高程测量是用全站仪测定垂直角与距离，按三角原理计算两点间的高差，适用于非平坦地区。水准测量是沉降监测的主要方法。

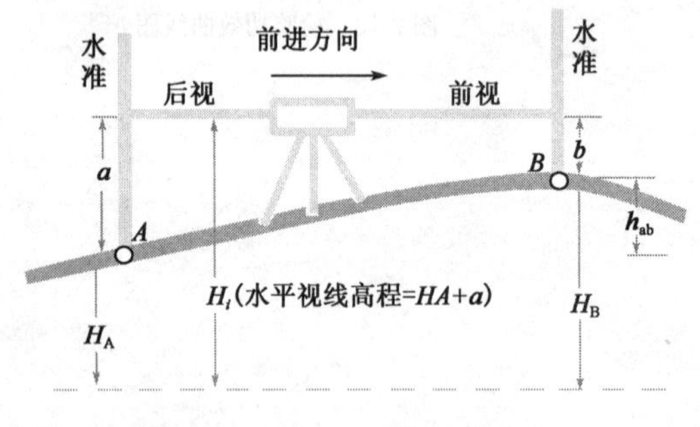

图 3-1　水准测量原理图

3.1.1　水准测量原理

如图 3-1 所示，A、B 两点的高差为：

$$h_{AB} = H_B - H_A = a - b \tag{3-1}$$

而 B 点的高程为：

$$H_B = H_A + h_{AB} \tag{3-2}$$

其中 h_{AB} 表示由 A 到 B 的高差，若写成 h_{BA}，则指从 B 到 A 的高差。若水准测量是从 A 点向 B 点进行，则称 A 点为后视点，其水准尺读数为后视尺读数；称 B 点为前视点，其水准尺读数为前视尺读数。A 点和 B 点的高差 h_{AB} 有正负：高差为正，表示 B 点比 A 点高；高差为负，表示 B 点比 A 点低。

以上利用高差计算高程的方法，称为高差法。由图 3-1 可知，A 点的高程加后视读数等于水准仪的视线高程，简称视线高程，设 H_i：

$$H_i = H_A + a \tag{3-3}$$

则 B 点高程等于视线高程减去前视读数，即：

$$H_B = H_i - b = (H_A + a) - b \tag{3-4}$$

由式(3-4)用视线高程计算 B 点高程的方法称为视线高程法。当需要安置一次仪器测得多个前视点高程时，利用视线高程法比较方便。

3.1.2 水准路线

水准路线是进行水准测量所经过的路线。

1)水准路线的形式

根据已知水准点的分布情况和实际需要，水准路线一般可布设成闭合水准路线、附合水准路线和支水准路线(图 3-2)。

(1)附合水准路线[图 3-2a)]。从已知水准点 A 出发，沿待定水准点 1、2 进行水准测量，最后附合到另一个水准点 B 所构成的水准路线。

(2)闭合水准路线[图 3-2b)]。从已知水准点 A 出发，沿待定水准点 1、2、3 进行水准测量，最后又回到原出发水准点 A。

(3)支水准路线[图 3-2c)]。从已知水准点 A 出发，沿待定水准点 1、2 进行水准测量，其路线既不闭合也不附合，而是形成一条支线。支水准路线应进行往返测量，以便通过往返测高差检验测量的正确性。

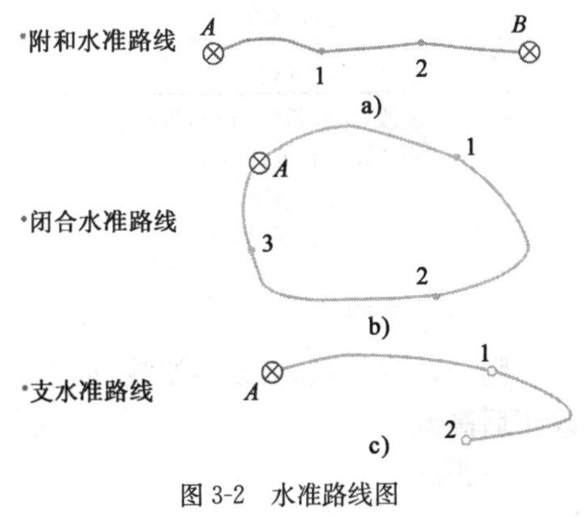

图 3-2 水准路线图

2)附合水准路线成果检核

图 3-2a)中，已知起点 A、终点 B 的高程 H_A、H_B，故 A、B 间的高差理论值为：

$$\sum h_{理} = H_B - H_A \tag{3-5}$$

符合水准路线的测量高差 $\sum h_{测}$ 与理论高差 $\sum h_{理}$ 之差即为高差闭合差，用 f_h 表示：

$$f_h = \sum h_{测} - \sum h_{理} = \sum h_{测} - (H_B - H_A) \tag{3-6}$$

3)支水准路线测量成果检核

支水准路线一般需往返观测。由于往返观测的方向相反，因此往测高差总和 $\sum h_{往}$ 与返测高差总和 $\sum h_{返}$ 的绝对值应相等，而符号相反，即往、返测得高差的代数和理论上等于零。支水准路线往、返测得的高差闭合差为：

$$f_h = \sum h_{往} - \sum h_{返} \tag{3-7}$$

4)水准路线高差的容许值

由于仪器精密程度和观测者分辨能力的限制，加上外界环境影响，观测中不可避免含有误差，闭合差 f_h 即为误差的反映。当 f_h 在容许范围内时，认为精度合格，成果可用；否则，应返工重测，直至符合要求为止。容许高差闭合差是研究误差产生规律和根据实际工作要求提出来的。水准测量高差闭合差的容许值规定：每千米水准测量偶然中误差 M_Δ 和每千米水准测

量全中误差 M_W 满足表 3-1 要求；往返高差不符值、环闭合差和检测高差之差的限差满足表 3-2要求。

一、二等水准测量精度　表 3-1

测量等级	一　等	二　等
M_Δ	0.45	1.0
M_W	1.0	2.0

往返高差不符值、环闭合差和检测高差之差的限差　表 3-2

等级	测段、路线往返测高差不符值	附合路线闭合差	环闭合差	检测已测测段高差之差
一等	$1.8\sqrt{k}$	—	$2\sqrt{F}$	$3\sqrt{R}$
二等	$4\sqrt{k}$	$4\sqrt{L}$	$4\sqrt{F}$	$6\sqrt{R}$

注：k——测段、路线长度(km)，当测段小于 0.1km，按 0.1km 计算；
L——附合路线长度(km)；
F——环线长度(km)；
R——检测测段长度(km)。

5)闭合差的调整

闭合差按与距离(或测站数)成正比例进行权重分配，并反其符号改正到各相应高差上，得改正后高差。

按距离：

$$v_i = -\frac{f_h}{\sum l} l_i \tag{3-8}$$

按测站数：

$$v_i = -\frac{f_h}{\sum n} n_i \tag{3-9}$$

改正后高差为：

$$h_{i改} = h_{i测} + v_i \tag{3-10}$$

式中：$v_i, h_{i改}$——第 i 测段的高差改正数及改正后高差；

$\sum n, \sum l$——路线总测站数与总长度；

n_i, l_i——第 i 测段的测站数与长度。

6)高程的计算

根据改正后高差，从起点 A 逐点推算各站的高程：

$$H_1 = H_A + h_{1改} \tag{3-11}$$

$$H_2 = H_1 + h_{2改} \tag{3-12}$$

3.1.3　水准测量误差来源

1)仪器误差及减弱方法

因仪器检校不完善，视准轴与水准管轴之间仍有微小夹角(称 i 角误差)，当某测站的前、

后视距离相等时，i 角误差对高差的影响被抵消。因此水准测量中，前后视距差和前后视距累积差应有一定限值。

2)观测误差及减弱方法

观测误差主要包括整平误差、调焦误差、估读误差和水准尺倾斜误差。

(1)整平误差。若水准器格值 $r=10''/\text{mm}$，视线长度为 100m。整平时，当水准管气泡偏移中心 0.5 格，引起的读数误差可达 5mm。因此，水准测量时要整平严格，读数快速。

(2)调焦误差。观测时，调焦会引起读数误差。消除或减弱的办法是保持前后视距相等，避免在一站中重复调焦。

(3)估读误差。限制视线长度，作业时态度认真。

(4)水准尺倾斜误差。读数时若水准尺在视线方向前后倾斜，观测员很难发现，由此造成水准尺读数总是偏大，消除或减弱的办法是在水准尺上安装圆水准器，确保水准尺铅垂。

3)外界环境的影响

(1)水准仪和水准尺下沉误差。在土壤松软区测量时，水准仪在测站上随安置时间的增加而下沉。发生在两尺读数之间的下沉，会使后读数的尺子读数比应有读数小，造成高差测量误差。消除办法是仪器安置在坚实地面，踩实脚架，快速观测，采用“后—前—前—后”的观测顺序。

(2)大气折光影响。视线在大气中穿过会受大气折光影响，一般视线离地面越近，光线的折射越大。观测时应尽量使视线保持一定高度，一般规定视线须高出地面 0.2m。

(3)日照及风力引起的误差。选择好的天气测量，给仪器打伞遮光。

3.2　水平位移监测

3.2.1　概述

对建筑物而言，水平位移观测包括：位于特殊性土地区的建筑物地基基础水平位移观测，受高层建筑基础施工影响的建筑物及工程设施水平位移观测，挡土墙、大面积堆载等工程中所需的地基基础深层侧向位移观测等。需测定随时间变化的位移量和位移速度。

1)观测点布设

(1)观测点。建筑物应选在墙角、柱基及裂缝两边等处；地下管线应选在端点、转角点及必要的中间部位；护坡工程应按待测坡面成排布点；深层侧向位移的点位与数量，应按工程需要确定。控制点的点位应根据测点的分布情况确定。

(2)测点标志和标石。建筑物上的观测点，可以采用墙上或基础标志；土体观测点，可采用混凝土标志；地下管线观测点，采用窨井式标志。各种标志的形式及埋设，应根据点位条件和观测要求设计确定。

控制点的标石、标志，应按《建筑变形测量规程》(JGJ 8—2007)的规定设置。如膨胀土等特殊性土地区的固定基点，可采用深埋钻孔桩标石，但须用套管桩与周围土体隔开。

2)精度要求

(1)根据相关要求,确定位移观测中误差。

(2)以位移观测中误差估算单位权中误差 μ,估算公式为:

$$\mu = \frac{m_s}{\sqrt{2QX}} \tag{3-13}$$

$$\mu = \frac{m_{\Delta s}}{\sqrt{2QX}} \tag{3-14}$$

式中:m_s——位移分量 s 的观测中误差(mm);

$m_{\Delta s}$——位移分量差 Δs 的观测中误差(mm);

Q_X——网中最弱观测点坐标的权倒数;

$Q_{\Delta X}$——网中待求观测点间坐标差 ΔX 的权倒数。

(3)求出观测值测站高差中误差后,选择位移测量的精度等级。

3)观测措施

(1)使用精密仪器,并采用强制对中。设置强制对中固定观测墩(图 3-3),使仪器强制对中。一般采用钢筋混凝土观测墩,观测墩各部分尺寸需达到规范要求,观测墩底座部分要求直接浇筑。在观测墩顶面设置强制对中装置,该装置能使仪器及觇牌偏心误差小于 0.1mm。

图 3-3 观测墩

(2)照准觇牌。目标点应设置成(平面形状)觇牌,觇牌图案可自行设置。视准线法的主要误差来源是照准误差,觇牌形状、尺寸及颜色影响视准线法观测精度。此外,观测时觇牌也应强制对中。

4)观测方法

传统观测方法主要有前方交会法、精密导线测量法、基准线法等,而基准线法又包括视准线法(测小角法和活动觇牌法)、激光准直法、引张线法等。水平位移观测方法可根据需要与现场条件选用,见表 3-3。

水平位移观测方法选用 表 3-3

序 号	具体情况或要求	方法选用
1	测量地面观测点在特定方向的位移	基准线法(包括视准线法、激光准直法、引张线法等)
2	测量地面观测点任意方向的位移	视观测点的分布情况,采用前方交会法或方向差交会法、精密导线测量法或近景摄影测量等方法
3	对于观测内容较多的大测区或观测点远离稳定地区的测区	宜采用三角、三边、边角测量与基准线法相结合的综合测量方法
4	测量土体内部侧向位移	可采用测斜仪观测方法

5)观测周期

不良地基土地区,可与沉降观测协调考虑确定;受基础施工影响的位移观测,应按施工进度的需要确定，可逐日或隔数日观测一次，直至施工结束；土体内部侧向位移观测，视变形情况和工程进展而定。

6)提交成果

包括水平位移观测点位布置图；观测成果表；水平位移曲线图；地基土深层侧向位移图（视需要）；典型剖面的水平位移与沉降关系曲线；观测成果分析资料。

3.2.2　监测方法

1)平面控制的网点布设

(1)对于建筑物地基基础及场地的位移观测，宜按两个层次，即由控制点组成控制网、由观测点及所联测的控制点组成扩展网。单个建筑物上部或构件位移观测，可将控制点连同观测点按单一层次布设。

(2)控制网可采用测角网、测边网、边角网或导线网，扩展网和单一层次布网可采用测角交会、测边交会、边角交会、基准线或附合导线等形式。各种布网均应考虑网形强度，长、短边长不宜悬殊过大。

(3)基准点（包括控制网的基线端点、单独设置的基准点）、工作基点（包括控制网的工作基点、基准线端点、导线端点、交会法测站点等）以及联系点、检核点和定向点，根据不同布网方式与构网形式，按《建筑变形测量规范》(JGJ 8—2007)有关规定进行，基准点不应少于2个，工作基点亦不应少于2个。

(4)特级、一级、二级及有需要的三级位移观测的控制点，应建造观测墩或埋设专门观测标石，并根据使用仪器和照准标志类型，顾及观测精度，配备强制对中装置。

(5)照准标志应具有明显的几何中心或轴线，并符合图像反差大、图案对称、相位差小和本身不变形等要求。可选用重力平衡球式标、旋入式杆状标、直插式觇牌、屋顶标和墙上标等型式。

2)水平位移监测方法

介绍常规的水平位移监测方法，主要有：极坐标法、小角度法、前方交会法、后方交会法、导线测量法、单站改正法等。其中前方交会法、导线测量法和后方交会法主要用于工作基点稳定性的检查，小角度法、极坐标法、单站改正法主要用于各监测点的监测。

(1)极坐标法。利用极坐标原理，以两个已知点为坐标轴，其中一个点为极点建立极坐标系，测定观测点到极点的距离，测定观测点与极点连线和两个已知点连线夹角的方法（图3-4）。

测定待求点C坐标时，先计算已知点A、B的方位角：

$$\alpha_{BA} = \tan^{-1}\frac{Y_A - Y_B}{X_A - X_B} \times \frac{180^\circ}{\pi} \tag{3-15}$$

测定角度β和边长BC，计算BC方位角：

$$\alpha_{BC} = \alpha_{BA} + \beta \tag{3-16}$$

C点坐标：

$$\begin{aligned} X_C &= X_B + S \cdot \cos\alpha_{BC} \\ Y_C &= Y_B + S \cdot \sin\alpha_{BC} \end{aligned} \tag{3-17}$$

采用观测墩时，其误差主要来源于测角误差、测距误差。取视距长度100m，用TCR1201全站仪观测(1″，1+1.5ppm)两测回。

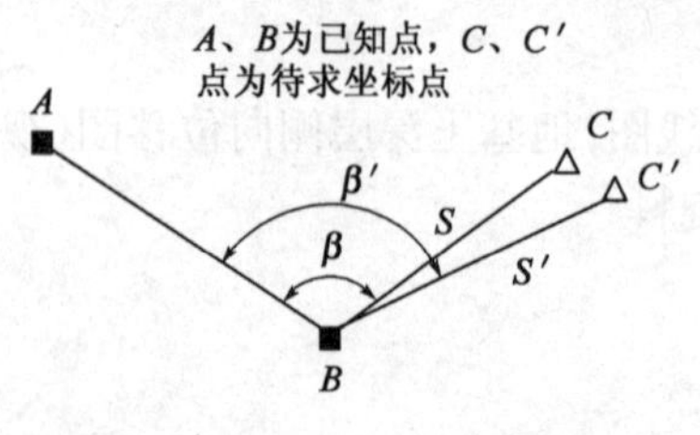

图 3-4 极坐标法

测角中误差：

$$m_{角}=\frac{m_{\theta}}{\rho}S=\frac{1''}{206265}\times100\times1000=0.48\text{mm}$$

测距中误差：

$$m_S=a+b\cdot D$$
$$=1+1.5\times10^{-6}\times100\times1000=1.15\text{mm}$$

点位中误差：

$$m_{点}=(m_{角}^2+m_s^2)^{\frac{1}{2}}=1.25\text{mm}$$

两次观测同一点水平位移变化量中误差：

$$m_{\Delta cc'}=\frac{m_{点}}{\sqrt{2}}=0.9\text{mm}$$

例如：对基坑监测，垂直于基坑方向位移量是最重要的量。一般选择基坑长边方向为x轴，垂直基坑长边方向为y轴，建立假定直角坐标系，即矩形基坑变化量仅是y方向或是x方向变化量，则：

$$m_{\Delta cc'}=(m_{\Delta x}^2+m_{\Delta y}^2)^{\frac{1}{2}}\rightarrow m_{\Delta x}=m_{\Delta y}=\frac{m_{\Delta cc'}}{\sqrt{2}}=\pm0.65\text{mm}$$

由上式可知，两次观测基坑某方向水平位移观测变化量的中误差为±0.65mm。

(2)视准线法。按使用工具和作业方法不同，分为活动觇牌法和小角度法。

活动觇牌法是将活动觇牌安置于位移标志点，使觇牌图案的中线与视准线方向一致，利用觇牌上的分划尺及游标读取偏离值(图3-5)。

小角度法是将仪器安置于工作基点，测定视准线位移点间的微小夹角和水平距离。主要用于观测基坑等建(构)筑物的水平位移变形点。(图3-6)利用全站仪或经纬仪(J1型)精确测出基准线与置镜点到观测点视线之间的微小角度，并按式(3-18)计算偏离值：

$$L_P=\frac{\alpha_P}{\rho}\cdot S_P \tag{3-18}$$

式中：α_P——基准线与置镜点到观测点视线所夹微小角度；

S_P——测站至观测点的距离；

ρ——换算常数，$\rho=3600\times\frac{180}{\pi}=206265$。

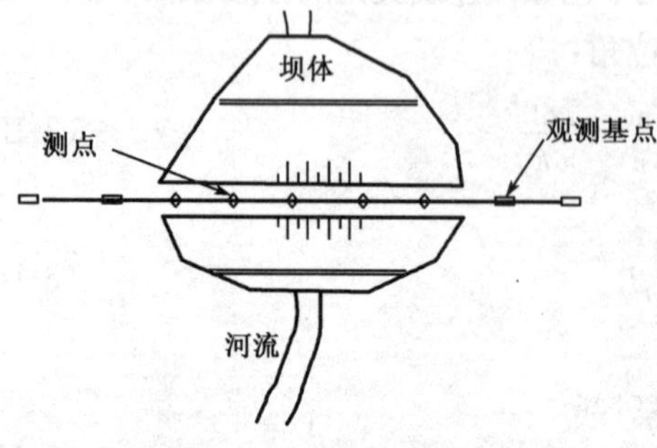

图 3-5 活动觇牌法布点图

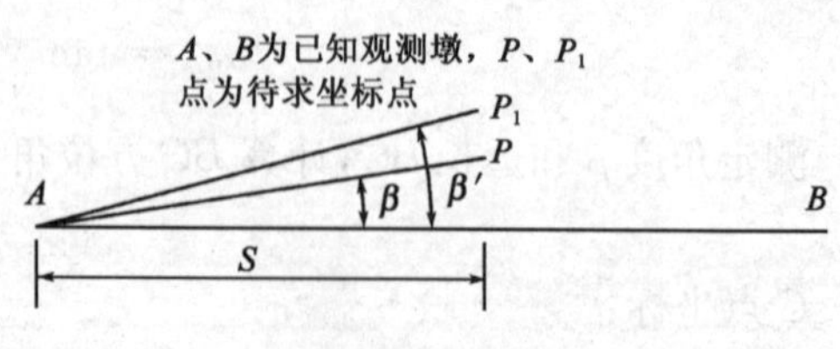

图 3-6 小角度法示意图

小角度法观测要求基准点采用强制对中设备，即必须建立观测墩。小角度法的测距相对于测角而言易实现，计算偏离值精度时，可忽略测距引起的误差。在基坑监测中，由于沿基坑方向的变化量较小，即 S 可认为不变。偏移量中误差：

$$m_{LP}=\frac{m_{\alpha P}}{\rho}\cdot S_P, m_{LP'}=\frac{m_{\alpha p'}}{\rho}\cdot S_{P'}$$

变形监测两期观测变化量中误差：$m_{\Delta pp'}=(m_{Lp}^2+m_{Lp'}^2)^{\frac{1}{2}}=\sqrt{2}\times m_{Lp}$

例如：基坑两观测墩长度为 500m，观测墩 P 离 A 点距离为 50m，测角中误差取 1″（用 J1 型仪器观测两测回），则：

$$m_{LP}=0.24\text{mm}, m_{\Delta pp'}=\sqrt{2}\times m_{Lp}=\pm 0.34\text{mm}$$

小角度法观测时，要尽量将观测墩埋设在两端基点的连线上，使观测角度微小，以减小正弦函数泰勒级数展开的舍入误差。

(3)前方交会法。选择较远的稳固目标作为定向点，测站点与定向点的距离一般要求不小于交会边的长度，观测点埋设在适用于不同方向观测的位置。交会角度满足 $30°\leqslant\alpha\leqslant150°$，否则测角误差对位移量的影响较大。对工作基点墩 C 进行稳定性检查时，可在稳定区埋设 2～3 个基点，用前方交会法检定 C 的稳定性（图 3-7）。

其计算公式为：

$$X_C=\frac{S_{AB}\sin\beta\sin\alpha}{\sin(\alpha+\beta)}$$

$$Y_C=\frac{S_{AB}\sin\beta\cos\alpha}{\sin(\alpha+\beta)} \tag{3-19}$$

(4)单站改正法。如图 3-8，设 M、N 为基准点，A、B、C 是水平位移监测点，其观测与计算方法如下：

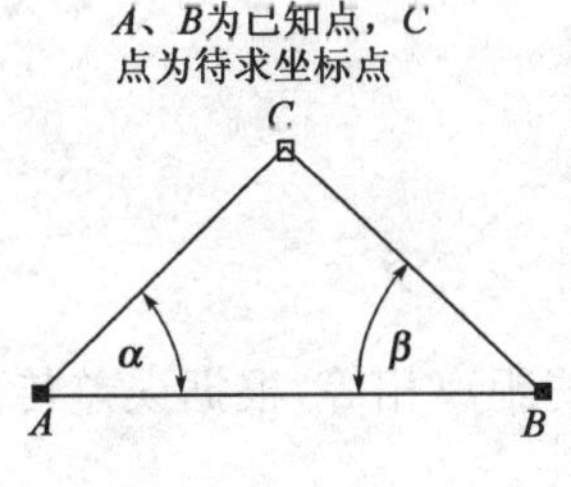

图 3-7　前方交会法

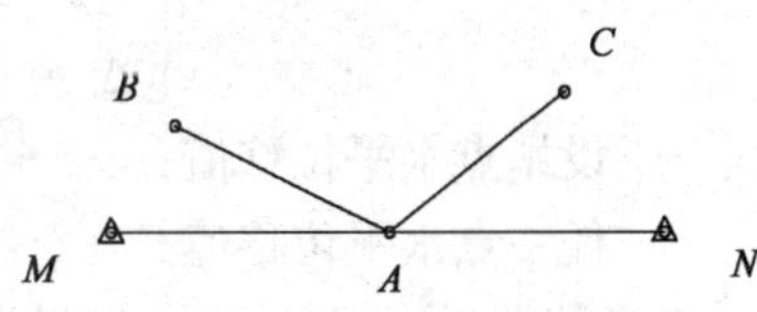

图 3-8　单站改正法观测示意图

在 A 点架设仪器，后视 M 作为起始零方向，依次观测 A 到 M、B、C 和 N 的初始方向角及距离 S_{MA}、S_{AB}、S_{AC} 和 S_{NA}。重复观测各方向角，求∠MAN、∠MAB 和∠NAC 的变化值，记为 $\Delta\beta_a$、$\Delta\beta_b$ 和 $\Delta\beta_c$。

设站点 A 的横向位移 Δ_A：

$$\Delta_A=\frac{S_{MA}\cdot S_{NA}}{S_{MA}+S_{NA}}\cdot\frac{\Delta\beta_a}{\rho} \tag{3-20}$$

假设 A 点不动，求 B、C 两点的横向位移 Δ_B' 和 Δ_C'：

$$\Delta_{B}' = \frac{S_{AB} \cdot \Delta\beta_{b}}{\rho} \tag{3-21}$$

$$\Delta_{C}' = \frac{S_{AC} \cdot \Delta\beta_{c}}{\rho} \tag{3-22}$$

计算由于 A 点移动，引起 B、C 两点水平位移的改正数 φ_B 和 φ_C，监测点的横向位移与其改正数之和即为水平位移量。

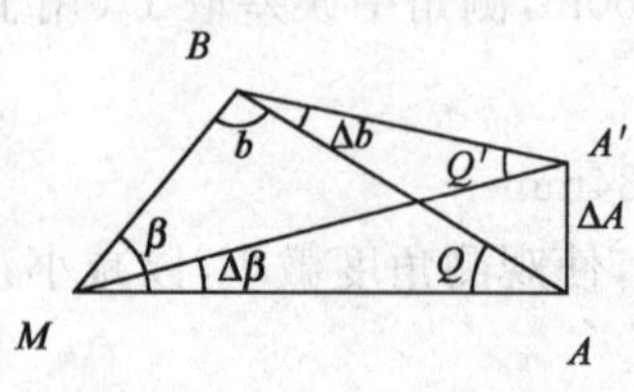

图 3-9　B 点改正数求法示意图

以求 B 点改正数为例(图 3-9)，设 ΔA 为点 A 两期观测间的移动量，a 和 a' 为 $\angle MAB$ 的两期观测角，在 ΔABM 和 $\Delta A'BM$ 中：

$$a + \Delta\beta = a' + \Delta b \tag{3-23}$$

其中 $\Delta b = \dfrac{\Delta A \cdot \rho}{S_{AB}}$，$\Delta\beta = \dfrac{\Delta A \cdot \rho}{S_{MA}}$。

由于 A 点移动，导致 B 点位移的改正值：

$$\varphi_B = \frac{-(\Delta b - \Delta\beta) \cdot S_{AB}}{\rho} = \left(\frac{S_{AB}}{S_{MA}} - 1\right) \cdot \Delta A \tag{3-24}$$

由式(3-21)和式(3-24)，求 B 点水平位移值：

$$\Delta_B = \Delta B' + \varphi_B = \frac{S_{AB} \cdot \Delta\beta_b}{\rho} + \left(\frac{S_{AB}}{S_{MA}} - 1\right) \cdot \Delta A \tag{3-25}$$

同理，可求 C 点水平位移。

推广到任一点 i 的水平位移，设 A 为设站点，M、N 是基准点，i 为测点编号。

令：

$$K_A = \frac{S_{MA} \cdot S_{NA}}{S_{MA} + S_{NA}} \cdot \frac{1}{\rho}, K_{i1} = \frac{S_{iA}}{\rho}, K_{i2} = \frac{S_{iA}}{S_{AM}} - 1$$

整理式(3-20)和式(3-25)，得：

$$\Delta_A = K_A \cdot \Delta\beta_a \tag{3-26}$$

$$\Delta_i = K_{i1} \cdot \Delta\beta_i + K_{i2} \cdot \Delta_A \tag{3-27}$$

式中：Δ_A——设站点水平位移值；

Δ_i——任一点水平位移值。

若不考虑仪器对中误差影响，假设设站点距两基准点的距离相等，根据误差传播定律，对式(3-20)和式(3-25)取微分，得：

$$\left.\begin{aligned} d_A &= \frac{S_{MA} d_a + \Delta\beta_a d_S}{2\rho} \\ d_B &= \frac{2S_{AB} d_b + 2\Delta\beta_b d_S + S_{AB} d_a + \Delta\beta_a d_S - S_{MA} d_a - \Delta\beta_a d_S}{2\rho} \end{aligned}\right\} \tag{3-28}$$

式(3-28)中，$d_a = d_b$，转换成中误差：

$$\left.\begin{aligned} m_A &= \pm \frac{1}{2\rho}\sqrt{\Delta\beta_a^2 m_S^2 + S_{AM}^2 \cdot m_a^2} \\ m_B &= \pm \frac{1}{2\rho}\sqrt{(4\Delta\beta_b^2 + 2\Delta\beta_a^2) \cdot m_S^2 + (5S_{AB}^2 + S_{AM}^2) m_a^2} \end{aligned}\right\} \tag{3-29}$$

式中：m_A，m_B——水平位移中误差；

m_a，m_b——测角中误差。

(5)引张线法。常用于大坝监测中(图 3-10)，在大坝两端工作基点间拉紧一根钢丝作为基准线，观测坝体上各测点相对该基准线的距离变化量，计算水平位移。引张线需套在保护管内，以防止风力等外界环境因素的影响。

引张线法观测精度较高，达 0.1～0.3mm。一般采用浮托式，当线长不足 200m 或采用"分段引张线法"时，也可采用无浮托式，主要由引张线垂径大小及观测要求决定(图 3-11)。垂径计算公式如下：

$$Y=\frac{S^2W}{8H} \tag{3-30}$$

式中：Y——引张线垂径(m)；

S——引张线长度，有浮托时为两浮托间的长度(m)；

W——引张线钢丝的单位量(kg/m)；

H——水平拉力，近似于所挂重锤质量(N)。

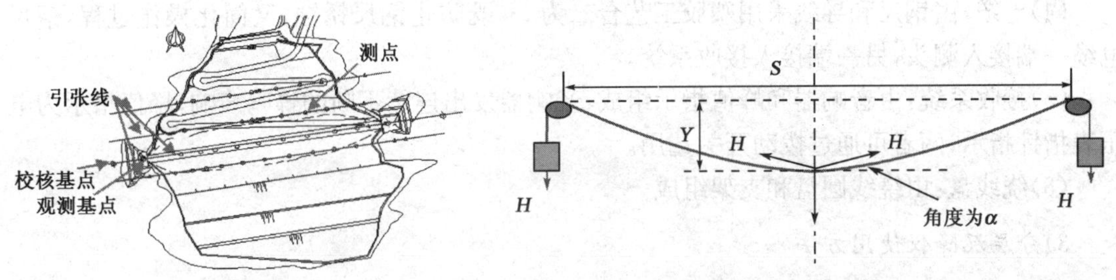

图 3-10 引张线法

图 3-11 引张线垂径计算示意图

测线一般采用直径 0.8～1.2mm 的高强不锈钢丝，要求其极限强度不少于 1500N/mm²，钢丝直径宜选择使其极限拉力为所受拉力的 2 倍。引张线的设备包括端点装置、测点装置、测线及保护管。端点装置可用一端固定、另一端加拉力的办法。有浮托引张线的缺点是只能观测单向水平变形，无浮托引张线则可同时观测水平和垂直的双向变形。

(6)后方交会法。用于工作基点墩的稳定性检查，利用周边稳定的基点作观测目标。

(7)导线测量法。对工作基点墩稳定性检查，用于前方交会法和后方交会法均难以实现的情况，布设导线，并通过导线法测定工作基点的稳定性。

3.3 土体分层垂直位移监测

3.3.1 监测仪器

1)分层沉降仪用途及原理

分层沉降仪是通过电感探测装置，根据电磁频率的变化来观测埋设在土体不同深度内的磁环的确切位置，再由其所在位置深度的变化计算地层不同高程处的沉降变化。分层沉降仪可用来监测周围深层土体的垂直位移(沉降或隆起)(图 3-12)。

2)分层沉降仪的组成

分层沉降测量系统由三部分构成:一为埋入地下的部分,由沉降导管、底盖和沉降磁环等组成;二为地面测试仪器——分层沉降仪,由测头、测量电缆、接收系统和绕线盘等组成;三为管口水准测量,由水准仪、标尺、脚架、尺垫等组成。

图 3-12 分层沉降仪

分层沉降仪由以下部分组成。

(1)导管:采用 PVC 塑料管,管径 53mm 或 70mm。

(2)磁环:由注塑制成,内放稀土高能磁性材料,形成磁力圈,外安弹簧片,弹簧片张开后外径约 200mm,磁环套在导管处,弹簧片与土层接触,随土层移动而发生位移。

(3)测头:不锈钢制成,内部安装磁场感应器,当遇外磁场作用时,接通接收系统,当外磁场不作用时,自动关闭接收系统。

(4)电缆:由钢尺和导线采用塑胶工艺合二为一,既防止钢尺锈蚀,又简化操作过程,钢尺电缆一端接入测头,另一端接入接收系统。

(5)接收系统:由音响器和峰值指示组成,音响器发出连续不断的蜂鸣声响,峰值指示为电压表指针指示,两者可通过拨动开关选用。

(6)绕线盘:由绕线圆盘和支架组成。

3)分层沉降仪使用方法

测量时,拧松绕线盘后部螺丝,绕线盘转动自由,按下电源按钮,手持测量电缆,将测头放入沉降管中,缓慢向下移动。测头穿过土层中的磁环时,接收系统的蜂鸣器发出连续不断的蜂鸣声。若在噪声较大的环境中测量,不能听清蜂鸣声时可用峰值指示,只需将仪器面板上的选择开关拨至电压档即可。

3.3.2 分层沉降标(磁环)的埋设

(1)分层垂直位移监测孔。应布置在邻近保护对象处,竖向监测点(磁环)宜布置在土层分界面上,在厚度较大土层中部应适当加密,监测孔深度宜大于 2.5 倍基坑开挖深度。

(2)坑底回弹监测孔。按剖面布置在基坑中部,剖面间距 30～50m,数量不少于 2 条,剖面上监测点间距 10～20m,数量不少于 3 个。

沉降管与磁环的埋设方法有两种:

①在预定孔位上钻孔,孔深由沉降管长度确定,孔径以能恰好放入磁环为宜。为使外壳光滑,不影响磁环的上、下移动,连接时沉降管需用内接头或套接式螺纹。沉降管和孔壁间用膨润土球充填并捣实,至底部第一个磁环处,用专用工具将磁环套在沉降管外,送至填充黏土面,施加一定压力,使磁环上的 3 个铁爪插入土中,然后再用膨润土球充填并捣实至第二个磁环处,按上述方法安装第二个磁环,直至完成整个钻孔磁环埋设。

②将磁环按设计距离安装在沉降管上,磁环间利用沉降管外接头进行隔离,将带磁环的沉

降管插入孔内。磁环在接头处遇阻后被迫随沉降管送至设计高程，然后将沉降管向上拔起1m，可使磁环在上、下各1m范围内移动时不受阻，用细砂填充沉降管和孔壁间至管口高程。

3.3.3　监测方法

用水准仪测出管口高程，将分层沉降仪的探头缓缓放入沉降管中，磁环的位置为接收仪发生蜂鸣或指针偏转最大时。第一响声时，测量电缆在管口处的深度，每个磁环有两次响声，两次响声间的间距为十几厘米。由上向下测量至孔底，称为进程测读。收回测量电缆时，测头再次通过磁环，并发出蜂鸣声，读出测量电缆在管口处的深度，如此测至孔口，称为回程测读。磁环距管口深度取进、回程测读数平均数。

分层沉降标（磁环）位置以绝对高程表示：

$$D_c = H_c - h_c \tag{3-31}$$

式中：D_c——分层沉降标（磁环）绝对高程（m）；

H_c——沉降管管口绝对高程（m）；

h_c——分层沉降标（磁环）距管口的距离（m）。

由式（3-31）可分别算出磁环前后两次位置变化，即本次垂直位移量和累计垂直位移量：

$$\Delta h_c^i = D_c^i - D_c^{i-1} \tag{3-32}$$

$$\Delta h_c = D_c^i - D_c^0 \tag{3-33}$$

式中：D_c^i——第 i 次绝对高程（m）；

D_c^{i-1}——第 $i-1$ 次绝对高程（m）；

D_c^0——初始绝对高程（m）；

Δh_c^i——本次垂直位移（mm）；

Δh_c——累计垂直位移（mm）。

3.4　孔隙水压力监测

由于饱和土受荷载后会产生孔隙水压力的变化而固结变形，故孔隙水压力的变化是土体运动的前兆。静态孔隙水压力监测相当于水位监测，潜水层的静态孔隙水压力是测量孔隙水压力计上部的水头压力，可计算出水位高度。在微承压水和承压水层，孔隙水压力计可直接测出水的压力。结合土压力监测，进行土体有效应力分析，作为土体稳定计算的依据。

3.4.1　监测仪器

孔隙水压力计有钢弦式、气压式等，基坑工程中常用钢弦式孔隙水压力计，属钢弦式传感器。孔隙水压力计由两部分组成：第一部分为滤头，由透水石、开孔钢管组成，主要起隔断土压的作用；第二部分为传感部分，其基本原理同钢筋计（图3-13）。

3.4.2 孔隙水压力计安装

将孔隙水压力计前端的透水石和开孔钢管卸下，先放入盛水容器中热泡，以快速排除透水石中的气泡，然后浸泡使透水石饱和，为严禁与空气接触，安装前透水石应浸泡在水中。孔隙水压力计钻孔埋设有两种方法：

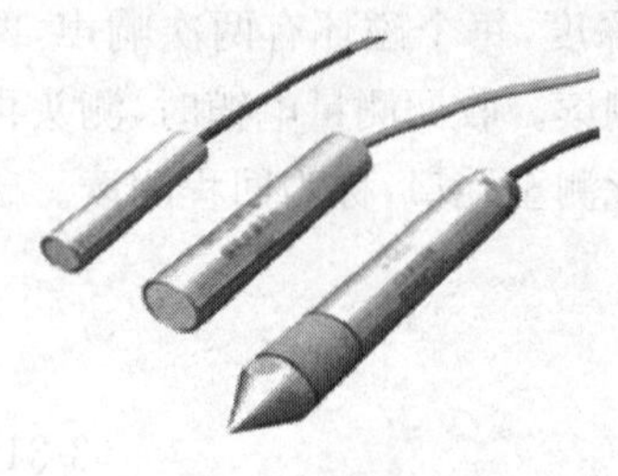

图 3-13 孔隙水压力计

(1)一孔埋设多个孔隙水压力计，其间距大于 1.0m，以避免水压力贯通。该方法的优点是钻孔数量少，适合于提供监测场地不大的工程；缺点是孔隙水压力计间封孔难度大，封孔质量直接影响孔隙水压力计埋设质量，封孔材料一般采用膨润土泥球。埋设顺序为：钻孔到设计深度；放入第一个孔隙水压力计，可采用压入法至要求深度；回填膨润土泥球至第二个孔隙水压力计位置以上 0.5m；放入第二个孔隙水压力计，并压入至要求深度；回填膨润土泥球，以此反复，直到最后一个。

(2)单孔法，即一个钻孔埋设一个孔隙水压力计。该方法的优点是埋设质量容易控制，缺点是钻孔数量多，适合于能提供监测场地或对监测点平面要求不高的工程。其步骤为：钻孔到设计深度以上 0.5～1.0m；放入孔隙水压力计，采用压入法至要求深度；回填 1m 以上膨润土泥球封孔。

3.4.3 监测技术

孔隙水压力计测试方法相对较简单，用数显频率仪测读、记录孔隙水压力计的频率。孔隙水压力计算式如下：

$$u = k(f_i^2 - f_0^2) \tag{3-34}$$

式中：u——孔隙水压力(kPa)；

k——标定系数(kPa/Hz²)；

f_i——测试频率(Hz)；

f_0——初始频率(Hz)。

3.5 土压力监测

结合孔隙水压力监测，可以进行土体有效应力分析，作为土体稳定计算的依据。不同深度土压力监测可以为水压力、土压力计算提供依据。

3.5.1 监测仪器

土压力盒有钢弦式、差动电阻式、电阻应变式等多种，目前常用钢弦式。土压力盒又有单膜和双膜两类，单膜一般用于测量界面土压力，配有沥青压力囊；双膜式一般用于测量自由土体土压力(图 3-14)。

3.5.2　土压力计(盒)安装

图 3-14　土压力计

土压力计(盒)安装分钻孔法和挂布法两种：

(1)钻孔法是通过钻孔和特制的安装架将土压力计压入土体内。具体步骤为：将土压力盒固定在安装架内；钻孔到设计深度以上 0.5～1.0m；放入带土压力盒的安装架，逐段连接安装架压杆，土压力盒导线通过压杆引到地面，然后通过压杆将土压力盒压到设计高程；回填封孔。

(2)挂布法用于量测土体与围护结构间接触压力。具体步骤为：用帆布制作一幅挂布，在挂布上缝有安放土压力盒的布袋，布袋位置按设计深度确定；将包住整幅钢筋笼的挂布绑在钢筋笼外侧，并将带有压力囊的土压力盒放入布袋内，压力囊朝外，导线固定在挂布上通到布顶；挂布随钢筋笼一起吊入槽(孔)内；混凝土浇筑时，挂布将受到侧向压力而与土体紧密接触。

3.5.3　监测技术

土压力测试方法相对比较简单，用数显频率仪测读、记录土压力计的频率。土压力计算式如下：

$$P = k(f_i^2 - f_0^2) \tag{3-35}$$

式中：P——土压力(kPa)；

k——标定系数(kPa/Hz²)；

f_i——测试频率(Hz)；

f_0——初始频率(Hz)。

3.6　深层水平位移测量

3.6.1　监测仪器

测斜仪能有效且精确地测量土体、临时或永久性地下结构(如桩、连续墙、沉井等)的深层水平位移，分为固定式和活动式两种。固定式是将测头固定埋设在结构物内部的固定点上；活动式即先埋设带导槽的测斜管，间隔一定时间将测头放入管内，沿导槽滑动测定斜度变化，计算水平位移。

活动式测斜仪按测头传感器不同，分为滑动电阻式、电阻应变片式、钢弦式及伺服加速度计式四种，其中电阻应变片式和伺服加速度计式测斜仪应用较多。电阻应变片式测斜仪价格便宜，缺点是量程有限、耐用时间不长；伺服加速度计式测斜仪的优点是精度高、量程大和可靠性好等，缺点是抗震性能较差，当测头受到冲击或横向振动时，传感器容易损坏。

如图 3-15 所示，测斜系统由四部分组成：①探头：装有重力式测斜传感器。②测读仪：测

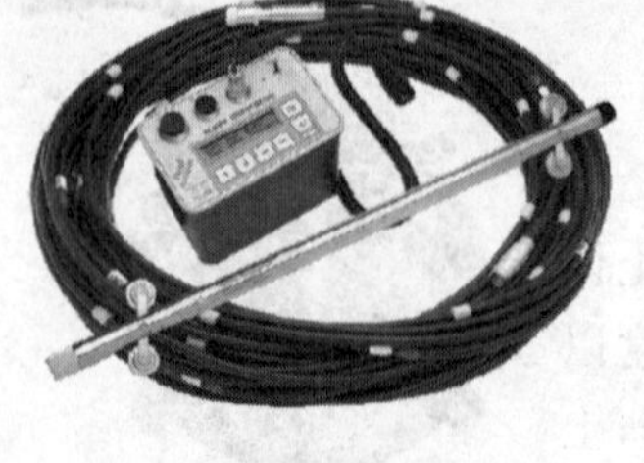

图 3-15　测斜仪

读仪是二次仪表，需和测头配套使用，其测量范围、精度和灵敏度根据工程需要而定。③电缆：连接探头和测读仪，向探头供给电源并给测读仪传递监测信号，收放探头，测量探头所在测点与孔口距离。④测斜管：一般由塑料管或铝合金管制成，常用直径为 50～75mm，每节长度 2～4m，管口接头有固定式和伸缩式两种，测斜管内有两对相互垂直的纵向导槽，测量时，测头导轮在导槽内可上下自由滑动。

3.6.2　测斜管安装

1)地下连续墙内测斜管安装

(1)测管连接：将 4m(或 2m)一节的测斜管用束节逐节连接在一起，接管时除外槽口对齐，还要检查内槽口是否对齐。管与管连接时先在测斜管外侧涂 PVC 胶水，然后将测斜管插入束节，在束节四个方向用自攻螺丝或铝铆钉紧固束节与测斜管。注意胶水不要涂得过多，以免挤入内槽口结硬后影响以后测试，自攻螺丝或铝铆钉位置要避开内槽口，且不宜过长。

(2)接头防水：每个束节接头两端用防水胶布包扎，防止水泥浆从接头中渗入测斜管内。

(3)内槽检验：在测斜管接长过程中，不断将测斜管穿入制作好的地下连续墙钢筋笼内，待接管结束，测斜管就位放置后，检查测斜管一对内槽是否垂直于钢筋笼面，测斜管上下槽口是否扭转，只有在测斜管内槽位置满足要求后方可封住测斜管下口。

(4)测管固定：测斜管绑扎在钢筋笼上，由于泥浆的浮力作用，测斜管的绑扎定位必须牢固可靠，以免浇筑混凝土时，发生上浮或侧向移动。

(5)端口保护：在测斜管上端口，外套钢管或硬质 PVC 管，外套管长度应满足以后浮浆混凝土凿除后，管口露出混凝土面 50cm。

(6)吊装下笼：绑扎在钢笼上的测斜管随钢笼一起放入地槽内，待钢笼就位后，在测斜管内注满清水，然后封住测斜管上口。在钢笼起吊放入地槽过程中要有专人看护，以防测斜管意外受损。如遇钢笼入槽失败，应及时检查测斜管是否破损，必要时重新安装。

(7)圈梁施工：这是测斜管最容易受到损坏的阶段，保护不当将前功尽弃。因此在地下连续墙凿除上部混凝土及绑扎圈梁钢筋时，须与施工单位协调，派专人看护测斜管，以防破坏。同时应根据圈梁高度重新调整测斜管管口位置。一般需接长测斜管，此时除外槽对齐外，还需检查内槽是否对齐。

(8)最后检验：圈梁混凝土浇捣前，检验测斜管是否有滑槽和堵管现象，管长是否满足要求。如有堵管现象要做好记录，待圈梁混凝土浇好后及时疏通；如有滑槽现象，要判断是否在最后一次接管位置，如果是，在圈梁混凝土浇捣前及时进行整改。

2)混凝土灌注桩内测斜管安装

基本步骤同上，需要特别注意的是：因围护桩钢筋笼一般需要分节吊装，给测斜管安装带来不便，测斜管安装过程中，上段测斜管要有一定的自由度，可与下段测斜管对接。接头对接时，槽口要对齐，不能使束节破损，一旦破损必须换掉。接头处须使用胶水，并用螺丝固定连接,胶带密封。下入钢筋笼后,在测斜管内注入清水,测斜管的一边内槽口要垂直于围护边线,由于桩的钢筋笼为圆形,施工时极有可能发生旋转,使对好的槽口发生偏转,为保证安装质量,要与施工单位协调,尽量满足测斜管安装要求。

3)型钢水泥土复合搅拌桩内测斜管安装

型钢水泥土复合搅拌桩,由多头搅拌桩内插 H 型钢组成。型钢水泥土复合搅拌桩(SMW 工法桩)围护形式的测斜管的安装有两种方法:一是安装在 H 型钢上,随型钢一起插入搅拌桩内;二是在搅拌桩内钻孔埋设。

介绍第一种方法:

其中连接、接头防水、内槽检验同上。

测管固定:将测斜管靠在 H 型钢的一个内角,测斜管一对内槽须垂直 H 型钢翼板,间隔一定距离,在束节处焊接短钢筋把测斜管固定在 H 型钢上,固定测斜管时要调整一对内槽始终垂直于 H 型钢翼板。

端口保护:因测斜管固定在 H 型钢内,一般不需在测斜管上端口外套钢管或硬质 PVC 管,只要在上口用管盖密封即可。

型钢插入:施工过程中要有专人看护,以防测斜管意外受损。如遇测斜管固定不牢,在型钢插入过程中上浮,表明安装失败,应重新安装。

4)土体内测斜管安装

水泥土搅拌桩内测斜管采用钻孔法安装步骤如下:

(1)钻孔:孔深大于所测围护结构深度 5~10m,孔径比所选测斜管径大 5~10cm。在土质较差地层钻孔时应用泥浆护壁。

(2)接管:在地表将测斜管用专用束节连接好,并对接缝处进行密封处理。

(3)下管:钻孔结束后马上将测斜管沉入孔中,并在管内充满清水,以克服浮力。下管时一定要对好槽口。

(4)封孔:测斜管沉放到位后,在测斜管与钻孔空隙内填入细砂或水泥和膨润土拌和的灰浆,其配合比取决于土层的物理力学性能和地质情况。埋设完的几天内,孔内充填物会固结下沉,因此要及时补充保持其高出孔口。

(5)保护:圈梁施工阶段是测斜管最容易受到损坏的阶段,如果保护不当将前功尽弃。因此须与施工单位协调好,派专人看护好测斜管,以防被破坏。测斜管管口一般高出圈梁面 20cm 左右,周围砌设保护井,以免遭受损坏。

3.6.3 监测技术

测斜管应在工程开挖前 15~30d 埋设,开挖前 3~5d 内复测 2~3 次,待判明测斜管处于稳定状态后,取其平均值作为初始值。监测时,将探头导轮对准与所测位移方向一致的槽口,缓缓放至管底,待探头与管内温度基本一致、显示仪读数稳定后开始监测。一般以管口作为确定测点位置的基准点,每次测试时管口基准点必须是同一位置,按探头电缆上的刻度分划,均速提升。每隔 500mm 读数一次,并做记录。待探头提升至管口处,旋转 180°后,再按上述方法测量，以消除测斜仪自身的误差。

通常使用活动式测斜仪采用带导轮的测斜探头，探头两对导轮间距500mm，以两对导轮之间的间距为一个测段。每一测段上、下导轮间相对水平偏差量δ为：

$$\delta = l \times \sin\theta \tag{3-36}$$

式中：l——上、下导轮间距；

θ——探头敏感轴与重力轴夹角。

测段n相对于起始点的水平偏差量Δ_n，由从起始点起连续测试得到的δ_i累计而成，即：

$$\Delta_n = \sum_{i=0}^{n}\delta_i = \sum_{i=0}^{n} l \times \sin\theta_i \tag{3-37}$$

式中：δ_0——起始测段的水平偏差量(mm)；

Δ_n——测点n相对于起始点的水平偏差量(mm)。

测斜仪单次测试得到的是测斜仪上、下导轮间相对水平偏差量，按式(3-37)计算得到的是测点n相对于起始点的水平偏差量，如果将起始点设在测斜管的一端(孔底或孔口)，以上、下导轮间距(0.5m)为测段长度，则将每个测段Δ_n沿深度连线，构成测斜管形状曲线。

若将测段n第j次与第$j-1$次的水平偏差量之差表示为ΔX_{nj} ($\Delta X_{nj} = \Delta_n^j - \Delta_n^{j-1}$)，则$\Delta X_{nj}$即为测段$n$本次水平位移量，$\Delta X_{nj}$沿深度连线构成测斜管本次水平位移曲线。

若将测点n第j次与初次的水平偏移量之差表示为ΔX_n($\Delta X_n = \Delta_n^j - \Delta_n^0$)，则$\Delta X_n$即为测段$n$累计水平位移量，$\Delta X_n$沿深度连线构成测斜管累计水平位移曲线：

$$\Delta X_n = \Delta_n^j - \Delta_n^0 = l\sum_{i=0}^{n}(\sin\theta_i - \sin\theta_0) \tag{3-38}$$

式(3-38)即以测斜管底部测斜仪下导轮为固定起算点(假设不动)的深层侧向变形计算公式。如果以测斜管顶部为固定起算点，由于测量是以测斜管顶部上导轮为起算点，因此深层侧向变形计算还要叠加上导轮(管口)水平位移量X_0。计算公式为：

$$\Delta X_n = X_0 + l\sum_{i=0}^{n}(\sin\theta_i - \sin\theta_0) \tag{3-39}$$

在实际计算时，由于读数仪显示的数值一般已经是经计算转化而成的水平量，因此只需按仪器使用说明书计算即可，不同厂家的测斜仪，计算公式不同。要注意的是，读数仪显示的数值一般取l=500mm作为计算长度。

3.7 挠度测量

建(构)筑物在应力的作用下产生弯曲和挠曲时，应进行挠度监测。对于平置的构件，在两端及中间共设置3个沉降点进行沉降监测，可以测得在某段内三个点的沉降量。

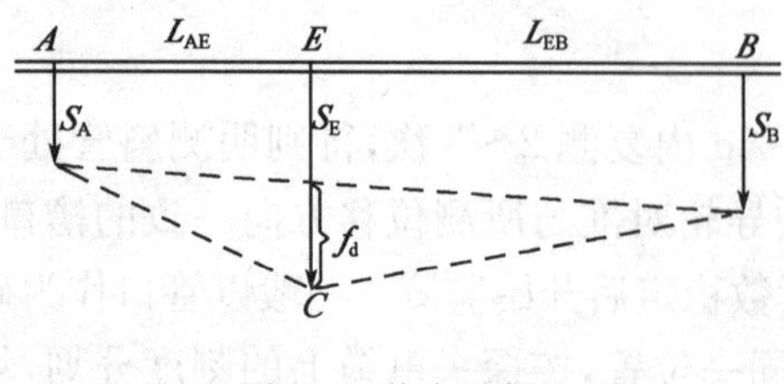

图3-16　挠度示意图

如图3-16所示，挠度值f_d计算公式：

$$\left.\begin{aligned} f_d &= \Delta s_{AE} - \frac{L_{AE}}{L_{AE}+L_{EB}}\Delta s_{AB} \\ \Delta s_{AE} &= s_E - s_A \\ \Delta s_{AB} &= s_B - s_A \end{aligned}\right\} \tag{3-40}$$

其中：s_A、s_B 分别为基础上 A、B 点的沉降量或位移量(mm)；s_E 为基础上 E 点的沉降量或位移量(mm)；E 点位于 A，B 两点之间；L_{AE} 为 A，E 之间的距离(m)；L_{EB} 为 E，B 之间的距离(m)。

作为特例，当 E 为 A、B 中点时，跨中挠度值 $f_{中}$ 按式(3-41)计算：

$$f_{中} = s_E - s_A - \frac{1}{2}(s_A + s_B) \tag{3-41}$$

对于直立的构件，要设置上、中、下 3 个位移监测点进行位移监测，利用 3 点的位移量求出挠度大小。在这种情况下，把在建(构)筑物垂直面内各不同高程点相对于底点的水平位移称为挠度。挠度监测的方法常采用正垂线法，即从建(构)筑物顶部悬挂一根铅垂线，直通至底部，在铅垂线的不同高程上设置测点，借助光学式或机械式的坐标仪表量测出各点与铅垂线最低点之间的相对位移。

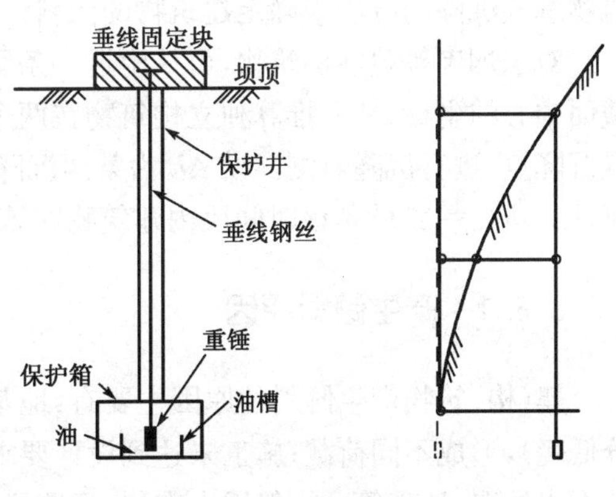

图 3-17 正垂线法

3.7.1 正垂线

如图 3-17 所示，观测站法是将垂线从坝顶或适当位置的悬挂点垂下，在各测点上均设测站安置仪器进行观测，所得观测值为各测点与悬挂点之间的相对位移，则任一点 N 的挠度 S_N 为：

$$S_N = S_0 - S \tag{3-42}$$

式中：S_0——正垂线悬挂点与最低点之间的相对位移；

S_N——任一点 N 与悬挂点之间观测的相对位移。

支持点法是在垂线的最低点建立观测站安置仪器，而在各测点处安置支持点，观测时把垂线分别加在各支持点上，所得观测值减去首次观测值即为各测点与最低点观测站之间的相对挠度。

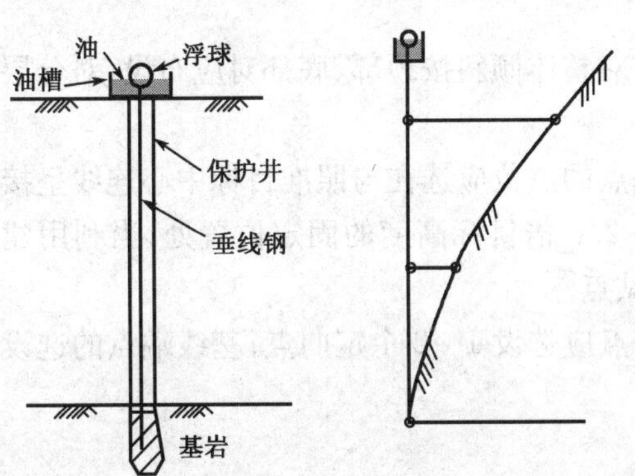

图 3-18 倒垂线法

3.7.2 倒垂线

倒垂线是将铅垂线底端固定在基岩深处，依靠另一端施加的浮力将垂线引至坝顶或某一高程处保持不动，故只能采用多点观测站法，见图 3-18。

挠度观测应提交以下图表：挠度观测点布置图、观测成果表和挠度曲线图。

3.8 倾斜测量

倾斜测量是用经纬仪、水准仪或其他专用仪器测量建(构)筑物倾斜度随时间而变化的工作。一般在建(构)筑物上设置上、下两个监测标志,其高差为 h,用经纬仪把上标志中心位置投影到下标志附近,量取它与下标志中心之间的水平距离 x,则 $x/h=i$ 就是两标志中心连线的倾斜度。定期重复监测,就可获得特定时间内建(构)筑物倾斜度的变化。

测定建(构)筑物倾斜的方法有两类:一类是直接测定建筑物的倾斜;另一类是通过测量建筑物基础沉降的方法来确定建筑物的倾斜。

对于烟囱等独立构筑物,可从附近一条固定基线出发,用前方交会法测量上、下两处水平截面中心的坐标,从而推算独立构筑物在两个坐标轴方向的倾斜度;也可以在建筑物基础上设置沉降点,进行沉降监测。设 Δh 为某两沉降点在某段时间内沉降量差数,S 为其间的水平距离,则 $\Delta h/s=\Delta i$ 就是该时间段内建筑物在该方向上倾斜度的变化。

3.8.1 产生倾斜原因

建(构)筑物产生倾斜的原因主要有:地基承载力不均匀;建筑物体型复杂(有部分高重、部分低轻),形成不同荷载;施工未达到设计要求,承载力不够;受外力作用的结果,例如风荷载、地下水抽取、地震等。一般用水准仪、经纬仪或其他专门仪器测量建筑物的倾斜度。

3.8.2 倾斜观测内容

建筑物主体倾斜观测,应测定建筑物顶部相对于底部或各层间上层相对于下层的水平位移和高差,分别计算整体或分层的倾斜度、倾斜方向以及倾斜速度。

3.8.3 倾斜观测点布设

1)主体倾斜观测点的布设

(1)观测点应沿对应测站点的某主体竖直线,对整体倾斜按顶部、底部对应布设,对分层倾斜按分层部分、底部上下对应布设。

(2)当从建筑物外部观测时,测站点或工作基点的点位应选在与照准目标中心连线呈接近正交或呈等分角的方向线上,且距照准目标 1.5~2.0 倍目标高度的固定位置处;当利用建筑物内竖向通道观测时,可将通道底部中心做为测站点。

(3)按纵横轴线或前方交会布设的测站点,每点应选设 1~2 个定向点;基线端点的选设应顾及其测距的要求。

2)主体倾斜观测标志的设置

(1)建筑物的顶部和墙体上的观测标志,可采用埋设式照准标准型式;有特殊要求时,应专

门设计。

(2)不便埋设标志的塔形、圆形建筑物以及竖直构件，可照准视线所切同高度边缘认定位置或高度角控制位置。

(3)位于地面的测站点和定向点，可根据不同的观测要求，采用带有强制对中设备的观测墩或混凝土标石。

(4)对一次性倾斜观测项目，观测点标志可采用标记形式或直接利用符合位置与照准要求的建筑物特征部位；测站点可采用小标石或临时性标志。

3.8.4 测定倾斜方法

1)直接测定建筑物倾斜方法

直接测定建筑物倾斜的最简单的方法是悬吊垂球，根据其偏差值可直接确定建筑物的倾斜。但是由于有时在建筑物上部无法固定悬托垂球的钢丝，因此对于高层建筑、水塔、烟囱等建筑物，通常采用经纬仪投影或测水平角的方法测定其倾斜。

如图 3-19 所示，设计 A 点与 B 点位于同一竖直线上，建筑物的高度为 h，当建筑物发生倾斜时，A 点相对于 B 点沿水平力向移动了某一距离 e，则该建筑物的倾斜为：

$$i=\tan\alpha=\frac{e}{h} \tag{3-43}$$

因此，为确定建筑物的倾斜，必须量出 e 和 h 的数值。其中 h 一般为已知，当 h 未知时，可按照图 3-20 所示，在地面上设两条基线，用三角测量的方法测定。经纬仪应设置在离建筑物较远处(距离最好大于 $1.5h$)，以减少仪器纵轴不垂直的影响。设 A、B 两点无法摆设仪器，难于做点位投影工作，现介绍高点 B 偏移平点 A 的移动值 e 的解析求法。设 a 为在地面上选定基线 1-2、2-3(按 5″小三角丈量精度量取基线边)，在 1、2、3 三点间用前方交会法。按 5″小三角的精度要求测定 A、B' 平面坐标(可假设 $h-H_{B}-H_{A}$，$e-\sqrt{(Y'_{B}-Y_{A})^2+(X'_{B}-X_{A})^2}$，$Y_1=0$，$\alpha_{1\text{-}2}-0°$，$H-0$)$X_A$、$Y_B$、$X'_A$、$Y'_B$ 和高程 H_A、H_B，则：

$$h=H_{B}-H_{A},e=\sqrt{(Y'_{B}-Y_{A})^2+(X'_{B}-X_{A})^2} \tag{3-44}$$

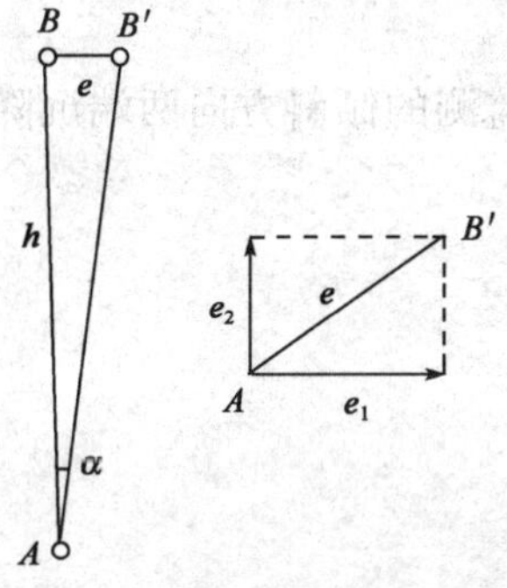

图 3-19 倾斜测量原理

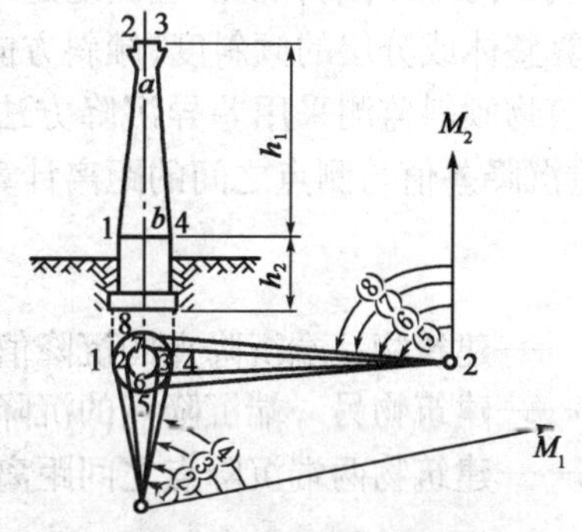

图 3-20 烟囱倾斜观测方法

另外，还可用测量水平角的方法来测定倾斜。例如，离烟囱50～100m处，在互相垂直的方向上标定两个固定标志作为测站。在烟囱上标出作为观测用的标志点1、2、3、4、5、6、7、8，同时选择通视良好的远方不动点M_1和M_2为方向点。然后在测站1架设经纬仪测量水平角(1)、(2)、(3)和(4)，并计算角$\frac{(2)+(3)}{2}$和$\frac{(1)+(4)}{2}$。角值$\frac{(1)+(4)}{2}$表示烟囱的下部勒脚中心b_1的方向，根据a和b的方向差，可计算偏歪量a_1，$\frac{(2)+(3)}{2}$表示烟囱的上部中心点a_1的方向，只要知道测点1到烟囱中心的距离S_1就可根据a_1、b_1的方向差$\delta_1=a_1-b_1$，按下式计算偏斜值e_1：

$$e_1=\frac{(\delta_1'\cdot S_1)}{\rho''},\rho''=206265$$

在测站2上观测水平角(5)、(6)、(7)、(8)，同理可求得烟囱在另一方向的偏移值e_2，用矢量叠加法求得烟囱上部相对于勒脚的偏移值e，并利用式(3-43)计算烟囱的倾斜。

大坝等水工建筑物各坝段基础地质条件不同，有的坝段位于坚硬岩石处，有的位于软岩处，有的位于岩石破碎带；与坝体结构相关，坝段的重量也各不相同；水库蓄水后，库区地表承受较大静水压力，使地基失去原有平衡，这些因素都可能导致坝体产生不均匀沉降。因此，测定坝体倾斜也常采用上述方法。

2)测定基础相对沉降方法

建筑物沉降量一般不大，短期内也一般不会产生显著变化，因而需进行长期精密的沉降监测，一般在基础施工完毕后或基础垫层浇筑后开始，直到沉降稳定为止。

为使系统误差尽量保持不变，以便系统误差在沉降值中得以消除，沉降监测宜采取如下措施：①尽量固定沉降监测路线、测站点、立尺点，使往返测或复测能在同一路线上进行；②尽量缩短水准环线和路线的长度，以缩短监测时间；③不同周期监测应固定所使用的仪器、标尺，并尽可能由同一监测员进行相应测段的监测；④从沉降量较大地区开始，应在短时间内完成一个闭合环的监测，确保监测数据可靠。

在建筑物施工或安装重型设备期间，以及仓库进货阶段进行沉降监测时，必须将监测时的情况（如施工进度、进货数量、分布情况等）详细记录在附注栏内，以便计算各相应阶段作用在地基上的压力。

建筑物的主体倾斜观测，应测定建筑物顶部相对底部或各层相对下层的水平位移与高差，分别计算整体或分层的倾斜度、倾斜方向及倾斜速度。

建筑物倾斜监测采用差异沉降方法。分别测出所要监测的倾斜方向两端沉降点的沉降值，通过沉降差值与测点之间的距离计算建筑物倾斜α：

$$\alpha=\frac{(s_i-s_j)}{L} \tag{3-45}$$

式中：s_i——建筑物一端沉降点的沉降值(mm)；

s_j——建筑物另一端沉降点的沉降值(mm)；

L——建筑物两端沉降点之间距离(m)。

3)液体静力水准测量方法

监测基础的沉降或建筑物地基和工艺设备变形时，液体静力水准测量方法得到广泛应用。

其主要优点是能用较简单和有效方式实现测量自动化。

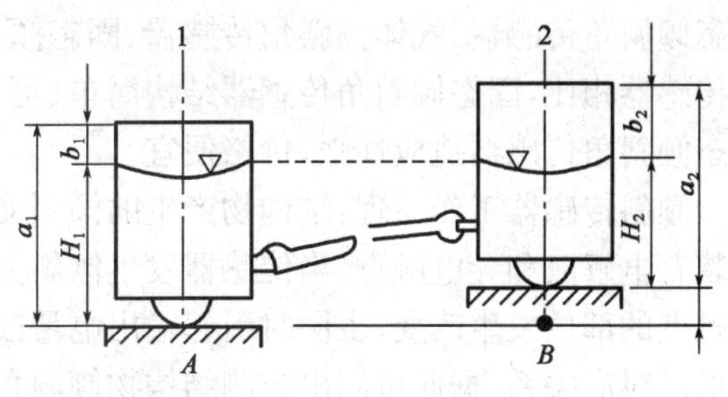

图 3-21 液体静力水准原理图

液体静力水准测量基本原理见图 3-21。相连接的两容器 1、2 分别安置在欲测平面 A、B 上，相连接的两容器中液体均匀（即同类液体，并具有同样参数），液体自由表面处于同一水平面上，A、B 高差 Δh 可用液面高度 H_1 和 H_2 计算：

$$\Delta h = H_1 - H_2$$

或

$$\Delta h = (a_1 - a_2) - (b_1 - b_2) \tag{3-46}$$

式中：a_1，a_2——容器高度或读数零点相对于工作底面位置；

b_1，b_2——容器液面位置读数值，亦即读数零点至液面距离。

由于容器零点具有制造误差，用直接读取的液面读数计算的不是两平面的绝对高差。将两容器互换位置，有：

$$\Delta h = (a_1 - a_2) - (b'_1 - b'_2) \tag{3-47}$$

式中：b'_1，b'_2——互换位置后容器中液面的新读数值。

则：

$$\Delta h = (b_1 - b_2) - (b'_1 - b'_2)$$

$$c = a_2 - a_1 = \frac{1}{2}[(b_1 - b_2) - (b'_1 - b'_2)] \tag{3-48}$$

其中：c 为仪器常数，即两个液体静力容器的读数零点差数，取决于制造误差。

因而，监测头零点差，即仪器常数可通过监测头互换位置并进行两次读数求得。对于固定设置的液体静力仪器，一般不需要监测头零点位置误差的数据，因为所有监测值都是相对于起始监测或某次监测。

液体静力水准测量的主要误差来自于外界温度变化，特别是监测头附近局部温度变化。为削弱温度影响，应减小连接软管下垂力；减少监测头中的液面高度；液体静力仪尽量远离强大热辐射源。为消除温度影响产生误差，可采用测定监测头中液体的温度，并对测量结果施加相应改正数方法。液体水平面测量误差不超过 0.1mm，温度读数精度要求不低于 0.5°。

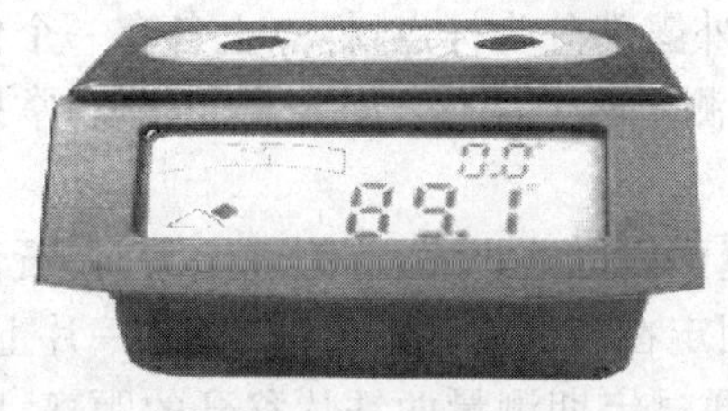

图 3-22 角度倾斜仪

4）倾斜传感器

如图 3-22 所示，倾斜传感器多基于 MEMS 技术全固态微传感器，实际应用中的倾斜角传感器包括液态倾斜角传感器、气体倾斜角传感器、固态倾斜角传感器、光学倾斜角传感器。与液态倾斜角传感器相比,固态倾斜角传感器结构简单、可重复性强,反应快;与光学倾斜角传感器相比,固态倾斜角传感器适应性强,价格便宜。

倾斜传感器工作原理:结构物产生的倾斜变形,可通过安装架传递给倾斜传感器。传感器内装有电解液和导电触点,当传感器发生倾斜变化时,电解液的液面始终处于水平,但液面相对触点的部位发生改变,也同时引起输出电量改变。倾斜仪随结构物的倾斜变化量与输出的电量呈对应关系,据此可测出被测结构物倾斜角度,同时其测量值显示出以零点为基准值的倾斜角变化的正负方向。倾斜仪可布设为一个测量单元独立工作,也可多支连点布设,测出被测结构物各段的倾斜量,并可将结构物的变形曲线描绘出来;若在被测物上装成二维方向,可测量结构物的二维变形。

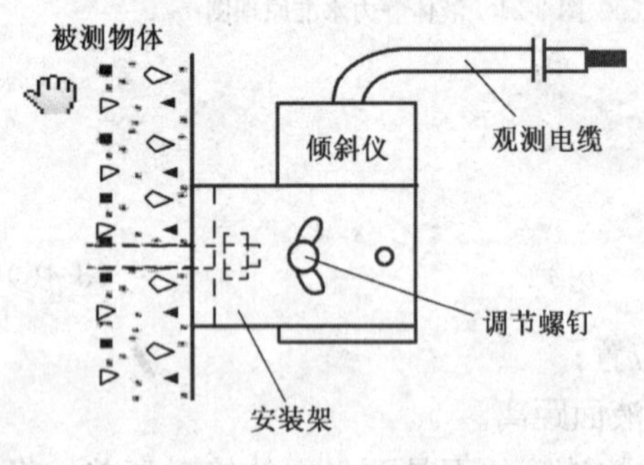

图 3-23 倾斜计安装示意图

图 3-23 为倾斜计安装示意图。埋设时,先打磨设计安装部位,使其尽量整平。将倾斜仪的安装底座固定于被测物体的打磨部位上,倾斜仪固定在安装底座上,调整安装底座的螺钉,使测斜仪的轴线安装垂直,并调整倾斜仪使其测值接近出厂时的零点,或自定倾斜角的正负范围。倾斜仪安装后及时测量仪器初值,作为基准值。记录并存档仪器编号和设计编号,严格保护仪器引出电缆。测量读数仪接入线与倾斜传感器输出线颜色一致。倾斜仪可回收反复使用,并可方便实现倾斜测量自动化。

3.9 裂 缝 监 测

建筑物的允许倾斜值与建筑物的结构体系、结构材料,构件的连接构造,建筑物的使用、荷载、自振周期等有关,且按地区有所区别。上海软土地基箱基建筑允许变形量为 50～60cm,而对建筑物的结构无太大影响;北京在第四纪土层上的建筑,其允许沉降量不大于 8～10cm,否则就可能产生裂缝。当发现建筑物裂缝现象时,为观察其现状和变化趋势,应先对裂缝进行编号,然后分别监测裂缝的位置、定向、长度及宽度等。对于混凝土建筑物裂缝的位置、走向及长度的监测,可在裂缝的两端用油漆画线作标志,或在混凝土表面绘制方格坐标,用钢尺丈量。根据裂缝分布情况,可对重要的裂缝,选择代表性的位置,于裂缝两侧各埋设一个直径为 20mm、长约 80mm 的金属棒标点,埋入混凝土内 60mm,外露部分为标点,标点上各有一个保护盖,两标点的距离不得少于 150mm,用游标卡尺定期地测定两个标点之间距离变化值,掌握裂缝发展情况(图 3-24)。

也可在墙面上裂缝的两端设置石膏薄片,使其与裂缝两侧固连牢靠,当裂缝增大时,石膏片裂开,可测定裂口的大小及变化。还可用两铁片平行固定在裂缝两侧,一片搭在另一片上,保持密贴,密贴部分涂红色,露出部分涂白色(图 3-25),通过定期测量两铁片移开的距离,监视裂缝变化。对比较整齐的裂缝(如伸缩缝),则可用千分尺直接量取裂缝变化。

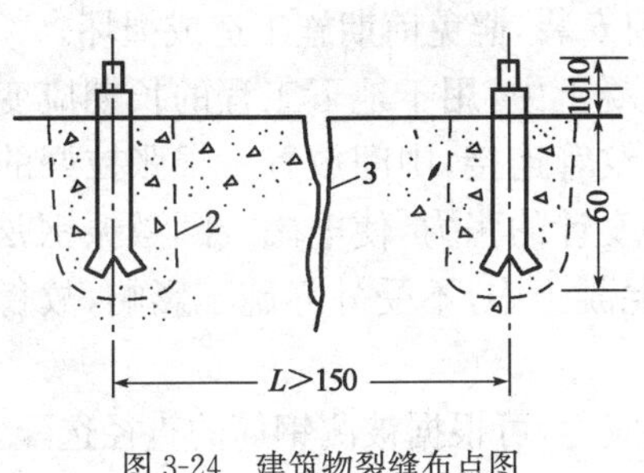

图 3-24　建筑物裂缝布点图

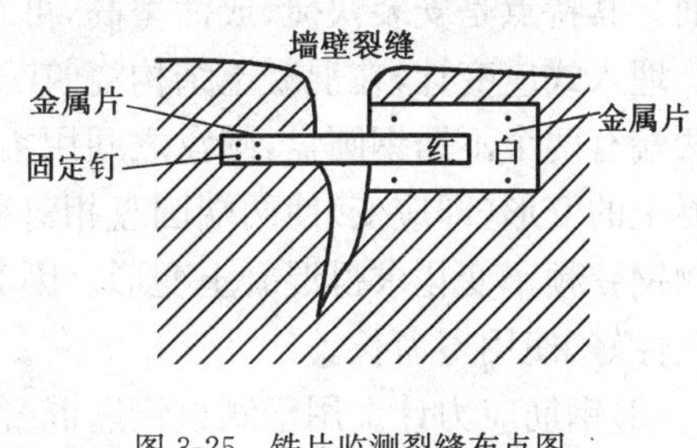

图 3-25　铁片监测裂缝布点图

3.10　应 力 监 测

3.10.1　传感器基本原理（钢弦式传感器）

传感器是施工前或施工阶段埋设在地层及结构物中，用以监测其在施工阶段的受力和变形。按工作原理可分成差动电阻式（卡尔逊式）、钢弦式、电阻应变片式、电感式等。

目前，地下工程中使用较多的是钢弦式和电阻应变片式传感器。钢弦式传感器是利用钢弦的振动频率将物理量转换为电信号，然后通过二次测量仪表（频率计）读取频率变化。当钢弦在外力作用下产生变形时，其振动频率改变，在传感器内有一块电磁铁，当激振发生器向线圈内通入脉冲电流时钢弦振动，钢弦振动又在电磁线圈内产生交变电动势，利用频率计可测得此交变电动势即钢弦振动频率。根据预先标定的频率－应力曲线或频率－应变曲线，可换算出所需测定的压力值或变形值。由于频率信号不受传感器与接收仪器之间电缆长度影响，因此钢弦式传感器适用于远程遥测（电缆可长达 1500m）。钢弦式传感器具有稳定性、耐久性特点，能适应相对较差的监测环境，在工程实践中应用广泛。

钢弦式传感器物理计算公式：

$$P = K(f_i^2 - f_0^2) \tag{3-49}$$

式中：P——待测物理量；

K——与待测物理量相匹配的标定系数；

f_i——测试频率；

f_0——初始频率。

钢弦式传感器可制作成不同监测参数的传感器，如应变计、钢筋应力计、轴力计、孔隙水压力计、土压力盒等。

(1)应变计（图 3-26）。用于监测结构承受荷载、温度变化而引起的变形。与应力计所不同的是，应变计中传感器的刚度远小于监测对象的刚度。根据布置方式，可分为表面应变计和埋入式应变计。

表面应变计，主要用于钢结构表面和混凝土表面，由两块安装钢支座、微振线圈、电缆组件和应变杆组成，微振线圈可从应变杆卸下，以增加可变度，方便传感器的安装、维护，并可调节测量范围（标距）。安装时使用一个定位托架，用电弧焊将安装钢支座焊（或胶结）在待测结构表面。其特点是安装快捷、成活率高，可在测试开始前安装，避免前期施工造成损坏。

埋入式应变计，在混凝土结构浇筑时直接埋入混凝土中，用于地下工程的长期应变测量。其两端有两个不锈钢圆盘，圆盘之间用柔性铝合金波纹管连接，中间放置一根张拉好的钢弦。混凝土的变形（即应变）使两端圆盘相对移动，改变应变计的张力，使电磁线圈激振钢弦，通过监测钢弦频率变化求得混凝土变形。因其完全埋在混凝土中，不受外界施工影响，故稳定性、耐久性好，使用寿命长。

(2)钢筋应力计。用于测量钢筋混凝土内的钢筋应力，可根据被测钢筋的直径选配。

(3)轴力计。在基坑工程中主要用于测量钢支撑的轴力，其外壳是经热处理的高强度钢筒，筒内装有测读钢筒上荷载的应变计，见图 3-27。

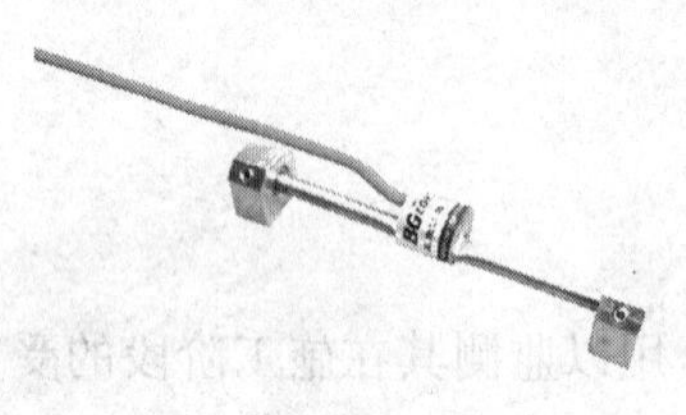

图 3-26 应变计

图 3-27 轴力计

3.10.2 频率仪

频率仪是用来测读钢弦式传感器钢弦振动频率值的二次接收仪表。目前，现场常用单片计算机技术，测量范围在 500～5000Hz，分辨率为 0.1Hz 的数显频率仪。

(1)安装电池。打开仪器背后的电池盒盖，依照所示正负极安装密封电池。

(2)连接测量导线。将单点测量线或多点测量控制线插接在仪器上，为避免造成分线箱永久损坏，禁止在开机带电状态下插拔测量线。

(3)通电测读。打开电源开关，仪器自检后进入等待测量状态，按动键开始选点测量，读取稳定测试数据。

3.10.3 监测技术

钢弦式传感器测试方法可分为手动和自动两类。目前，工程中常用手动测试，即用手持式数显频率仪现场测试传感器频率。具体操作方法为，接通频率仪电源，将频率仪两根测试导线分别接在传感器导线上，按频率仪测试按钮，频率仪数显窗口会出现数据（传感器频率），反复测试几次，观测数据是否稳定，如果几次测试的数据变化量在 1Hz 内，可认为测试数据稳定，取平均值作为测试值。由于测试时频率仪会发出高脉冲电流，所以测试时必须使测试接头干燥，并使接头处的两根导线相互分开，否则会影响测试结果。

现场原始记录必须采用专用格式的记录纸，除记录下传感器编号和对应测试频率外，原始记录还要充分反映环境和施工信息。

根据材料力学基本原理，轴向受力可表述为：

$$N = \sigma A = E\varepsilon A \tag{3-50}$$

对钢筋混凝土杆件，在钢筋与混凝土共同工作、变形协调条件下，轴向受力可表示为：

$$N = \varepsilon(E_c A_c + E_s A_s) \tag{3-51}$$

1)支撑内力计算方法

(1)钢筋混凝土支撑内力计算方法：

$$N_c = \sigma_s\left(\frac{E_c}{E_s}A_c + A_s\right) = \bar{\sigma}_{js}\left(\frac{E_c}{E_s}A_c + A_s\right) \tag{3-52}$$

$$\bar{\sigma}_{js} = \frac{1}{n}\sum_{j=1}^{n}\left[\frac{k_j(f_{ji}^2 - f_{j0}^2)}{A_{js}}\right] \tag{3-53}$$

式中：N_c——支撑内力(kN)；

σ_s——钢筋应力(kN/mm²)；

$\bar{\sigma}_{js}$——钢筋计监测平均应力(kN/mm²)；

k_j——第 j 个钢筋计标定系数(kN/Hz²)；

f_{ji}——第 j 个钢筋计监测频率(Hz)；

f_{j0}——第 j 个钢筋计安装后的初始频率(Hz)；

A_{js}——第 j 个钢筋计截面积(mm²)；

E_c——混凝土弹性模量(kN/mm²)；

E_s——钢筋弹性模量(kN/mm²)；

A_c——混凝土截面积(mm²)。

$$A_c = A_b - A_s$$

式中：A_b——支撑截面积(mm²)；

A_s——钢筋总截面积(mm²)。

(2)钢支撑轴力计算方法：

①轴力计：

$$N = k(f_i^2 - f_0^2) \tag{3-54}$$

式中：N——钢支撑轴力(kN)；

k——轴力计标定系数(kN/Hz²)；

f_i——轴力计监测频率(Hz)；

f_0——轴力计安装后的初始频率(Hz)。

②表面应变计：

$$N = \left[\frac{1}{n}\sum_{j=1}^{n}k_{j\varepsilon}(f_{ji}^2 - f_{j0}^2)\right]E_s A \tag{3-55}$$

式中：N——钢支撑轴力(kN)；

A——钢支撑截面积(mm²)；

E_s——钢弹性模量(kN/mm²)；

$k_{j\varepsilon}$——第 j 个表面应变计标定系数(10^{-6}/Hz²)；

f_{ji}——第 j 个表面应变计监测频率(Hz);

f_{j0}——第 j 个表面应变计安装后的初始频率(Hz)。

2)围护墙内力计算方法

$$N_q = \sigma_s\left(\frac{E_c}{E_s}A_c + A_s\right) = \bar{\sigma}_{js}\left(\frac{E_c}{E_s}A_c + A_s\right)$$

$$\bar{\sigma}_{js} = \frac{1}{n}\sum_{j=1}^{n}\left[\frac{k_j(f_{ji}^2 - f_{j0}^2)}{A_{js}}\right] \tag{3-56}$$

式中:N_q——围护墙内力(kN);

σ_s——钢筋应力(kN/mm²);

$\bar{\sigma}_{js}$——钢筋计监测平均应力(kN/mm²);

k_j——第 j 个钢筋计标定系数(kN/Hz²);

f_{ji}——第 j 个钢筋计监测频率(Hz);

f_{j0}——第 j 个钢筋计安装后的初始频率(Hz);

A_{js}——第 j 个钢筋计截面面积(mm²);

E_c——混凝土弹性模量(kN/mm²);

E_s——钢筋弹性模量(kN/mm²);

A_c——混凝土截面面积(mm²)。

$$A_c = A - A_s$$

式中:A——围护墙截面面积(mm²),连续墙为每延米,灌注桩以单桩计;

A_s——钢筋总截面面积(mm²)。

立柱内力、围檩内力、锚杆拉力计算同支撑轴力计算方法。

3.11 地下水位监测

3.11.1 监测仪器

水位计是观测地下水位变化的仪器,用来监测由降水、开挖及其他地下工程施工作业引起的地下水位变化。水位测量系统由三部分组成:第一部分为地下埋入材料——水位管;第二部分为地表测试仪器——钢尺水位计,由探头、钢尺电缆、接收系统、绕线架等组成;第三部分为管口水准测量。

(1) 钢尺水位计。探头外壳由金属车制而成,内部安装水阻接触点。当触点接触水面时,接收系统蜂鸣器发出蜂鸣声,同时峰值指示器的电压指针发生偏转。测量电缆部分由钢尺与导线塑胶合二为一,防止钢尺锈蚀,简化操作过程,如图 3-28 所示。

(2)水位管。如图 3-29 所示,潜水水位管由 PVC 工程塑料制成,包括主管、束节及封盖。主管管径 50~70mm,管头 50cm 打有四排 ϕ7mm 孔;束节套于两节主管接头处,起连接、固定作用,埋设时应在主管管头滤孔外包土工布,起滤层作用。承压水水位管一般采用 PPR 管,采用热熔技术接口,管之间完全融合在一起,阻隔上层水渗透。

图 3-28　水位计

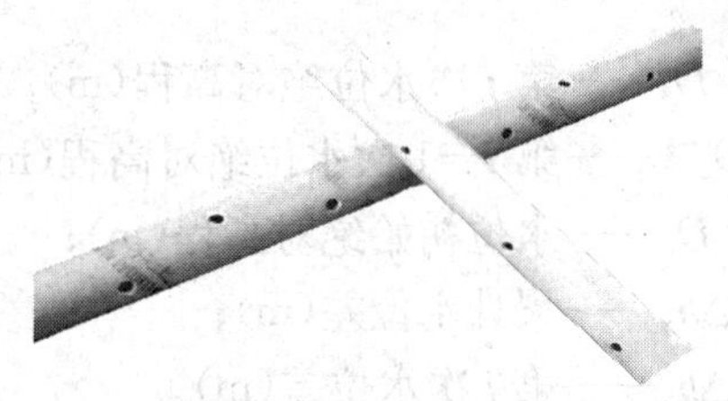

图 3-29　水位管

3.11.2　水位管埋设

水位孔布置在降水区内,采用轻型井点管时布置在总管的两侧,采用深井降水时布置在两孔深井之间。潜水水位观测管埋设深度应超过基坑开挖深度 3m。微承压水和承压水层水位孔的深度应满足设计要求。

保护周围环境的水位孔应围绕围护结构和被保护对象(如建筑物、地下管线等),或在两者之间进行布置,其深度应在允许最低地下水位之下或根据不同水层的位置确定。潜水水位观测管埋设深度宜为 6～8m,潜水水位监测点间距宜为 20～50m,微承压水和承压水层水位监测点间距宜为 30～60m,每测边监测点至少 1 个。

水位孔一般用小型钻机成孔,孔径略大于水位管直径,孔径过小会导致下管困难,孔径过大会使观测产生滞后效应。成孔至设计标高后,放入裹有滤网的水位管,管壁与孔壁之间用净砂回填过滤头,再用黏土进行封填,以防地表水流入。承压水水位管安装前须清楚承压水层的深度,水位管滤头须在承压水层内。在承压水面层以上一定范围内,管壁与孔壁之间采取特别的措施,隔断承压水与上层潜水的联通。

3.11.3　监测方法

用水位计测出水面距管口的距离,通过水准仪测量管口绝对高程,计算水位管内水面的绝对高程。水位测量时,拧松水位计绕线盘后面螺丝,让绕线盘转动自由后,按下电源按钮,将测头放入水位管内,让测头缓慢地向下移动,当测头触点接触到水面时,接收系统的音响器发出连续不断的蜂鸣声,此时读取钢尺电缆在管口处的读数。计算式如下:

$$D_s = H_s - h_s \tag{3-57}$$

式中:D_s——水位管内水面绝对高程(m);

H_s——水位管管口绝对高程(m);

h_s——水位管内水面距管口的距离(m)。

由式(3-57)可分别算出前后两次水位变化,即本次变化和累计水位变化:

$$\Delta h_s^i = D_s^i - D_s^{i-1} \tag{3-58}$$

$$\Delta h_s = D_s^i - D_s^0 \tag{3-59}$$

式中：D_s^i——第 i 次水位绝对高程(m)；

D_s^{i-1}——第 $i-1$ 次水位绝对高程(m)；

D_s^0——水位初始绝对高程(m)；

Δh_s——累计水位差(m)；

Δh_s^i——第 i 次水位差(m)。

第4章 监测资料分析与整理

监测资料分析与整理是监测工作的重要组成部分，是监测能够满足诊断、预测、法律和研究四个方面需求，指导施工和改进设计方法的关键环节之一，并在各类工程施工、运行等不同阶段发挥重要作用。

4.1 概　　述

一般情况下，由于工程的特殊性和复杂性，无法直接采用原始数据对建(构)筑物安全稳定状态进行评估与预报。因此，需结合不同时段的工程特点和要求，选用恰当的监测方法，并做好资料的整理分析、预备和反馈，具体内容如下：

(1)原始数据和资料的整理、分析。

(2)建(构)筑物的安全稳定状态评估、预报，以确保施工安全，预防各种失稳安全事故的发生。

(3)依据监测资料分析和安全评估，反馈指导设计、施工和运行方案的修改和优化。

(4)检验设计理论、物理力学模型和分析方法，为改进设计、施工方法和运营管理提供科学依据。

对监测资料的整理分析和反馈是现实工程的迫切需求。我国在监测资料整理分析和反馈方面取得了丰富成果，积累了宝贵经验。例如，引大入秦、鲁布革工程、十三陵抽水蓄能电站、小浪底水利枢纽等地下峒室，新滩、链子崖、龙羊峡等工程大型滑坡监测，葛洲坝、隔河岩等大坝安全监测。监测资料整理分析和反馈在确保工程安全、避免恶性事故、指导施工设计及运行方面发挥了重要作用。

但在实际工程安全监测中，重硬件(仪器及埋设)，轻软件(资料整理分析和反馈)，是普遍存在的一种错误倾向。一些工程不惜代价引进、埋设大量先进监测仪器，却只对监测资料进行常规的初步整理。马尔巴塞(Malpasset)拱坝失事的重要教训之一，就是对观测资料的整理分析重视不够，事故发生前，对该坝设置的三角网进行过一次测量，但没及时对监测数据进行整理分析，其实在该次测量中，距正常高水位还有4.5m时，坝体中部拱坝最大变位已达30cm，并出现了较大的非线性切向位移，这些都是大坝失稳的先兆。在地下工程安全监测中，对施工安全监测和资料整理分析重视不够，也是十分危险的，如某水利枢纽工程导流峒施工，先后发生多起大规模塌方事故，造成严重工程延误和其他方面损失，其中一个重要原因就是承包商对施工期安全监测和资料整理分析重视不够，直至第一次塌方后第10天，该承包商才开始开展施工期监测，仅有的5处监测断面中，两处测桩位置不当，两处未连续监测、未获取塌方征兆，仅有一处连续两天测量的收敛变形速率超常，但因资料整理分析工作失误，未作预报。对监测资料整理分析不及时，也是一种常见的错误倾向，美国北美防空司令部的一个地下峒室，星期五已测量到失稳迹象，但未对资料及时进行分析就渡周末去了，星期一上班时变形已经明显可见，观测人员才发现上周已到变形加速，后由业主果断调动数台多臂钻，同时对已咯咯作响的危岩进行深锚抢救，两天后才抑制了险情。此外，由于一些工程缺乏合格的安全监测队伍，监测资料整理分析长期停留在低水平，达不到安全监测预期的效果和目的。

为提高工程安全监测的质量和水平，必须充分认识监测资料的整理分析和反馈工作的价值，采取合理的技术路线和方法，才能保证在工程中发挥应有的作用。

工程安全监测的主要目的是安全监控和预报，工程需求促进了统计性和确定性模型在监测资料整理分析中的应用和发展。应用统计回归方法、自变量因子的分解形式、有限元理论、确定性模型和混合性模型、反分析方法等方法定量分析大坝坝基、建筑物基础、基坑、地下峒室、边坡等工程的监测资料，并得到广泛应用。

工程安全监测资料整理分析的发展和资料整理分析手段的进步，特别是与计算机的应用密切相关。大型工程的监测资料整理分析，采用基于模型分析与预报的数据库技术，除有限元方法、反分析方法外，块体理论、模糊数学、灰色系统、人工智能、专家系统等先进的决策分析技术，也已在工程监测资料整理分析中应用。近年来，工程监测资料整理、分析与反馈工作发展较快，主要表现在：

(1)统计分析、模糊数学、灰色系统理论、神经元网络模型等技术在工程安全预测预报和运行监控方面的应用。

(2)反分析技术、确定性模型和混合性模型的发展及其在安全监测，特别是施工期安全监测和反馈施工设计方面的应用。

(3)综合评价和决策理论与方法在安全监测实际工程中的应用。

(4)各类工程监测数据自动采集、资料整理分析、安全监控等专用软件系统，特别是将数据库理论、系统工程理论、方法库和专家知识结合为一体，针对地下峒室、边坡、坝基等各类工程的监测反馈，在工程安全监测中得到开发和应用。

4.1.1 基本内容

各类工程监测资料整理和分析反馈内容，包括监测资料的收集、整理、分析、反馈及评判决策 5 个方面。

(1)收集。监测数据的采集，与之相关的其他资料的收集、记录、存储、传输和表示等。

(2)整理。原始观测数据的检验、物理量计算、填表制图、异常值的识别剔除、初步分析和整编等。

(3)分析。通常采用比较法、作图法、特征值统计法和各种数学、物理模型法，分析各监测物理量量值大小、变化规律、发展趋势、各种原因量和效应量的相关关系及相关程度，以对工程的安全状态和应采取的技术措施进行评估决策。其中，数学、物理模型法有统计学模型、确定性模型、混合性模型，还有模糊数学模型、灰色系统理论模型。确定性和混合性模型中，通常要配合反分析方法进行物理力学模式的识别和有关参数的反演。

(4)安全预报和反馈。应用监测资料整理和反分析的成果，选用适宜的分析理论、模型和方法，分析解决工程面临的实际问题，重点是安全评估和预报，补充加固措施和对设计、施工及运行方案的优化,实现对工程系统的反馈控制。

(5)综合评判和决策。应用系统工程理论方法,综合利用所收集的各种信息资料,在各项监测成果的整理、分析和反馈的基础上,采用有关决策理论和方法(如风险性决策等),对各项资料和成果进行综合比较和推理分析,评判工程安全状态,制定防范措施和处理方案。综合评判和决策是反馈工作的深入和扩展。

对于不同类别的工程和监测的不同时段,由于监测资料整理分析反馈的目的、要求和实施条件不同,所依据的原理和原则也不完全一致,整理分析反馈的方法和内容存在较大差别:

(1)工作范围不同。如除大坝和坝基的蓄水等关键时段外,对多数工程的评判决策是由技术决策人员根据监测资料整理分析的成果直接做出的,一般不需引进专门的决策理论和方法。另外,地下工程施工期的监测反馈分析作用较大,但其他岩土工程施工期情况则有显著不同,故在一些情况下,“反馈分析”也可不同程度从简。

(2)基本内容的差异。在监测资料分析中,对建筑物地基和地下峒室,如无特殊需要,施工期可不进行数学和物理力学模型的模拟分析,或只需采用较简化的模型。对大坝和坝基的运行期资料,一般只需采用统计学模型分析,而不必引用确定性或混合性模型。施工期大坝和坝基变形、渗流量和渗透压力等重要资料,只在必要时才采用确定性和混合性模型进行分析。

(3)整理分析反馈方法的区别。由于所依据的规则和原理不同,对不同类别的工程,有时需引进专用方法进行监测资料整理分析和反馈,如边坡安全预报中的斋藤法等。这些专用方法对该类工程的作用是其他通用方法无法替代的,但在其他工程中则没有任何意义。另如地下工程常常采用的反分析方法,在向其他工程推广过程中,亦需进行较大改进,并不是完全通用和简单照抄。

工程监测资料整理分析反馈,必须充分考虑不同类别工程和不同监测时段的特点,因地制宜,灵活掌握。首先应遵照本类工程有关规程规范,在规程规范难以满足工程需求的条件下,可参照相近其他类别工程规程规范或操作方法。

4.1.2 基本要求

监测资料分析反馈是工程安全监测工作的重要组成部分,需将其纳入整体安全监测计划,配置必需的软硬件设备,选用合格称职的技术人员,认真执行有关规程规范和技术要求。

(1)及时性。要求在地下峒室施工期、大坝汛期、基坑开挖期及边坡滑坡危险期,对监测资料分析反馈成果在数小时内完成计算,任何延误都可能造成灾难性后果。正常时期,观测资料的校核、整理和初步分析必须当日完成,每次观测后应立即对原始数据进行检查校核和整理,并及时作出初步分析,发现异常现象或确认有异常值,应立即向主管部门报告。

(2)可靠性。以保证数据成果的准确可靠为前提,要求:现场检校的原始资料,不得进行任何修改;粗差的辨识和剔除必须慎重,严格按有关规定要求进行;经整理和整编后的监测资料和数据不能再修改;引用分析方法做到基本理论正确、方法步骤合理,经实际工程验证,并得到同行认可;采用通过鉴定的软件,并得到同行公认,如需应用新分析方法和软件,则必须对其原理、步骤、做法进行严格考核和论证,并通过工程实例检验后方可实际应用。整理分析的数据、资料、成果和报告等必须按全面质量管理要求,认真执行验收校审制度,并及时归档。

(3)实用性。以解决工程实际问题为目的,不片面强调理论、模型和方法的先进性,成果报告的内容满足有关规范要求。

(4)全面分析、综合评估。监测资料的收集充实完整,认真对比研究各种监测资料成果,并采用多种分析方法作出分析比较和印证,克服单项成果和单一方法的片面及不足。

4.2 监测资料的收集与整理

监测资料收集与整理是分析、反馈的基础,其主要内容包括:有关资料的收集和表示;原始观测资料的检验和误差分析;监测物理量的计算;填表和绘图;监测数据的平差、光滑、补差等处理;初步分析和异常值的判识。

一般情况下,以上工作可依次进行,必要时允许适当交叉,有时还需反复循环。

监测资料整理过程中,必须坚持做到:除当日在现场遇有特殊情况的重测,并履行必要的修正外,原始观测数据不得进行任何修改;数据检验和处理是在原始观测数据的复制件上操作,整理工作完成后,形成整理整编数据,不得进行任何修改;为以后分析和反馈需要,有时仍需对整理整编数据进行必要处理,如统计回归和时序分析,要求光滑和等时间间隔,也需在整编数据复制件中进行,并另行建立文件存储。

4.2.1 监测资料的收集

监测资料包含观测数据、人工巡视检查记录、其他相关资料。按有关规程规范的频率和技术要求进行观测数据采集记录是资料收集的一项基本内容。人工巡视检查作为监测资料的基本组成部分,必须认真实施和记录。其他相关数据、记录、文件、图表等信息资料,主要包括以下几方面内容:

(1)监测数据详细记录,观测环境说明,同步气象、水文等环境资料及水位资料等。

(2)监测仪器设备及安装考证资料。监测设备的考证表、监测系统设计、施工详图、加工图、设计说明书、仪器规格和数量、仪器安装埋设记录、仪器检验和电缆连接记录、竣工图、仪器说明书及出厂证明书、观测设备的损坏和改装情况、仪器率定资料等。

(3)监测仪器附近施工资料。如混凝土大坝和坝基埋设仪器附近混凝土的入仓温度、浇筑方法与过程、混凝土材料性能(如弹性模量、抗压强度等)、接缝灌浆资料、温度和应力计算所必需的其他资料等;土石坝埋设仪器附近筑坝材料的级配、物理力学特性、填筑方法和过程、碾压过程及其他有关资料;地下峒室的开挖方式、开挖进度、支护形式和支护参数、每次循环进尺、各类支护实施时间、施工质量检查、峒室开挖断面验收图等完整资料。

(4)现场观察巡视资料。大坝和坝基按大坝安全监测规范开展的现场巡视检查记录、报告及有关资料。与地下峒室监测过程同步的巡视记录资料,重点是仪器埋设位置附近及掌子面附近的地质调查、支护状况的观察。如岩性、岩相、岩层走向和倾向;岩体风化蚀变、固结程度、硬度;裂隙宽度、走向、倾向、间距、节理状况;断层宽度、走向、倾向、破碎情况和夹泥情况;地下水状况、涌水位置、流量、压力;岩体自稳时间、崩塌破坏形态、机理、深度及扩展范围;衬砌工作状态、裂缝宽度和发展趋势、掉块掉土现象等。

(5)监测工程有关的设计资料。如设计图纸、参数、计算书、计算成果、施工组织设计、地质

勘测及详查资料报告和技术文件等。

(6)设计、计算分析、模型试验、前期监测工作成果报告、技术警戒值(范围)、安全判据及其他技术指标和文件资料。

(7)有关工程类比资料、规程规范及有关文件等。

监测资料收集主要包括资料的采集、收集、记录、誊写、计算机录入、存储、软盘拷贝、向工作站或资料分析中心的传输通讯等。监测资料的收集必须及时准确,并应尽可能全面、完整;资料的录入、誊抄、传输、拷贝等必须按全面质量管理要求校核检验,保证资料准确可靠,严防数据资料损坏或丢失;监测资料的存储和表示方法要力求简洁、清晰、直观,尽可能采用图表,存储形式便于保管、归档和查询,目录通用规范,资料完整安全,避免丢失、损坏,各种资料都应有备份。

监测资料存储和表示可用表格、绘图、文件、计算机数据库和录音录像等多种形式。

4.2.2 原始资料的检验与处理

由于人员、仪器设备和各种外界条件(如大气折射影响)等原因,各种效应量的原始观测值不可避免存在误差。因此,在监测资料整理分析过程中,首先应对原始观测资料进行可靠性检验和误差分析,评判原始观测资料的可靠性,分析误差大小、来源和类型,采取合理方法对其进行处理和修正。如检验和分析发现当日当次原始观测数据存在粗差,则应立即重测,并在监测资料整理过程中进行修正,形成整理整编数据。

1)原始观测数据的可靠性检验

可靠性检验主要采用逻辑分析方法,进行下列检验:①作业方法是否符合规定;②观测仪器性能是否稳定、正常;③各项测量数据物理意义是否合理,是否超过实际物理限值和仪器限值,检验结果是否在限差以内;④是否符合一致性、相关性、连续性、对称性等原则。

连续性是指在荷载环境和其他外界条件未发生突变的情况下,各种观测资料应连续变化,不产生跳动。一致性是指从时间概念出发,分析连续积累资料的变化趋势是否具有一致性:①任一点本次观测值与前一次(或前几次)观测值的变化关系;②本次观测值与某相应原因量之间关系和前几次情况是否一致;③本次观测值与前一次观测值的差值是否与原因量变化相适应。一致性和连续性分析的主要手段是绘制“时间—效应量”过程线,“时间—原因量”过程线,以及原因量与效应量的相关图。

相关性是从空间概念出发来检查有内在物理意义联系的效应量之间的相关关系,即分析原始测值变化与建筑物及基础的特点是否相适应:①将某测点某一效应量本测次的原始实测值,与同一部位(或条件基本一致的邻近部位)的前、后、左、右、上、下邻近部位各测点的本测次同类效应量或有关效应量的相应原始实测值进行比较;②将各种不同方法量测的同一效应量进行比较,看其是否符合物理力学关系。相关性分析的主要手段是绘制不同监测项目间或不同部位测点间“效应量—效应量”相关关系图。

2)误差分析与处理

观测误差有下列三类:

(1)过失误差。即错误数据,由观测人员过失引起,如:①读数和记录错误;②输入计算机时将数据输错;③仪器编号弄错。这类误差数据往往反应出很大异常,甚至与物理意义明显相悖,资料整理时(相应过程线和其他图表中)比较容易发现。遇到这类误差时,可直接剔除,并根据历史和相邻资料补差。

(2)偶然误差(又称随机误差)。由于人为不易控制的互相独立的偶然因素作用引起,如:①观测电缆头不清洁;②电桥指针不对零;③观测接线时接头拧得松紧不一。这类误差具有随机性,客观上难以避免,整体上服从正态分布规律,可采用误差理论进行分析处理。

(3)系统误差。与偶然误差相反,由观测母体变化引起。所谓母体变化就是观测条件变化,是由仪器结构和环境所造成。这类误差通常为一常数或按一定规则变化,也有不规则变化。其明显特点是观测值总向一个方向偏离,如总是偏大或偏小,一般可通过校正仪器消除,即在校正前后各观测一次取得数据,记录观测值差值,并用差值修改校正以前的数据。系统误差检验的数学方法比较复杂,有剩余误差观察法、剩余误差校核法、计算数据比较法和F检验等。系统误差产生的原因很多,来自人员、仪器、环境、观测方法等多方面,如电缆增长和剪短以及施工时砸断重新连接;观测读数仪表调换引起的误差;仪器质量引起的观测误差,如仪器内部绕线瓷框松动,使观测值突变,有时电阻比变化,仪器虽能观测但观测值可信度值得怀疑,还有仪器进水使绝缘度降低引起测值变化等。

3)粗差的判识和处理

所谓粗差是指粗大误差,通常来自过失误差或偶然误差。粗差处理的关键在于粗差的识别,粗差的识别和剔除可采用人工判断和统计分析两种方法。

(1)人工判断法。一种方法是通过与历史或相邻观测数据比较,或通过所测数据的物理意义判断数据合理性。为能够在观测现场完成人工判断工作,应将以前的观测数据(至少是部分数据)带到现场,做到观测现场随时校核、计算观测数据。另一方法是作图法,即通过绘制观测数据过程线或监控模型拟合曲线,确定可能粗差点。人工判别后,再引入包络线或"3σ"法判识。

(2)包络线法。将监测物理量 f 分解为各原因量(水压、温度、时效等)分效应 $f(h)$、$f(t)$、$f(t)$ 之和,用实测或预估方法确定原因量分效应的极大、极小值,即可监测物理量 f 的包络线:

$$\max(f) = \max[f(h)] + \max[f(T)] + \max[f(t)] \tag{4-1}$$

$$\min(f) = \min[f(h)] + \min[f(T)] + \min[f(t)] \tag{4-2}$$

(3)统计分析法。分"3σ"法和统计检验法。

①"3σ"法。设进行 n 次观测,所得到的第 i 次测值为 $U_i(i=1,2,\cdots,n)$,连续3次观测的测值分别为 $U_{i-1},U_i,U_{i+1}(i=2,3,\cdots,n-1)$,第 i 次观测的跳动特征定义为:

$$d_i = |\, 2\times U_i - (U_{i-1}+U_{i+1})\,| \tag{4-3}$$

跳动特征的算术平均值为:

$$\overline{d} = (\sum_{i=2}^{n-1} d_i)/(n-2) \tag{4-4}$$

跳动特征的均方差为:

$$\sigma = \sqrt{\sum_{i=2}^{n-1}(d_i - \overline{d})^2/(n-2)} \tag{4-5}$$

相对差值为：

$$q_i = | d_i - \overline{d} | /\sigma \tag{4-6}$$

②统计检验法。根据弹性力学理论，相同材料的建筑物在相同荷载作用下，结构条件、材料性质及地基性质不变，则其变形量相同。据此，可取历年同一季节、相同荷载的观测值作为同一母体的子样。假设以前的观测值子样为$\{y'_1, y'_2, y'_3, \cdots, y'_{n-1}\}$，本次测值为$y'_n$，可求样本的均值和均方差：

$$\overline{Y} = \sum y'_i/(n-1) \qquad (i = 1,2,3,\cdots,n-1) \tag{4-7}$$

$$S = \sqrt{\sum(y'_i - \overline{Y})^2/(n-1)} \quad (i = 1,2,3,\cdots,n-1) \tag{4-8}$$

(4)关联分析法。通常在建筑物同一断面布有多个水平位移、竖直位移测点，由于这些监测点所在的地质条件、荷载条件等相近，其位移量、变化趋势有密切联系。因此，可利用这种相关性检核监测数据是否异常。

监测数据的相关性检验，可借用回归分析方法。假设测点A、B的观测值分别为y_A、y_B，其关系为：

$$y_A = \alpha_0 + \alpha_1 + \alpha_2 y_B^2 + \varepsilon \tag{4-9}$$

式中：$\alpha_0, \alpha_1, \alpha_2$——系数；

ε——随机误差。

为估计式(4-9)中的系数α_0、α_1、α_2，可用最小二乘法求其估值，并可求出回归中误差S为：

$$S = \sqrt{(\sum \varepsilon_i^2)/(n-3)} \qquad (i = 1,2,3,\cdots,n-1) \tag{4-10}$$

式中：n——样本个数。

利用该回归方程，可根据相邻测点的变形值预计相关测点变形值，从而检核监测数据。在实际检验中，若异常测点的若干个关联测点在时间、方向等方面都发现类似异常情况，则认为测值异常是由结构变化引起；否则，认为异常是由监测引起。

4)系统误差检验

监测数据除存在偶然误差和可能含有粗差外，还可能存在系统误差。在有些情况下，系统误差占有相当大的比例，若不对这些系统误差加以恰当处理，势必影响监测成果质量，对建筑物的安全评判也将产生不利影响。

系统误差产生原因主要有监测仪器老化、基准点蠕变等，它虽对结构安全不产生影响，但对资料分析结果有一定影响。系统误差检验常用：U检验法、均方连差检验法等。

(1)U检验法。以建筑物发生较大事件、监测系统更新改造或出现故障等作为分界点，将观测值序列分为两组或若干组，并设$Y_1 \sim N(\mu_1, \sigma_1^2)$，$Y_2 \sim N(\mu_2, \sigma_2^2)$，选择统计量：

$$U = \frac{Y_1 - Y_2}{\sqrt{S_1^2/n_1 + S_2^2/n_2}} \tag{4-11}$$

式中：Y_1, Y_2——两组样本的平均值；

n_1, n_2——两组样本的子样数；

S_1, S_2——两组样本的方差。

当$|U|>U_{\alpha/2}$，则存在系统误差；否则，不存在系统误差。若存在系统误差，则在资料分析时，应设法消除。

该方法适用于测值周期较长，且建筑物的时效变形已基本收敛的情况。因为，时效变形显著时，时效变形和系统误差难分辨。

(2)均方连差检验法。从母体中提取子样 x_1、x_2、…、x_n，则$\frac{1}{n-1}\sum_{i=1}^{n-1}(x_{i+1}-x_i)^2$ 称为均方连差，可作为统计量。若母体为 $N(\varepsilon,\sigma)$，则：

$$\begin{cases} d_i=(x_{i+1}-x_i)N(0,\sqrt{2}\sigma) \\ E(\frac{d_i^2}{2\sigma^2})=1,E(d_i^2)=2\sigma^2 \end{cases} \tag{4-12}$$

令：

$$q^2=\frac{1}{2(n-1)}\sum_{i=1}^{n-1}(x_{i+1}-x_i)^2=\frac{1}{2(n-1)}\sum_{i=1}^{n-1}d_i^2$$

则：

$$E(q^2)=\frac{1}{2(n-1)}\sum_{i=1}^{n-1}E(d_i^2)=\sigma^2$$

所以，q^2 为 σ^2 的无偏估计量，而$\hat{\sigma}^2$是 σ^2 的无偏估计量，做统计量：

$$r=\frac{q^2}{\hat{\sigma}^2} \tag{4-13}$$

式中：$\hat{\sigma}^2$——观测值方差 σ^2 的无偏估计量。

如果在观测过程中，母体均值逐渐移动(有系统误差)，而保持其方差 σ^2 不变，则$\hat{\sigma}^2$会受该移动的影响而变得过大，但 q^2 只包含先后连续两观测值之差，上述移动的影响会得到部分消除，所以 q^2 受移动的影响比$\hat{\sigma}^2$受到的影响小。进行检验时，利用观测值计算 r 值，若 r 值过小，则认为母体均值的逐渐移动显著。

由于当 $n>20$ 时 r 近似正态分布 $N(1,\sigma_r)$，亦即$\frac{r-1}{\sigma_r}\sim N(0,1)$，此外 $\sigma_r^2=\frac{1}{1+n}$，所以在检验中，原假设 $H_0:r=1$，备选假设 $H_1:r<1$，则拒绝域为 $r<r'_a$。当 $n>20$ 时拒绝域为：

$$\frac{r-1}{\sqrt{n+1}}<u'_a \tag{4-14}$$

其中：u'_a 为服从 $N(0,1)$分布的左尾分位值。

利用均方连差检验系统误差时，可根据回归模型求得的改正数 v_i 进行检验，各 v_i 的方差 σ_{vi} 均不等，但服从 $v_i\sim N(0,\sigma_{vi})$。在使用均方连差检验时，将其标准化：

$$\frac{v_i}{\sigma\sqrt{1-h_{ii}}}\sim N(0,1) \tag{4-15}$$

大子样时($n>20$)，$\hat{\sigma}$为 σ 的无偏估值，以$\hat{\sigma}$代替 σ，则式(4-15)可看作近似正态分布，再构成均方连差统计量，实施系统误差检验。

4.2.3　监测数据转换

某些监测项目，由于地质、监测场地及现有监测技术的影响，不能直接对变形体进行监测，因此必须对原始数据进行换算，从而求得所需变形值。经检验合格的原始观测数据，应换算成反应变形体的变形值，如位移、渗流量、应力、应变和温度等。当存在多余观测时，先作平差处理，再进行换算。

监测值换算的前提是确定可靠的基准值。基准值的确定有三种情况：①初始值为基准值，如建筑物水平位移等；②首次测值为基准值；③某次观测值为基准值，如差阻式仪器应变计、钢筋计等。

部分监测量存在丢失初值问题：如峒室开挖顶拱下沉和洞壁收敛位移，仪器埋设和测初始值时，已发生的变形在测量时已"丢失"，称为"丢失初值"，需要根据计算、试验或工程类比法确定其大小。一般情况下，只有对丢失初值估算后重新修正的观测数据才具有实际意义，并可参与资料分析和反馈。对初始值的估算应注意：第一，必须查明所丢失初值的各种相关情况，如大坝垂线埋设前已产生的水平、垂直位移，与大坝初期施工、蓄水和温度等荷载条件有关，以上情况均须事先查明；第二，正确理解不同结构物的性态机理，如地下峒室在工作面上丢失的变形，为该峒室断面形状尺寸不变条件下，贯通后总变形的20%～30%，若取该峒室继续扩挖后断面的总变形进行估算，则丢失初值的比例将大大低于以上数值。

4.2.4　监测数据整理

数据整理阶段，需绘制的曲线一般有三大类：过程线，分布线和相关线。它们分别表征各物理量的空间(线、面和立体)分布情况，各物理量相互关系及随时间变化情况。

过程线是物理量与时间的关系，通常以时间为横坐标，以物理量(例如位移、应变等)为纵坐标。为了解更多信息，应尽可能把有关物理量的过程线放在同一图中，有时还要把影响物理量变化的量也用相同的时间尺度绘在该图上。常见影响因素有：温度(气温，混凝土温度等)，降水，施工加载，开挖进尺，库水位(或上下游水位)，地下水位等。

通过表格可将数据分类、系统地组织在一起，便于阅读和比较。报表可分为定期和不定期。定期报表一般按月、季和年；不定期报表一般在施工或运行的重要时期，作为文字报告的组成部分。监测中常用以下三种类型报表：监测仪器、测点情况表；监测作业情况表；监测数据报表。

文字报告或简报应有比较详细的分析、评价、建议和结论。报告包含如下方面：

(1)工程概况。包括工程基本情况，工程施工或运行情况，以及在该时段内相关影响因素的变化情况。

(2)监测点情况。包括监测点的布置，仪器型号、用途和工作状态，以及人工巡视情况。

(3)数据整理。采用的公式和方法，整理中出现的问题和处理方法，包括漏测值的补充、误差估计，便于了解数据的精度和可靠性。

(4)监测值变化规律与特征。观测数据的特征值，如最大、最小值，变化率等。图形和表格方式对变化过程和趋势的描述。对特征值和变化过程中的特殊点、特殊线段作出解释。对变化率加快及发生突变等情况给予分析。

(5)计算分析结果。

(6)发展趋势与预测。利用统计分析、灰色系统理论等数学方法预测，指出监测值的收敛性，以及最终收敛值。

(7)比较与判别。利用规范、标准中的判据以及行之有效的经验判据，对原型观测结果所反映出的工程情况进行判断。与其他同类工程进行类比，与设计要求进行比较，还可与有限元和边界元等计算结果进行比较。

(8)评价与建议。根据监测数据分析和人工巡视结果，对工程运行状态给出评价和结论，对存在的问题提出改进建议。

4.2.5 监测数据预处理

监测数据预处理包括：监测数据的平差、补插、修匀及异常值判识。

1)观测数据的平差

由于观测结果不可避免存在随机误差，通常实际观测时要进行多余观测。对这一系列带有随机误差的观测值，采用合理的方法可消除其不符值，求出未知量的最可靠值，并评定测量精度，即观测数据的平差。平差方法见第二章。

2)监测数据的补插

如果出现漏测，或由于剔除粗差而缺少某次观测值，则需要补充合理值，即观测资料的补插。补插一般采用多项式插值、样条函数插值等方法。

(1)拉格朗日一次插值法。设距待插值测点最近的两个测点为(X_1,Y_1)、(X_2,Y_2)，则插补点(X,Y)的Y坐标为：

$$Y=\frac{X-X_2}{X_1-X_2}Y_1+\frac{X-X_1}{X_1-X_2}Y_2 \tag{4-16}$$

(2)拉格朗日二次插值法。设距待插值测点最近的3个测点为(X_1,Y_1)、(X_2,Y_2)、(X_3,Y_3)，则插补点(X,Y)的Y坐标为：

$$Y=\frac{(X-X_2)(X-X_3)}{(X_1-X_2)(X_1-X_3)}Y_1+\frac{(X-X_1)(X-X_3)}{(X_2-X_1)(X_2-X_3)}Y_2+\frac{(X-X_1)(X-X_2)}{(X_3-X_1)(X_3-X_2)}Y_3 \tag{4-17}$$

其中：X通常为时间，Y通常为观测值。

当$X_1<X<X_2$时为内插，用于插补多次观测之间的测值。当$X<X_1$或$X>X_2$时为外插。

3)监测数据的修匀

如果观测数据受偶然因素影响较大，则可通过对这组数据的修匀来消除偶然因素影响。修匀方法很多，常用三点移动平均法。当相邻3个测点的测值分别为(X_{i-1},Y_{i-1})、(X_i,Y_i)、(X_{i+1},Y_{i+1})，则中央1个测点的修匀值为：$\left\{\frac{(X_{i-1}+X_i+X_{i+1})}{3},\frac{(Y_{i-1}+Y_i+Y_{i+1})}{3}\right\}$，而起点$(i=1)$和终点$(i=n)$的修匀值分别为$(X_1,2Y_1/3+Y_2/3)$，$(X_n,2Y_n/3+Y_{n-1}/3)$。剔除粗差的数

据作为基本数据保留。

修匀只在必要时进行。

4)异常值判识

监测资料整理应根据所绘制图表和有关资料及时分析各监测量的变化规律和趋势,判断有无异常值。监测数据出现以下情况之一,可视为异常:

(1)变化趋势突然加剧或变缓,或发生逆转,如从正向增长变为负增长,而从已知原因变化不能作出解释。

(2)出现与已知原因量无关的变化速率。

(3)出现超过最大(或最小)量值、安全监控限差或数学模型预报值等情况,经比较判断,确为监测量异常值,并立即向主管人员报告,同时加强监测,尽快查明原因。

4.2.6　监测资料整编归档

监测资料整编是定期进行的整理工作,其主要内容为:监测资料的收集、各类监测资料的检验和审核。

审核内容包括:①资料的完整性:是否遗漏资料,是否有遗失和损坏等,是否需要补充新的资料。②资料的正确性和可靠性:根据知识、经验或理论审核资料内容是否合理、是否符合实际情况,从不同资料得到的结果是否存在矛盾,所使用的公式和理论是否正确、合理,出现在不同资料中的同一数据是否一致,是否有错误和疏漏等。查明发现的问题,所做的修改要有复核和记录,在记录上注明修改前后的情况,并要求负责人员对修改进行签字。

资料的审定编印包括资料分类、编组和汇总,报告编写、编印等。整编报告应着重于对工程状况整体性的把握。包括对个别仪器和分散数据进行分析并考虑发展的全过程,以及在此过程中诸多因素的影响,考虑从所有仪器、测点在各个时期得到的数据之间的联系,以及从资料中综合反映出来的本质特征。

整编资料按内容可划分为如下四类:

(1)工程资料。包括勘测、设计、科研、施工、竣工、监理、验收和维护等方面资料。

(2)仪器资料。包括仪器结构、测点布置、仪器埋设的原始记录和考证资料,仪器损坏、维修和改装情况,及其他与之相关的文字图表资料。

(3)监测资料。包括人工巡视检查、监测原始记录、物理量计算结果及各种图表;与监测和测点有关的水文、地质、气象及地震资料;不同时期对监测资料分析预测的结果或结论。

(4)相关资料。包括文件和批文、合同、总结、咨询、事故及处理、监测资料管理、仪器设备管理等方面的文字及图表资料。

分类和汇总不限于整编前所获得资料,还应包括整编中所形成资料。分类与汇总以后要再次进行审核,以纠正分类与汇总中产生的错误。分类与汇总的同时,要建立资料的详细目录或卡片,最好利用计算机建立简单的资料管理数据库。

资料整编要求:①整编成果项目齐全,考证清楚,数据可靠,方法合理,图表完整,说明完备。②整编报告反映监测资料系统整理的全过程和工程整体安全状况,内容全面,说理清楚,文笔简洁,篇幅适中。③如受时间、经费等限制,可不采用数学模型,亦不必对监测资料进行较深入的分析。

4.3 监测资料的分析

初步分析，重点判识有无异常观测值；根据特定重点监测时段的需要，或上级主管部门要求，开展系统全面的综合分析。监测资料分析常采用数学物理模型，或结合地质、结构和渗流等专门知识，其分析成果作为安全预报、安全评估、施工或运行反馈、技术决策的基本依据。

工程出现异常和险情或工程竣工验收和安全鉴定时，需对监测资料进行综合分析，查找安全隐患和原因，分析变化规律和趋势，预测未来安全状态，为工程决策提供技术支持。监测资料分析的定性常规分析法可分为比较法、作图法、特征值统计法和监测影响因素分析法等四类。

(1)比较法。分析监测值的大小及其变化规律是否合理，或建(构)筑物所处的状态是否稳定。通常有监测值与警戒值相比较，监测量相互对比，监测成果与理论或试验成果相对照。工程实践中则常与作图法、特征统计法和回归分析法等配合使用，即通过对所得图形、主要特征值或回归方程的对比分析作出结论。

(2)作图法。画出相应的过程线图、相关图、分布图及综合过程线图(如上游水位、气温、技术警戒值、同坝段的扬压力和渗漏量)等。可直观了解和分析观测值的变化和规律、影响观测值的荷载因素及其对观测值的影响程度、观测值有无异常。

(3)特征值统计法。揭示监测量变化规律特点的数值称特征值，对特征值的统计与比较辨识监测量的变化规律是否合理，并得出分析结论。监测统计中常用的特征值一般是监测量的最大值和最小值，变化趋势和变幅，地层变形趋于稳定所需时间，以及出现最大值和最小值的工况、部位和方向等。

(4)监测值影响因素分析法。事先收集各因素对监测值的影响，如锚杆、预应力锚索加固等因素，掌握单独作用下对测值影响的特点和规律，并将其逐一与现有工程监测资料进行对比分析。

此外，还有定量的数值计算法，如统计分析方法、有限元分析法、反分析方法；数学物理模型分析法，如统计分析模型、确定性模型和混合性模型等；理论方法，如边坡安全预报的斋藤法，边坡和地下工程中常用的岩体结构分析法(块体理论分析法)等监测资料分析方法。

由于影响因素复杂，监测数据不可避免的存在观测误差，具有不确定性，可当作随机变量处理。监测资料的统计分析方法有统计回归、方差分析、时序分析、模糊数学、灰色系统、神经元网格等。其中以统计回归分析应用最为广泛，方差分析往往配合统计回归分析应用，时序分析在考虑周期性函数、趋势分析和残差分析时有较明显的优越性，目前，模糊数学、灰色系统、神经元网络主要用于方法考证研究以及安全预报，在工程上广泛应用，见第五章。

4.4 工 程 实 例

监测数据作为掌握现场工程结构物工作形态的重要反馈信号，其可靠性影响相关分析评判结果，直接影响工程质量。施工场地有限且极其复杂，使沉降监测数据时常呈现异常，但异常观测值并一定是粗差。因此需要对观测数据进行参数的置信区间估计，检验并判定异常观测值，对沉降数据异常类型及出现异常原因进行分析，并通过小波分析模型，将信噪分离，揭示基坑开挖引起周边环境变形发展规律。

4.4.1　工程概况

某地铁车站位于两主干道交叉口南侧，原始地貌单元属河流二级侵蚀～堆积阶地，现场土地已经多次人工改造，地面高程 32.21～35.44m，场形较为平整，但周边建筑物密布，地形不开阔，阶地主要由第四系上更新统粉质黏土、砂砾石层组成，具明显的二元结构。地层从上到下分别为：素填土、粉质黏土、细砂、砾砂、圆砾、卵石、粉质黏土、强风化泥质粉砂岩、中风化泥质粉砂岩(KS)、微风化泥质粉砂岩(KS)。场地地下水主要为第四系砂卵石层中的孔隙潜水及强～中风化基岩裂隙水。初见潜水位埋深 1.30～7.30m，相当于高程 26.43～33.26m；稳定水位埋深 1.20～6.10m，相当于高程 27.71～31.82m；基岩裂隙水稳定水位埋深 2.20～5.00m，相当于高程 28.31～32.69m。该车站场地地下水位变化主要受气候及湘江水域控制，每年4～9月份为雨季，大气降水丰沛，是地下水补给期，水位上升明显，而每年 10 月～次年 3 月为地下水的消耗期，地下水位下降，年变化幅度一般 5.00～8.00m。

4.4.2　监测数据异常类型及成因

1)监测数据异常类型

大部分工程的监测数据异常一般由结构形态变化、环境量异常、误读误记、人为疏忽、仪器误差等原因引起。因此，不能孤立处理监测数据，需结合施工环境等多因素对异常值进行系统分析，剔除误差；对于结构形态变化引起的异常则应密切关注。

根据以往的工程经验，可将异常沉降监测数据分三种类型：①外界环境无异常情况下，沉降数据与以往数据比较，发生突变，表现为监测点有较大上升量或者下降量；②外界环境无异常情况下，沉降数据连续几期时升时降；③外界有异常情况时，沉降变形量与常规相违背。

2)监测数据异常检验

假设观测值符合检验总体分布函数 $F(x,\theta)$，可采用置信区间检验方法对监测值进行异常值检验，具体见本章 4.3 节。

3)监测数据异常成因分析

若沉降监测数据超出置信区间，则认为是异常值，应根据周边施工进展具体分析异常值；对于观测误差、系统误差等，可根据相关理论模型进行去噪处理，得到准确值。

(1)外界环境无异常，监测数据与以往数据比较，出现突变，包括监测点上升量或下降量突变。针对这种情况，首先分析周围施工环境变化，若基坑内降水、加减支撑等无异常变化时，分析如下：①监测点整体都上升，一般应分析工作基点或者基点不稳定而下沉，如果工作基点下沉，而监测点稳定，使得监测点出现整体上升现象，或者工作基点比沉降监测点沉降速率更大，也同样出现这种现象；监测时，监测点上是否覆有覆盖物，若工作基点上有覆盖物，有可能导致其监测点整体上升，或者监测点上全部覆有覆盖物，同样会产生这种现象，但这种可能性比较小;还有可能人为破坏监测点,或者仪器本身有问题;②监测点整体下沉,且下沉量较大时,应检验工作基点或基点的稳定性;监测时,工作基点或者基点覆盖有东西,而监测点正常,从而引起监测点整体下沉;也可能监测点遭到人为破坏,或有可能仪器本身问题,应及时进行检校。若这些情况都不存在,应从立尺不直、人为碰动仪器等方面寻找原因。

(2)外界环境无异常时,连续几期数据呈现时升时降,沉降曲线出现波浪起伏现象。这时,首先应分析仪器本身,若沉降数据升降变化不大,可能是仪器本身误差导致或地球曲率、大气折光影响,一般夏天比较突出,因此观测时应及时对仪器采取保护措施;其次,可能监测时测点上有覆盖物,未及时清除,导致监测值比上一期观测值大,因此出现上升现象,下期监测时应清除覆盖物;再次,地表变形量较小,变形量小于测量误差,这种情况一般在观测初期和后期比较突出。若这些情况都不存在,应从立尺不直、人为碰动仪器等方面分析原因。

(3)外界有异常时,沉降变形值变化异常。在工作基点及监测点都保护完好且稳定的情况下:①若下雨且上期数据正确,监测数据比上期数据上升 1mm 内可认为观测正确;②人工加强支护,导致监测数据时升时降,如基坑开挖后进行支撑,隧道顶板进行支护,回弹量在 1mm 内可认为正确;基坑、矿山等支护结构卸载时,监测点也会发生一定量下沉,不过下沉量不大,一般在 2mm 内。如果与上述几种情况均不相符,应分析人为或者仪器因素。

4.4.3 监测数据分析与处理

以地铁某车站基坑地表监测点监测结果为例,对监测数据进行分析及处理。从沉降点埋设到目前为止,共进行了 17 期监测,各期监测时间间隔基本相等,监测数据见表 4-1。

监测数据统计表

表 4-1

监测周期	本次沉降值	累计沉降值	监测周期	本次沉降值	累计沉降值
1	0	0	10	−0.9	−2.2
2	0	0	11	0	−2.2
3	−0.4	−0.4	12	0.9	−1.3
4	0.7	0.3	13	−0.1	−1.4
5	0.4	0.7	14	−0.4	−1.8
6	−1	−0.3	15	0	−1.8
7	0.5	0.2	16	−2.4	−4.2
8	−1.3	−1.1	17	−1.7	−5.9
9	−0.2	−1.3			

以本次沉降值为样本,取 $\alpha=2\%$,计算得 $\overline{X}=-1.34$,$t_{\alpha/2}(n-1)=t_{0.99}(16)=2.12$,因此置信区间上限 $\theta_2=0.2$,下限 $\theta_1=-0.9$。比较监测数据和置信区间上限与下限,知第 4、5、6、7、8、12、16、17 期数据异常。

基坑开挖初期,地表沉降值较小,这与基坑开挖前进行围护桩施工,且先支护后开挖的施工程序有直接关联,因此,在基坑开挖初期,地表沉降值应为 0,但第 4、5 期反而上升,且超过置信区间,这归因于系统误差和偶然误差,观测误差与仪器本身误差之和大于监测点的下沉值所致;第 6、7 期,基坑开挖及基坑内降水对地表产生影响,但沉降值超出置信区间,是由观测误差、外界温度、仪器本身误差影响所致;第 12 期,监测值上升并超出置信区间,是由于进行基坑支护,使地表稍有上升趋势,但观测误差、外界温度、仪器本身误差影响使上升值偏大;第 16、

17 期，随着基坑开挖深度增加，并因基坑降水引起基坑周边地表下沉增大，超出置信区间，产生异常，同时观测误差、外界温度、仪器本身误差也对观测值有一定影响。

采用 Daubechiees 小波进行 4 层分析(图 4-1)，将原始沉降数据分解为低频和高频部分，通过选择合适的高频系数阈值和低频系数阈值去噪，将信号和噪声分离，去噪前后曲线见图 4-2。

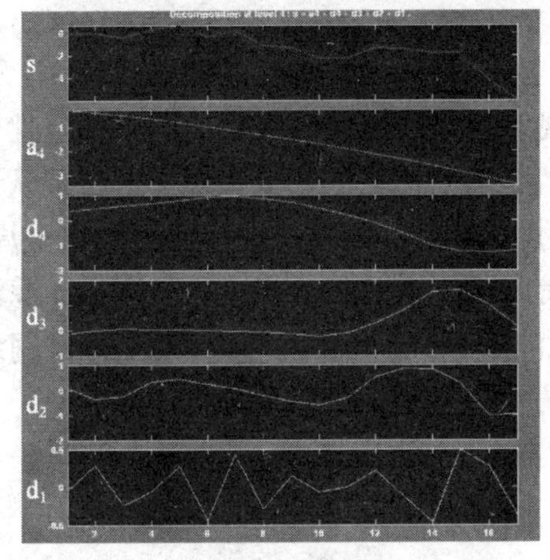

图 4-1　小波分解图

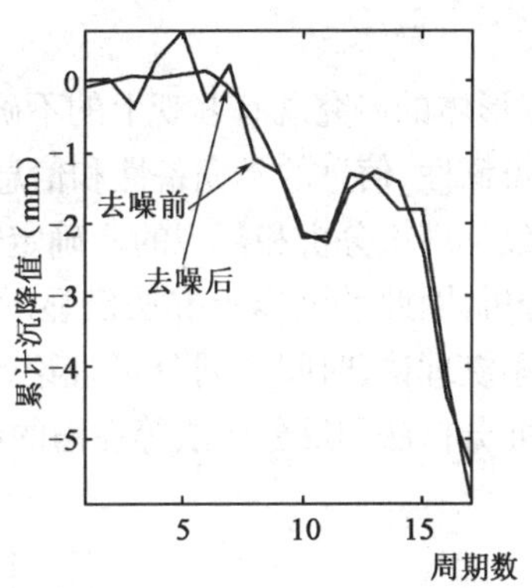

图 4-2　去噪前后沉降曲线图

从图 4-2 可知，基坑开挖初期，地表沉降值较小，与基坑开挖前围护桩施工、先支护后开挖的施工工艺直接相关，因此基坑开挖初期地表沉降值应为 0。此外，原始沉降曲线在 0 上下波动，这是由于沉降值比监测误差小，反映偶然误差与系统误差的和。而小波去噪后的曲线，基本是沉降值为 0 的直线。应力随着基坑开挖深度的增加而增加，围护桩所受侧压力也增大，并向基坑内侧移动，从而引起土体向基坑内移动，导致地表下沉，此外，由于基坑降水导致土体疏水固结，引起地表下沉，第 5 期至第 10 期即反应这种情况；第 10 期到 11 期，地表沉降基本停止，是由于基坑开挖停止，并进行基坑支护，这与实际情况吻合；第 11 期到第 12 期，加强了基坑支护，且这段时间连续降雨，土体饱和导致地表回弹；第 12 期后，由于基坑开挖与降水，引起周边地表下沉。去噪处理后的地表沉降曲线与去噪前的原始曲线相比较更为光滑，直观反应地表实际沉降规律。

第 5 章　变形监测预报模型

对变形体的研究既有客观上的不确定性，也有主观上的非确定性。客观上的不确定性包括随机性、模糊性、信息的不完备性和信息处理的不确定性。客观因素的影响和对变形机理认识的不足，导致了理论分析和模拟的非确定性。针对变形的非确定性，需要对许多问题作出全局性、综合性分析，因此系统分析方法已显示出广阔的应用前景，包括回归分析理论、Kalman 滤波理论、灰色系统理论、时间序列分析理论、分数维理论、混沌理论、随机介质理论、人工神经网络理论、有限元分析法和反分析法等在内的许多新理论、新方法也被引入到监测分析预报中来。

5.1　回归分析法

5.1.1　曲线拟合

曲线拟合是趋势分析法中的一种，又称曲线回归、趋势外推或趋势曲线分析。该方法是研究最多也最为流行的定量预测方法，人们常用各种光滑曲线近似描述事物发展的基本趋势。

$$Y_t = f(t,\theta) + \varepsilon_t$$

其中：Y_t 为预测对象；ε_t 为预测误差；根据不同情况和假设，$f(t,\theta)$ 可取不同形式，其中 θ 代表某些待定参数。以下为几类典型趋势模型：

1)多项式趋势模型

$$Y_t = a_0 + a_1 t + \cdots + a_n t^n$$

2)对数趋势模型

$$Y_t = a + b\ln t$$

3)幂函数趋势模型

$$Y_t = at^{b}$$

4)指数趋势模型

$$Y_t = ae^{bt}$$

5)双曲线趋势模型

$$Y_t = a + \frac{b}{t}$$

6)修正指数模型

$$Y_t = L - ae^{bt}$$

7)逻辑斯蒂(Logistic)模型

$$Y_t = \frac{L}{1+\mu e^{-bt}}$$

8)龚伯茨(Gompertz)模型

$$Y_t = L \cdot \exp(-\beta e^{-\theta t}) \quad \beta > 0, \theta > 0$$

5.1.2 多元线性回归分析

经典的多元线性回归分析法仍广泛应用于变形监测数据处理中。它是研究一个变量(因变量)与多个因子(自变量)之间非确定关系(相关关系)的方法。该方法通过分析所观测的变形(效应量)和外因(原因)之间的相关性,建立数学模型。

$$y_t = \beta_0 + \beta_1 x_{t1} + \beta_2 x_{t2} + \cdots + \beta_p x_{tp} + \varepsilon_t \tag{5-1}$$

$$t = 1,2,\cdots,n \qquad \varepsilon_t \sim N(0,\sigma^2)$$

其中:x 表示观测值变量,共有 n 组观测数据;t 表示因子个数。

1)建立多元线性回归方程

多元线性回归数学模型如式(5-1)所示,用矩阵表示为:

$$y = x\beta + \varepsilon \tag{5-2}$$

其中:y 为 n 维变形量的观测向量(因变量),$y=(y_1, y_2, \cdots, y_n)^{\mathrm{T}}$;$X$ 是一个 $n\times(p+1)$ 维矩阵,其元素可是一般变量的观测值或函数(自变量),其形式为:

$$X = \begin{bmatrix} 1 & x_{11} & x_{12} & \cdots & x_{1p} \\ 1 & x_{21} & x_{22} & \cdots & x_{2p} \\ \vdots & \vdots & \vdots & & \vdots \\ 1 & x_{n1} & x_{n2} & \cdots & x_{np} \end{bmatrix}$$

β 为待估计参数向量(回归系数向量),$\beta=(\beta_0, \beta_1, \beta_2, \cdots, \beta_p)^{\mathrm{T}}$;$\varepsilon$ 为服从同一正态分布 $N(0,\sigma^2)$ 的 n 维随机向量,$\varepsilon=(\varepsilon_1, \varepsilon_2, \cdots, \varepsilon_n)^{\mathrm{T}}$。

由最小二乘原理可求估值 $\hat{\beta}$:

$$\hat{\beta} = (x^{\mathrm{T}}x)^{-1}x^{\mathrm{T}}y \tag{5-3}$$

事实上,模型只是对问题初步分析所得的一种假设,在求得多元线性回归方程后,还需要对其进行统计检验。

2)回归方程显著性检验

实际上,并不能事先断定因变量 y 与自变量 $x_1, x_2, \cdots, x_p$ 之间是否具有线性关系。作为一种假设,选用线性回归模型,求得线性回归方程后,需对回归方程进行统计检验,以给出肯定或者否定结论。

如果因变量 y 与自变量 $x_1, x_2, \cdots, x_p$ 之间不存在线性关系,则模型中的 β 为零向量,即原假设:

$$\mathrm{H}_0: \beta_1 = 0, \beta_2 = 0, \cdots, \beta_p = 0$$

将此假设作为模型(5-1)的约束条件,求得统计量:

$$F=\frac{S_{回}/p}{S_{剩}/(n-p-1)} \tag{5-4}$$

其中：$S_{回}=\sum_{i=1}^{n}(\hat{y}_i-\bar{y})^2$ 称回归平方和；$S_{剩}=\sum_{i=1}^{n}(y_i-\hat{y}_i)^2$ 称剩余平方和或残差平方和；$\bar{y}=\frac{1}{n}\sum_{i=1}^{n}y_i$。

如果原假设成立，统计量 F 应服从 $F(p,n-p-1)$ 分布，在选择显著水平 α 后，用下式检验原假设：

$$p\{|F|\geqslant F_{1-\alpha,p,n-p-1}\,|\,\mathrm{H}_0\}=\alpha \tag{5-5}$$

若式(5-5)成立，即认为在显著水平 α 下，y 与 $x_1,x_2,\cdots,x_p$ 有显著的线性关系，回归方程显著。

3)回归系数显著性检验

回归方程显著，并不意味着每个自变量 $x_1,x_2,\cdots,x_p$ 对因变量 y 的影响都显著。要从回归方程中剔除那些可有可无的变量，建立更为简单的线性回归方程。如果某个变量 x_j 对 y 的作用不显著，则模型(5-1)的系数 β_j 应该取零。因此，检验因子 x_j 是否显著的原假设为：

$$\mathrm{H}_0:\beta_1=0$$

由模型(5-1)可估算求得：

$$E(\hat{\beta}_j)=\beta_j$$

$$D(\hat{\beta}_j)=c_{jj}\sigma^2$$

式中：c_{jj}——矩阵$(x^{\mathrm{T}}x)^{-1}$的主对角线上第 j 个元素。

因此在原假设成立时，统计量：

$$(\hat{\beta}_j-\beta_j)/\sqrt{c_{jj}\sigma^2}\sim N(0,1)$$

$$(\hat{\beta}_j-\beta_j)^2/c_{jj}\sigma^2\sim\chi^2(1)$$

$$S_{剩}/\sigma^2\sim\chi^2(n-p-1)$$

据此可组成检验原假设的统计量：

$$\frac{\hat{\beta}_j^2/c_{jj}}{S_{剩}/(n-p-1)}\sim F(1,n-p-1)$$

在原假设成立时，统计量服从 $F(1,n-p-1)$分布。分子 $\hat{\beta}_j^2/c_{jj}$ 通常称为因子 x_j 的偏回归平方和。选择显著水平 α，由表查得分位值 $F_{1-\alpha,1,n-p-1}$，若统计量 $|F|>F_{1-\alpha,1,n-p-1}$，则认为回归系数 $\hat{\beta}_j$ 在 $1-\alpha$ 的置信度下显著，否则不显著。

在进行回归因子显著性检验时，由于各因子之间的相关性，当从原回归方程中剔除一个变量时，其他变量的回归系数将会发生变化，有时甚至会引起符号的变化。因此，对回归系数进行一次检验后，只能剔除其中的一个因子，然后重新建立新的回归方程，再对新的回归系数逐个进行检验，重复以上过程，直到余下的回归系数都显著为止。

5.1.3 逐步回归计算

逐步回归计算建立在 F 检验的基础上，逐个接纳显著因子进入回归方程。当回归方程中接纳一个因子后，由于因子之间的相关性，会使原已在回归方程中的其他因子变得不显著，需从回归方程中剔除。所以在接纳一个因子后，必须对已在回归方程中的所有因子的显著性进行 F 检验，剔除不显著因子，直到无不显著因子后，再对未选入回归方程的因子，用 F 检验来确定是否接纳其进入回归方程(一次只接纳一个)。反复运用 F 检验，进行剔除和接纳，直到获得最佳回归方程。

逐步回归计算过程为：①通过定性分析得到因变量 y 的 t 个影响因子，分别对 t 个影响因子建立一元线性回归方程，求得相应的残差平方和 $S_{剩}$，选择 $S_{剩}$ 中的最小者所对应的因子，作为第一个因子，入选回归方程，对该因子进行 F 检验，当其影响显著时，接纳该因子进入回归方程；②对余下的 $t-1$ 个因子，分别依次选一个，建立二元线性方程(共有 $t-1$ 个)，计算其残差平方和及偏回归平方和，选择与 $\max(\hat{\beta}_j^2/c_{jj})$ 对应的因子为预选因子，作 F 检验，若影响显著，则接纳该因子进入回归方程；③按与步骤②相同的方法选第三个因子，则共可建立 $t-2$ 个三元线性回归方程，计算其残差平方和及各因子的偏回归平方和，同样，选择 $\max(\hat{\beta}_j^2/c_{jj})$ 的因子为预选因子，作 F 检验，若影响显著，则接纳该因子进入回归方程，在选入第三个因子后，对已入选回归方程的因子应重新进行显著性检验，将不显著因子从回归方程中剔除，然后继续检验已入选回归方程因子的显著性；④确认选入回归方程的因子均为显著因子后，继续从未选入因子中挑选显著因子进入回归方程，方法与步骤③相同。反复运用 F 检验进行因子剔除与接纳，直至获得所需回归方程。

应用于变形监测数据处理与变形预报的多元线性回归分析，主要包括两个方面：①变形成因分析，当式(5-1)中的自变量 $x_{t1},x_{t2},\cdots,x_{tp}$ 为因变量的各个不同影响因子时，方程(5-1)可用来分析与解释变形因果关系；②变形预测预报，当式(5-1)中的自变量 $x_{t1},x_{t2},\cdots,x_{tp}$ 在 t 时刻的值为已知值或可观测值时，方程(5-2)可预测变形体在同一时刻的变形大小。

由于式(5-1)中的自变量 $x_{ti}(i=1,2,\cdots,p)$ 是确定性因素，$\{y_t\}$ 的统计性质由 $\{\varepsilon_t\}$ 确定，$\{y_t\}$ 序列彼此独立，都是同一样本的不同次独立随机抽样值；式(5-1)反映了变形值相对于自变量 $x_{ti}(i=1,2,\cdots,p)$ 在同一时刻的相关性，而没有反映变形观测序列的时序性、相互依赖性及变形的持续性。因此，应用于变形监测数据处理的多元线性回归分析是一种静态数据处理方法，所建立模型是静态模型。

5.2　Kalman 滤波模型

Kalman 滤波技术是一种递推式滤波算法，是对动态系统进行实时数据处理的有效方法。

对于动态系统，Kalman 滤波采用递推方式，借助于系统本身的状态转移矩阵和观测资料，实时最优估计系统状态，并能对未来时刻系统的状态进行预报。因此，这种方法可用于对动态系统的实时控制和快速预报。Kalman 滤波的数学模型包括状态方程(也称动态方程)和观测方程两部分，其离散化形式为：

$$\begin{aligned} X_k &= \phi_{k/k-1}X_{k-1} + \Gamma_{k-1}W_{k-1} \\ L_k &= H_kX_k + V_k \end{aligned} \tag{5-6}$$

式中：X_k——t_k 时刻系统的状态向量(n 维)；

L_k——t_k 时刻对系统的观测向量(m 维);

$\phi_{k/k-1}$——时间 t_{k-1} 至 t_k 的系统状态转移矩阵($n \times n$);

W_{k-1}——t_{k-1} 时刻的动态噪声(r 维);

Γ_{k-1}——动态噪声矩阵($n \times r$);

H_k——t_k 时刻的观测矩阵($m \times n$);

V_k——t_k 时刻的观测噪声(m 维)。

若 W 和 V 满足统计特性:

$$E(W_k) = 0, E(V_k) = 0$$

$$Cov(W_k, W_j) = Q_k \delta_{kj}, Cov(V_k, V_j) = R_k \delta_{kj}, Cov(W_k, V_j) = 0$$

其中,Q_k 和 R_k 分别为动态噪声和观测噪声的方差阵;δ_{kj} 是 Kronecker 函数,即:

$$\delta_{kj} = \begin{cases} 1, k = j \\ 0, k \neq j \end{cases} \tag{5-7}$$

则可推得 Kalman 滤波递推公式为:

(1)状态预报

$$\hat{X}_{k/k-1} = \phi_{k/k-1} \hat{X}_{k-1} \tag{5-8}$$

(2)状态协方差阵预报

$$P_{k/k-1} = \phi_{k/k-1} P_{k-1} + \Gamma_{k-1} Q_{k-1} \Gamma_{k-1}^{\mathrm{T}} \tag{5-9}$$

(3)状态估计

$$\hat{X}_k = \hat{X}_{k/k-1} + K_k (L_k - H_k \hat{X}_{k/k-1}) \tag{5-10}$$

(4)状态协方差阵估计

$$P_k = (I - K_k H_k) P_{k/k-1} \tag{5-11}$$

其中 K_k 为滤波增益矩阵,其具体形式为:

$$K_k = P_{k/k-1} H_k^{\mathrm{T}} (H_k P_{k/k-1} H_k^{\mathrm{T}} + R_k)^{-1} \tag{5-12}$$

由式(5-8)可知,当已知 t_{k-1} 时刻动态系统的状态 $\hat{X}_{k-1}$ 时,令 $W_{k-1} = 0$,即可得到下一时刻 t_k 的状态预报值 $\hat{X}_{k/k-1}$;而由式(5-10)可知,在 t_k 时刻对系统进行观测得到 L_k 后,可利用该观测量对预报值进行修正,得到 t_k 时刻系统的状态估计(滤波值) $\hat{X}_k$。如此反复,进行递推式预报与滤波。因此,给定初始值 $\hat{X}_0$、$\hat{P}_0$ 后,可依据式(5-8)~式(5-12)进行递推计算,实现滤波目的。

5.3 人工神经网络模型

基于人工神经网络的控制称为神经网络控制系统,简称神经控制。神经网络是由大量简单的处理单元(称为神经元)广泛地互相连接而形成的复杂网络系统,反映人脑功能的许多特征,是一个高度复杂的非线性系统。神经网络具有大规模并行、分布式存储和处理、自组织、自适应和自学习能力的特点,尤其是在包含多因素、不精确和模糊的信息问题处理方面具有优势。神经网络的发展与神经科学、数理科学、计算机科学、人工智能、信息科学等有关,是一门新兴的边缘交叉学科。

5.3.1　神经网络模型原理

正常人脑由 $10^{11} \sim 10^{12}$ 个神经元组成，神经元是脑组织的基本单元。每个神经元具有 $10^2 \sim 10^4$ 个突触与其他神经元相互连接，形成错综复杂而又灵活多变的神经网络。如图 5-1 所示，神经元由胞体、树突和轴突构成。胞体是神经元的代谢中心，每个细胞体有大量的树突和轴突，不同神经元的轴突与树突连接部分为突触，突触决定神经元之间的连接强度和作用性质，不同神经元胞体是非线性输入、输出单元。

胞体一般生长有很多树突，是神经元的主要接收器。轴突末端有很多末梢，末梢与另一个神经元的树突相连，起传递信息作用。信息经轴突传给末梢，通过突触对后面神经元产生影响。当传入信息使细胞膜电位升高，超过被称为动作电位的阈值时，细胞进入兴奋状态，产生神经冲动，由突触输出，称之为兴奋；否则，突触无输出，神经元的工作状态为抑制。由于神经元结构具有可塑性，突触的传递作用可增强、减弱和饱和，因此细胞具有相应的学习功能、遗忘或饱和效应。

人工神经网络是通过模仿人脑神经的活动，建立脑神经活动的数学模型。人工神经元是神经网络的基本处理单元，是对生物神经元的简化和模拟。图 5-2 是一种简化的神经元结构。

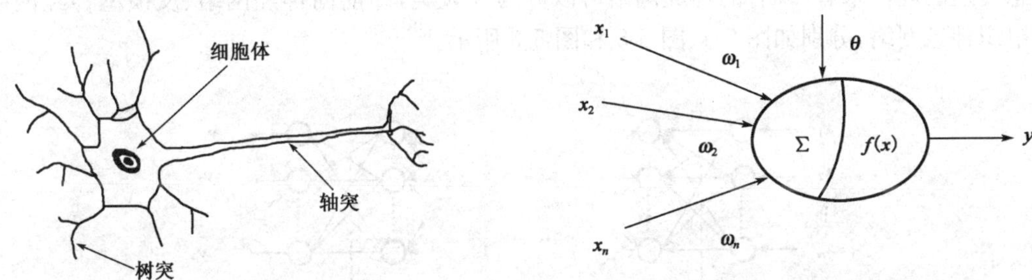

图 5-1　生物神经元示意图　　图 5-2　神经元的数学模型

从图 5-2 可见，它是一个多输入、单输出的非线性单元，其中 $X_i(i=1,2,\cdots,n)$ 是神经元的输入，代表来自前面 n 个神经元的信息；θ 为神经元的阈值，权系数 $\omega_j(j=1,2,\cdots,n)$ 表示连接强度，说明突触的负载；y_i 是神经元的输出；$f(x)$ 是传递函数或激发函数。其输入输出关系为：

$$\begin{cases} y = f(I) \\ I = \sum_{j=1}^{n} \omega_j x_j - \theta \end{cases} \tag{5-13}$$

神经元之间传递函数有多种形式，其中最常见的是阶跃型、饱和型和 S 型，见图 5-3。

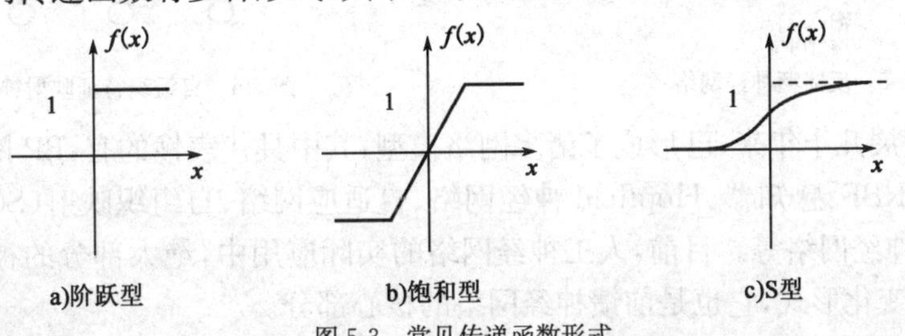

图 5-3　常见传递函数形式

(1)阶跃型传递函数,输出的是点位脉冲,这种激发函数的神经元称离散输出模型,如图5-3a)所示。

$$f(x)=\begin{cases}1, x\geqslant 0\\0, x<0\end{cases} \tag{5-14}$$

(2)饱和型传递函数,在[-1,1]内,其输出与输入的综合作用成正比,这种神经元称为饱和型传递模型,如图 5-3b)所示。

$$f(x)=\begin{cases}1, x\geqslant \frac{1}{k}\\kx, -\frac{1}{k}\leqslant x<\frac{1}{k}\\-1, x<-\frac{1}{k}\end{cases} \tag{5-15}$$

(3)S 型传递函数,其输出非线性,故这种神经元称为非线性连续型模型,如图 5-3c)所示。

$$f(x)=\left\{\frac{1}{1+e^{-x}}\right. \tag{5-16}$$

根据连接方式的不同,神经网络可以分为无反馈的前向神经网络和相互连接型网络。从信息传递的规律来看,现有的神经网络可以分为 3 大类,即前向神经网络、反馈型神经网络和自组织神经网络,分别如图 5-4、图 5-5 和图 5-6 所示。

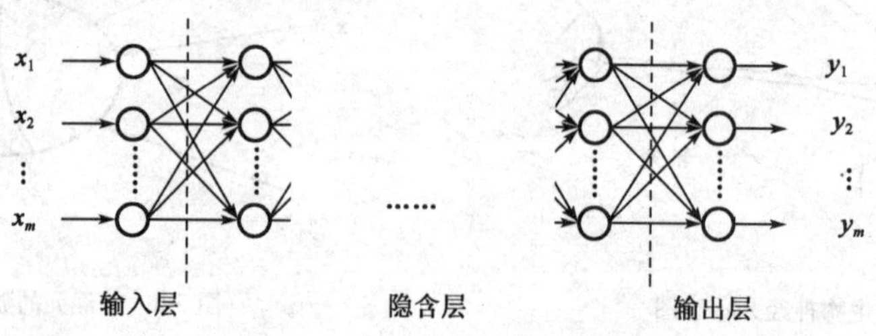

图 5-4 前向神经网络

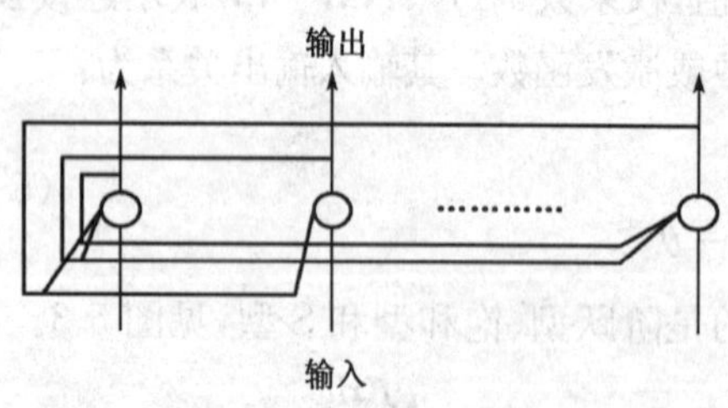

图 5-5 反馈型神经网络

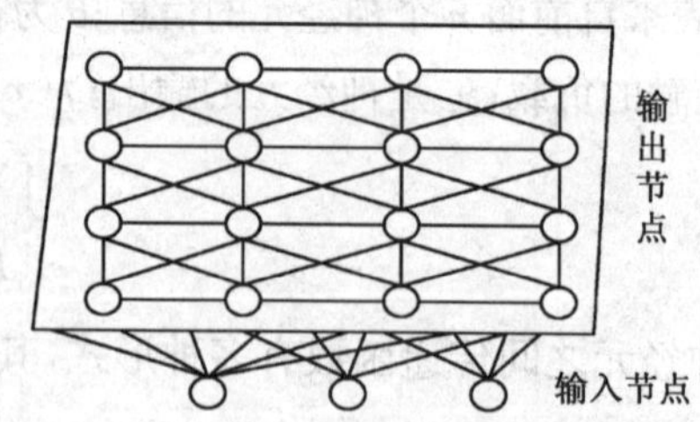

图 5-6 自组织特征映射神经网络

神经网络发展几十年来,已形成了诸多网络模型,其中具代表性的有:BP 网络、GMDH 网络、径向基函数 RBF、感知器、Hopfield 神经网络、自适应网络、自组织映射(SOM),以及小波神经网络、概率神经网络等。目前,人工神经网络的实际应用中,绝大部分的神经网络模型采用 BP 网络或其变化形式,它也是前馈神经网络的核心部分。

5.3.2 BP神经网络学习过程

神经网络的学习是为了计算更新神经网络的权值和阈值,可分为:有导师学习和无导师学习。

有导师学习也称监督学习,采用纠错规则,在学习过程中需不断地给网络成对提供输入信号和期望网络正确输出的信号(教师信号)。将实际输出同期望输出进行比较,然后应用学习规则调整权值和阈值,使网络输出接近于期望值。当网络对给定输入能产生所期望的输出时,视为网络在导师的训练下学会了训练数据中包含的知识和规则。

无导师学习也称无监督学习。学习过程中需要不断地给网络提供动态输入信息,网络在输入信息中发现可能存在的模式和规律,同时根据网络的功能和输入信息调整权值和阈值,这个过程称为网络自学习。网络外部指导信息越多,网络学习掌握的知识越多,发现规律的能力越强,解决问题能力也越强。

BP网络是在多层感知器的基础上增加误差反向传播信号,处理非线性信息。设三层BP网络如图5-7所示,输入层有M个节点,输出层有L个节点,隐含层只有一层,具有N个节点,一般情况下$N>M>L$。设输入层神经节点的输出为$a_i(i=1,2,\cdots,M)$;隐含层节点的输出为$a_j(j=1,2,\cdots,N)$;输出层神经节点的输出为$y_k(k=1,2,\cdots,L)$;神经网络的输出为y_m;期望的网络输出为y_p。

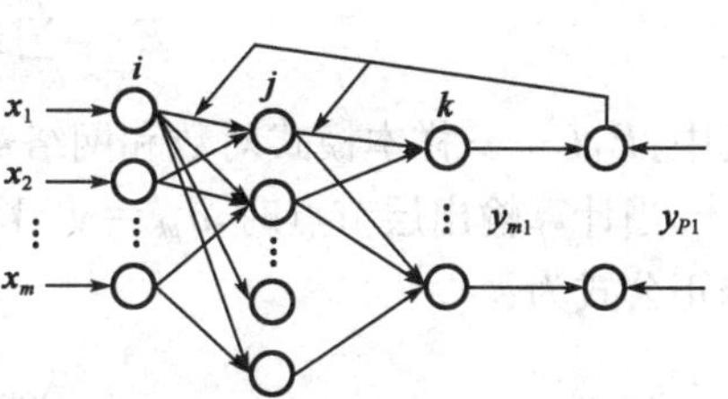

图5-7 三层BP网络

1)网络各层神经节点的输入输出关系

输入层第i个节点的输入为:

$$net_i=\sum_{i=1}^{M}x_i+\theta_i \tag{5-17}$$

式中:x_i——神经网络的输入;

θ_i——第i个节点的阈值。

对应的输出为:

$$a_i=f(net_i)=\frac{1}{1+\exp(-net_i)}=\frac{1}{1+\exp(-\sum_{i=1}^{M}x_i-\theta_i)} \tag{5-18}$$

令:

$$a_i=x_i$$

隐含层的第j个节点的输入为:

$$net_j=\sum_{j=1}^{N}\omega_{ij}a_i+\theta_j \tag{5-19}$$

式中:ω_{ij},θ_j——隐含层的权值和第j个节点的阈值。

对应的输出为:

$$a_j=f(net_j)=\frac{1}{1+\exp(-net_j)}=\frac{1}{1+\exp(-\sum_{j=1}^{N}\omega_{ij}a_i-\theta_j)} \tag{5-20}$$

输出层第k个节点的输入为:

$$net_k = \sum_{k=1}^{L} \omega_{jk} a_j + \theta_k \tag{5-21}$$

式中：ω_{jk}，θ_k——输出层的权值和第 k 个节点的阈值。

对应的输出为：

$$y_k = f(net_k) = \frac{1}{1+\exp(-net_k)} = \frac{1}{1+\exp(-\sum_{k=1}^{L}\omega_{jk}a_j - \theta_k)} \tag{5-22}$$

2)BP 网络权值调整规则

定义每一样本的输入输出模式对应的二次型误差函数为：

$$E_p = \frac{1}{2}\sum_{k=1}^{L}(y_{pk} - a_{pk})^2 \tag{5-23}$$

则系统的误差代价函数为：

$$E = \sum_{p=1}^{P} E_p = \frac{1}{2}\sum_{p=1}^{P}\sum_{k=1}^{L}(y_{pk} - a_{pk})^2 \tag{5-24}$$

式中：P，L——样本模式对数和网络输出节点数。

当计算输出层节点时，$a_{pk} = y_k$，网络训练原则使 E 在每个训练循环按梯度下降，则权系数修正公式为：

$$\Delta\omega_{jk} = -\eta\frac{\partial E_p}{\partial\omega_{jk}} = -\eta\frac{\partial E}{\partial\omega_{jk}} \tag{5-25}$$

若 net_k 指输出层第 k 个节点的输入网络，η 为按梯度搜索的步长，$0<\eta<1$，则：

$$\frac{\partial E}{\partial\omega_{jk}} = \frac{\partial E}{\partial net_k}\frac{\partial net_k}{\partial\omega_{jk}} = \frac{\partial E}{\partial net_k}a_j \tag{5-26}$$

定义输出层的反传误差信号为：

$$\delta_k = -\frac{\partial E}{\partial net_k} = -\frac{\partial E}{\partial y_k}\frac{\partial y_k}{\partial net_k} = (y_{pk} - y_k)\frac{\partial f(net_{jk})}{\partial net_k} = (y_{pk} - y_k)f'(net_k) \tag{5-27}$$

对式(5-18)两边求导，有：

$$f'(net_k) = f(net_k)[1 - f(net_k)] = y_k(1 - y_k) \tag{5-28}$$

将式(5-28)代入式(5-27)，可得：

$$\delta_k = y_k(1 - y_k)(y_{pk} - y_k) \qquad k = 1,2,\cdots,L \tag{5-29}$$

当计算隐含层节点时，$a_{pk} = a_j$，则权系数修正公式为：

$$\Delta\omega_{ij} = -\eta\frac{\partial E_p}{\partial\omega_{ij}} = -\eta\frac{\partial E}{\partial\omega_{ij}} \tag{5-30}$$

$$\frac{\partial E}{\partial\omega_{ij}} = \frac{\partial E}{\partial net_j}\frac{\partial net_j}{\partial\omega_{ij}} = \frac{\partial E}{\partial net_j}a_i \tag{5-31}$$

定义隐含层的反传误差信号为：

$$\delta_j = -\frac{\partial E}{\partial net_j} = -\frac{\partial E}{\partial a_j}\frac{\partial a_j}{\partial net_j} = -\frac{\partial E}{\partial a_j}f'(net_j) \tag{5-32}$$

$$-\frac{\partial E}{\partial a_j} = -\sum_{k=1}^{L}\frac{\partial E}{\partial net_k}\frac{\partial net_k}{\partial a_j} = \sum_{k=1}^{L}\left(-\frac{\partial E}{\partial net_k}\right)\frac{\partial}{\partial a_j}\sum_{j=1}^{N}\omega_{jk}a_j = \sum_{k=1}^{L}\left(-\frac{\partial E}{\partial net_k}\right)\omega_{jk} = \sum_{k=1}^{L}\delta_k\omega_{jk} \tag{5-33}$$

又由于：

$$f'(net_j)=a_j(1-a_j)$$

所以隐含层的误差反传信号为：

$$\delta_j = a_j(1-a_j)\sum_{k=1}^{L}\delta_k\omega_{jk} \tag{5-34}$$

为提高学习速率，在输出层权值修正式(5-25)和隐含层权值修正式(5-30)的训练规则下，再加上一个势态项，隐含层权值和输出层权值修正式为：

$$\omega_{ij}(k+1)=\omega_{ij}(k)+\eta_j\delta_j a_i+\alpha_j[\omega_{ij}(k)-\omega_{ij}(k-1)] \tag{5-35}$$

$$\omega_{jk}(k+1)=\omega_{jk}(k)+\eta_k\delta_k a_j+\alpha_k[\omega_{jk}(k)-\omega_{jk}(k-1)] \tag{5-36}$$

式中：η——学习速率系数，各层按梯度搜索的步长；

α——学习速率系数，各层决定过去权值的变化对目前权值变化影响的系数，又称记忆因子。

5.4 时间序列预测法模型

由于监测数据含有系统的时间序列信息，可利用观测的数据来预测变形趋势，进而反馈设计，指导施工。常用的变形监测数据的分析理论有静态形变分析、动态形变分析、形变的力学机理分析等。本节将探讨动态形变分析理论中的时间序列分析法。

5.4.1 时间序列因素分析

时间序列预测法是处理动态数据的一种有效工具，是在时间序列变量分析基础上，运用一定的数学方法建立预测模型，根据时间序列所反映的发展过程、方向和趋势，进行类推或延伸，借以预测下一段时间或以后若干年内可能达到的水平。

在时间序列中，每个时期数值的大小都受许多不同因素影响。例如，基坑周边建筑物的沉降变化，受到地下水位下降、围护结构变形以及周边地表沉降等多种因素影响。将各种因素细分，并作出精确测定比较困难。但是，将各类因素进行归类，按照各种因素可能发生的作用和影响效果，可分为四大类：长期趋势、季节变动、循环变动、不规则变动。

(1)趋势成分：在较长持续时间内，按照某种规则稳步增长，或稳步下降，或停留在某一水平上，显示时间序列在较长时间内的变化趋势。

(2)季节成分：由于自然条件、生活条件以及人们生活习惯的影响，具体现象在一年内某一特定时期或一年内作周期性变化。这种现象的本质为周期变化，其特征表现为稳定且可以预见。

(3)循环成分：与趋势成分有所不同，不是朝一个方向持续变动，而是呈涨落相间的波浪式变动；与季节成分也不一样，其波动时间较长，变动周期长短不一，且变动规律较弱。

(4)不规则成分：由意外原因、偶然因素所引起的无规则变动，其明显特征是不可预见性，如天灾、战争或原因不明等因素所造成的变动。这种不规则变动，在预测中往往形成随机误差，其精度较差。

5.4.2 时间序列数据的平稳性

假定某时间序列是由某一随机过程生成，即$\{y_t\}(t=1,2,\cdots)$的每一个数值都是从某一概率分布中随机得到，满足下列条件：①均值 $E(y_t)=\mu$ 是与时间 t 无关的常数；②方差 $Var(y_t)=\sigma^2$ 是与时间 t 无关的常数；③协方差 $Cov(y_t, y_{t+k})=\gamma_k$ 只与时间间隔 k 有关。则称之为平稳随机时间序列。若一个随机序列是独立分布序列：$y_t=\mu_t, \mu_t \sim N(0,\sigma^2)$，这样的序列称为白噪声，由于 y_t 的方差、均值相同，协方差为零，故可根据定义判断白噪声序列的平稳性。

另一个简单序列由 $y_t=y_{t-1}+\mu_t$ 生成，这样的序列被称为随机游走序列。该序列均值相同，即 $E(y_t)=E(y_{t-1})$，$Var(y_t)=t\sigma^2$，其方差与时间 t 有关但并非常数，故它是一个非平稳序列。但若对 $\{y_t\}$ 一阶差分，即得 $\Delta y_t=y_t-y_{t-1}=\mu_t$，由于 μ_t 是一个白噪声，则序列 $\{y_t\}$ 是平稳的。因此，如果一个时间序列是非平稳的，可通过差分的方法使其形成平稳序列。

5.4.3 时间序列分析模型

时间序列数据的随机过程，也就是生成这些数据的生成过程。对于平稳性随机过程的描述，可建立多种形式的时序模型。这些模型刻划了时序变量的路径。

1）自回归模型(AR)

假设序列 $\{y_t\}$ 是其前期值和随机项的线性函数，可表示为：

$$y_t=\varphi_1 y_{t-1}+\varphi_2 y_{t-2}+\cdots+\varphi_p y_{t-p}+u_t \tag{5-37}$$

则称该时间序列 $\{y_t\}$ 为自回归序列，该模型为 p 阶自回归模型，记为 AR(p)。参数 φ_1，φ_2，…，φ_p 为自回归参数，是模型的待估参数，随机项 u_t 为服从均值为0、方差为 σ_u^2 的正态分布的白噪声序列，随机项与滞后变量不相关。

一般地，假定 y_t 均值为0，否则令 $y_t'=y_t-\mu$，记 B^k 为 k 步滞后算子，即 $B^k y_t=y_{t-k}$，则AR(p)模型可表示为：

$$y_t=\varphi_1 B y_t+\varphi_2 B^2 y_t+\cdots+\varphi_p B^p y_t+u_t \tag{5-38}$$

令：

$$\varphi(B)=1-\varphi_1 B-\varphi_2 B^2-\cdots-\varphi_p B^p \tag{5-39}$$

模型可简写成：

$$\varphi(B) y_t=u_t \tag{5-40}$$

AR(p)过程平稳的条件是滞后多项式 $\varphi(B)$ 的根均在单位圆外，即 $\varphi(B)=0$ 的根大于1。

2）移动平均模型(MA)

假设序列 $\{y_t\}$ 是其前期值和前期随机误差的线性函数，即：

$$y_t=u_t-\theta_1 u_{t-1}-\theta_2 u_{t-2}-\cdots-\theta_q u_{t-q} \tag{5-41}$$

式(5-41)称为 q 阶移动平均模型，记为 MA(q)。参数 θ_1，θ_2，…，θ_q 为移动平均系数，是待估参数。

引入滞后算子，并令 $\theta(B)=1-\theta_1 B-\theta_2 B^2-\cdots-\theta_q B^q$，则 MA($q$)可简写为：

$$y_t=\theta(B) u_t \tag{5-42}$$

该移动平均过程无条件平稳，且滞后多项式 $\theta(B)$ 的根在单位圆外，AR 过程与 MA 过程可逆，即：

$$(1-w_1 B-w_2 B^2-\cdots) y_t=\left(-\sum_{i=0}^{\infty} w_i B^i\right) y_t=u_t \tag{5-43}$$

式(5-43)为 MA 过程的逆转形式，也就是 MA 过程等价于无穷阶的 AR 过程。当满足平稳条件时，AR 过程等价于无穷阶 MA 过程，即：

$$y_t=(1+v_1B+v_2B^2+\cdots)u_t=\left(\sum_{j=0}^{\infty}v_jB^j\right)u_t \tag{5-44}$$

3)ARMA 模型

如果时间序列$\{y_t\}$是它当期和前期的随机误差及前期值的线性函数，即：

$$y_t=\varphi_1y_{t-1}+\varphi_2y_{t-2}+\cdots+\varphi_py_{t-p}+u_t-\theta_1u_{t-1}-\theta_2u_{t-2}-\cdots-\theta_qu_{t-q} \tag{5-45}$$

式(5-45)称为(p,q)阶自回归移动平均模型，记为 ARMA(p,q)。实参数$\varphi_1,\varphi_2,\cdots,\varphi_p$为自回归系数，$\theta_1,\theta_2,\cdots,\theta_q$为移动平均系数，都是模型的待估参数。式(5-37)和(5-41)都是式(5-45)的特殊情形。

引入滞后算子，式(5-45)可简记为：

$$\varphi(B)y_t=\theta(B)u_t \tag{5-46}$$

ARMA 过程的平稳条件是滞后多项式$\varphi(B)$的根均在单位圆外，可逆条件是滞后多项式$\theta(B)$的根在单位圆外。

5.4.4 模型识别与建立

需要对一个时间序列运用 ARMA 模型进行建模时，首先应运用序列的自相关与偏相关对序列合适的模型进行识别，确定适当的阶数p、q。

1)时序特性的研究工具

(1)自相关。自相关为构成模型的序列值$y_1,y_2,\cdots y_t,\cdots,y_n$之间的关系。自由自相关系数$\gamma_k$表示相关程度，与相隔$k$期的数据相关程度。

$$\gamma_k=\frac{\sum_{t=1}^{n-k}(y_t-\bar{y})(y_{t+k}-\bar{y})}{\sum_{t=1}^{n}(y_t-\bar{y})^2} \tag{5-47}$$

其中：n为样本量，k为滞后期，$\bar{y}$表示算术平均值，γ_k的取值范围是$[-1,1]$，且$|\gamma_k|$越接近 1 自相关程度越高。

(2)偏自相关。指对于时间序列$\{y_t\}$，在给定$y_{t-1},y_{t-2},\cdots,y_{t-k+1}$条件下，$y_t$与$y_{t-k}$之间的条件相关关系。其相关程度用偏自相关系数$\varphi_{kk}$度量，$-1\leqslant\varphi_{kk}\leqslant1$。

$$\varphi_{kk}=\begin{cases}\gamma_1 & k=1\\ \dfrac{\gamma_k-\sum_{j=1}^{k-1}\varphi_{k-1,j}\cdot\gamma_{k-j}}{1-\sum_{j=1}^{k-1}\varphi_{k-1,j}\cdot\gamma_j} & k=2,3,\cdots\end{cases} \tag{5-48}$$

其中：γ_k是滞后k期的自相关系数，$\varphi_{kj}=\varphi_{k-1,j}-\varphi_{kk}\varphi_{k-1,k-j}$ $(j=1,2,\cdots,k-1)$。

2)自相关函数与偏自相关函数

时间序列不同时点的随机变量之间存在相关关系，这是利用时间序列过去值预测未来值的基础。要对这种相关关系和时序的内部结构有较深入了解，时间序列的自相关函数和偏自相关函数可以提供基本信息，不同随机过程呈现出不同特征形式。下面分别介绍 AR(p)、MA(q)和 ARMA(p,q)的自相关函数和偏相关函数的形式。

(1)MA(q)的自相关与偏相关函数。

MA(q)的自协方差函数为：

$$\gamma_k=\begin{cases}(1+\theta_1^2+\cdots+\theta_q^2)\sigma^2 & k=0\\(-\theta_k+\theta_1\theta_{k+1}+\cdots\theta_{q-k}\theta_q)\sigma^2 & 1\leqslant k\leqslant q\\0 & k>q\end{cases}\tag{5-49}$$

其样本自相关函数为：

$$\rho_k=\frac{\gamma_k}{\gamma_0}=\begin{cases}1 & k=0\\\dfrac{-\theta_k+\theta_1\theta_{k+1}+\cdots\theta_{q-k}\theta_q}{1+\theta_1^2+\cdots+\theta_q^2} & 1\leqslant k\leqslant q\\0 & k>q\end{cases}\tag{5-50}$$

MA(q)序列的自相关系数 ρ_k 在 $k>q$ 后均为 0，这种性质称为自相关函数的 q 步截尾性；偏自相关函数随滞后期 k 的增加，呈现指数或正弦波衰减，趋向于 0，这种特性称为偏自相关函数的拖尾性。

(2)AR(p)的自相关与偏相关函数。

AR(p)偏自相关函数为：

$$\varphi_{kk}=\begin{cases}\varphi_k & 1\leqslant k\leqslant p\\0 & k>p\end{cases}\tag{5-51}$$

AR(p)序列的偏自相关函数是 p 步截尾的，自协方差函数 γ_k 满足 $\varphi(B)\gamma_k=0$，自相关函数 ρ_k 满足 $\varphi(B)\rho_k=0$，它们呈现指数或正弦波衰减，具有拖尾性。

(3)ARMA(p,q)的自相关与偏相关函数均具有拖尾性。

3)模型识别

自相关函数与偏自相关函数是识别 ARMA 模型最主要的工具，主要利用相关分析法确定模型的阶数。B-J 方法主要是利用相关分析法确定模型的阶数。

若样本自协方差函数 γ_k 在 q 步截尾，则判断$\{y_t\}$是 MA(q)序列；若样本自协方差函数 φ_{kk} 在 p 步截尾，则判断$\{y_t\}$是 AR(p)序列；若 γ_k、φ_{kk} 都不截尾，而仅是依赖负指数衰减，可初步认为$\{y_t\}$是 ARMA 序列，其阶数要从低阶到高阶逐步增加，再通过检验来确定。

但在实际数据处理中，得到的样本自协方差函数和样本偏自相关函数只是 γ_k 和 φ_{kk} 的估计，要使它们在某一步之后全部为 0，几乎不可能，只能是在某步滞后围绕零值上下波动，故对于 γ_k 和 φ_{kk} 的截尾性，只能借助于统计手段进行检验和判定。

(1)γ_k 截尾性判断。

对于每一个 q，计算 $\gamma_{q+1},\gamma_{q+2},\cdots\gamma_{q+M}$（$M$ 一般取$\sqrt{n}$左右），考察其中满足：$|\gamma_k|\leqslant\frac{1}{\sqrt{n}}\sqrt{\gamma_0^2+2\sum_{l=1}^{q}\gamma_l^2}$ 或 $|\gamma_k|\leqslant\frac{2}{\sqrt{n}}\sqrt{\gamma_0^2+2\sum_{l=1}^{q}\gamma_l^2}$ 的个数是否为 M 的 68.3%或 95.5%。

如果当 $1\leqslant k\leqslant q_0$ 时，γ_k 明显地异于 0，而 $\gamma_{q_0+1},\gamma_{q_0+2},\cdots,\gamma_{q_0+M}$ 近似为 0，且满足上述不等式的个数达到相应的比例，则可近似认为 γ_k 在 q_0 步截尾。

(2)φ_{kk}截尾性判断。

作如下假设检验：

$$M=\sqrt{n}$$

$$\mathrm{H}_0:\quad \varphi_{p+k,p+k}=0\quad k=1,\cdots,M$$

H_1：存在某个k，使$\varphi_{kk}\neq 0$，且$p<k<M+p$，统计量$\chi^2=N\sum\limits_{k=p+1}^{p+M}\varphi_{kk}^2\chi_M^2$，$\chi_M^2(\alpha)$表示自由度为$M$的$\chi^2>\chi_M^2(\alpha)$分布上侧$\alpha$分位数点。对于给定的显著性水平$\alpha>0$，若$\chi^2>\chi_M^2(\alpha)$，则认为样本不是来自AR($p$)模型；若$\chi^2<\chi_M^2(\alpha)$，可认为样本来自AR($p$)模型。实际中，此判断方法比较粗糙，还不能定阶，目前流行的方法是H. Akaike信息定阶准则(AIC)。

(3)AIC准则确定模型的阶数。

AIC准则(A-Information Criterion最小信息准则)首先由日本学者赤池(Akaike)提出，适用于AR、MA、ARMA三类模型的定阶。

假设$\{y_t\}(1\leqslant t\leqslant N)$为一随机时间序列，对其拟合ARMA($n,m$)模型，用极大似然估计方法估计模型的参数，$L$是模型的极大似然值，AIC准则函数定义为：

$$\mathrm{AIC}(n,m)=-2\ln(L)+2r\approx N\ln(\hat{\sigma}^2)+2r+\text{常数}\tag{5-52}$$

其中，$r=n+m$为模型独立参数个数；$\hat{\sigma}^2$是残差方差的极大似然估计。实际中也常采用如下定义的AIC准则函数(用样本大小N标准化)：

$$\mathrm{AIC}(n,m)=\ln(\hat{\sigma}^2)+\frac{2r}{N}\tag{5-53}$$

式(5-53)中的$\hat{\sigma}^2$为残差的极大似然估计，实际中采用估计或最小二乘估计计算的残差方差近似代替。

可以看出，AIC准则函数由模型拟合质量和模型表面参数两部分组成。当模型阶数增高时，AIC准则函数中的第1项一般是下降的。对给定观测数据的个数N，第2项随模型阶数高而增长。AIC值趋于下降，如果增加模型阶数的方式对监测数据拟合时，最高阶数$M(N)$，如果：

$$\mathrm{AIC}(n_0,m_0)=\min_{1\leqslant n,m\leqslant M(N)}\mathrm{AIC}(n,m)\tag{5-54}$$

最佳模型阶数便取n_0和m_0。模型拟合的最高阶数$M(N)$通常取$N/3\sim 2N/3$之间的某个整数。

4)参数估计

在阶数给定情形下，模型参数的估计有3种基本方法：矩阵估计法、逆函数估计法和最小二乘估计法，这里仅介绍矩阵估计法。

(1)AR(p)模型。

$$\begin{bmatrix}\hat{\varphi}_1\\\hat{\varphi}_2\\\vdots\\\hat{\varphi}_p\end{bmatrix}=\begin{bmatrix}1&\hat{\rho}_1&\cdots&\hat{\rho}_{p-1}\\\hat{\rho}_1&1&\cdots&\hat{\rho}_{p-2}\\\vdots&\vdots&&\vdots\\\hat{\rho}_{p-1}&\hat{\rho}_{p-2}&\cdots&1\end{bmatrix}^{-1}\begin{bmatrix}\hat{\rho}_1\\\hat{\rho}_2\\\vdots\\\hat{\rho}_p\end{bmatrix}\tag{5-55}$$

白噪声序列u_t的方差的矩阵估计为：

$$\hat{\sigma}^2=\gamma_0-\sum_{j=1}^{p}\hat{\varphi}_j\hat{\gamma}_j\tag{5-56}$$

(2)MA(q)模型。

$$\begin{cases}(1+\hat{\theta}_1^2+\cdots+\hat{\theta}_q^2)\hat{\sigma}^2=\hat{\gamma}_0 \\ (-\hat{\theta}_k+\hat{\theta}_1\hat{\theta}_{k+1}+\cdots+\hat{\theta}_{q-k}\hat{\theta}_q)\hat{\sigma}^2=\hat{\gamma}_k \qquad k=1,\cdots,q\end{cases} \tag{5-57}$$

(3)ARMA(p,q)模型的参数估计分为三步：

①求 $\varphi_1,\varphi_2,\cdots,\varphi_p$ 的估计：

$$\begin{bmatrix}\hat{\varphi}_1\\ \hat{\varphi}_2\\ \vdots\\ \hat{\varphi}_p\end{bmatrix}=\begin{bmatrix}\hat{\gamma}_q & \hat{\gamma}_{q-1} & \cdots & \hat{\gamma}_{q-p+1}\\ \hat{\gamma}_{q+1} & \hat{\gamma}_q & \cdots & \hat{\gamma}_{q-p+2}\\ \vdots & \vdots & & \vdots\\ \hat{\gamma}_{q+p-1} & \hat{\gamma}_{q+p-2} & \cdots & \hat{\gamma}_q\end{bmatrix}^{-1}\begin{bmatrix}\hat{\gamma}_{q+1}\\ \hat{\gamma}_{q+2}\\ \vdots\\ \hat{\gamma}_{q+p}\end{bmatrix} \tag{5-58}$$

②令 $Y_t=y_t-\hat{\varphi}_1y_{t-1}-\cdots-\hat{\varphi}_py_{t-p}$，则 Y_t 的自协方差函数的矩阵估计为：(5-59)

$$\hat{\gamma}_k^{(Y)}=\sum_{i=0}^{p}\sum_{j=0}^{p}\hat{\varphi}_i\hat{\varphi}_j\hat{\gamma}_{k+j-i} \qquad \hat{\varphi}_0=-1 \tag{5-60}$$

③把 Y_t 近似看作 MA(q)序列，即：

$$Y_t=a_t-\theta_1a_{t-1}-\cdots-\theta_qa_{t-q} \tag{5-61}$$

利用 MA(q)模型参数估计方法，可以 ARMA(p,q)模型的滑动移动平均部分参数的矩估计 $\hat{\theta}_1,\hat{\theta}_2\cdots\hat{\theta}_q$ 与 $\hat{\sigma}^2$，求解即可。

5)模型检验

对于给定样本数据 $y_1,y_2\cdots,y_n$，通过相关分析法和 AIC 准则确定模型的类型和阶数，用矩估计法确定模型中的参数，从而建立 ARMA 模型，来拟合真正的随机序列。这种拟合的优劣程度如何，主要通过实际应用效果来检验，也可通过数学方法来检验。下面介绍模型拟合的残量自相关检验，即白噪声检验。

对于 ARMA 模型，应逐步由 ARMA(1,1)、ARMA(2,1)、ARMA(1,2)、ARMA(2,2)…依次求出参数估计，对 AR(p)模型和 MA(q)模型，先由 γ_k 和 φ_{kk} 的截尾性初步定阶，再求参数估计。

一般地，对 ARMA(p,q)模型：

$$u_t=y_t-\sum_{i=1}^{p}\hat{\varphi}_iy_{t-i}+\sum_{j=1}^{q}\hat{\theta}_ju_{t-j} \tag{5-62}$$

取其初值 $u_0,u_{-1},\cdots,u_{1-q}$ 和 $y_0,y_{-1},\cdots,y_{1-p}$(可取值为 0，因为它们均值为 0)，可递推得到残量估计 $\hat{u}_1,\hat{u}_2,\cdots,\hat{u}_n$。

现作假设检验：

H_0：$\hat{u}_1,\hat{u}_2,\cdots,\hat{u}_n$ 是来自白噪声的样本

令：

$$\hat{\gamma}_j^{(u)}=\frac{1}{n}\sum_{t=1}^{N-j}\hat{u}_{t+j}\hat{u}_t \qquad j=0,1,\cdots,k \tag{5-63}$$

$$\hat{\rho}_j^{(u)}=\frac{\hat{\gamma}_j^{(u)}}{\hat{\gamma}_0^{(u)}} \qquad j=1,\cdots,k \tag{5-64}$$

$$Q_k=\sum_{j=1}^{k}(\sqrt{n}\hat{\rho}_j^{(u)})^2=n\sum_{j=1}^{k}(\hat{\rho}_j^{(u)})^2 \tag{5-65}$$

其中：k 取$\frac{n}{10}$左右，则当 H_0 成立时，Q_k 服从自由度为 k 的 χ^2 分布。

对于给定的显著水平 α，若 $Q_k>\chi_k^2(\alpha)$，则拒绝 H_0，即模型与原随机序列之间拟合不好，需

重新考虑建模；若 $Q_k<\chi_k^2(\alpha)$，则认为模型与原随机序列之间拟合较好，模型检验通过。

6)模型的预测

若模型经检验是合适的，也符合实际意义，即可用作短期预测。B-J 方法采用 L 步预测，即根据已知 n 期观测值 $y_1,y_2\cdots,y_n$，对未来的 $n+L$ 期数据做出估计。若 $\hat{Z}_n(L)$表示用模型做的 L 步平稳性最小方差预测，那么预测方差：

$$e_n(L)=y_{n+L}-\hat{Z}_n(L) \tag{5-66}$$

并使 $E[e_n(L)]^2=E[y_{n+L}-\hat{Z}_n(L)]^2$ 函数最小。

(1)AR(p)序列预测模型 $y_t=\varphi_1y_{t-1}+\varphi_2y_{t-2}+\cdots+\varphi_py_{t-p}+u_t$，$L$ 步预测：

$$\hat{Z}_n(L)=\varphi_1\hat{Z}_n(L-1)+\varphi_2\hat{Z}_n(L-2)+\cdots+\varphi_p\hat{Z}_n(L-p) \tag{5-67}$$

其中：$\hat{Z}_n(-j)=X_{n-j}(j\geqslant 0)$。

(2)对于 MA(q)序列预测模型 $y_t=u_t-\theta_1u_{t-1}-\theta_2u_{t-2}-\cdots-\theta_qu_{t-q}$，当 $L>q$ 时，由于 $y_{n+L}=u_{n+L}-\theta_1u_{n+L-1}-\theta_2u_{n+L-2}-\cdots-\theta_qu_{n+L-q}$，可见所有的噪声时刻都大于 n，故与历史取值无关，从而 $\hat{Z}_n(L)=0$；当 $L\leqslant q$ 时，各预测值可写成矩阵形式：

$$\begin{bmatrix}\hat{Z}_{n+1}(1)\\ \hat{Z}_{n+1}(2)\\ \vdots\\ \hat{Z}_{n+1}(q)\end{bmatrix}=\begin{bmatrix}\theta_1 & 1 & 0 & \cdots & 0\\ \theta_2 & 0 & 1 & \cdots & 0\\ \vdots & \vdots & \vdots & \vdots & \vdots\\ \theta_{q-1} & 0 & 0 & \cdots & 1\\ \theta_q & 0 & 0 & \cdots & 0\end{bmatrix}\begin{bmatrix}\hat{Z}_n(1)\\ \hat{Z}_n(2)\\ \vdots\\ \hat{Z}_n(q)\end{bmatrix}-\begin{bmatrix}\theta_1\\ \theta_2\\ \vdots\\ \theta_q\end{bmatrix}X_{n+1} \tag{5-68}$$

递推时，初值 $\hat{Z}_0(1),\hat{Z}_0(2),\cdots,\hat{Z}_0(L)$均取为 0。

(3)ARMA(p,q)模型预测：

$$\hat{Z}_n(L)=\sum_{i=1}^{p}\varphi_j\hat{Z}_n(L-j)+\sum_{j=1}^{q}\varphi_j\hat{\varepsilon}_n(L-j) \tag{5-69}$$

其中：$\hat{\varepsilon}_n(i)=E(\varepsilon_{n+i}\mid y_n,\cdots,y_1)$。

L 步线性预测最小方差预测的方法与预测步长 L 有关，而与预测的时间原点 t 无关。预测步长越大，预测误差的方差也越大，因而预测的准确度就会降低。所以，一般不能用 ARMA(p,q)模型作为长期预测模型。

5.5 灰色系统理论模型

5.5.1 概述

灰色系统理论是我国著名学者邓聚龙教授在 1982 年创立的一门新兴学科，是一种处理少数据不确定性问题的理论，少数据不确定性亦称灰性。具有灰性的系统称为灰色系统；相应的，还有白色系统：信息完全；黑色系统：信息缺乏。灰色系统一词由自动控制论中的黑箱引申而来的，黑箱(Black Box)表示人们对系统的内部结构、特征全然不知，只能通过外部的表象对其进行研究。与之相反，人们把内部结构、特征了解得清清楚楚的系统称为白色系统。然而，在现实世界中遇到的绝大多数社会、经济和管理系统，对其内部结构、特征的了解介于黑色系统和白色系统之间，称之为灰色系统。系统信息不完全的情况分为以下四种：元素(参数)信息不完全、结构信息不完全、边界信息不完全和运行行为信息不完全。

灰色系统理论的研究对象是"部分信息已知，部分信息未知"的"小样本"、"贫信息"不确定性系统，主要通过对"部分"已知信息的生成、开发，以及提取有价值的信息等途径，实现对系统运行行为、演化规律的正确描述和有效控制。

5.5.2 灰色系统模型

1)GM 模型建模机理

灰色预测法是通过建立灰色预测模型(Grey Model)来进行预测的，该模型简称为 GM 模型。GM 模型是对原始时间数列数据进行一次累加生成后用微分方程来刻画。它可以用阶数 M 和自变量个数 N 表示，记为 GM(M,N)，通常应用最广泛的是 GM(1,1)模型。

灰色系统理论根据已有信息，通过对历史数据进行一阶累加生成运算，得到一组具有较强规律性的生成数列后，用近似指数曲线拟合的方法，对系统未来进行预测。

2)灰色系统五步建模思想

系统的模型，主要研究系统中各种因素的具体关系——整体性、关联性、因果性。作为系统的数学模型，则是这些性质的量化结果。研究一个系统，应首先建立系统的数学模型，进而才能对系统的整体功能、协调功能和系统各因素之间的整体关系、关联关系、因果关系进行具体的量化研究。这类研究必须以定性分析为先导，以定量为手段和后盾，定量与定性紧密结合。灰色系统作为系统模型的一种，其建模过程必须经历思想开发、因素分析、因素间因果关系量化、因素间因果关系动态化、系统优化五个步骤，简称为五步建模。

第一步：开发思想，形成概念，对于所研究的问题作定性分析、研究，明确方向、目标、途径、措施，并用简练的文字加以表达，这便是语言模型。

第二步：对语言模型中潜在的各种因素及各因素之间的关系进行深入分析，找出影响事物发展的前因后果，然后用框图将因果关系表示出来(图 5-8)。

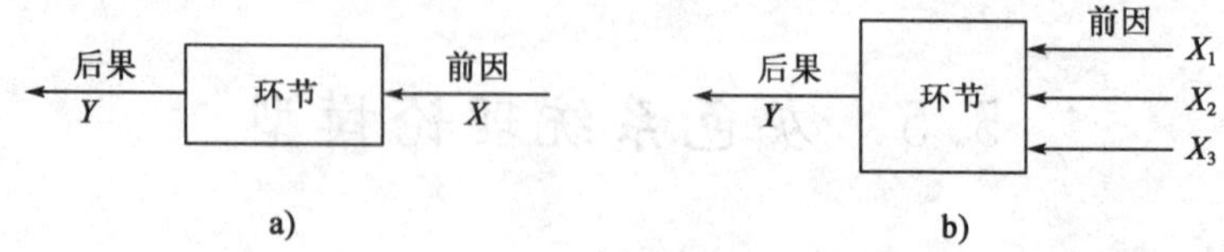

图 5-8 语言模型

一对前因后果(或一组前因和一个后果)构成一个环节，一个系统中包含许多这样的环节。有时，同一因素既是上一环节的后果，又是下一环节的前因，将所有这些环节联系起来，便得到一个相互关联的、由多个环节构成的框图(图 5-9)，即网络模型。

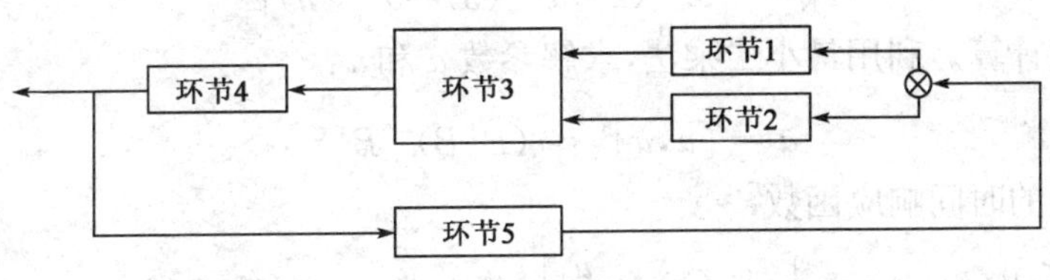

图 5-9 网络模型

第三步:对各环节的因果关系进行量化研究,得出低层次的概略量化关系,即为量化模型。

第四步:进一步收集各环节的输入、输出数据,利用所得到的数据序列,建立动态的 GM 模型,即为动态模型。动态模型则是高层次的量化模型,它更加深刻地展示了输入和输出之间的数量关系或转换规律,是系统分析和优化的基础。

第五步:对动态模型进行系统研究、分析,通过对结构、机理和参数的调整,进行系统的重组,以达到优化配置和改善系统动态品质的目的,所得模型即为优化模型。

3)GM(1,1)模型的建立

(1)设某系统特征量为等时距序列,建立原始观测数列

$$x^{(0)}(k)=\{x^{(0)}(1),x^{(0)}(2),x^{(0)}(3),\cdots,x^{(0)}(n)\} \tag{5-70}$$

(2)对原始数据序列进行级比检验,计算级比:

$$\sigma(k)=\frac{x^{(0)}(k-1)}{x^{(0)}(k)} \tag{5-71}$$

获得级比序列:

$$\sigma=[\sigma(2),\sigma(3),\cdots,\sigma(n)] \tag{5-72}$$

检验级比 $\sigma(k)$ 是否满足覆盖序列:

$$\sigma(k)\in(e^{-\frac{2}{n+1}},e^{\frac{2}{n+1}}) \tag{5-73}$$

若满足,即可建立 GM(1,1,)模型;对于级比检验不合格的序列,必须作数据变换处理,使其变换后序列的级比落于可容覆盖中。通常的变换处理途径有:平移变换、对数变换、方根变换。

(3)对原始数据序列 $x^{(0)}(k)$ 作累加变换,得一次累加数据序列 $x^{(1)}(k)$:

$$x^{(1)}(k)=\mathrm{AGO}x^{(0)}(k)=\{x^{(1)}(1),x^{(1)}(2),x^{(1)}(3),\cdots,x^{(1)}(n)\} \tag{5-74}$$

对 $x^{(1)}(k)$ 建立 GM(1,1)模型白化形式的方程:

$$\frac{dx^{(1)}(k)}{dt}+ax^{(1)}(k)=u \tag{5-75}$$

其中:a 用来控制系统发展态势的大小,称为发展系数;u 用来反映数据变化的关系,称为灰色作用量。

(4)构造数据矩阵。

$$B=\begin{vmatrix} -\frac{1}{2}[x^{(1)}(2)+x^{(1)}(1)] & 1 \\ -\frac{1}{2}[x^{(1)}(3)+x^{(1)}(2)] & 1 \\ \vdots & \vdots \\ -\frac{1}{2}[x^{(1)}(n)+x^{(1)}(n-1)] & 1 \end{vmatrix} \tag{5-76}$$

$$Y_N = |x^{(0)}(2), x^{(0)}(3) \cdots x^{(0)}(n)|^T \tag{5-77}$$

(5)参数向量计算。利用最小二乘法，求解参数 a 和 u：

$$\hat{a} = [a, u]^T = (B^T B)^{-1} B^T Y_N \tag{5-78}$$

(6)建立模型的时间响应函数：

$$\hat{x}^{(1)}(k+1) = \left[x^{(0)}(1) - \frac{u}{a}\right]e^{-ak} + \frac{u}{a} \qquad (k = 1, 2, \cdots, n) \tag{5-79}$$

(7)对上式进行累减还原生成，可得模型的还原模拟值：

$$\hat{x}^{(0)}(k+1) = \hat{x}^{(1)}(k+1) - \hat{x}^{(1)}(k) = (1 - e^a)\left[x^{(0)}(1) - \frac{u}{a}\right]e^{-ak} \quad (k = 1, 2, \cdots, n) \tag{5-80}$$

GM(1,1)模型的预测流程如图 5-10 所示。

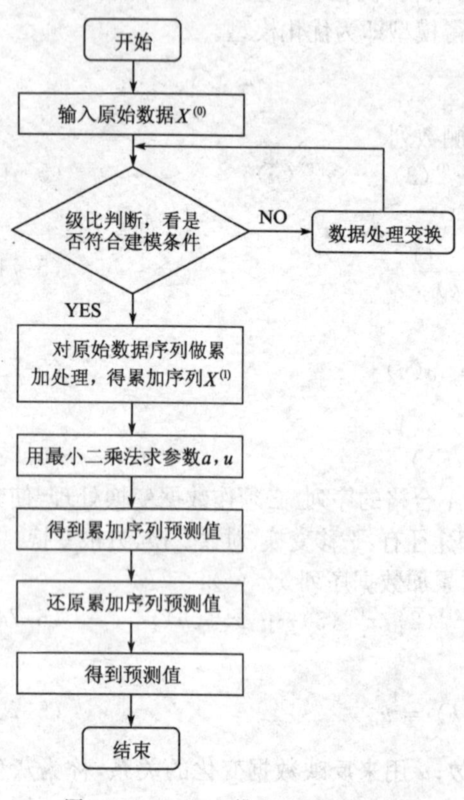

图 5-10 GM(1,1)模型的预测流程图

4)精度检验

为分析模型可靠性，必须对模型进行精度检验。灰色预测模型检验包括残差检验、关联度检验、后验差检验 3 种形式，一般采用后验差检验法。

(1)计算残差：

$$e(k) = x^{(0)}(k) - \hat{x}^{(0)}(k) \qquad (k = 1, 2, \cdots, n) \tag{5-81}$$

(2)计算原始数据序列 $x^{(0)}(k)$的均值和方差：

$$\overline{x}^{(0)}(k) = \frac{1}{n}\sum_{k=1}^{n} x^{(0)}(k) \tag{5-82}$$

$$S_1^2 = \frac{1}{n}\sum_{k=1}^{n}\left[x^{(0)}(k) - \overline{x}^{(0)}\right]^2 \tag{5-83}$$

(3)计算残差数列 $e^0 = \{e^{(0)}(1), e^{(0)}(2), \cdots, e^{(0)}(n)\}$的均值和方差：

$$\overline{e} = \frac{1}{n}\sum_{k=1}^{n} e(k) \tag{5-84}$$

$$S_2^2 = \frac{1}{n}\sum_{k=1}^{n}\left[e(k) - \overline{e}\right]^2 \tag{5-85}$$

(4)计算后验差比值：

$$c = \frac{S_2}{S_1} \tag{5-86}$$

(5)计算小误差概率：

$$p = \{|e(k) - \overline{e}| < 0.6745 S_1\} \tag{5-87}$$

(6)按照后验差比值 c 和小误差频率 p 判别预测精度等级。

后验差比值 c 和小误差概率 p 是进行后验差检验的两个重要指标，主要是以残差为基础考察残差较小的点出现的概率，以及校验与预测误差方差有关指标的大小。后验差比值 c 越小越好，因为 c 值越小，S_1 越大，S_2 越小。S_1 越大表明原始数据方差越大，离散程度越大，而 S_2 越小，表明残差方差小，离散程度小。尽管原始数据方差大，但是模型所得的预测值与实际值之差即残差并不离散，符合要求。小概率误差 p 越大越好，因为 p 值越大，即表明残差与残差平均值之差小于给定值 $0.6745S_1$ 的点越多。一般将模型的精度分为 4 级，分级标准以及相应的 c 和 p 值见表 5-1。

模型检验等级参照表　　表 5-1

精度等级	均方差比值 c_0	小概率误差 p_0
一级（好）	<0.35	>0.95
二级（合格）	<0.50	>0.80
三级（勉强）	<0.65	>0.70
四级（不合格）	$\geqslant 0.65$	$\leqslant 0.70$

5.6　小波分析模型

小波变换是一种窗口大小不变，但形状可变的时频局部化分析方法。其基本思想是用一族函数去表示或逼近一信号或函数，这一族函数称为小波函数系，是由一基本小波经过伸缩和平移得到。

设函数 $\psi(t)\in L^2(R)$，如果其 Fourier 变换为 $\hat{\psi}(\omega)$，满足条件：

$$c_\psi=\int_{-\infty}^{+\infty}\frac{|\hat{\psi}(\omega)|^2}{|\omega|}\mathrm{d}\omega<+\infty \tag{5-88}$$

则称 $\psi(t)$ 为一个基本小波或小波母函数。式(5-88)通常称为小波的容许条件，它表明一个函数成为小波的首要条件。对母小波进行伸缩和平移，可以得到一个小波序列：

$$\psi_{\mathrm{a,b}}(t)=|a|^{-\frac{1}{2}}\psi\left(\frac{t-b}{a}\right)\qquad a\neq 0,b\in R \tag{5-89}$$

其中：a 为尺度因子或伸缩因子，b 为平移因子，它们都是连续变化的量。对于任意函数或信号 $f(t)\in L^2(R)$，函数的内积：

$$W_f(a,b)=\langle f,\psi_{\mathrm{a,b}}\rangle=|a|^{-\frac{1}{2}}\int_{-\infty}^{+\infty}f(t)\psi^*\left(\frac{t-b}{a}\right)\mathrm{d}t \tag{5-90}$$

定义为函数 $f(t)$ 的连续小波变换，其中 $\psi^*(t)$ 表示 $\psi(t)$ 的复共轭。$f(t)$ 的重构公式（小波反演）为：

$$f(t)=\frac{1}{c_\psi}\int_{-\infty}^{+\infty}\int_{-\infty}^{+\infty}\frac{1}{a^2}W_f(a,b)\psi\left(\frac{t-b}{a}\right)\mathrm{d}a\mathrm{d}b \tag{5-91}$$

由于基本小波 $\psi(t)$ 生成的小波序列 $\psi_{a,b}(t)$ 在小波中对被分析信号起着观测窗的作用，因此，$\psi(t)$ 还应满足一般函数的约束条件：

$$\int_{-\infty}^{+\infty}|\psi(t)|\,\mathrm{d}t<\infty \tag{5-92}$$

故 $\hat{\psi}(\omega)$ 是一个连续函数。这意味着为满足完全重构条件，$\hat{\psi}(\omega)$ 在原点必须等于 0，即：

$$\hat{\psi}(0)=\int_{-\infty}^{+\infty}\psi(t)\mathrm{d}t=0 \tag{5-93}$$

为使信号重构的实现在数值上稳定，除满足完全重构条件外，还要求小波 $\psi(t)$ 的 Fourier

变换满足如下稳定性条件：

$$A \leqslant \sum_{-\infty}^{+\infty} |\hat{\psi}(2^{-j}\omega)|^2 \leqslant B \tag{5-94}$$

其中：$0<A\leqslant B<+\infty$。

在实际运用中，尤其是在计算机上实现时，需要将连续小波 $\psi_{a,b}(t)$ 及其变换 $W_f(a,b)$ 离散化。通常取 $a=a_0^j, b=kb_0a_0^j (a_0>1, b_0\in R, j、k\in Z)$，代入式(5-89)，得离散小波函数为：

$$\psi_{j,k}(t) = a_0^{-\frac{j}{2}}\psi\left(\frac{t-kb_0a_0^j}{a_0^j}\right) = a_0^{-\frac{j}{2}}\psi(a_0^{-j}t-kb_0) \tag{5-95}$$

对应的离散小波函数为：

$$W_f(j,k) = a_0^{-\frac{j}{2}}\int_{-\infty}^{+\infty} f(t)\psi(a_0^{-j}t-kb_0)\mathrm{d}t \tag{5-96}$$

离散化小波系数为：

$$c_{j,k} = \int_{-\infty}^{+\infty} f(t)\psi_{j,k}^{*}(t)\mathrm{d}t = \langle f, \psi_{j,k} \rangle \tag{5-97}$$

重构公式为：

$$f(t) = c\sum_{-\infty}^{+\infty}\sum_{-\infty}^{+\infty} c_{j,k}\psi_{j,k}(t) \tag{5-98}$$

其中：c 为与信号无关的常数。

5.7 FLAC 数值模拟

FLAC(Fast Lagrange Analysis of Continua)是指连续型介质的快速拉格朗日法，是基于拉格朗日差分法的一种显式有限差分程序。它源于流体动力学，主要研究对象为：随着时间的变化，每个流体质点位置的变化，即在不同时刻，某一个流体质点的运动轨迹、压力等。

在 1970 年，离散元法的创始人 Peter Cundall 博士研究开发了该程序。该程序以节点位移为连续条件，可对连续性介质进行变形预测分析，具有极强的前后处理功能；可通过人机对话的交互方式进行；也可通过命令文件或执行数据进行计算。1990 年代中期，我国引进 FLAC 及 FLAC 3D 等软件。同时，采矿、地质、土建、水利、交通等部门也开始应用 FLAC 及 FLAC 3D 系统进行工程设计、计算及科学研究等。

FLAC 算法能模拟土体、岩石及其他材料的大变形、塑性流动或挠曲，特别适用于岩土力学中的不稳定或非线性大变形问题，其计算模型网格能以大变形模式变形，并随着材料流动。

5.7.1 土体本构模型的评估准则

土体本构关系对岩土工程的有限元分析结果有重要影响。如果选取的本构关系不能如实反映土体的力学性能，那么，即使计算再精确，也不能反映土体的实际力学关系。所以，土体本构模型是进行土体数值模拟和力学分析的基础，是计算土体力学的核心。

以前，土体本构关系建立在线弹性理论基础上，随着理论的深入发展，逐步建立在非线性弹性、损伤力学、流变学、复合材料力学、断裂力学、弹塑性等理论基础上。但是，在上述本构模型中，弹塑性模型和非线性弹性理论的发展比较完善，其他本构模型仍处于发展阶段。所以，在岩土工程领域较为广泛采用的是弹塑性本构模型和非线性弹性本构模型。

非线性弹性本构模型同线弹性本构模型相比有较大进步，但是材料屈服后变形规律的描述与塑性流动法则不符的缺点，使塑性变形在计算时具有任意性。所以，对于受荷载作用较大的岩土工程问题，通常采用弹塑性本构模型。每种弹塑性模型都有一定的优点和缺点，这在很大程度上取决于其特定的应用。格德赫斯教授提出了评估这些模型的基本要求，包括材料加常数、经济性、易处理性和数值上的考虑。在选取模型时，应考虑以下 3 个基本评估准则：①对于简单模型的数值计算和评估方法，在计算中便可进行；②对于实用性模型试验的评定，为现有试验拟合数据，同时，要从标准试验数据中确定各种材料的参数；③对于连续性介质力学模型理论的评估，要查明是否和唯一性、稳定性、连续性的理论要求相容。

一般而言，模型评估准则需从计算机应用、实验室观察岩体性能实际状况和连续性介质力学的观点来综合考虑它们之间的平衡。1975 年，W. E. Chen 教授评估 Drucker-Prager 模型，提出该模型选择材料参数适当，计算方法简单，能与 Mohr-Coulomb 屈服准则相匹配；此外，它还反映土体的一些重要性质，例如剪切时引起的膨胀，接近破坏时的刚度，在较低荷载时的弹性响应等。

隧道的开挖和支护过程是一个分段开挖和支护的过程。在岩体开挖与支护轴线上各点的应力会释放，同时会引起岩体变形和应力场改变，为准确模拟该环境下的施工工况，需在计算过程中，采用增量形式的本构关系。此时，弹塑性模型应变之间的关系如式(5-99)。

$$\{d\varepsilon\} = \{d\varepsilon\}^{e} + \{d\varepsilon\}^{p} \tag{5-99}$$

塑性应变的增量应依据塑性模型理论来计算；弹性应变的增量应依据弹性模型来计算；弹性模型的泊松比应依据荷载曲线确定。塑性模型理论主要包括加工硬化定律、流动法则和屈服条件与破坏准则三部分。

5.7.2 Mohr-Coulomb 准则

摩尔—库仑模型在工程中应用普遍，在岩土工程中，摩尔—库仑参数摩擦角和黏聚力比其他特性参数容易得到。摩尔—库仑模型适用于当材料受剪屈服时，屈服应力只取决于最大和最小主应力，而与中间的主应力无关。传统分析方法，如极限承载力的计算、土压力的计算和滑移线理论等，都建立在该准则基础上。这种模型的破坏包络线等于摩尔—库仑判据加上拉伸分离点，与拉应力的流动法则相关，而与剪切流动不相关。

Mohr 强度理论主要是在试验数据统计分析基础上建立的。简单应力状态下，岩体不会发生破坏，当不同的剪应力和正应力组合时，它才会丧失承载能力。即当作用在平面上的剪应力大于极限剪应力时，岩体就会发生破坏。而这一极限剪应力值 τ，是指作用在该面上的法向压应力的函数，即：

$$\tau = f(\delta) \tag{5-100}$$

岩土体的破坏特征，Mohr 强度理论假设：岩土体的强度值与中间主应力 δ_2 无关，它的宏观破裂面和中间主应力 δ_2 方向平行。因此，以剪应力 f 为纵坐标，正应力 δ 为横坐标建立直角坐标系，用极限应力 Mohr 圆来描述 Mohr 强度理论。各点在多个极限应力圆上的破坏轨迹线称 Mohr 包络线，如图 5-11 所示，按 Mohr 包络线形状，可划分为双曲线形、抛物线形和直线形 3 类强度线。

上述所有 Mohr-Coulomb 强度包络线中，直线形强度线与 Coulomb 强度曲线基本一致，叫做 Mohr-Coulomb 强度包线。数学表达式为：

$$\tau = c + \delta\tan\varphi \tag{5-101}$$

式中：$\delta\tan\varphi$——岩土体发生剪切破坏时的摩擦阻力；

c——岩土体的黏聚力；

δ——岩体破坏面上的正应力；

φ——岩土体的内摩擦角；

τ——岩土体的抗剪强度。

在 δ-τ 组成的平面坐标系中，Mohr 圆和 Coulomb 强度直线的关系见图 5-12，c 为 Coulomb 强度直线在纵坐标 τ 的截距，内摩擦角 φ 为 Coulomb 强度直线的倾角。Coulomb 强度直线将 δ-τ 坐标系分成上、下两个部分，直线上方为不稳定区域，直线下方为稳定区域。根据它们之间的关系，可判定岩土体的破坏情况。

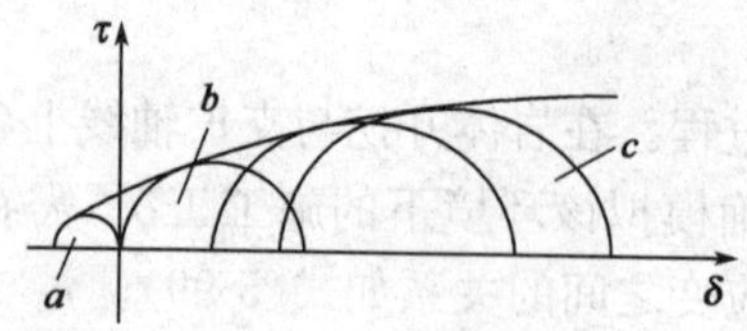

图 5-11 Mohr 强度包络线

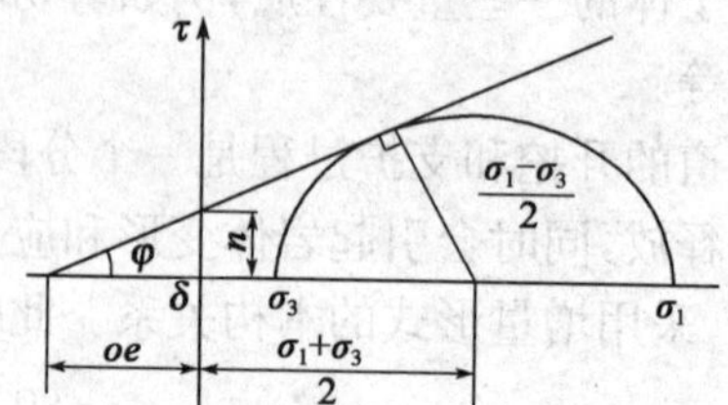

图 5-12 Mohr-Coulomb 强度包络线

如果某一点的应力 Mohr 圆与 Coulomb 强度直线相割，表明该点位于不稳定区域，已遭到破坏；如果某一点的应力 Mohr 圆与 Coulomb 强度直线相切，则表示该点在 Coulomb 强度直线上，位于临界破坏状态；如果某一点的应力 Mohr 圆位于 Coulomb 强度直线下方，则表示该点位于稳定区域，不会遭到破坏。因此，应力 Mohr 圆与 Coulomb 强度直线相切与否，是判别岩体破坏的唯一标准。同时，应用该准则时还需深入理解图 5-11 中特殊点的力学意义。

(1)用 δ_1-δ_3 表示 Mohr-Coulomb 强度准则。

(2)曲线在受压区域开放，表示曲线在受压区域不可能与 δ 轴相交。当岩体处于三向等压状态时，Mohr 圆缩小为 δ 轴上的一点，这一点位于强度曲线之外，所以，在三向等压的情况下，岩体不会遭到破坏。

(3)Coulomb 直线在受拉区域闭合，且和 δ 轴交于某一点。这一点为负值，当 $\tau=0$ 时，表示在三向等力拉伸时，岩体遭到破坏。

依据图 5-12 可得：

$$\sin\varphi = \frac{\dfrac{\delta_1 - \delta_3}{2}}{\dfrac{\delta_1 + \delta_3}{2} + oe} \tag{5-102}$$

将 $oe = c \times \cot\varphi$ 代入式(5-102)可得：

$$\sin\varphi = \frac{\delta_1 - \delta_3}{\delta_1 + \delta_3 + 2c \times \cot\varphi} \tag{5-103}$$

整理式(5-103)，可得到以下两式：

$$\frac{1-\sin\varphi}{1+\sin\varphi}=\frac{\delta_3+c\times \mathrm{ctan}\varphi}{\delta_1+c\times \mathrm{ctan}\varphi}=\tan^2(45°+\frac{\varphi}{2}) \tag{5-104}$$

$$\delta_1=\frac{1+\sin\varphi}{1-\sin\varphi}\delta_3+\frac{2c\times\cos\varphi}{1-\sin\varphi} \tag{5-105}$$

令：

$$\frac{1+\sin\varphi}{1-\sin\varphi}=\varepsilon,\frac{2c\times\cos\varphi}{1-\sin\varphi}=\delta_{\mathrm{cmass}}$$

则式(5-105)可表示为：

$$\delta_1=\varepsilon\delta_3+\delta_{\mathrm{cmass}} \tag{5-106}$$

式中：δ_{cmass}——岩体单轴抗压强度的理论值。

根据三轴试验实测数据，以 δ_1 为横坐标、δ_3 为纵坐标建立直角坐标系，同时绘制出的 Mohr-Coulomb强度包络线见图 5-13，表示当岩体破坏时，最大主应力和最小主应力之间线性相关。

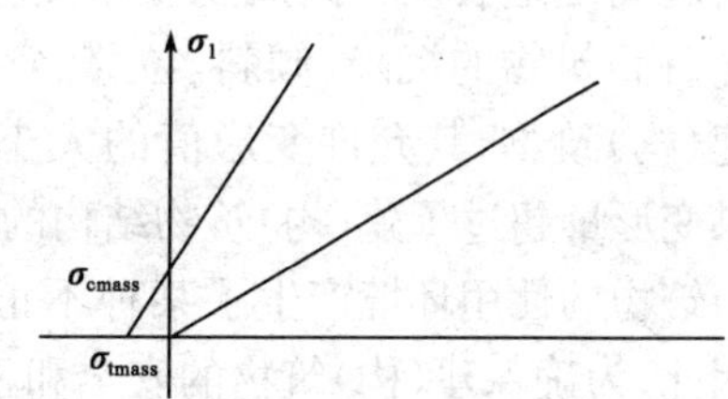

图 5-13 由 δ_1、δ_3 表示的 Mohr-Coulomb 强度包络线

用最小二乘法对试验数据进行处理，可得到直线的截距 δ_{cmass}和斜率 ε，由定义的关系，可计算出岩体的内摩擦角 φ 和黏聚力 c。直线与横坐标负方向的交点为岩体的单轴抗拉强度 δ_{cmass} 的理论值。

$$\delta_{\mathrm{cmass}}=\frac{2c\times\cos\varphi}{1+\sin\varphi} \tag{5-107}$$

第 6 章　建筑物变形监测

由于各种因素的影响，建筑物在施工和使用过程中，都会发生不同程度的沉降与变形。所谓变形是指建（构）筑物在建设和使用过程中，没能保持原有设计形状、位置或大小，或是建筑引起周围地表及其附属物发生变化的现象。工程建（构）筑物变形的量——变形量，通常指建（构）筑物的沉降、倾斜、位移、弯曲以及由此可能产生的裂缝、挠曲、扭转等。对于不同的建（构）筑物，其允许变形值的大小不同。在一定限度之内，变形可认为是正常的现象，但如果变形量超过了建（构）筑物结构的允许限度，就会影响建（构）筑物的正常使用，或者预示建（构）筑物的使用环境产生了某种不正常的变化，当变形严重时，将会危及建（构）筑物的安全。因此，为确保建（构）筑物的安全和正常使用，在建（构）筑物的施工和使用过程中需进行变形监测。

6.1　建筑物变形监测

建筑物变形监测是指对监视建筑物进行测量以确定其空间位置随时间的变化特征，及时发现不正常变形。变形监测又称变形测量或变形观测。变形监测的结果用变形量来表示，变形测量的内容则由变形测量对象的性质、目的等因素决定。

表达变形量的常用数据指标有移动指标（下沉 W_i、水平移动 U_i）和变形指标（倾斜 i、曲率 K、水平变形 ε）。

6.1.1　移动指标

设 i 为监测点的编号，如图 6-1 所示。某点的沉降 W_i 和水平移动 U_i 计算如下：

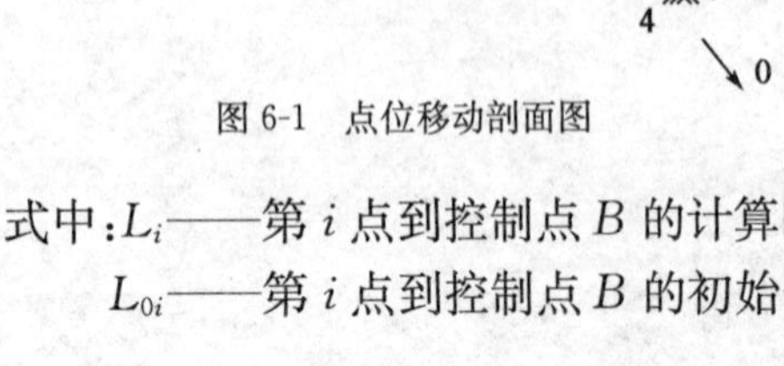

(1)下沉：

$$W_i = H_i - H_{0i} \tag{6-1}$$

式中：H_i——第 i 点计算时刻的高程；

H_{0i}——第 i 点初始高程。

(2)水平移动：

$$U_i = L_i - L_{0i} \tag{6-2}$$

图 6-1　点位移动剖面图

式中：L_i——第 i 点到控制点 B 的计算时刻的长度；

L_{0i}——第 i 点到控制点 B 的初始长度。

6.1.2 变形指标

由于图 6-1 中各点的下沉、水平移动各不相同，便产生点位的相对变化，于是产生了变形，变形指标如下。

(1)倾斜。可用相邻工作点 2 和 3 的下沉差除以两点间的距离 S_{23} 求得：

$$i=\frac{W_3-W_2}{S_{23}}(\text{mm/m}) \tag{6-3}$$

(2)曲率。根据两曲线段的倾斜 i_{23} 和 i_{34} 求得两曲线段中点的切线，用切线的倾斜差即两切线的交角 Δi 除以两曲线段中点之间距离，即可求得此段距离内的平均倾斜变化——地表弯曲的平均曲率 K，如图 6-2 所示。

$$K_{234}=\frac{i_{34}-i_{23}}{(l_{23}+l_{34})/2}(\text{mm/m}^2\text{ 或 }10^{-3}/\text{m}) \tag{6-4}$$

地表曲率也可以用其倒数，即曲率半径 $\rho=\frac{1}{K}$ 表示。

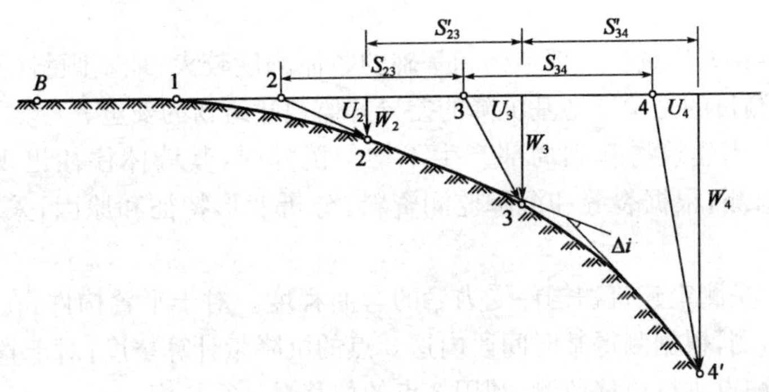

图 6-2 曲率计算原理图

地表曲率有“+”、“−”曲率之分，正曲率表示地表呈上凸形弯曲；负曲率表示地表呈下凹形弯曲。

(3)水平变形。地表水平变形是由于相邻两点的水平移动量不相等引起。

$$\pm\varepsilon=\frac{U_3-U_2}{S_{23}}(\text{mm/m}) \tag{6-5}$$

水平变形实际上是监测点间距内每米伸长或压缩变形。正值表示拉伸变形，负值表示压缩变形。

变形监测的任务是周期性地对测点进行观测，从测点三维坐标(x,y,z)的变化中，了解建筑物变形的空间分布，通过对历次观测结果进行分析、比较，掌握其变形随时间的变化情况，从而判断建筑工程的质量、变形的程度以及变形的趋势，对超出变形容许范围的建(构)筑物，应及时分析原因，采取加固措施，防止变形发展，纠正变形现象，避免事故发生。同时，通过在施工和运营期间对建筑物进行的变形测量，验证地基与基础设计是否合理、正确，也是对建筑设计、施工的一种检验。

建筑物变形监测的作用主要表现在以下三个方面：

(1)掌握建筑物在施工和使用过程中的变形情况，及时发现异常变化，对建筑物的稳定性、安全性作出判断，以便及时采取必要的补救措施，防止事故发生，确保建筑施工质量和建筑物的安全使用；

(2)积累监测成果和分析资料，以便科学地解释变形机理，验证变形预测，为灾害预报理论和方法研究服务；

(3)检验工程设计的理论是否正确，设计是否合理，为修改设计、制定设计规范提供依据，特别是当工程采用新结构、新施工方法或新工艺时，通过变形测量可验证其安全性。

建筑物变形监测项目有如下五个方面：

(1)沉降监测：建筑物的沉降是地基、基础和上部结构共同作用的结果。沉降监测资料的积累是研究解决地基沉降问题和改进地基设计的基础。同时通过监测分析相对沉降是否有差异，监视建筑物的安全。

(2)水平位移监测：指建筑物整体平面移动，其原因主要是基础受水平应力影响，如地基处于滑坡地带或受地震影响。测定其平面位置随时间变化的移动量，以监视建筑物的安全或采取加固措施。

(3)倾斜监测：高大建筑物上部结构和基础的整体刚度较大，地基倾斜(差异沉降)反映上部主体的倾斜，监测目的是验证地基沉降的差异并监视建筑物的安全。

(4)裂缝监测：当建筑物基础局部产生不均匀沉降时，其墙体往往出现裂缝，通过系统地进行裂缝变化监测，根据裂缝和沉降监测资料，分析变形特征和原因，采取措施保证建筑物安全。

(5)挠度监测：是测定建筑物构件受力后的弯曲程度。对于平置构件，在两端及中间设置沉降点进行沉降监测，根据测得某时间段内这3点的沉降量计算挠度；对于直立构件，设置上、中、下3个位移监测点进行位移监测，利用3点的位移量计算挠度。

6.2 建筑物沉降与变形

6.2.1 沉降与变形影响因素

引起建筑物沉降与变形的主要原因可概括为三个方面：自然因素、与建筑物密切相关因素、人为因素。自然因素主要指建筑物地基的工程地质、水文地质及土壤的物理性质、大气温度等。由于建筑物基础各部位地质条件不尽相同，导致稳定性并非处处一致，从而产生不均匀沉降，使建筑物产生倾斜；而由于温度与地下水位的季节性、周期性变化，也会引起建筑物呈规律性的变形等。与建筑物密切相关因素主要指建筑物本身的荷重、结构及使用中的动荷载、振动或风力等因素引起的附加荷载。此外，由于地质勘察不充分、设计错误、施工方法不当、施工质量差以及运营使用不合理等人为因素，也会不同程度的引起建筑变形。

依据主要变形性质，通常将建筑物沉降与变形分为沉降和位移两类。

(1)沉降类：包括建筑物(基础)沉降、基坑回弹、地基土分层沉降、建筑场地沉降等；

(2)位移类:包括建筑物水平位移,建筑物主体倾斜、裂缝、挠度、日照变形、风振及场地滑坡等。

各种工程建筑物都要求坚固稳定,以延长其使用年限,但在压缩性地基上建造建筑物时,从施工开始地基就会逐渐下沉,其沉降原因可分为下列几种因素:

(1)荷载影响:在沙土或黏土地基上兴建大型厂房、高炉、水塔及烟囱时,由于荷载逐渐增加,土层被逐渐压缩,地基下沉,因而引起建筑物沉降。

(2)地下水影响:地下水的升降对建筑物沉降影响较大。

(3)地震影响:地震之后会出现大面积的地面升降现象。

(4)地下开采影响:由于地下开采,地面下沉现象比较严重。例如,本溪市地下采煤,造成个别地区地表下沉超过 2m。

(5)外界动力的影响:爆破、重载运输或连续性机械振动,打桩、降水、基坑开挖、盾构或顶管穿越等,以及建筑物周边或地下施工活动,均会引起建筑物沉降。

(6)其他影响:如地基土的冻融,建筑物附近附加荷载的影响,都有可能引起建筑物的沉降。

对于某一具体工程建筑物的变形监测内容,应根据建筑物的性质及地基情况确定。要求有明确针对性,既要有重点,又要作全面考虑,以便能确切反映建(构)筑物及其场地的实际变形程度或变形趋势,达到监视建(构)筑物安全运营的目的。例如,工业与民用建筑,对于基础,主要观测内容是均匀沉降与不均匀沉降,从而计算绝对沉降值、平均沉降值、相对弯曲、相对倾斜、平均沉降速度以及绘制沉降分布图;对于建筑物本身,则主要是倾斜与裂缝观测。而对土坝,其监测内容主要为水平位移、垂直位移、渗透(湿润线)以及裂缝观测。建在江河下游冲积层的城市,由于工业和生活需求而大量抽取地下水,引起土层结构变化,导致地面沉降,因此,必须定期监测,掌握其沉降与回升的规律,并及时采取防护措施。

6.2.2　沉降与变形机理

针对扩建或改造、设计到期但继续使用、已出现危险前兆、受周围施工影响的建筑物开展监测。

对建筑物的地基施加一定外力,必然会引起地基及其周围地层变形。建筑物本身及其基础,也由于地基的变形及其外部荷载与内部应力的作用而产生变形。对于基础而言,主要监测内容是均匀沉降与不均匀沉降。由沉降监测资料可以计算基础的绝对沉降值、平均沉降值,由不均匀沉降值计算相对倾斜、相对弯曲(挠度)。基础的不均匀沉降可以导致建筑物的扭转,当不均匀沉降产生的应力超过建筑物的容许应力时,可导致建筑物产生裂缝。从某种意义来说,建筑物本身产生的倾斜与裂缝,其起因是基础不均匀沉降。均匀沉降不会使建筑物出现断裂、裂缝和缺口等现象,但绝对值过大的均匀沉降也会引起不利影响,例如,建筑物地下部分的地面可能会沉降至地下水位以下,导致建筑物地下部分被淹。

在荷载的影响下,地基土层的压缩是逐步完成的,因此,基础的沉降量亦是逐渐增加的。一般认为,砂土类土层上的建筑物,其沉降在施工期已大部分完成,而黏土类土层上的基础,施工期间其沉降只完成了一部分。砂土层上基础的沉降过程可分为四个阶段:第一阶段是在施工期间,随着基础压力的增加,沉降速度较大,年沉降量达 20～70mm;第二阶段,沉降速度显著变缓，年沉降量大约为 20mm；第三阶段为平稳下沉阶段，其速度大约为每年 1～2mm；第四阶段，沉降曲线几乎是水平的，也就是说处于沉降停止阶段。因此变形监测应贯穿整个工程建筑物兴建的全过程，即施工之前、之中及运行期间。

由于天然与人为的因素，建筑物将产生各种变形，了解变形状况，分析变形原因，预报未来变形，对保证建筑物正常使用有重要意义。因此，为不影响建筑物的正常使用，保证生产安全，必须在兴建工程建筑物之前、建设过程中及交付使用期间，对建筑物进行变形监测。

当受压软土分布位置和厚度相同，基础作用条件近似，沉降量虽大但无倾斜、裂缝，属于均匀沉降。地表均匀下沉对于一般住宅和厂房并无太大影响，但过量的地表下沉，即使是均匀的，在某些特定条件下也会带来严重问题，比如水患问题。

建筑物的沉降速度主要取决于地基土的孔隙间向外排出空气和水的速度，砂及其他粗粒土沉降完成较快；而饱水的黏土沉降完成较慢。例如，建设在砂质粉土上的天然地基建筑物的沉降量较小，达到稳定时间较短，沉降速度快，在施工期间的沉降量约占最终沉降量的 70%；相反，建设在软黏土上的天然地基建筑物的沉降量较大，达到稳定时间较长，施工期间的沉降量约占最终沉降量的 25%。沉降过程一般分为加速沉降、等速沉降及减速沉降 3 种，后者是建筑物趋向稳定的标志。

1)地基不均匀沉降

建筑物因地基不均匀沉降而出现的结构裂缝，一直是倍受关注的问题。尤其是建在软土地基上的建筑物，虽经长期使用，但地基不均匀沉降仍可能继续，以至建筑物的工作状态不断恶化，甚至引起严重事故。地基不均匀沉降的原因较复杂，涉及地基本身性质，也涉及上部结构的质量分布和刚度分布，同时还有周围环境条件的影响，因此必须综合考虑。其影响主要有如下 5 个方面：

(1)地基软弱。建筑物的重量一般均匀分布，但其对地基的作用力却集中在建筑物的中央处，其下方地基压强较大，而其他部分则相对较小，因而可导致地基的不均匀沉降。建筑物重量导致的地基沉降量，一般通过压密沉降、瞬时沉降和徐变沉降之和来确定。压密沉降主要指地基体积压缩产生沉降，地基的大部分沉降由此产生；瞬时沉降是指地基在非排水状态下，且地基体积未改变时，因地基形状发生改变所引起沉降，瞬时沉降量一般只有压密沉降的 15% 左右；徐变沉降是因地基的黏土颗粒之间发生流变变位而产生的沉降，这种沉降量值更小。当支承地层软弱时，地基的沉降量大而不均匀现象明显，且随时间的延长而发展，最终导致建筑物损伤或破坏。

(2)地基不均匀。地基各部分的软土层厚度不均匀，或建筑物跨建在不同类型地基上，例如，未固结地基上的建筑物，或松砂土层地基上的建筑物，在建筑物重量作用下，各部分地基变形性能不同，造成沉降不均匀。

(3)地基状况改变。地下水位下降将引起较大区域的地基状况改变。地下水过量开采区内，常出现大批房屋开裂现象。如某城市因开采过量地下水，一些早已稳定的已有建筑物，又突然发生大幅度沉降，相反，地下水位上升会出现建筑物上抬现象。地下水位变化造成影响的特点是面积大，往往几十栋或上百栋建筑物同时出现问题，或倾斜一致，或开裂情况基本相同。某些工业园，因局部开采地下水过量，造成所谓局部漏斗状缺水区，周围建筑物会向漏斗中心

倾斜。与地下水开采过量类似的还有地下采掘区，特别是采空后的塌陷区，会对支承地基造成影响。

(4)地基侧移。当建筑物附近有深挖基础工程，或建筑物靠近江、河、湖、海岸边时，在建筑物重量作用下，地基不但会发生沉降，而且黏土层还会出现向某一方向滑动的现象。这种滑动过程缓慢持续，年代越久越明显，其结果是造成地基倾斜。

(5)地基干燥收缩。设有较大热源的建筑物，例如锅炉房等，会有持续热量传导到建筑物某部分地基，使这部分地基黏土层水分大量蒸发，体积收缩较其他部分大，从而发生较大沉降。

建筑物建成后，由于生产和生活活动变化，使用功能的扩充、变更，使用失误等，都会使上部作用发生变化，当上部作用变化大、时间长时，地基和基础就会有所反应，基础结构和上部结构的影响为：①采用不同基础结构，如建筑物的一部分由支承桩支承，另一部分则由被加固的地基支承，则基础结构的沉降不一样，必将引起整体结构不均匀沉降，这种情况也会产生在建筑物各部分重量显著不同或不同工期内进行改造、扩建的工程中；②基础结构各部分差异较大，使用同一种基础结构形式，但如果基础底面积、桩长度、桩间距、基础埋深等明显不同时，也会产生不均匀沉降；③大面积堆载作用，如工业厂房靠近桩根处堆放大量钢材，将出现厂房柱向堆放重物侧倾斜，造成吊车卡轨从而无法正常运行，若设备更新、重大设备增多时，地面作用增大，也会造成局部不均匀沉降；④建筑物改造、扩建，如上部荷载增加，导致基础荷载局部增加，也可能因使用要求而做局部拆除，减少了基础荷载，随着荷载条件变动，也会产生不均匀沉降。

人为改变房屋结构周围的建筑：①在已有建筑物附近开挖基坑，采用排水方法处理地下水时，会使局部地下水位下降，地基失去水的浮力，土的有效重量增加，导致地基不均匀沉降，另外，由于地下水位下降，使已有建筑物的木桩、钢桩等基础暴露于大气条件下，会引起桩头或桩在地下水位临界处的腐蚀，造成基础功能损坏而产生沉降；②在已有建筑物附近建造新建筑物时，因地基应力重叠，地基荷载加大，也会经常发生新建建筑物地基和基础倾斜现象，倾斜程度和可能造成的损坏随基础结构和荷载承压面积不同而异；③因交通车辆荷载或工厂内机械动力设备如汽锤等的振动，也可能使建筑物产生不均匀沉降，特别是砂质土地基或地基液化情况下，这一现象比较突出。

2)负摩擦力的影响

沿海沿江大城市和工业区大多建在较厚冲积层的平原上，这些地区的大多数建筑物每年都会发生地基沉降。

沉降主要有两方面原因：①原埋土和回填土的重量压缩下部软土层，引起沉降；②从软土层下部砂层或砂卵石层中抽取地下水，引起空隙水压减少，黏土颗粒间压缩应力增加，从而产生地层沉降。这种地层沉降，从受力情况分析，主要是由于支承建筑物的桩基基体及墩式基础有较大负摩擦引起。

沿海沿江地区多使用桩基或深基，以桩基为例，支撑桩通过软土地基后尖桩达到持力层时，桩的周围有动摩擦阻力 F 和桩尖阻力 Q 支撑建筑物，单桩承载力 $P=F+Q$。

然而，在沿海沿江的回填地基上，由于没有压紧的黏土层，或取水过多，或回填土地基压密黏土层产生地基沉降，这时桩的支撑机理完全不同。桩在持力层上是坚固不动的，而桩周围的地基沉降时，在桩周围的表面上有向下作用的摩擦力，使桩受力状态发生变化。当地基不下沉时，桩周围的摩擦力为阻力，而地基沉降时，这种摩擦力因反方向作用而成为一种附加外力，作用在桩上。凡是因摩擦力而引起不均匀沉降的损伤和事故，都因桩尖压入持力层中，支撑地基屈服、桩截面强度不足等原因引起。当支持层为坚硬岩基时，将造成桩体破坏。

3)地基土膨胀作用

山区施工的建筑工程，一般利用山土作为回填土，若含膨胀土、黏土矿物质和岩石较多，由于吸水膨胀，产生膨胀地压，导致地基强度降低。另外，地基的冻胀也会产生相同效果。地基膨胀一般有如下几种情况：吸水膨胀；矿物的化学变化；天然地基的荷载或破坏，以及由此产生的应力释放；潜在应力释放；地基的冻膨胀。

其中，产生膨胀压的主要原因是吸水膨胀，土和岩石含有黏土矿物、长石、石英和方英石等。黏土矿物中有蒙脱石、高岭土等，蒙脱石是在两个硅晶格之间夹有一个八面体晶格的结构，而且不饱和、不带电，各结构单位通过阳离子置换进行结合，其结合力比氢结合能力还弱，所以水很容易进入其间。因此，凡含有蒙脱石的土，随吸水量的变化而产生不同程度的膨胀和收缩。

膨胀量和膨胀压力的影响因素：含黏土矿物的种类和数量；含间隙水的电解质浓度；间隙大小和分布状况；含水量；土粒子大小；土的构造；上部荷载的大小等。一般来说，膨胀量越大的土，膨胀速度越快，蒙脱石的含量不同，其体积膨胀也不一样。

4)地基冻土作用

一般来讲，温度下降使地基中的液体由液相变成固相的膨胀过程称为地基冻胀，在土壤中就是水分冻结现象。冻胀现象由地表向地下深处发展，由于冻结作用，土层中形成了冻结层和非冻结层，其分界面形成霜柱，随温度降低，分界面逐渐向下移动，霜柱层加厚，引起地层隆起，这种现象叫冻胀。冻胀是冻结灾害发生的主要原因，冻胀现象多发生在寒冷地区，非寒冷地区的冷冻藏库工程也会发生。一般现象是门窗完好而墙壁产生裂缝和倾斜，或地下桩逐年抬高。

当土壤温度降至零度以下时，较大空隙中的水冻结成冰，周围未冻结的水层也开始冻结，然后相互连接形成较大的冰层，冻胀的原因主要有三个：①土质，从定性角度，粉砂最易冻胀，砂层和黏土层不易冻胀，冻土融解期，冻胀越大的土，地基软化越明显；②土层中水和土的含水量，与土的透水性及地下水有关；③霜柱生成过程，是地下水不断被吸收的过程，地下水对霜柱的发展影响大，即冻胀速度与土的透水系数和毛细管上升高度成正比，与冻结线到地下水面的距离成反比；④当温度低时，土的冷却速度快，温度高时，土的冷却速度慢，与冻胀有直接关系的是冻结面的冷热程度，地面温度对冻胀产生影响。

地基上部荷载越大，其冻胀量越小。土粒空隙越小，冰的冻胀力越大。对于冻胀性较强的土，冻结面的冻胀力可达 0.5～0.7MPa，但也随地面约束力的不同而异。所以，建筑物的基础或地下梁等冻胀时，将会受较大冻胀力作用，导致建筑物损伤。

处于寒冷地区的建筑物，在已被冻结的基础周围，因冻结土融化时冻胀，而被浮起的基础下部处于悬空状态，当砂土挤入后，基础就再不能恢复到原来位置，如果这种冻胀或融解反复进行，基础就会被逐年抬高。其次，冻胀严重时，因地基软弱，地耐力下降较大，容易引起不均匀沉降，基础悬空的现象会更严重。相反，对大型冷藏库、液化天然气地下储罐等规模较大的建筑物，人工冻结时，结构物的冻胀属于地面冻胀，在冷藏库的中部冻胀可达几厘米，导致地板开裂。

5)建筑物的结构裂缝和变形

建筑物的结构裂缝和变形，是指由于建筑设计不合理及施工不当等原因，建筑物及其地基基础在自重和外力作用下，发生不均匀下沉，产生倾斜、裂缝等变形。当墙体受到水平力作用时，产生剪切变形(呈棱形状态)，使墙内产生斜向拉力和压力，当主拉应力大于混凝土的抗拉强度时，墙体产生裂缝。地基不均匀沉降也会使建筑物产生这种变形，主要是由于竖向引起的强制变形，使建筑物的外墙产生裂缝。

建筑物的弯曲导致建筑物部分基础悬空，使荷载转移到其余部分。地基相对上凸时，两端部分悬空，荷载向中央集中。因此，在地表相对上凸的正曲率作用区，建筑物形成倒“八”字形破裂，如图 6-3a)所示；在相对下凹的负曲率区，中央部分悬空，荷载向两端集中，此作用区房屋常见正“八”字形破裂，如图 6-3b)所示。

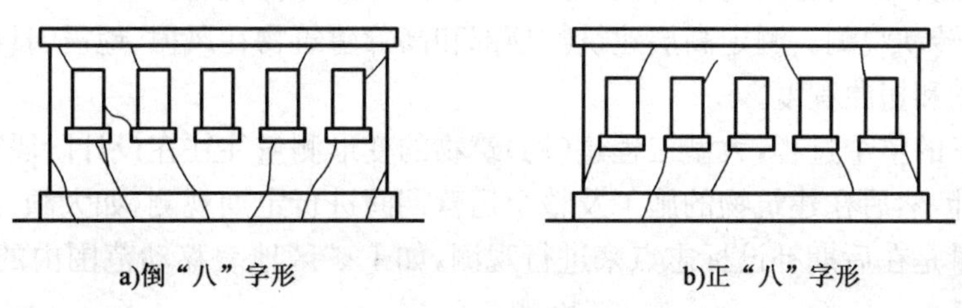

图 6-3　墙体裂缝

地下开采时，地面水平变形出现在开采边界上方地表，煤柱一侧出现拉伸，采空区一侧出现压缩。房屋对地表的拉伸变形较敏感，位于拉伸区的房屋，基础底面受来自基础的外向摩擦力，基础侧面受来自地基外向水平推力的作用。由于一般房屋抵抗拉伸作用的能力很小，因而不大的拉伸足以使房屋开裂。采动地表压缩变形对房屋的作用是通过地基对基础的推力与底面摩擦力来施加，但作用力方向与拉伸时相反。一般砖式建筑物对压缩变形有较大抵抗力，也就是说，建筑物承受拉伸比受压缩敏感。但压缩变形过大，照样可损坏建筑物。而且，过量的压缩作用将使建筑物发生挤碎性破坏，其破坏程度比拉伸破坏更严重。这种破坏往往集中在结构薄弱处，例如，夹在两坚固建筑物之间的建筑物受到的破坏可能要严重些。

6.3　监测内容与方法

工程建(构)筑物变形监测量——变形量，主要有沉降(垂直位移)、水平位移、倾斜、挠度和扭转。根据变形量及观测对象可将工程建(构)筑物的变形测量分为若干项目：滑坡观测、基坑回弹观测、沉降观测、倾斜观测、裂缝观测、日照与风振观测。

对一项具体的变形监测工作，其内容一般根据监测对象的性质、监测目的等因素决定，一般要求：①有明确的针对性；②要全面考虑，以便能正确反映出建(构)筑物的变形情况，了解其规律，达到观测目的。

6.3.1 监测内容

建(构)筑物的结构裂缝和变形,是指建(构)筑物及其地基基础在自重和外力作用下,在一定时间、一定区段内所产生的裂缝、变形。有关数据的测量及分析、处理的目的在于监视建(构)筑物在施工及使用过程中的变形反应;同时也是验证地质勘察和结构设计的可靠程度,研究其变形的原因和规律,以便采取相应的对策。

建筑变形包含建筑物本身(基础与上部)、建筑地基及场地变形。对建筑物上部结构,从变形监测角度看,主要包括如下内容:

(1)倾斜观测。测定建筑物顶部由于地基存在差异沉降或受外力作用而产生的垂直偏差。

(2)位移观测。测定建筑物因侧向外力或荷载作用而产生的水平位移量。

(3)裂缝观测。测定建筑物因基础有局部不均匀沉降、其他约束或荷载作用而使墙体、框架结构等出现裂缝。

(4)挠度观测。测定建筑物中,特别是梁板构件产生的挠曲程度。

(5)摆动和转动观测。测定高层建筑物顶部和高耸建筑物在风振、地震、日照,以及其他外力作用下的摆动和扭曲程度。

为了解变形的整个过程,大型工程建(构)筑物的变形测量往往在设计阶段就开始考虑,并作出相应的设计,然后在建筑物的施工及整个运营期间进行定期观测,如大坝、高层建筑等,但大多数变形测量是在后期补设标志点来进行观测,如工矿区地表移动范围内的各种建筑物的变形测量。

将观测结果进行整理,以荷载或时间为横坐标,以累积变形作为纵坐标,绘制各种变形过程曲线,以便了解变形的幅度、趋势,预估可能稳定的时间及建筑物的安全状况,为建筑物提供可靠的预测预报。

6.3.2 监测精度和监测周期

1)监测精度

矿山地表移动监测、大坝变形监测、建筑物变形监测等工作,有相应的标准和规范供参考,有些即使没有严格的规范,也可借鉴同类工程的其他监测规范。

例如,地基变形特征可分为沉降量、沉降差、倾斜、局部倾斜。建筑物的地基变形计算值,不应大于地基变形允许值。在计算地基变形时,应符合下列规定:①由于建筑地基不均匀、荷载差异很大、体型复杂等因素引起的地基变形,对于砌体承重结构应由局部倾斜控制;对于框架结构和单层排架结构应由相邻柱基的沉降差控制;对于多层或高层建筑和高耸结构应由倾斜值控制;必要时尚应控制平均沉降量。②在必要情况下,需要分别预估建筑物在施工期间和使用期间的地基变形值,以便预留建筑物有关部分之间的净空,考虑连接方法和施工顺序。一般多层建筑物在施工期间完成的沉降量,对于砂土可认为其最终沉降量已完成80%以上,对于其他低压缩性土可认为已完成最终沉降量的50%~80%,对于中压缩性土可认为已完成20%~50%,对于高压缩性土可认为已完成5%~20%。建筑物的地基变形允许值,按《建筑地基基础设计规范》(GB 50007—2011)规定采用(表6-1)。对表中未包括的建筑物,其地基变

形允许值应根据上部结构对地基变形的适应能力和使用上的要求确定。

建筑物的地基允许变形值　表 6-1

变形特征	地基土类别	
	中、低压缩性土	高压缩性土
砌体承重结构基础的局部倾斜	0.002	0.003
工业与民用建筑相邻柱基的沉降差 (1)框架结构 (2)砌体墙填充的边排柱 (3)当基础不均匀沉降时不产生附加应力的结构	 0.002L 0.0007L 0.005L	 0.003L 0.001L 0.005L
单层排架结构(柱距为 6m)柱基的沉降量(mm)	(120)	200
桥式吊车轨面的倾斜(按不调整轨道考虑) 纵向 横向	0.004 0.003	
多层和高层建筑的整体倾斜　$H_g \leqslant 24$ $24 < H_g \leqslant 60$ $60 < H_g \leqslant 100$ $H_g > 100$	0.004 0.003 0.0025 0.002	
体型简单的高层建筑基础的平均沉降量(mm)	200	
高耸结构基础的倾斜　$H_g \leqslant 20$ $20 < H_g \leqslant 50$ $50 < H_g \leqslant 100$ $100 < H_g \leqslant 150$ $150 < H_g \leqslant 200$ $200 < H_g \leqslant 250$	0.008 0.006 0.005 0.004 0.003 0.002	
高耸结构基础的沉降量(mm)　$H_g \leqslant 100$ $100 < H_g \leqslant 200$ $200 < H_g \leqslant 250$	400 300 200	

注:1. 本表数值为建筑物地基实际最终变形允许值。
2. 有括号者仅适用于中压缩性土。
3. L 为相邻柱基的中心距离(mm);H_g 为自室外地面起算的建筑物高度(m)。
4. 倾斜指基础倾斜方向两端点的沉降差与其距离的比值。
5. 局部倾斜指砌体承重结构沿纵向 6～10m 内基础两点的沉降差与其距离的比值。

工业与民用建(构)筑物的变形监测,由于对象非常广泛,情况各不相同,因此虽有规程,但无法制订出统一的精度标准,一般情况下,根据工程建筑物的设计允许变形值的大小及观测的目的来确定,在具有研究性质的变形测量中,精度往往要求更高一些。国际测量工作者联合会(FIG)第 13 届会议工程测量组的讨论中提出,如果变形测量的目的是为了使形变值小于允许变形值的数值而确保建筑物的安全,则其观测的中误差应小于允许变形值的 1/10～1/20,如果观测的目的是为了研究变形的过程,则其中误差应比这个数值小得多。FIG 第 16 届会议认为:为实用的目的,观测中误差应不超过允许变形值的 1/20～1/100,或 0.02mm。我国建筑设计部门,在参考国际的提法后,提出研究高层建筑物倾斜时,将允许倾斜值的 1/20 作为观测精度指标。表 6-2 为《建筑物变形测量规程》(JGJ 8—2007)的变形测量等级及精度要求。

建筑变形测量的等级及精度要求　　表 6-2

变形观测等级	沉降观测观测点测站高差中误差(mm)	位移观测观测点测站高差中误差(mm)	适应范围
特级	≤±0.05	≤±0.3	特种精密工程、重要科研项目
一级	≤±0.15	≤±1.0	大型建筑物、科研项目
二级	≤±0.50	≤±3.0	中等精度要求建筑物、科研项目，重要建筑物主体倾斜观测、场地滑坡观测
三级	≤±1.50	≤±10.0	低精度建筑物、一般建筑物主体倾斜观测、场地滑坡观测

某勘察院在观测一幢大楼时，根据设计人员提出的允许倾斜度 $\alpha=0.4\%$，求得顶点的允许偏移值为 120mm，以其 1/20 作为观测中误差，即 $m=\pm6$mm。

汇源大厦高 28 层，其托换工程监测作业以托梁设计最大允许挠度 4mm 为依据。监测精度按高精度要求的大型建筑物变形测量一级要求进行，即视线长度不大于 30m，前后视距差不大于 0.7m，前后视距累积差不大于 1.0m，视线高度不小于 0.3m，观测点测站高差中误差不大于 ±0.15mm。此要求与按特高精度要求的建筑物绝对沉降量的观测误差 ±0.5mm，结构段(平均构件挠度等)的观测中误差不应超过变形允许值的 1/6，处于科研项目需要的变形量的观测中误差，可视所需提高观测精度的程度，将观测中误差乘以 1/5～1/2 系数后采用的要求相吻合。

根据沉陷速度确定观测精度，对沉陷持续时间较长，而沉陷量又较小的基础，其观测精度要求相对要高。

2)监测周期

变形测量周期以能系统反映所测变化过程而又不遗漏其变化时刻为原则，根据单位时间的变形量的大小及外界因素的影响来确定。当观测中发现变形异常时应增加观测次数。

现以某一基础沉陷的观测过程为例，说明观测频率的确定方法。

如图 6-4 所示，在荷载影响下，基础下部土层逐渐压缩。因此，基础沉降逐渐增加。在砂类土层上的建筑物，其沉降在施工期间已大部分完成。此时基础的沉降可分为 4 个阶段：

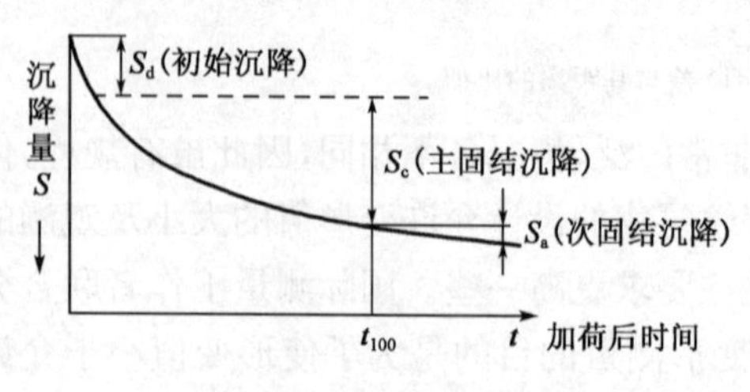

图 6-4　基础下土层的压缩过程

(1)第 1 阶段是在施工期间，随基础上部压力的增加，沉陷速度较大，年沉陷值达 20～70mm；

(2)第 2 阶段沉降显著减慢，年沉降量大约为 20mm；

(3)第 3 阶段为平稳下沉阶段，其速度为每年 1～2mm；

(4)第 4 阶段沉降很小，基本稳定。

根据这种情况，在观测精度要求相同时，沉降观测的频率可变。

具体说来，在施工阶段，观测次数与时间间隔视地基加载情况而定，一般在增荷 25%、50%、75%、100%时各测 1 次；运营阶段，观测周期第 1 年 3～4 次，第 2 年 2～3 次，第 3 年后每年1次。观测期限一般不少于如下规定:砂土地基2年,膨胀土地基3年,黏土地基5年,软土地基10年。在掌握一定的规律或变形稳定后,可以减少观测次数,这种根据观测计划(或荷载增加量)进行的变形测量称为正常情况下的观测。当出现异常情况,如基础附近地面荷载突增,四周大面积积水,长时间连续降水,突然发生大量沉降、不均匀沉降或严重裂缝时,应缩短周期,加强观测。

洋湖垸片区B地块保障性小区二期共14栋,总建筑面积185892m^2,住宅总建筑面积168221m^2。商铺面积13909.9m^2,幼儿园建筑面积2500m^2,物业管理用房建筑面积1253.6m^2,地下室建筑面积18191.1m^2。部分为地下1层,地上为2~3层和18~22层,为框架、剪力墙结构,其监测周期及监测频率根据变化速率和监测目的确定。在紧急情况下,进行应急监测,施工前,在底层柱或剪力墙拆模后,按实施方案布设监测点(观测点),并立即观测2次,取平均值作为初始数据,监测频率为从主体结构第3楼面(2层顶板)混凝土浇筑后进行第一次观测,以后每增1~2层结构进行一次观测,当出现异常时,每层观测1次,或多天1次,1天1次,1天2次或多次,总之,根据数据分析结果、施工进度、工程安全程度等现场情况确定。

6.3.3 沉降观测

所谓沉降观测,就是定期测量监测点的高程变化,并计算建筑物(或地表)的沉降 W_i、倾斜率 i、曲率 K、构件倾斜以及沉降速率,确定沉降对建筑物破坏影响程度,为采取必要的保护措施提供资料。

目前,常用水准测量方法进行沉降监测。中、小型厂房和土木工程建筑物的沉降观测,一般采用普通水准测量方法;高大混凝土建筑物和大型水工构筑物,如大型工业厂房、摩天大楼、大坝等,要求沉降观测的中误差不大于±1mm,需采用精密水准测量方法施测。

工业与民用建筑物多进行基础沉降观测。对于建造在5m以上基坑,规程规定测定基坑的回弹监测。

而对于大坝等大变形体,工作点标志通过预留的钻孔与地表相通,测量时需自制悬挂的重锤,为便于下放重锤,重锤的直径需小于钢套管的直径;预留钢管和重锤的直径不能相差过大,以使重锤与测点标志正确接触。重锤的重量为钢尺比长时的拉力(一般为15kg)。钢尺和重锤紧固在一起,精确丈量重锤底面与某一整刻度的长度(例如到1m刻度长为1.065m)。测量时,将缠在绞车上或皮夹上的钢尺悬挂重锤,经导向滑轮垂直放入预留的钢套管,使重锤底面和标志的顶端接触。深孔悬挂重锤的安装如图6-5所示,按水准测量程序后视标尺,假设读数 $a=1.543$,前视钢尺的读数 $b'=8.646$。因重锤底面到1m刻划的实际长度为1.065m,所以加常数为0.065m。故前视正确读数 $b=b'+0.065=8.711$m,AB 点间高差 h_{AB} 为:

$$h_{AB}=a-b=1.543-8.711=-7.168\text{m} \tag{6-6}$$

为消除重锤与标志间的接触误差,独立施测3遍,要求其互差不超过±1mm。

工业与民用建筑物沉降观测的水准路线应布设成附合水准路线形状,如图6-6所示。与一般水准测量相比,其不同之处是视距较短,一般不超过25m。因此,一次安装仪器可以有多个前视点。为减少系统误差影响,要求在不同的观测周期,将水准仪安置在相同位置进行观测。对于中小型厂房,采用三等水准测量;对于大型厂房、连续型生产设备的基础和动力设备的基础、高层混凝土框架结构建筑物等，采用二等水准测量精度施测。

埋设在建筑物基础上的工作点，埋设之后应开始第一次观测，此后随建筑物荷载的逐步增加进行重复观测。运行期间重复观测的周期可根据沉降速度而定，每月、每季、半年或一年一次，直到沉降停止。

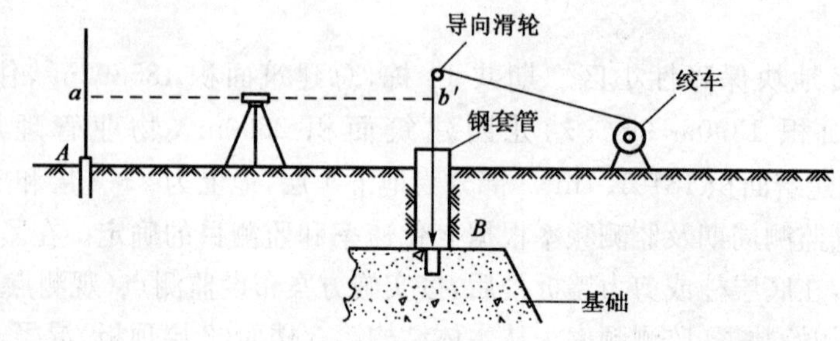

图 6-5　深孔悬挂重锤的安装

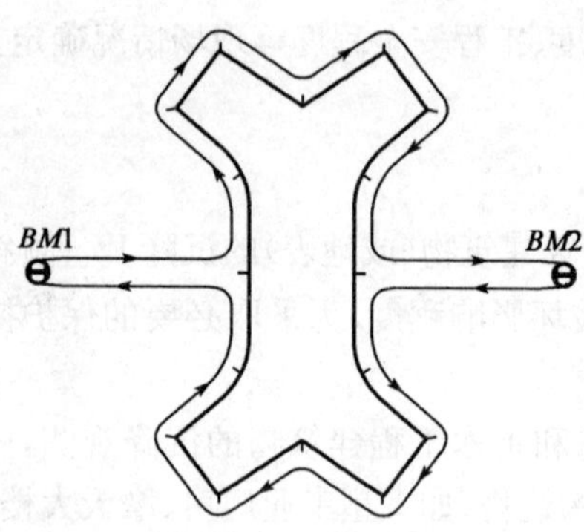

图 6-6　高程控制点与观测工作点的布设图

对于沉降是否进入稳定阶段的判断，由沉降量与时间关系曲线判定。对于重点观测或科研观测工程，若最后 3 个周期观测中，每期沉降量不大于 $2\sqrt{2}$倍测量中误差，可认为已进入稳定阶段；一般观测工程，若沉降速度小于 0.01～0.02mm/d，可认为已进入稳定阶段，具体取值宜根据各地区地基土的压缩特性确定。

由于工业与民用建筑物范围小，所施测水准路线一般都比较短，且路线的高程闭合差也较小，一般不超过 ±(1～2)mm，所以闭合差可以按测站平均分配，也可按距离成比例分配。

6.3.4　倾斜观测

测定建筑物的倾斜有两类方法：一类是直接测定建筑物的倾斜，该方法多用于基础面积过小的超高建筑物，如摩天大楼、水塔、烟囱、铁塔；另一类是通过测量建筑物基础的高程变化。具体见第三章。

6.3.5　水平位移观测

建筑物水平位移观测包括：位于特殊土地区的建筑物地基基础水平位移观测；受高层建筑基础施工影响的建筑物及工程设施水平位移观测；挡土墙、大面积堆载等工程中所需的地基土深层侧向位移观测等。应测定在规定平面位置上随时间变化的位移量和位移速度。

水平位移观测是建筑物变形测量的一项重要内容，它比沉降观测要困难，精度也难于满足。

观测点的位置：建筑物应选在墙角、柱基及裂缝两边等处；地下管线应选在端点、转角点中间部位；护坡工程应按待测坡面成排布点。

观测水平位移可采用三角网、边角网、三边网以及角度和距离交会、导线测量等形式。观测网采用的形式需按照建筑物及观测对象的特征、几何形状、所要求的精度、测量条件、组织情况及其他因素决定。例如,对测量不便到达点的位移,可采用角度交会法;对于延伸形建筑物,特别是曲折形的建筑物,适用于导线测量。不管采用何种形式的方案,目的是便于平差和比较,并求得点位位移。

除了上述方法外,水平位移观测还有其他方法,即视准法、激光准直法、GPS 方法等,具体见第三章。

6.3.6 裂缝观测

裂缝的产生原因可能是:地基处理不当、不均匀下沉;地表和建筑物相对滑动;设计原因导致局部出现过大拉应力;混凝土浇灌或养护问题,水湿、气温或其他问题。

裂缝观测也是建筑物变形测量的重要内容。建筑物出现裂缝,是变形明显的标志,对出现的裂缝要及时编号,并分别观测裂缝分布位置、走向、长度、宽度及其变化程度等。观测裂缝数量视需要而定,对主要或变化大的裂缝应进行观测。

对需要观测的裂缝应进行统一编号。每条裂缝应布设两组观测标志,一组在裂缝最宽处,另一组在裂缝末端,每一组标志由裂缝两侧各一个标志组成。对于混凝土建筑物裂缝的位量、走向以及长度的观测,是在裂缝的两端用油漆画线作标志,或在混凝土表面绘制方格坐标,用钢尺丈量,或用方格网板定期量取"坐标差"。对于主要裂缝,也可选其有代表件的位置埋设标点,即在裂缝的两侧打孔埋设金属棒标志点,定期用游标卡尺量出两点间的距离变化,精确得出裂缝宽度变化情况。对于面积较大且不便于人工量测的众多裂缝,宜采用摄影测量方法。

当需要连续监测裂缝变化时,也可采用测缝计或传感器自动测记方法。例如:VWJ 型振弦式裂缝计可安装在建筑物或基岩表面,长期监测裂缝的宽度,也可安装在建筑物和基岩之间的边界缝及重力坝坝基、拱坝的拱座等位置,用于长期监测大坝、建筑物内部及表面裂缝的发展,并能兼测温度,测量精度高,性能稳定。VWJ 型振弦式裂缝计主要由振弦式敏感部件、拉杆及激振电磁线圈等组成,如图 6-7 所示。当发生结构物伸缩缝或裂缝变形后,会使位移计左右安装座产生相应位移,该位移传递给振弦,使振弦受到应力变化,从而改变振弦振动频率。电磁线圈激拉振弦并测量其振动频率,频率信号经电缆传输至读数装置或数据采集系统,再经换算即可得到被测结构物伸缩缝或裂缝相对位移的变化量。同时由位移计中的热敏电阻可同步测出埋设点的温度值。图 6-8 和图 6-9 为裂缝计埋设图。

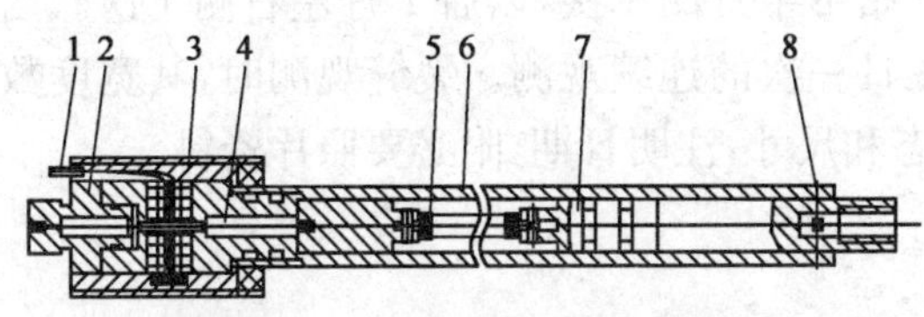

图 6-7 VWJ 型振弦式裂缝计的组成图

1-电缆;2-弦式敏感件;3-线圈;4-钢弦;5-拉簧;6-保护管;7-滑杆;8-销子

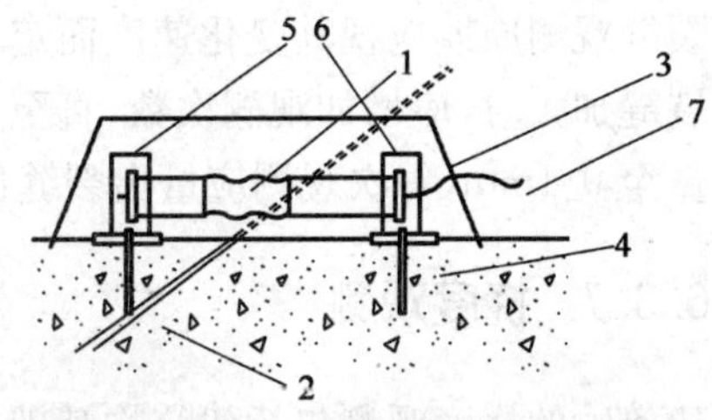

图 6-8 表面式裂缝计埋设图

1-测缝计;2-混凝土建筑物;3-保护罩;4-膨胀螺钉或预埋入夹具;5-夹具上卡环;6-夹具下卡环;7-仪器电缆出口

如图 6-10 所示，RTF 型表面裂缝计包括两个主要部件：测量模块和安装支架。测量模块包括一个密封在坚固的圆柱形腔内的位移传感器，腔体末端连接一个弹簧顶压杆。安装支架跨越裂缝，并用锚块固定，其中一个支架支撑测量模块，另一个支架固定在参照面上。由于弹簧杆始终紧贴在参照面上，两锚固点的运动可由传感器测出。RTF 测缝计有单向和三向两种。三向测缝计可同时测出三个正交方向的位移，此时参照面是一个不锈钢立方体。RTF 型测缝计可方便地跨越裂缝或构造缝两侧安装，安装时用一个安装模板给安装支架和保护罩定位。在不平整的表面上，支架需要焊接在一个短钢筋棍上。用与传感器相匹配的读数仪读取读数，也可以采用数据采集系统 SENSLOG 进行测读。

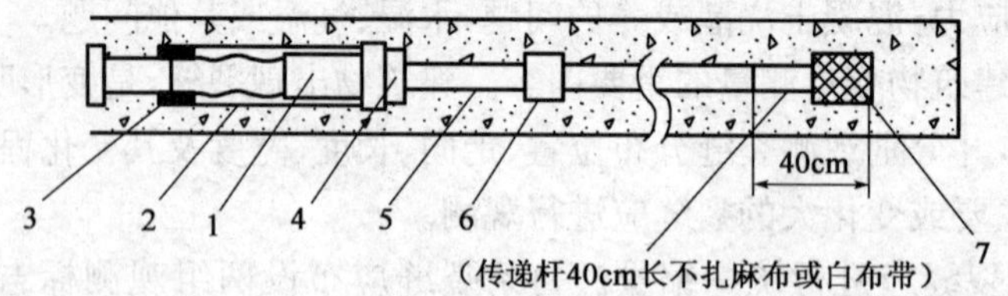

图 6-9　埋入式裂缝计安装图

1-测缝计；2-保护管；3-棉纱及纱布；4-连接套；5-传递杆（沥青、麻布或白布带扎紧）；6-管节；7-锚头

BGK4420 型表面裂缝计适合安装在建筑物表面，恶劣环境下能长期监测结构表面裂缝的变形。两端的万向节允许一定程度的剪切位移。内置温度传感器可同时监测安装位置的环境温度。增加一些选购的配套部件，可组成脱空测缝计、双向或三向测缝计，以用于堆石坝混凝土面板的脱空量、伸缩缝或周边缝的位移监测，图 6-11 为 BGK4420 型表面裂缝计。

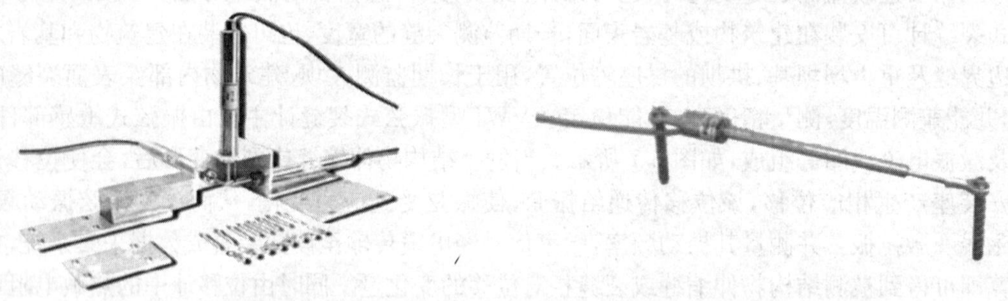

图 6-10　RTF 型表面裂缝计　　　　图 6-11　BGK4420 型表面裂缝计

裂缝观测周期应视其变化速度而定。通常开始可半月测 1 次，以后 1 月左右测 1 次。当发现裂缝加大时，应增加观测次数，直至几天或逐日一次的连续观测。裂缝观测时，其宽度数据应量至 0.1mm，每次观测应量出裂缝位置、形态和尺寸，注明日期，附必要照片资料。

6.3.7　挠度观测

建筑物的挠度观测包括建筑物基础、建筑物主体以及独立构筑物（如独立土墙、柱）的挠度观测。对于高层建筑物，较小的面积上有很大的集中荷载，从而导致基础和建筑物的沉陷，其中不均匀的沉陷将导致建筑物的倾斜，使局部构件产生弯曲并导致裂缝的产生。对于房屋类高层建筑物，这种倾斜与弯曲将导致建筑物的挠度，而建筑物的挠度可由观测不同高度处的倾

斜换算求得,也可采用准线呈铅直的激光准直方法求得。

(1)建筑物基础挠度观测。可与建筑物沉降观测同时进行。观测点应沿基础的轴线或边线布设,每一基础不得少于3点。标志设置、观测方法与沉降观测相同。计算方法见第三章。

(2)建筑物主体挠度观测。除观测点应按建筑物结构类型在各个不同高度或各层处沿一定垂直方向布设外,其标志设置、观测方法和建筑物主体倾斜观测相同。挠度值由建筑物上下不同高度点相对底部点的水平值确定。

(3)独立构筑物挠度观测。除可采用建筑物主体挠度观测要求外,当观测条件允许时,也可采用挠度计、位移传感器等设备直接测量挠度值。挠度观测的周期应根据荷载情况并考虑设计、施工要求确定。精度可按整体变形的观测中误差不应超过允许垂直偏差的1/10确定,结构段变形的观测误差不应超过允许值的1/6。

6.3.8　日照和风振监测

1)日照监测

塔式建筑物在温度荷载和风荷载作用下产生来回摆动,因而需要对建筑物进行动态观测,即日照和风振观测。如美国纽约帝国大厦高102层,观测结果表明:在风动荷载作用下,最大摆动达7.6cm。中央电视台新台址位于北京市朝阳区中央商务区内,主楼建筑高度为234m,是目前国内最大的单体钢结构工程,钢结构用钢量超过12万t。塔楼1和塔楼2顶部相连的部分是具有14层高、重量达13949t的巨大悬臂。塔楼1悬臂外伸67.165m,塔楼2悬臂外伸75.165m,造型独特。该工程施工监测应用Leica TCA2003,其测角标称精度为±0.5″,测距标称精度为$\pm(1+D\times10^{-6})$mm,对其进行昼夜24h不间断的变形监测,每日变形监测中,在X、Y、Z3个方向上,测点最大振幅为15mm。

建筑物日照变形因建筑的类型、结构、材料以及阳光照射方位、高度不同而异。如湖北一座183m的电视塔,24h的偏移达130mm;四川某饭店,高仅18m,阳面与阴面温差10℃时,顶部位移达50mm;而广州一座一百多米的建筑,24h偏移仅20mm。

日照变形测量在高耸建筑物或单柱(独立高柱)受强阳光照射或辐射的过程中进行,应测定建筑物或单柱上部由于向阳与背阳面温差引起的偏移及其变化规律。

当利用建筑物内部竖向通道采用激光铅直仪观测时,在测站点上安置激光铅直仪,在观测点上安置接收靶,每次观测,可从接收靶读取或量出顶部观测点的水平位移量和位移方向,亦可借助附于接收靶上的标示光点设施,直接获得各次观测的激光中心轨迹图,然后反转其方向,即为实施日照变形曲线图。

当从建筑物或单柱外部观测时,观测点应选在受热面的顶部或受热面上部不同高度处与底部(视观测方法需要布置)适中位置,并设置标志,单柱亦可直接照准顶部与底部中心线位置,测站点应选在与观测点连线呈正交的两条方向线上,其中1条宜与受热面垂直,距观测点的距离约为照准日标高度1.5倍的固定位置处,并埋设标石。也可采用测角前方交会法或方向差交会法。对于单柱的观测,按不同量测条件,可选用经纬仪投点法,测量顶部测点与底部测点之间的夹角法或极坐标法。按上述方法观测时,两个测站对观测点的观测应同步进行。所测顶部的水平位移量与位移方向,应以首次测算的观测点坐标值或顶部观测点相对底部观测点的水平位移值作为初始值，与其他各次观测结果相比较后计算求取。

日照变形测量精度，可根据观测对象的不同要求和不同观测方法具体分析确定。用经纬仪观测时，观测点相对测站点的点位中误差，对投点法不应大于±1.0mm，对于测角法不应大于±2.0mm。

日照变形测量的时间，宜选在夏季的高温天进行。一般观测项目，可在白天时间段观测，从日出前开始，日落后停止，每隔约 1h 观测 1 次；对于有科研要求的重要建筑物，可在全天 24h 内，每隔约 1h 观测 1 次。每次观测的同时，应测出建筑物向阳面与背阳面的温度，并测定风速与风向。

2）风振监测

风振观测应在高层、超高层建筑物受强风作用的时间阶段内同步测定建筑物的顶部风速、风向和墙面风压以及顶部水平位移，以获取风向分布、体型系数及风振系数。顶部水平位移观测可根据要求和现场情况选用下列方法：

(1)激光位移计自动测记法。当位移计发射激光时，从测试室的光线示波器上可直接获取位移图像及有关参数。

(2)长周期拾振器测记法。将拾振器设在建筑物顶部天面中间，由测试室内的光线示波器记录观测结果。

(3)双轴自动电子测斜仪(电子水枪)测记法。测试位置应选在振动敏感的位置。仪器 X 轴和 Y 轴(水枪方向)与建筑物的纵横轴线一致，并用罗盘定向。根据观测数据计算出建筑物的振动周期和顶部水平位移值。

(4)加速度计法。将加速度传感器安装在建筑物顶部，测定建筑物在振动时的加速度，通过加速度积分求解位移值。

(5)GPS 差分载波相位法。将一台 GPS 接收机安置在距待测建筑物一段距离的相对稳定的基准站上，另一台接收机的天线安装在待测建筑物楼顶。接收机周围 5°以上应无建筑物遮挡或反射物。每台接收机应至少同时接受 6 颗以上卫星的信号，数据采集频率不应低于 10Hz。两台接收机同步记录 15～20min 数据作为一测段，具体测段数视要求确定。通过专门软件对接收的数据进行动态差分后处理，根据获得的 WGS-84 大地坐标求相应位移值。

(6)经纬仪测角前方交会法或方向差交会法。该法适应于在缺少自动测记设备和观测要求不高时建筑物顶部水平位移的测定，但作业中应采取措施防止仪器受到强风影响。

风振位移的观测精度，如用自动测记法，应视所用设备的性能和精确程度要求具体确定。如采用经纬仪观测，观测点相对测站点的点位中误差不应大于±15mm。

由实测位移值计算风振系数 β 时，采用式(6-7)：

$$\beta = (S_{均} + 0.5A)/S_{均} \quad 或 \quad \beta = (S_{静} + S_{动})/S_{静} \tag{6-7}$$

式中：$S_{均}$——平均位移值(mm)；

A——风力振幅(mm)；

$S_{静}$——静态位移(mm)；

$S_{动}$——动态位移(mm)。

6.3.9 工程建筑物监测成果整理

观测资料整理分析主要包括两方面内容。

1)资料整理和整编

(1)校核原始记录,检查变形值的计算结果。

(2)对各观测点按时间填写变形值,并绘制观测点变形值过程线,也就是以时间为横坐标,以累计变形值(位移、沉陷、倾斜、挠度等)为纵坐标绘制曲线,这些曲线能明显反映变形趋势、变形规律和变形幅度,对初步判断建筑物工作状况是否正常非常有用。

(3)绘制建筑物变形分布图,可按剖面绘制或绘制变形位等值线图。

2)监测资料分析

主要分析归纳建筑物变形过程、变形规律、变形幅度,分析建筑物变形原因、变形值与引起变形因素之间的关系,进而判断建筑物工作情况是否正常。在矿山地表的移动区,要注意分析地表变形值和建筑物本身变形值之间的关系,在积累大量观测数据后,可进一步找出建筑物变形的内在原因和规律,从而修正设计理论和设计所采用的经验系数,这一阶段的工作可分为:

(1)成因分析(定性分析):成因分析是对结构本身(内因)与作用在建筑物上荷载(外因)以及测量本身加以分析、考虑,确定变形值变化的原因和规律。

(2)统计分析:根据成因分析,对实测资料加以统计,从中寻找规律,导出变形值与引起变形的有关因素之间的函数关系,如露天矿边坡点位移动与降水量的关系,此时,一般采用一元回归和多元回归方法。

(3)变形值预报和安全判断:在成因分析和统计分析基础上,根据求得的变形值与引起变形因素之间的关系,预报未来变形的范围,判断建筑物安全程度。

6.4 高程控制网的建立

工程建筑物的沉降监测是采用重复精密水准测量的方法,为此应建立高精度水准测量控制网。其具体做法是:在建筑物外围布设一条闭合水准环路线,由水准环中的固定的基准点测定各监测点的高程,按一定周期进行精密水准测量,将测量的外业成果用严密平差方法,求出各水准点和沉降点高程的最或然值。某一沉降点的沉降量即为首测高程与该次复测高程之差。用这种方法求得的沉降量,包含两次水准测量误差。

沉降监测水准基点必须数量足够、点位适当。监测点设置要求:便于测出建筑物基础的沉降和倾斜等;便于现场观测;便于保存。为消除区域性的地面沉降影响,必须将基准点、工作基点和沉降监测点按三级布点,或将水准基点和沉降监测点按两级布点。在建筑物较少区域,宜将基准点连同监测点按单一层次布设;对建筑物多且分散的区域,宜按两个层次布网,即由基准点组成控制网,监测点与所连测的监测点组成扩展网。根据监测精度要求,沉降监测控制网应布设成网形合理、测站数最少的监测环路,见图 6-12a),亦可布设成附合水准路线,见图 6-12b),或闭合水准路线,见图 6-12c)。

在整个监测网中，通常应有 3 个埋设足够深的水准基点，其余可埋设在地下或墙上。施测时，可选择稳定性较好的监测点作为水准路线基点与水准网统一监测和平差。由于施测时不可能将所有的监测点纳入水准线路内，故大部分监测点只能采用中视法测定，而水准转点则会影响成果精度，所以选择一些监测点作为水准转点。

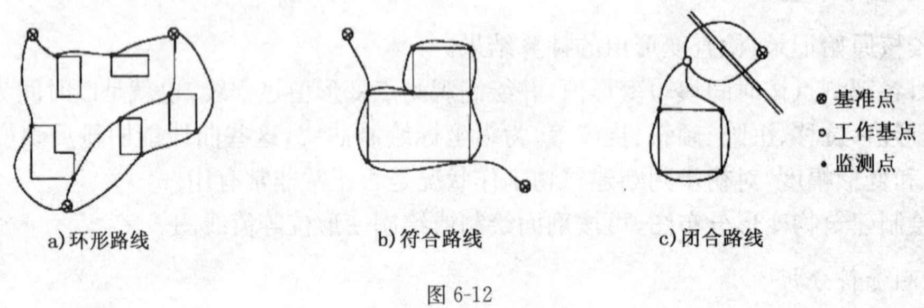

图 6-12

6.4.1 水准基点布设

布设水准基点时，必须考虑以下因素：①应布设在拟监测的建筑物之间，距离一般为 20～40m，工业与民用建筑物应不小于 15m，较大型并略有振动的工业建筑物应不小于 25m，高层建筑物应不小于 30m；②监测单独的建筑物时，至少布设 3 个水准基点，以便互相检核判断水准点高程有无变动，对占地面积大于 5000m² 或高层建筑物，则应适当增加水准基点的个数；③当设置水准基点处有基岩露出马脚出时，可以用水泥砂浆直接将水准点浇注在岩层中，一般水准点应埋设在冻土线以下 0.5m 处；④各类水准基点应避开交通干道、地下管线、仓库堆栈、水源地、河岸、松软填土、滑坡地段、机器振动区，以及其他能使标石、标志遭受腐蚀和破坏的地点。

6.4.2 水准基点的标志与埋设

水准基点的标志构造，需根据埋设地质条件尽量埋设在基岩上，或深埋于原状土内，不允许埋设在人工填土内。对重要建筑工程，如电站、大坝等，基准点应力求埋设在基岩中。一般厂房的沉降监测，可参照水准测量规范中三、四等水准的规定进行标志设计与埋设；对于高精度的变形监测，需设计和选择专门的水准基点标志。

(1)地面岩石标。如果地面土层很浅，地表有完整基岩露头，可埋设基岩标制点。先清理上部覆盖物，除去风化层，并在新鲜基岩上开凿适当深度的岩坑，在此岩坑内凿深度大于 0.1m 的岩孔，用水洗净并以 1:2 的水泥砂浆灌注，埋入保护盖标志。当基岩露头在地面以下深度不超过 1.5m 时，可在基岩中开凿深度小于 0.5m 的岩坑，浇灌钢筋混凝土柱石。如图 6-13 所示。

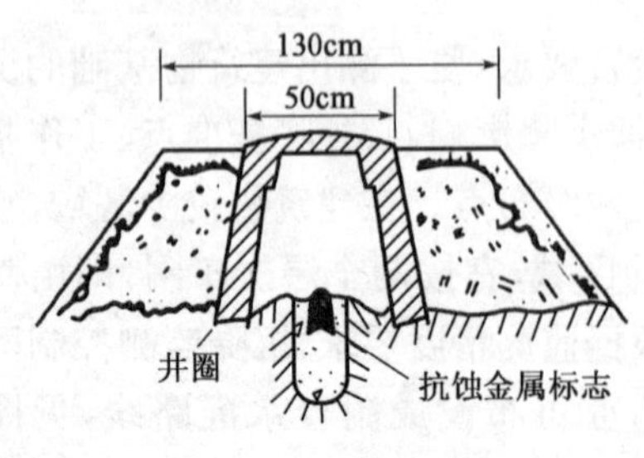

图 6-13 地表岩石标

(2)下水井式混凝土标。用于土层较厚的地方，测点标志用不锈钢或陶瓷镶嵌在柱石上。为防止雨水灌进水准基点井里，井台须高出地面 0.2m。当柱石顶面距离地面深度过大时，标石可由柱石和底盘组成，上设混凝土标志保护盖，并在保护盖上加覆盖物。如图 6-14 所示。

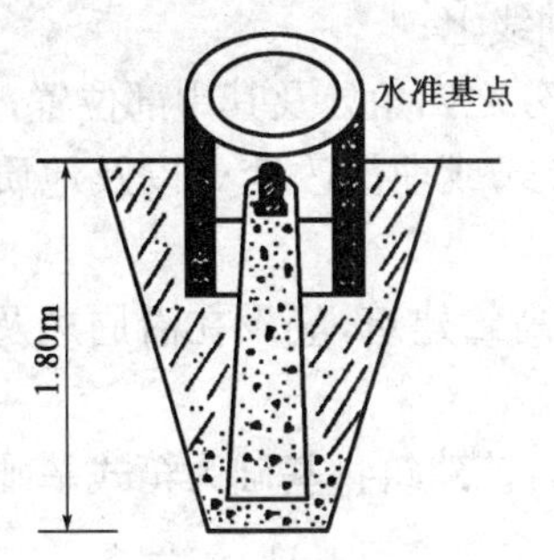

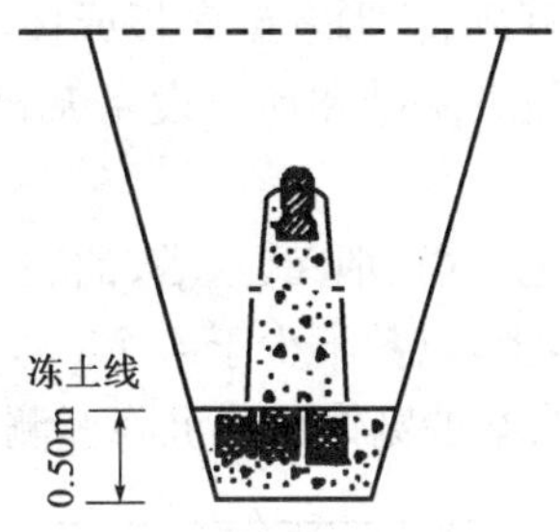

图 6-14　埋在地基中的混凝土标

(3)深埋钢管标。当第四纪冲积层较厚，且基岩埋藏深度过大时，采用钻孔穿过土层和风化岩层埋设钢管标志，这类标适于平坦地区，可采用如图 6-15 所示的钻孔深埋钢管标志。施工时，先用钻机钻到新鲜岩层内 2.0m 深处，以直径大于 70mm 的细钢管埋入基岩内，即图中的内钢管。在管子下部 2m 范围内钻有若干个排浆孔，以便自管内灌入水泥砂浆，并从孔中排出砂浆使钢管与基岩紧密结合。在内套管外面套一个直径大于 130mm 外钢管。套外钢管前，先在内钢管下部缠上带黄油的麻布，并在适当位置给内钢管套上橡皮圈，在内钢管顶端焊上不锈钢标志，内管、外管之间不同高度处埋设若干电阻温度计，用以测定管内温度。为保证点位稳定，标志头应尽量埋在地面以下，减少地面温度变化对水准基点的影响。为检查钻孔深埋钢管标志水准基点本身变化，通常以 3 点为一组。地形条件许可时，宜组成边长 100m 的等边三角形，每个点埋设标志，定期测定 3 点高程变化状况。若地形条件困难，也可将 3 点布成直线形。

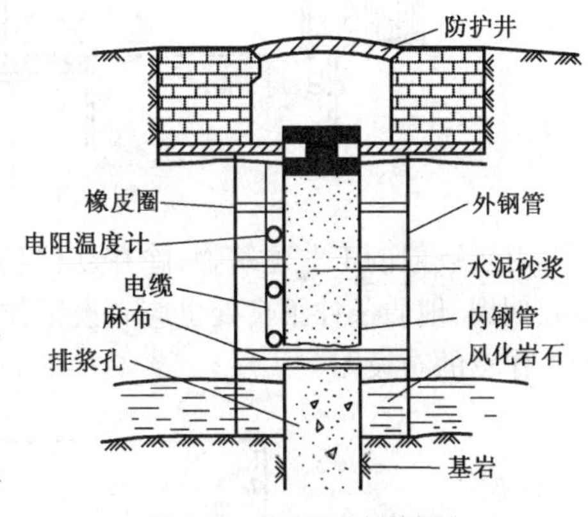

图 6-15　钻孔深埋钢管标志

6.4.3　沉降监测点的布设

沉降监测工作点必须数量足够、点位适当。要求监测点便于测出建筑物基础的沉降、倾斜、曲率，并绘出下沉曲线；便于现场观测；便于保存，并不受损坏。

对于民用建筑物，通常在其四个角点、中点、转角处布设工作测点。一般还应考虑如下几点：

(1)建筑的四角，大转角处及沿外墙每 10～20m 处或每隔 2～3 根柱基上；

(2)高低层建筑、新旧建筑、纵横墙等交接处的两侧；

(3)建筑裂缝、后浇带和沉降缝两侧、基础埋深相差悬殊处、人工地基与天然地基接壤处、不同结构的分界处及填挖方的分界处；

(4)对宽度大于 15m，或小于 15m 但地质复杂以及膨胀土地区的建筑物，应在承重内隔墙中部设内隔点，并在室内地面中心及四周设地面点；

(5)邻近堆置重物处、受振动有显著影响的部位及基础下的暗浜(沟)处；

(6)框架结构建筑的每个或部分柱基上或沿纵横轴线上；

(7)筏形基础、箱形基础底板或接近基础的结构部分之四角处及其中部位置；

(8)重型设备基础和动力设备基础的四角、基础形式或埋深改变处以及地质条件变化处两侧；

(9)对于电视塔、烟囱、水塔、油罐、炼油塔、高炉等高耸建筑，应设在沿周边及基础轴线相交的对称位置上，点数不少于 4 个。

图 6-16 为某展览馆部分沉降监测工作点的布设图，该建筑物基础为箱式基础。

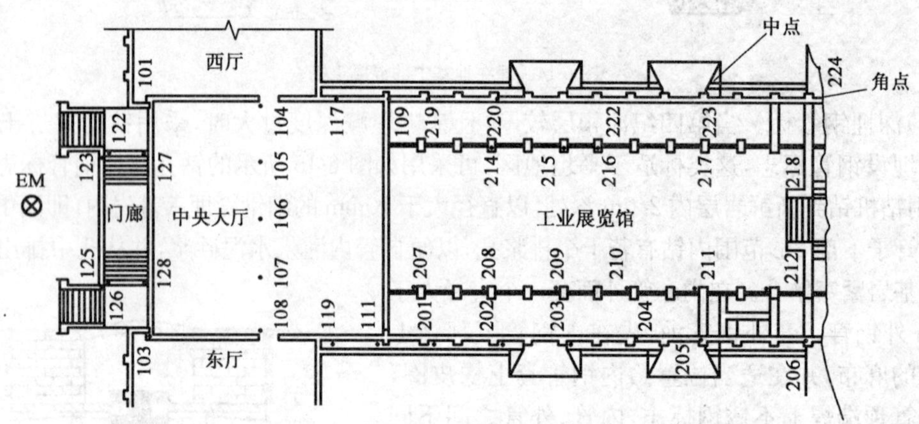

图 6-16　建筑物沉降监测工作点布设图

对于一般的工业建筑物，除在立柱基础上布设观测点外，在其主要的设备基础四周以及动荷载四周、地质条件不良处也应布设工作测点。图 6-17 为某重型机械厂的一个车间的沉降监测工作点的布设图。

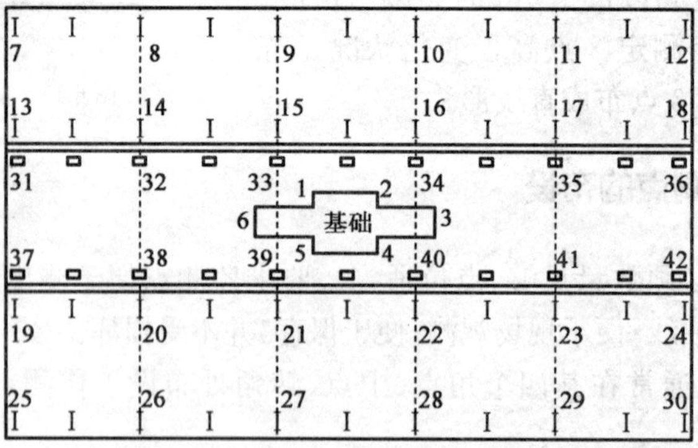

图 6-17　某重型机械厂车间沉降监测工作点的布设图

□-钢筋混凝土柱；I-钢柱

自 1980 年以来，我国高层建筑如雨后春笋，拔地而起。据初步统计，至 2010 年，我国 100m 以上的超高层建筑 1500 余栋，上海金茂大厦地下 3 层，地上 88 层，塔尖高达 420.5m，当时为我国最高的建筑，居世界第三。目前我国的北京环球贸易中心 484m，上海环球中心

492m,台北 101 大楼 508m,广州塔 600m。一般说来,住宅建筑按层数分类:1～3 层为底层住宅,4～6 层为多层住宅,7～9 层为中高层住宅,10 层及 10 层以上为高层住宅。除住宅建筑外,民用建筑高度不大于 24m 者为单层和多层建筑,大于 24m 者为高层建筑(不包括建筑高度大于 24m 的单层公共建筑);建筑高度大于 100m 的民用建筑为超高层建筑。

超高层建筑物具有如下特点:建筑物高大、重心高、层数多、基础深。因此变形监测的作用也就特别重要。由于超高层建筑的上述特点,在监测工作中,除进行基础沉降观测外,还应进行建筑物上部倾斜、日照、风振等观测。

图 6-18 为某铁塔示意图。该塔高 533m,由下部塔身 1 和上部钢架 2 组成。塔身由支座截头锥体 A,B 以及圆柱体 C 组成,塔身重 55kt。为测定铁塔在风力和日照作用下的动态变形,在塔体不同高度(237m,300m,385m,420m,520m)处,沿两轴线方向布设 5 个工作点,测定其相对底点的摆幅。

某钢铁公司大型干式煤气柜高 81.456m,横切面为正二十边形,外接圆半径 22.3736m,投入使用后,由于活塞环密封机油向柜体外渗漏,大活塞环走轮顶升受阻,顶架拉力支撑出现裂纹,故对该煤气柜进行高精度变形测量,包括柜体变形、立柱倾斜、基础沉降、柜顶桁梁挠度等。观测方案设计总体思路是:在煤气柜周围狭窄场地内布设精密控制网,以精确测定立柱底层中心点坐标,再以一级导线精度布设外围控制网,采用小角法测定其他各层立柱中心相对于底层的位移矢量,即可计算出立柱各层中心点坐标,利用位移矢量分析柜体扭转,计算立柱垂直度,利用立柱中心点坐标拟合柜体直径和几何中心。

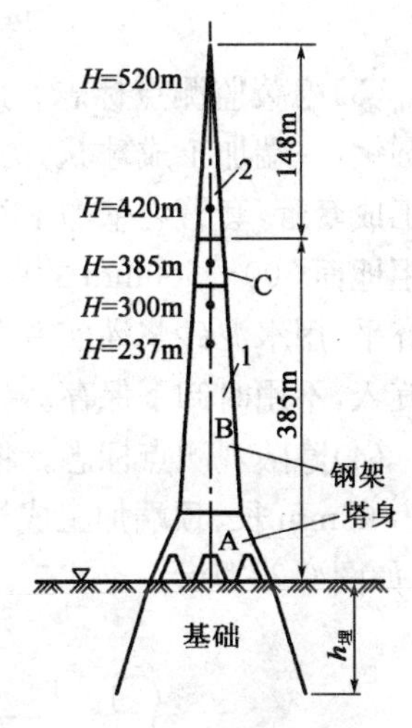

图 6-18　超高建筑物变形观测点的布设图

根据上述方案,运用现代控制网设计理论对整个方案进行精度分析,结果表明,精密微型控制网对径两网点的相对误差小于±1.2mm,小角法观测中误差小于±2″,外围一级导线点之间的相对误差小于 1/1000,用上述方案进行观测,达到预期精度指标。

利用煤气柜建造时埋设在对径方向的 4 个沉降观测点测量基础沉陷,按国家二等水准要求,采用 N3 精密水准仪进行观测。顶架挠度采用普通水准仪观测,因为测站少、视线短,达到±2mm 的精度要求。

6.4.4　沉降监测点的标志与埋设

沉降监测点的标志可根据不同的建筑结构类型和建筑材料,采用墙(柱)标志、基础标志和隐蔽性标志等形式。各类标志的立尺部位加工成半球形或有明显的突出点,并涂防腐剂。

(1)角钢或圆钢头监测点标志。将 30mm×30mm×5mm 的角钢锯成长为 160～180mm,在离地面 300～500mm 的墙上凿孔,孔深 120～140mm。将角钢嵌入孔内,并使角钢与墙面夹角呈 60°,角钢漏出墙面约 40mm,角顶向上。角顶如有毛刺应预先磨光,埋设在墙上,用水泥砂浆灌实并与墙抹平,如图 6-19 所示。为美观也可加工成如图 6-20 所示的圆钢头。

(2)钢筋监测点标志。将直径为 18～22mm 的钢筋锯成 230～250mm 长,每节钢筋弯成

U 形，一端顶部加工成半球形。在离地面 300～500mm 的墙上凿孔，孔深 120～140mm。如图 6-21 所示，将钢筋水平嵌入墙孔内，半球端垂直向上，钢筋露出墙面约 40mm，用水泥砂浆灌实并与墙面抹平。

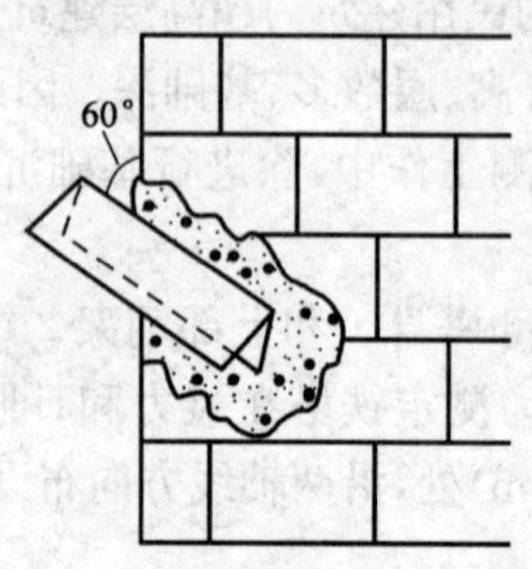

图 6-19　角钢监测点

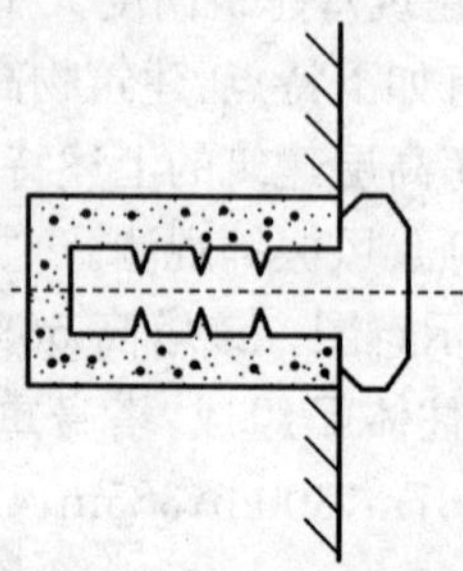

图 6-20　圆钢头监测点

(3)隐蔽监测点标志。用直径为 20～30mm，长约 300mm 的圆钢，一端加工成球状，另一端套丝。另用一节圆钢或钢管加工成套管，套管内壁加工丝扣，与监测点标志的螺丝相配合。在距地面 300～500mm 的墙上凿孔，将套管嵌入，套管口与墙面齐平，用水泥砂浆灌实并与墙面抹平。使用时，将观测点标志旋入，不用时卸下保存。

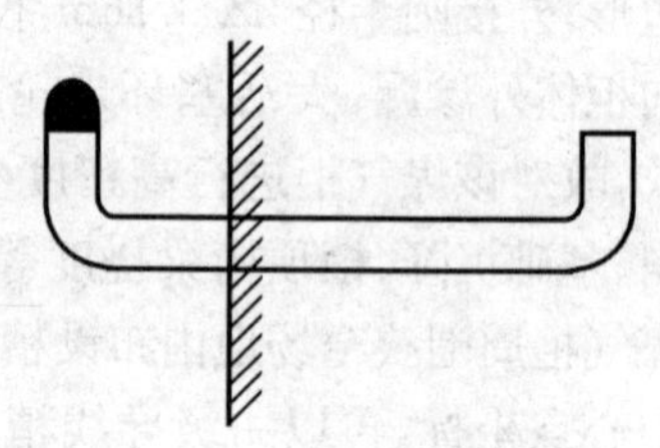

图 6-21　钢筋监测点

(4)隐蔽观测点标志。将直径为 14～20mm 的螺纹钢锯成约为 60mm 长，顶端加工成半球状，埋入并用水泥砂浆灌实抹平，如图 6-22 所示。

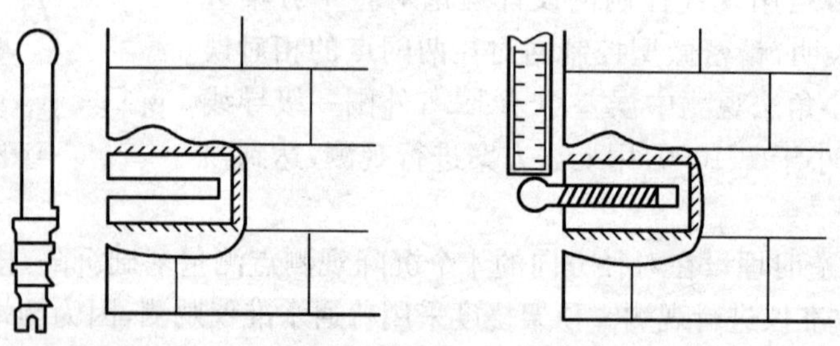

图 6-22　隐蔽观测点标志

(5)钢柱观测点标志。将 30mm×30mm×5mm 的角钢锯成长约 60mm，其一端割成 60°，将角钢焊在钢柱上，焊接位置距地面 300～500mm。

6.5　平面控制网的建立

大型工程建筑物由于自重、混凝土收缩、土体沉陷及温度变化等原因，将使本身产生平面位置相对移动。如果工程建筑物建造在处于滑坡地带的地基上，或受地震影响，当基础受到水平方向应力作用时，产生整体移动，即绝对位移。

相对位移监测是为了监视建筑物安全,由于相对位移往往是由地基产生不均匀沉降引起,所以相对位移是与倾斜同时发生、小范围的和局部的。因此,相对位移监测可采用物理方法、近景摄影测量方法及大地测量方法。如高大建筑物因风振影响进行顶部位移测量时,可采用激光位移计、电子水准器倾斜仪和GPS等监测。绝对位移监测,不仅是监视建筑物安全,更重要的是研究整体变形的过程和原因。绝对位移往往是大面积的整体移动,因此绝对位移监测,多采用大地测量方法和摄影测量方法。采用大地测量方法监测的平面控制网,大多是小型、专用和高精度,通常由三种点(基准点、工作基点和监测点)和两种等级的网(由工作基点和基准点构成首级网,由工作基点和监测点构成次级网)组成。在进行设计、布网和监测时考虑以下原则。

6.5.1 监测网基准选择

变形监测网应为独立控制网。在测量控制网的分级布网与逐级控制中,高级控制点要作为次级控制网的起始数据,高级网的测量误差即形成次级网的起始数据误差。一般认为,起始数据误差相对于本级网的测量误差小。但是对于要求精度较高的变形监测控制网来说,对含有起始数据误差的变形监测网,即使监测精度再高、采取的平差方法再严密,也是不能达到预期的精度要求。因此,变形监测应是独立控制网。

6.5.2 监测网点位的选择

变形监测网点的埋设,应以工程地质条件为依据,埋设位置选在沉降影响之外,尤其是基准点。要定期检测工作基点位置是否变动。但在布网时,要考虑不能将基准点处于网的边缘,因为从测量误差传播理论和点位误差椭圆分析来看,通常是联系越直接、距离越短,精度越高。

6.5.3 监测网图形的选择

由于变形监测是查明建筑物随时间变化的微小量,因此布网的图形应与工程建筑物的形状相适应。同时,由于变形监测网的测定精度要求都为毫米级,所以要考虑哪些点位在特定方向上的精度要求要高一些,应有所侧重。实践证明,对于由等边三角形所组成的规则网形,当边长在200m以内时,测角网具有较好的点位精度;对于不同的网形及不同的边长,可采用三边网或边角网。为提高精度,在网中可适当加测一些对角方向,以增加网的强度,有利于精度的改善。在变形监测中,由于边短,所以要尽可能减少测站和目标对中误差,测站点应建造具有强制对中的观测墩,用以安置仪器。

6.5.4 监测网技术要求

各种变形监测方案,其共同点是每次观测方式不变,求出变形点位移,即两期间坐标差。确定坐标差所要求的精度是进行控制网精度估算的基础,须有必要的观测精度进行测量才能保证其变形值的真实性。水平位移监测网的精度,应能满足变形点观测精度的要求。在设计监测网时,要根据变形点的观测精度,预估对监测网的精度要求,并选择适宜的观测等级和方法。水平位移监测的等级和主要技术要求如表6-3所示。

监测网的等级和技术要求　表 6-3

等　级	相邻基准点的点位中误差(mm)	平均边长(m)	测角中误差(″)	最弱边相对中误差	作　业　要　求
一等	1.5	<300	0.7	≤1/25000	按国家一等三角要求施测
		<150	1.0	≤1/120000	按国家二等三角要求施测
二等	3.0	<300	1.0	≤1/20000	按国家二等三角要求施测
		<150	1.8	≤1/70000	按国家三等三角要求施测
三等	6.0	<350	1.8	≤1/70000	按国家三等三角要求施测
		<200	2.5	≤1/40000	按国家四等三角要求施测
四等	12.0	<400	2.5	≤1/40000	按国家四等三角要求施测

6.6　建筑物的保护措施

产生不均匀沉降的根本原因是设计时对地基情况了解不全面，导致选择基础结构时资料不充分，因此，预防不均匀沉降的措施主要应在建筑物的规划、设计阶段实施。首先，支撑建筑物的地基应选择坚硬的持力层，并通过桩、桩墩等把上部结构的荷载传到地基上。设有地下室时，应使建筑物的重量与所挖出土的重量保持平衡，从而使地基中应力增加变得最小。

当不均匀沉降已发生并可能导致危害时，首先要查明引起不均匀沉降的原因，可从三方面进行分析：地基的性质和状态；建筑物的基础结构；建筑物的上部结构。其中，地基的性质和状态是其他调查的基础，其调查内容包括地基的组成、土壤的物理性质、土壤的力学性能、地下水的性质和变化情况、建筑物周围的地基情况等。建筑物的基础结构的调查内容包括基础结构的种类、形状、施工情况等，建筑物上部结构调查包括测定房屋结构、裂缝的发生和发展情况、长期使用过程中的变化情况和沉降量等，此外，还应查阅历史资料，全面掌握情况。如其结构形式是钢筋混凝土结构或砖石结构，结构与性能方面所允许的沉降量大约为5～10mm。对地基进行人工加固，使其承载能力提高，其方法主要有：土的压密法、脱水法、固结法和置换法等。但由于地基的加固范围、加固方法、加固效果均与结构物类型、规模、损害程度、损害范围及地基土质情况等有关，上部结构的加强措施主要应在建筑物设计阶段考虑，以防止因地基不均匀沉降所带来的影响，从而达到最佳投入并取得最好效果，其方法主要有：

(1)尽可能使建筑物轻型化；

(2)注意建筑物的重量分配；

(3)设置伸缩缝，使建筑物分段；

(4)提高建筑物的刚度；

(5)设置地下室；

(6)缩短建筑物的长度；

(7)加大建筑物的间距等。

降低负摩擦力的方法有：群桩布桩法；二重管桩法；包覆沥青桩法等。这些方法在实际施工中行之有效。采用群桩布桩法时，其基本特征是内侧比外侧桩的负摩擦力小，可以利用这一特征选择和配置上部结构的质量分布和体型，以求上部结构与桩基在受力状态上达到较为完好统一。对于大型建筑物或重要建筑物，不允许产生不均匀沉降时，可采用二重管桩法。二重管桩是在其外管侧涂抹润滑脂，并用环氧树脂等做为密封材料，同时，在内外管之间配置钢隔板，从而将外管做为滑动结构，消除负摩擦力的作用。包覆沥青桩法是在桩体外表面涂上1mm的沥青，为防止打桩时沥青脱落，在桩端，从50～100mm区段处，要使用特殊的钢管桩。

造成建筑物冻胀的主要原因有三种：具有冻胀性的土质；补给水份；低温气体的侵入。主要防止对策有：加大建筑物重量；降低冻结强度，将基础表面做得比较光滑，使冻胀强度变小或者在基础周围打入钢板桩；置换，在冻胀强度内，将冻胀性的土壤换成不冻胀的材料，如砂子等；降低地下水位，设置排水沟使地下水降低；断水，降低冻胀性土质的含水量；隔冷，在地下埋入隔热材料，降低冻结深度。

对于建筑物下开采矿物，减少地表变形的开采措施如下：

(1)合理布设工作面位置，为对建筑物与构筑物实行有效保护，要求被保护对象下方尽量不出现开采边界；用长工作面回采，使保护对象主要受下沉及采动过程中动态变形影响；层群开采时，不使开采边界重叠，彼此拉开一定距离；由保护对象中间向两侧背向回采；应尽量避免工作面推进方向与建筑物轴线斜交。

(2)层群开采、多工作面开采时，使开采某一个工作面所产生的地表变形与开采另一个工作面所产生的变形相互抵消一部分，实现协调开采，以减小对建筑物的有害影响。

(3)干净回采，在开采保护煤柱时，采空区内不应残留部分煤柱。

(4)连续开采，可减少形成开采边界，防止增大地表变形值。

(5)间歇开采，在煤柱内一次只允许回采一个煤层(或分层)。第二个煤层(或分层)的回采，要在第一个煤层回采结束，地表移动基本稳定后才能进行，以消除或减少多煤层开采影响的累加。

(6)快速回采，一般将使下沉速度增大，而动态变形有所减少，对保护移动盆地平底上的建筑物较为有利。

对于新建建筑物，当其下即将采矿时，在变形预计及分析基础上，必须进行抗变形结构设计与实施。大型工业厂房抗变形结构一般应遵循下列原则：

(1)柔性原则。整体具有足够柔性，以适应地表的变形，减小地表变形所产生的附加应力。如设置变形缝，减小建筑物单元长度，改变整体结构性态，管道安装补偿接头等。

(2)刚性原则。提高大型建筑物各单元或小面积构筑物刚度和整体性，增强其抵抗地表变形能力。如加强各单元基础刚度、强度，设置钢筋混凝土圈梁，设构造柱、联系梁，设锚固板，改变结构形式等。

(3)兼顾工艺流程，实行综合处置。大型工业厂房出于设备安装、天车运行、工艺流程化特殊需要，往往不能完整实施前述柔性原则、刚性原则所规划的典型措施，只得不完整地采取决策原则补以其他措施以满足生产与安全。

根据我国矿区建筑物下开采的经验，抗变形结构作如下顺序考虑较为适宜：

(1)当建筑物受到Ⅰ级地表变形影响时，无特殊要求可不考虑采取保护措施；

(2)当建筑物受到Ⅱ级地表变形影响时,可设置变形缝;

(3)当建筑物受到Ⅲ级地表变形影响时,除设置变形缝外,还应设置钢拉杆、钢筋混凝土圈梁等进行加固;

(4)当建筑物受到Ⅳ级地表变形影响并对建筑物有特殊要求时,除采取上述措施外,还应加固基础;

(5)为保证生产及工艺需求,应在保证安全条件下设可调节装置。

抗变形建筑物采取的主要结构措施如下:

(1)变形缝。设置变形缝是抗变形建筑物采用的基本措施之一。将建筑物分成若干个长度较小、自成变形体系的独立单元,从而减小地基反力分布的不均匀性,增强建筑物对地表变形的自适应能力。变形缝设置位置一般选在条件变化处,如平面形状不规则时,变形缝设置在转折部位;建筑物高低相差悬殊时,在高低变化处切缝;建筑物荷载相差悬殊时,在荷载变化处切缝;地基强度或材质有明显差异时,在差异处切缝;分期建造房屋,在交界处切缝;过长建筑物,可每隔 20m 左右切变形缝。

无论建筑物位于何种地表变形区,变形缝宽度均应不小于 5cm。变形缝必须将基础、地面墙壁、楼板和屋面全部切开,形成一条通缝。

(2)抗变形整体基础。各独立单元均为整体基础,具有足够强度与刚度,基础形式随建筑物用途、重要性及地表变形与破坏程度而定,可作成板状、块状、箱形、袋形及框架形基础。主要据水平变形、曲率及建筑物结构特征计算确定。

(3)基础增强措施。主要有设置钢筋混凝土锚固板、钢筋混凝土基础圈梁、基础联系梁等。

①钢筋混凝土锚固板。能有效抵抗水平变形,尤其在建筑物承受双向变形,且变形方向与建筑物轴斜交受很大压缩变形作用时更为适用。锚固板主要承受基础因地基水平变形产生的摩擦力与黏着力,其位置应在原有地板或地下室地板水平处,板厚为 8~12cm,板与土壤间应铺设一层 20cm 厚的砂垫层,每隔 1m 必须伸出外墙设锚固端。整个板内设一层直径为 8mm、间距 100~200mm 的钢筋网。

②基础圈梁。按地表水平变形的作用,分单向受力、双向受力、拉伸变形、压缩变形计算基础所受附加力,计算所需配筋的截面积,据此设置基础圈梁以增强基础抗变形能力。

③基础联系梁。当工业厂房长度较大时往往需采取设变形缝分段措施,而通常均为无横墙,在工艺技术许可条件下应在设置变形缝处建横向钢筋混凝土基础联系梁,使变形缝两边各成单独的封闭单元,具有足够刚度与强度。当地表主水平变形方向与建筑物轴向斜交,要求设置斜向钢筋混凝土基础联系梁。联系梁应与基础梁设在同一水平,其截面尺寸也应相同。联系梁纵向钢筋应锚固在基础圈梁内。

④静定结构体系。国外在采矿地表新建小跨度、无吊车工业厂房时均采用静定结构。我国在采动地表新建建筑物或构筑物时,只要技术和施工条件许可,也应尽量选用静定结构体系,并采用柔性大的轻质屋面材料,房屋基础部位设置滑动层。

⑤增强结构刚度与强度。为提高建筑物抵抗地表变形正曲率、拉伸变形、压缩变形、剪切与扭曲变形能力,增强建筑物整体刚度与强度,主要措施有:设置钢筋混凝土墙壁圈梁、钢拉杆、构造柱、减少门窗洞所占面积等。具体方法如下:钢筋混凝土墙壁圈梁的受力钢筋截面积按轴心受拉状态计算,圈梁一般设在建筑物外墙,设于檐口及楼板下部或窗过梁水平的墙壁

上,在同一水平形成封闭系统,不被门窗洞口切断;钢拉杆主要用于提高建筑物抵抗地表正曲率变形所产生附加拉应力,一般设在檐口及楼板水平处的墙壁外侧,以闭合形式箍住建筑物,在墙角处以角钢边板相连;设置构造柱,钢筋混凝土构造柱,其上端和下端要锚固于檐口圈梁和基础圈梁上,使圈梁组成一个空间骨架系统,提高建筑物的整体刚度,构造柱设置在建筑物各单体墙壁转角处,所有纵横墙交接处或每个开间的纵墙轴线处,其截面积不应小于24cm×24cm;堵砌门窗洞,减少墙体上门窗洞所占面积,提高抵抗地表压缩变形及负曲率变形的能力,多用于仓库类建筑物。

6.7 建筑物移位、纠偏、托换监测

当建筑物的倾斜量达到一定数值后,不仅影响外观,而且会带来门窗启闭失灵,下水道不畅通,仪器设备不能运转等难以正常使用的后果,严重时会使承重构件开裂,建筑物局部或整幢倒塌。房屋开始倾斜时的倾斜量和倾斜速率并不大,但由于没有及时发现和整治,使倾斜日益加剧,危险程度日益增大,其修复工程就更大更艰巨。当建筑物倾斜后,须纠偏(纠倾)处理(有时还需结构补强)或拆除重建。拆除重建的工程造价一定会高于一般的新建建筑物,因为其住户的拆迁安置费和建筑物拆除费高,且常由于建筑物场地狭窄和施工通道堵塞的原因,给拆房和重建工程带来额外的甚至是难以克服的困难,有时还会因城市规划对场地红线的限制,重建新楼的占地面积将比原楼大大缩小,因此,倾斜楼房的纠偏处理方案比拆除重建优先。

6.7.1 建筑物移位技术原理

建筑物移位技术的基本原理是采用托换技术使建筑物形成可移动体,然后采用动力设备对建筑物可移动体施加推力或拉力,使其移动到新址,图6-23为顶推法整体平移示意图,图6-24为牵拉法整体平移示意图。

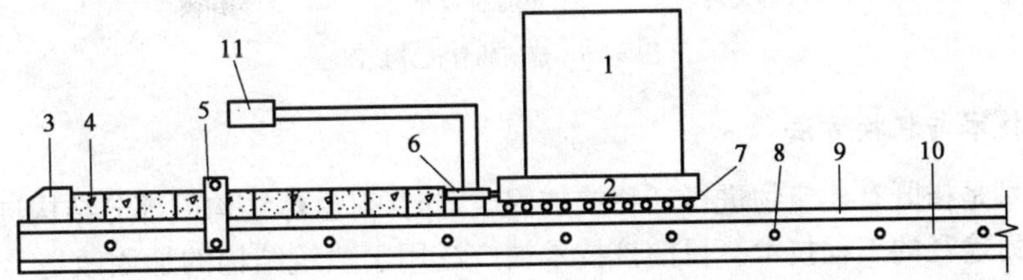

图6-23 顶推法整体平移示意图

1-建筑物;2-托换梁;3-反力支座;4-垫块;5-垫块固定架;6-千斤顶;7-滚轴;8-可动反力架安装预留孔;9-轨道型钢(钢板);10-下轨道梁;11-电动油泵站

建筑物移位技术既可应用于城镇建设中的既有建筑物位置调整,也可进行新建筑的预制、迁移建造。根据不同的移位路线,可分为水平移位和竖直移位。水平移位又可分水平直线移位和水平旋转移位,竖直移位包括顶升和纠倾(竖直旋转移位)。实际工程中的移位路线可以是平移、旋转、顶升等单一路线,也可以是组合路线,通常所说的建筑物整体移位工程仅指平移工程,如图6-25所示。

据托换部位的不同，建筑物平移有两种。第一种是先在规划新址位置修建新基础，其次修建平移轨道与新旧基础相连，在轨道上铺设滚轴或滑块，同时在上部结构底部建造一个刚度较大的水平托换底盘，水平托换底盘下部支撑在滚轴或滑块上，然后采用人工或机械切割方法将墙体和柱与原基础分离，分离后的上部结构被完全托换到轨道上，安装牵引（或顶推）设备（千斤顶或卷扬机）后开始进行同步迁移，直到设计位置，与新基础就位连接。第二种是直接在基础底部进行托换，将基础和上部结构一起迁移至新位置，该方法仅适用于基础埋深较浅的小型建筑。建筑物整体移位的关键技术包括结构托换技术、迁移轨道技术、上部结构与基础分离技术、同步移位施工控制技术及实时监测技术和就位技术。

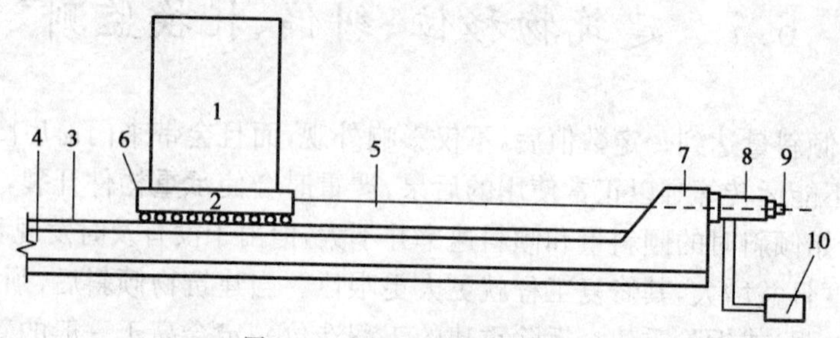

图 6-24　牵拉法整体平移示意图

1-建筑物；2-托换梁；3-轨道型钢；4-下轨道梁；5-牵引钢索；6-滚轴；7-反力支座；8-穿心千斤顶；9-锚具；10-电动油泵站

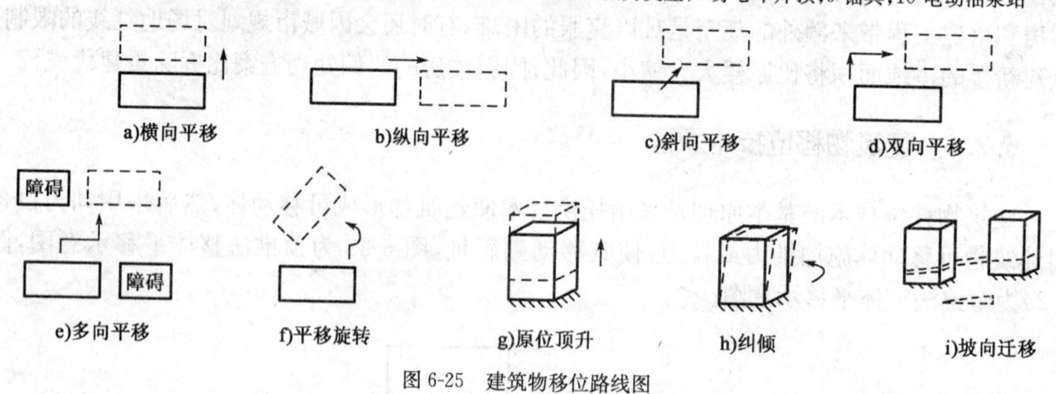

图 6-25　建筑物移位路线图

1）托换技术与托换方法

托换技术是指既有建筑物进行迁移或加固改造时，对整体结构或部分结构进行合理改造，改变荷载传力途径的工程技术。目前该技术被广泛用于建筑结构的加固改造、建筑物整体迁移、建筑物下修建地铁、隧道等工程领域中。托换工程所包括的形式较为广泛，相应的方法可分成两大类：一类是基础托换，其主要方法有基础扩大托换、坑式托换、桩基托换（包括石灰桩、石灰砂桩、静压预制桩、打入钢桩、树根桩、锚杆静压桩、灌注桩等）、振冲加固法、碱液加固法、硅化加固法、基础加压托换、基础减压托换和加强刚度法托换等，上部结构托换包括梁板托换、柱托换和墙体托换；另一类是上部结构托换，其基本方法有牛腿式（柱、梁托换）、双夹梁式（柱、墙托换）、单托梁式（墙、柱托换）和底盘式（墙、柱整体托换）等。

2）移位工程中的托换结构形式

移位工程往往同时使用基础托换和上部结构托换方法。水平迁移工程、顶升工程和顶升

纠偏工程托换主要采用增大截面基础托换法和上部结构托换法，而上部托换结构包括柱托换节点、墙托换梁和连系梁，三者共同组成水平托换底盘或水平托换桁架(托架)。桩式托换、坑式托换和基础加压托换等基础托换方法，一般只应用于竖向迁移工程中。

平移工程中建筑物上部结构的托换方法分为墙体托换法、柱托换法、托架。①墙体托换：一种是抬梁托换，在砌体托换部位穿横向抬梁，抬梁两端支撑在加大的基础上，另一种是分段墩式基础托换发展而来的单梁托换，在墙体中分段凿洞，在洞口部位分段制作托梁托柱上部墙体，完成整个结构的托换；②柱托换：荷载较大，截面尺寸较小，托换要求较高，柱传下来的力可能达数百吨，需托换到下轨道梁上；③托架：桁架上部结构加固托换底盘又称为平移上轨道，分为梁式和板式，梁式托换节省材料，施工方便。

6.7.2　建筑物移位监测

影响建筑物纠偏的因素极其复杂，因此纠偏必须采用“信息施工法”，而信息的关键来源则是建筑物沉降和倾斜等监测资料。故监测设计成为纠偏设计的核心内容之一。

1)监测要求

建筑物在托换或穿越期间的系统监测，除了要测定各测点的绝对沉降量外，还有下列要求：①确定托换或穿越的每个施工步骤对沉降的影响；②对托换或穿越过程所引起的各个监测点的运动状况整理出沉降(或其他观测量)与时间的关系曲线；③根据沉降曲线预先确定建筑物的危险程度及采取相应措施；④采取补救措施时，通过监测指导补救措施的实施(如利用液压千斤顶回顶补偿沉降量时，要及时控制和指导各千斤顶的回顶量)。

地铁线路穿越建筑物时，高程监测系统的测点布置数量、布置形式、监测时间要求等，取决于被穿越建筑物的结构类型、穿越承托结构物的类型及托换时荷载转移传递过程的发展状况。进行建筑物托换、穿越、荷载转移前，需预估支撑结构物的沉降量。

监测过程中要做好4个方面的工作：

(1)对托换或穿越过程引起的各个监测点的运动情况，整理出沉降(或其他观测量)与时间的关系曲线，并应用外推法预测最终沉降量；

(2)确定托换或穿越的每个施工步骤对沉降所产生的影响；

(3)根据沉降曲线预估被托换建筑物的安全度及针对现状采取相应的措施，如增加安全支护或改变施工方法；

(4)监测期限及测量频度，取决于施工过程，在荷载转移阶段，每天都要观测和记录。危险程度越大，观测越频繁。当直接的托换或穿越过程完成后，监测过程尚需持续到稳定为止，沉降稳定标准可采用半年沉降量不超过2mm。

拍摄照片记录裂缝扩展的进展时，应充分注意拍摄时间、比例尺以及裂缝的扩展特征。拍摄时间应与托换工程、穿越工程的施工阶段相联系，以便分析裂缝产生原因。

2)监测点的布设

在施工过程中，被托换或被穿越的建筑物及其邻近建筑物的沉降监测是通过沉降观测点的高程测量来实施的。这些沉降观测点的布置应根据建筑物的体型、结构、工程地质条件等因素综合考虑，且便于监测和不易损坏。

3)监测方法

(1)沉降观测。水准测量按照二等水准要求进行测量。“信息施工法”要求沉降观测具有极强的时间性，测量的频率必须和掏土(开掏和停掏)或其他施工措施(如开孔、下管、排水、拔管等前后)相配合，在施工期的一般观测时段以5～7d为宜。

(2)倾斜观测。设点原则同于沉降观测，观测方法可用吊锤法或交会法，观测成果应与沉降观测成果相互验证。观测频率可稍少于沉降。

(3)位移观测。对于层数较多的多层建筑物和高层建筑物，必须设置水平位移测点，测定其水平位移量的时间变化，以便随时分析建筑物的稳定性，确保其在纠偏施工时的安全。

(4)其他。根据需要可进行屋顶平台及各楼层地坪的沉降和倾斜观测，在地基适当部位进行孔隙水压力和土压力的观测(埋设相应的设备)。

4)监测成果整理与分析

监测成果通常采用表格形式进行记录。不仅要记录每个测点的运动数据，而且还要记录量测时间与对应的施工阶段，以便能进行对应分析。

在施工过程中，被托换建筑物或邻近建筑物产生裂缝或损坏时，不论这种损坏是由开挖、爆炸、振动、托换、穿越或其他原因所引起，必须拍摄损坏区照片，以便说明原来情况及其逐步变化过程。除应记有日期外，尚需标明比例，沿裂缝两边以铅笔绘出平行线记号，并标明相隔距离，以便情况变化时作对照。为更清楚地观察裂缝扩展状况，可在建筑物表面涂上某些脆性材料(如石膏)，在涂层上做好标记、加以编号、注明日期、标明裂缝两侧的对应点(用作判断裂缝扩展宽度及沿裂缝的位错)以及裂缝末端的位置。

第7章 采空区地表高速公路监测

采空区是高速公路建设与运营的隐患，常突然发生变形与破坏，严重时会导致重大交通事故。一旦发生，又难以维修养护，往往中断行车，危害甚至更为严重。路线一般应以绕避采空区为宜，若必须通过时，必须尽可能查明情况。随着我国国民经济迅猛发展，高速公路不可避免跨越采空区，由于高速公路服务年限长，跨越范围广，而采空区上覆岩层冒落塌陷，形成沉降盆地或产生裂缝，导致地表变形过大，对高速公路产生极大破坏。为对采空区稳定性做出正确评价，必须在掌握高速公路变形控制指标的基础上，选用恰当的地表移动预计方法，获得移动与变形值。采用概率积分法对采空区地表移动与变形值预计，对路基及路面进行监测，及时了解变形状况，并根据监测情况做好处理工作，保证高速公路安全运营。

7.1 变形对高速公路的影响

路基路面的性能要求：①整体稳定性及承载力。在处于稳定状态的地层上开挖或填筑路基，原地层的受力状况改变，导致路基失稳。当在软土层上填筑高路堤，附加荷载超出软土地基的承载力，会造成路基沉陷；开挖深路堑使上侧坡体失去支承，造成坡体塌陷破坏；在不稳定地层上填筑或开挖路基会使滑坡加剧或导致塌陷。车辆行驶使路面产生应力应变，当路面结构整体或某结构层的强度、抗变形能力不能抵抗路基路面承载力时，路面出现裂缝、沉陷和车辙等；由于长期受到温度和湿度的周期性影响，路面承载能力也会下降。②变形量。受车辆自重作用以及行驶应力的影响，路基产生的沉陷或固结、不均匀变形，导致路面变形和应力过量，促使路面破坏并影响车辆行驶舒适性，因此，必须控制路基的变形量。③平整度。平整的路面可减少车轮冲击力，行车产生附加的振动小，不会造成车辆颠簸，能提高行车速度和舒适度。为减缓路面平整度的衰变速率，应重视路面结构及面层材料的强度和抗变形能力。

由于地下开采或施工，原开挖面地层损失使岩土体中存在空隙，上覆岩层由于自重向下移动弥补临空面的空隙。国内外对开采沉陷做了大量的研究，形成了矿山开采沉陷学等学科。地下开采或施工使地表产生连续性或非连续性位移变形，对高速公路的危害主要有如下几个方面：支护失稳冒落，地表产生台阶、塌陷坑等剧烈变形，如图7-1所示；路基路面不均匀沉降，造成路基、路面开裂，使路基承载力下降导致路面破坏；倾斜改变使公路横坡度发生变化，车辆行驶时重心偏移导致交通事故发生；曲率和水平变形的改变使路面受压缩变形，路基路面受挤压而发生隆起和张拉变化，导致路面开裂，路面与路基交接处局部产生离层及路面缩张不均匀变化发生波浪起伏。路基路面下沉值大于设计指标时，仅单一地表下沉指标并不能全面评定高速公路的稳定状况；最大曲率大于设计指标，会导致路基路面弯曲变形、开裂；最大倾斜大于设计指标，使路基路面发生横坡度、竖曲线形状和线性方向的变化；最大变形大于设计指标，路基路面会受到拉伸和压缩变形，从而引起路基路面开裂或隆起。

图 7-1 高速公路塌陷

路基过度下沉，其竖直方向产生拉伸变形，将引起路堤本身松弛，而且压实度不同的土层会脱层，影响路基的承载力，加大了路基的倾斜及拉伸变形，对路基的稳定性构成极大的威胁；路基低于地下水位高程时，路堤浸泡在水位中，路基积水而使路基坡脚被水冲刷造成塌陷，进而危害路基、路面强度和稳定性，地下空洞塌陷导致路基塌陷最为严重；如果在路堑上方进行施工，则因开挖形成临空面，有可能导致滑坡，此时要考虑路面倾斜和水平变形对边坡稳定性的影响。

路基下沉将引起水平移动与变形：①路线的横向移动改变路基的线形方向，纵向移动发生水平变形，使路基受到拉伸和压缩变形，由于移动与变形存在不均匀性，会使高速公路发生坡度、竖曲线线状以及线形改变；②水平变形和移动使路基受到拉伸开裂、压缩隆起，路面产生波浪起伏、附加内力、弯矩，路面或路基中产生局部离层，其中波浪起伏会导致车辆腾空；③路基变形的不连续性、不均匀性、无规律性沉降，使得路面的坡度改变，当路基倾斜变化方向和路线一致时，路面坡度增加，反之，路面坡度减少甚至形成反坡。路线坡度的变化，将使移动盆地内各段路线的车辆阻力发生改变。

7.2 高速公路稳定性指标

目前，我国对地铁施工引起的周围地面沉降允许值根据调研而定，例如，北京地铁规定地面沉降值不能超过 30mm；深圳地铁规定地面沉降值不能超过 30～40mm，地面附加倾斜不能超过 1/300；建筑基坑工程监测技术规范(GB 50497—2009)规定，一级基坑周边建(构)筑物的允许沉降值为 30mm。由于建(构)筑物结构体系、施工工艺、原材料质量不同，其允许的水平位移、沉降、倾斜、水平变形及曲率等的最大允许变形值也不相同。图 7-2a)为高速公路路面沉降示意图；7-2b)为高速公路路面水平移动示意图；7-2c)为高速公路倾斜示意图；7-2d)为高速公路倾斜允许值示意图。

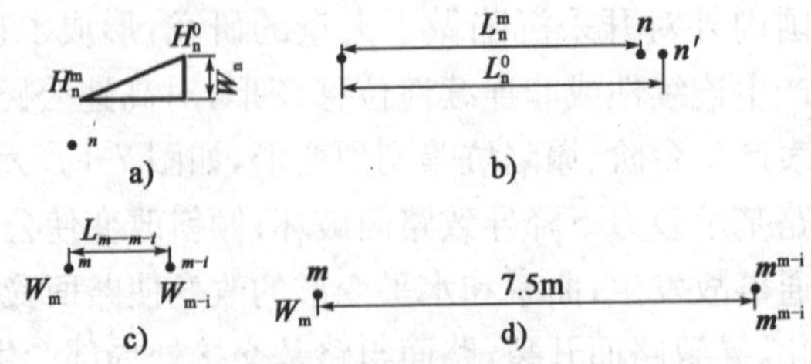

图 7-2 高速公路变形示意图

7.2.1　高速公路沉降与水平移动

假设在高速公路上一点 n，其沉降及水平移动计算：

$$W_{n} = H_{n}^{0} - H_{n}^{m} \tag{7-1}$$

$$U_{n} = L_{n}^{0} - L_{n}^{m} \tag{7-2}$$

式中：W_{n}——n 点的下沉值；

H_{n}^{0}、H_{n}^{m}——n 点首次观测、第 m 次观测高程；

U_{n}——n 点的水平移动值；

L_{n}^{0}、L_{n}^{m}——n 点的首次、第 m 次测量到控制点的水平距离。

7.2.2　高速公路倾斜

高速公路倾斜是指相邻监测点在竖直方向的相对移动量与水平距离的比值，通常用 i 表示。假设高速公路相邻两监测点 m、$m-1$，其下沉值分别为 W_{m}、W_{m-1}，则两点的倾斜为：

$$i_{m-(m-1)} = \frac{W_{m} - W_{m-1}}{L_{m-m-1}} \tag{7-3}$$

式中：i_{m-m-1}——m 和 $m-1$ 点间的倾斜；

L_{m-m-1}——m 和 $m-1$ 点间的水平距离。

7.2.3　高速公路曲率

高速公路曲率是指两相邻监测点的倾斜值之差与两线段中间点的水平距离的比值。反应监测断面的弯曲程度。假设点 m，$m-1$，$m-2$，据式(7-3)分别计算其倾斜 i_{m-m-1}、$i_{m-1-m-2}$，如果 $i_{m-m-1} \neq i_{m-1-m-2}$，则形成弯曲，产生曲率变形。用 K 表示曲率，有：

$$K_{m-m-1-m-2} = \frac{i_{m-m-1} - i_{m-1-m-2}}{(l_{2-3} + l_{3-4})/2} = \frac{2\Delta i_{m-m-1-m-2}}{l_{m-m-1} + l_{m-1-m-2}} \tag{7-4}$$

式中：i_{m-m-1}、$i_{m-1-m-2}$——$m-m-1$，$m-1-m-2$ 点间的平均斜率；

l_{m-m-1}、$l_{m-1-m-2}$——分别表示 $m-m-1$、$m-1-m-2$ 点间的水平距离。

如果监测点之间的距离相等，式(7-4)可简化为式(7-5)：

$$K_{m-m-1-m-2} = \frac{\Delta i_{m-m-1-m-2}}{l} \tag{7-5}$$

曲率变形与曲率半径 R 之间关系如下：

$$R = \frac{1}{K} \tag{7-6}$$

7.2.4　高速公路水平变形

高速公路水平变形是指相邻两点的水平移动差值与两点间距离的比值。反应相邻两测点间单位长度的水平移动差值，通常用 ε 来表示：

$$\varepsilon_{m-m-1} = \frac{U_{m-1} - U_{m}}{l_{m-m-1}} = \frac{\Delta U_{m-m-1}}{l_{m-m-1}}(\text{mm/m}) \tag{7-7}$$

据式(7-7)计算高速公路水平移动变形,实际是m,$m-1$点间每米长度的拉伸或压缩,其中负值表示压缩,正值表示拉伸。

7.2.5 高速公路路面稳定性指标

变形指标常参照"三下"采煤规定,壁式陷落法开采空区地表年沉降量小于24mm,则可确定地表已稳定;如果年沉降值大于24mm,则属不稳定,必须适当治理。

分析深圳、北京、上海地铁施工规定指标,以及建筑基坑工程监测技术规范(GB 50497—2009),地表及建(构)筑物允许沉降值小于30mm,取允许沉降值30mm计算。设m点沉降量为0,$m-1$点沉降量为30mm,"三下"采煤规定重要建筑物倾斜值最大不超过2.5mm/m,考虑到高速公路的整体性及刚性比建筑物好,因此其倾斜值指标不大于2.5mm/m,以单幅路面3.75m计算,$l=7.5$m,当两点的最大沉降差为30mm,允许最大倾斜值i_{m-m-1}和曲率$K_{m-m-1-m-2}$分别为:

$$i_{m-m-1}=\frac{W_m-W_{m-1}}{L_{m-m-1}}=\frac{30}{7.5}=4(\text{mm/m}) \tag{7-8}$$

$$K_{m-m-1-m-2}=\frac{i_{m-m-1}-i_{m-1-m-2}}{(l_{2-3}+l_{3-4})/2}=\frac{2\Delta i_{m-m-1-m-2}}{l_{m-m-1}+l_{m-1-m-2}} \tag{7-9}$$

假设最大倾斜为4mm/m,最小倾斜值0,根据微分原理,另一点与基准点m相距近似7.5m,用$l_{m-m-1}=l_{m-1-m-2}=7.5$m代入式(7-9),得允许最大曲率$0.53\times10^{-3}$/m。采用建筑物允许最大水平变形2mm/m,最大水平距离为7.5m,取最小水平移动值U_m为0,代入式(7-7),计算得最大允许水平移动值U_{m-1}为15mm。

基坑工程规范规定,围护桩顶水平位移不应超过30mm,若借用水平移动30mm作为高速公路路面允许移动值,计算高速公路路面稳定性指标如表7-1所示。

高速公路路面稳定性指标　　表7-1

指标	下沉(mm)	倾斜(mm/m)	水平移动(mm)	水平变形(mm/m)	曲率(10^{-3}/m)
稳定值	≤30	≤4	≤30	≤2	≤0.53

7.2.6 高速公路路基稳定性指标

地下开采地表的允许变形指标参照表7-2所示的划分标准。表7-2中Ⅰ级指最重要的建筑物,其损害可能带来严重的后果;Ⅱ级指一般性的工厂、火车站、水塔、大型学校、大型蓄水池、较大河床、主要铁路及隧道等;Ⅲ级指二等铁路、不大的住宅、不大的水池或蓄水池、较小的河床;Ⅳ级指无客运的次级铁路、锚固的砖结构房屋、公路、不太重要的金属结构物等。

地表移动与变形划分标准　　表7-2

分类级别	倾斜(mm/m)	水平变形(mm/m)	曲率(10^{-3}/m)
Ⅰ	≤2.5	≤1.5	$\leqslant50\times10^{-6}$
Ⅱ	≤5.0	≤3.0	$\leqslant83\times10^{-6}$
Ⅲ	≤10.0	≤7.0	$\leqslant166\times10^{-6}$
Ⅳ	≤15.0	≤9.0	$\leqslant250\times10^{-6}$

一些国家或矿区规定了煤矿采空区建筑物地表容许变形值，如表 7-3 所示。

煤矿采空区建筑物地表容许变形值　表 7-3

国家或矿区	水平变形 ε(mm/m)	倾斜 i(mm/m)	曲率 $K(10^{-3}/m)$
波兰	±1.5	2.5	0.05
美国	±0.8	3.3	—
德国	±0.6	1～2	—
日本	±0.5	—	—
英国	±1.0	水平长度绝对变化小于 0.03m	
卡拉甘达	±4.0	6	0.33
顿巴斯	±2.0	4	0.05

目前，国内外对采空区引起高速公路路基允许变形值一般参照开采地表允许变形指标，将高速公路视为最重要的建筑物：允许倾斜值小于 2.5mm/m，水平变形值小于 1.5mm/m，曲率小于 0.05×10^{-3}/m。

我国有学者选取 $i\leqslant\pm3$mm/m，$\varepsilon\leqslant\pm2$mm/m，$K\leqslant\pm0.2\times10^{-3}$/m 做为高速公路采空区稳定性评价地面变形控制指标。也有学者将高速公路采空区地表稳定性划分为 3 个等级，各等级允许变形范围如表 7-4 所示。高速公路路基处于稳定状态，剩余沉降量小于变形指标，对高速公路影响不大，无必要对路基路面采取处治措施；路基处于基本稳定状态，沉降接近控制指标，如不对高速公路路基处理，则对高速公路有一定影响，考虑到存在流沙层、断层破碎带、岩溶等复杂地质条件，后期沉降可能大于预计指标；不稳定区的地表沉降量大于变形允许沉降量，由于地质采矿条件复杂，尚不确定是否稳定的区域，必须采取工程处治措施才能保证安全。

沉降与变形控制指标　表 7-4

指标	地基类型		
	稳定	基本稳定	不稳定
地表沉降 W(mm)	≤200	$200<W\leqslant300$	>300
倾斜 i(mm/m)	≤±3	$3<i\leqslant6$	>6
水平变形 ε(mm/m)	≤±2	$2<\varepsilon\leqslant4$	>4
曲率 $K(10^{-3}/m)$	≤±0.2	$0.2<K\leqslant0.4$	>0.4

京福高速公路大刘煤矿段路面设计使用年限内残余沉降规定，桥台与路堤毗邻处小于 0.1m，涵洞或箱型通道处小于 0.2m，一般路段小于 0.3m，相邻墩台间均匀沉降差不应使桥面大于 2/1000 的纵坡，静定桥梁结构桥墩台间不均匀沉降不应超过 1mm；昌瑞高速公路路基、桥梁墩台变形指标：路面设计使用年限内残余沉降规定，桥台与路堤毗邻处小于 0.1m，涵洞或箱型通道处小于 0.2m，一般路段小于 0.3m，静定结构不均匀沉降不允许超过 1.5cm，简支梁桥墩台均匀沉降（不包括施工中的沉降）小于或等于 $2\sqrt{L}$mm，相邻墩台不均匀沉降差值小于或等于 $\sqrt{L}$mm，墩台顶面水平位移小于或等于 $0.5\sqrt{L}$mm，其中 L 为相邻墩台最小跨径长度，单位为 m，若其小于 25m 仍按 25m 计算。地表剩余沉降：一般路段小于 30cm，桥头接坡小于

10cm，各指标低限对应于有构造物路段，高限为一般路段。表7-5为国内各高速公路采空区路基施工稳定性控制标准值。

高速公路路基稳定性指标　　表7-5

评价指标	倾斜(mm/m)	水平变形(mm/m)	曲率(10^{-3}/m)
耒宜高速	≤2.0	≤1.5	≤50
晋焦高速	≤3～10	≤2～6	≤20～60
京福高速	≤3	≤2	≤20
禹登高速	≤3	≤2	≤20
昌瑞高速	≤3～10	≤2～6	≤20～60

对应软体路基，在路基填筑过程中，我国相关规范以及高速公路建议采用指标如表7-6所示，其填筑速率应以水平位移控制为主，如超出则应立即停止填筑。

建议采用指标　　表7-6

规范或路段	沉降速率(mm/d)	位移速率(mm/d)
交通部路基施工技术规范	≤10	≤5
京津塘高速公路	10	5
苏嘉杭高速公路	≤10	≤5
深汕高速公路试验段	13～15	5～6
泉厦高速公路	10	2
佛开高速公路	<10	<5

高速公路路基及桥墩沉降与变形控制指标如下：

(1)高速公路路基沉降与变形控制指标。对路面设计使用年限内剩余沉降(简称工后沉降)，桥台与路堤毗邻处≤0.1m，涵洞或箱型通道以及一般路段处≤0.2m，桥头接坡小于10cm。曲率≤0.05×10^{-3}/m，倾斜≤3mm·m^{-1}，水平变形≤2mm·m^{-1}。

(2)桥梁墩台沉降及位移控制指标。简支梁桥墩台工后不均匀总沉降不大于$2\sqrt{L}$mm，相邻墩台不均匀沉降差值不大于$\sqrt{L}$mm，墩台顶面水平位移不大于$0.5\sqrt{L}$mm，其中L为相邻墩台最小跨径长度，单位为m，若小于25m按25m计算；特大桥、大桥连续超静定结构墩台间不均匀沉降不超过1.5cm；外静定体系的桥梁，相邻墩台间沉降差值不大于桥面纵坡的2/1000。

7.3 采空区地表移动与变形预计

采空区地表自工程开工建设后所产生的沉降，称为剩余沉降量。考虑到剩余倾斜、水平移动、水平变形和曲率，将采空区地表自工程开工建设后地表所产生的变形称为剩余变形。采空区地表移动与变形预计包括两部分：采空区剩余地表移动和变形值预计；采空区地表最终移动和变形值预计。

7.3.1 基本概念

为描述和表征岩层和地表移动过程，将相关概念归类如下。

(1)地表下沉：地表移动全向量的垂直分量，其单位为 m 或 mm。地表下沉的符号为 W，充分采动时地表最大下沉符号为 W_{max}或 W_0；非充分采动时地表最大下沉符号为 W_m。

(2)地表水平移动：地表移动全向量的水平分量，其单位为 m 或 mm。地表水平移动的符号为 U，充分采动时地表最大水平移动符号为 U_{max}或 U_0；非充分采动时，地表最大水平移动符号为 U_m。

(3)地表倾斜：地表移动盆地内某线段两端点的下沉差与该线段长度之比，其单位为 mm/m或 10^{-3}。地表倾斜符号为 i，充分采动地表最大倾斜的符号为 i_{max}或 i_0；非充分采动地表最大倾斜符号为 i_m。

(4)地表曲率：地表移动盆地内两相邻线段的倾斜差与此两线段长度的平均值之比，其单位为 mm/m^2 或 $10^{-3}/m$。地表曲率正负号的规定是统一的，地表向上凸起的曲率称为正曲率，地表向下凹入的曲率称为负曲率。地表曲率的符号为 K，充分采动时地表最大曲率符号为 K_{max}或 K_0；非充分采动时地表最大曲率符号为 K_m。

(5)地表水平变形：地表移动盆地内一线段两端点的水平移动差与此线段长度之比，其单位与地表倾斜相同。地表水平变形的正负号有统一规定，线段伸长的水平变形称为拉伸变形，取正号；线段缩短的水平变形称为压缩变形，取负号。地表水平变形符号为 ε，充分采动时最大水平变形的符号为 ε_{max}或 ε_0；非充分采动时最大水平变形的符号为 ε_m。

(6)临界变形值：对建筑物产生变形和破坏的不是移动值，而是变形值。凡不需要维修就能保持建筑物正常使用所允许的地表最大变形值称为临界变形值。临界变形值可用来圈定地表移动盆地的危险变形区。

(7)极限移动角、移动角、裂隙角和崩落角：在移动盆地的断面上，可分别用下沉值为 10mm 的点、临界变形值点及最外侧裂缝位置，确定出盆地边界、危险变形区边界及裂缝边界。这些边界点和相应采空区边界的连线与水平线在采空区外侧的夹角，分别称为极限移动角(δ_0，β_0，γ_0，β_{10})、移动角(δ，β，γ，β_1)、裂隙角(δ'，β'，γ'，β'_1)。各种角度在走向方向用 δ 表示，采空区下侧方向用 β 表示，采空区上侧方向用 γ 表示。急倾斜矿体下盘用 δ_1 表示，如图 7-3a)，7-3b)，7-3c)所示。图 7-3a)，开采急倾斜及浅部矿体，根据地表出现的崩落区边界还可得出崩落角度 β'''，β'''_1 等。地表有表土时，表土移动角用 φ 表示，它和矿层倾角无关。作裂隙角和崩落角时不考虑表土，将地表裂缝和崩落区边界直接与采空区边界相连。

对于这些角度，我国采矿及有关文献中具有不同的名称。如极限移动角又叫边缘角；裂隙角又叫裂缝角，有的也叫崩落角；有的文献对移动角所划定的边界点未给以明确的定义。

(8)最大下沉角：在移动盆地的倾斜主断面上，采空区的中点与地表最大下沉点或盆地平底部分的中点的连线与水平线之间，在矿层下山方向的夹角称为最大下沉角。最大下沉角的符号为 θ。

(9)地表移动过程的 3 个时期：地表移动过程总时间内，根据下沉速度，一般可以划分为 3 个时期：初始期，从地表开始移动至地表下沉速度小于 50mm/月(矿层倾角小于 45°)或小于 30 mm/月(矿层倾角大于 45°)的阶段；活跃期，地表下沉速度大于 50mm/月(矿层倾角小于 45°)或大于 30mm/月(矿层倾角大于 45°)的阶段，此阶段又称危险变形期；衰退期，地表下沉速度从小于 50mm/月(矿层倾角小于 45°)或小于 30mm/月(矿层倾角大于 45°)至移动稳定的阶段。

(10)充分采动角：在充分采动情况下，地表移动盆地主断面上的盆地平底边缘和工作面边界的连线与矿层面之间在采空区内侧的夹角称为充分采动角。下山方向充分采动角的符号为 ψ_1，上山方向充分采动角的符号为 ψ_2，走向方向充分采动角的符号为 ψ_3，如图 7-4 所示。

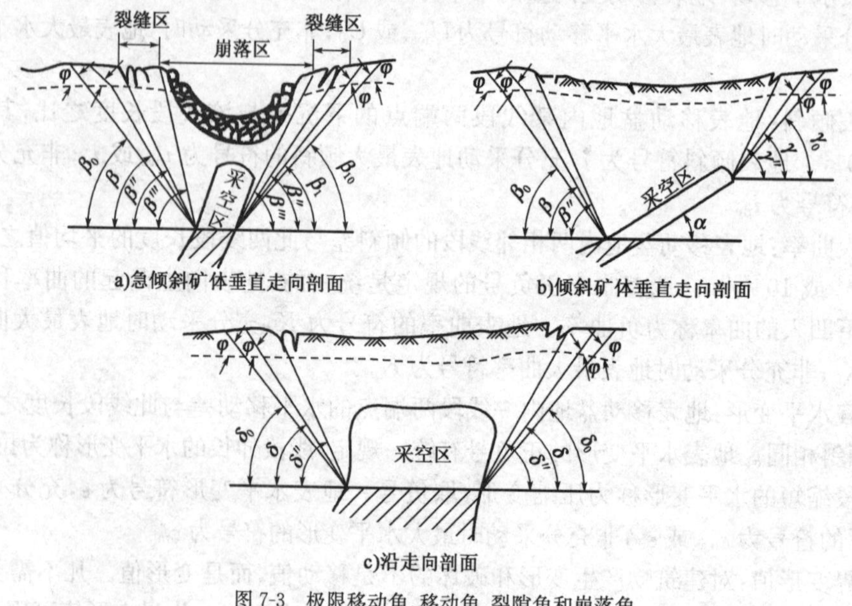

图 7-3 极限移动角、移动角、裂隙角和崩落角

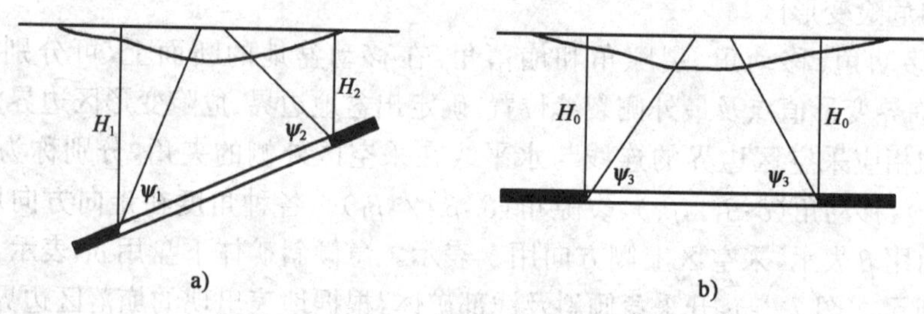

图 7-4 充分采动角

(11)下沉曲线的拐点：在移动盆地主断面上，下沉曲线凸凹部分的分界点称为下沉曲线的拐点，在拐点上，地表倾斜率为最大，曲率值为零。

(12)拐点偏移距：下沉曲线的拐点在理论上应位于工作面开采边界正上方，但由于工作面开采边界附近的顶板岩石往往不能充分冒落，因此，一般情况下，拐点不位于工作面开采边界的正上方，而向采空区方向偏移。拐点与工作面边界之间的距离称为拐点偏移距，拐点偏移距的大小主要取决于岩层性质、开采深度等因素。

(13)影响传播角：在充分采动或接近充分采动的条件下，开采边界(考虑拐点偏移距后)与下沉曲线拐点的连线和水平线之间在下山方向所夹角度，称为影响传播角。它一般小于最大下沉角，在缓倾斜矿层条件下，近似等于最大下沉角。影响传播角的符号也为 θ。

(14)下沉系数：充分采动或接近充分采动条件下，开采水平矿层时的地表最大下沉值与采厚之比，称为下沉系数。开采缓倾斜矿层情况时，下沉系数的计算可用最大下沉量除以倾角的余弦与采厚的乘积。下沉系数符号为 η。

(15)水平移动系数：充分采动或接近充分采动条件下，开采水平矿层时的地表最大水平移动与地表最大下沉之比，称为水平移动系数。水平移动系数的符号为 b。

(16)半盆地长：在充分采动或接近充分采动情况下，移动盆地主断面上的最大下沉点至盆地边界的距离，称为半盆地长。下山方向半盆地长符号为 L_1，上山方向半盆地长符号为 L_2，走向方向半盆地长符号为 L_3。

(17)主要影响半径：充分采动或接近充分采动条件下，地表移动盆地的最大下沉值与最大倾斜值之比，称为主要影响半径。主要影响半径的符号为 r 或 R，如图 7-5 所示。矿层地下开采后所引起的地表变形将主要集中在边界上方宽度为 2 倍的主要影响半径范围内。

(18)主要影响角正切：开采工作面深度 H 与主要影响半径 r 之比，称为主要影响角正切。主要影响角正切的符号为 $\tan\beta$，其数值大小主要取决于开采区上覆岩层力学性质，如图 6-9 所示。

(19)超前影响角：地表受采动影响之后，随着工作面的推进，工作面上方开始移动的地表点总是超前工作面一段距离，这时开始移动的地表点和工作面位置的连线与水平线之间在矿层一侧的夹角称为超前影响角。超前影响角的符号为 ω，如图 7-6 所示。超前影响角可用来计算开始移动的地表点超前工作面的距离 d。其大小主要取决于覆岩性质和工作面回采速度等因素。

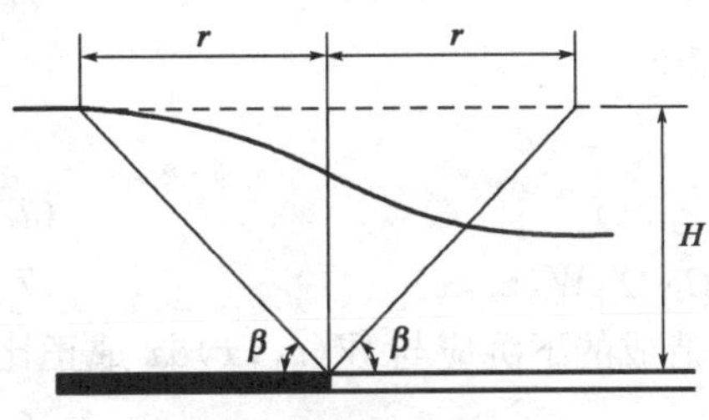

图 7-5　主要影响半径

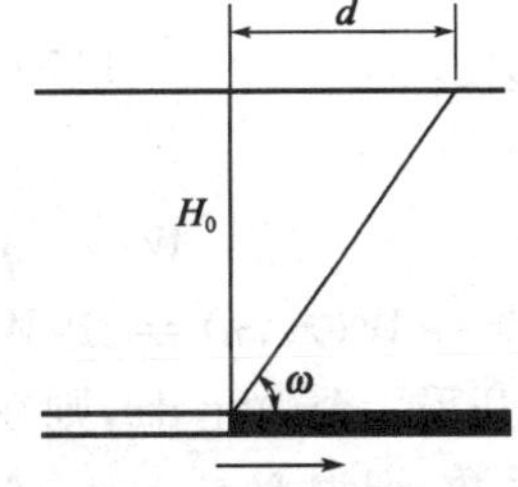

图 7-6　超前影响角

(20)安全开采深度：随着开采深度的增加，地表移动范围愈来愈大，而地表变形值变小。当开采到某一深度后，地表变形值不超过临界变形值，对地表建(构)筑物将不产生有害影响，这一深度称为安全开采深度或安全深度 H_A。

$$H_A = K_A \cdot M \tag{7-10}$$

式中：M——矿层开采厚度；

K_A——安全开采系数。

用留设保护矿柱方法保护地面建筑物安全时，要考虑安全开采深度。

7.3.2　随机介质理论基础

地表移动预计概率积分法的基础是随机介质理论。随机介质理论由波兰学者李特威尼申(J. Litwiniszyn)于 1950 年代引入岩层与地表移动领域，刘宝琛院士等进行深入研究，发展为概率积分法，并在煤矿地表移动预计得到了广泛应用。

李特威尼申等学者应用非连续介质力学中的颗粒体介质力学研究岩层地表移动问题，认为开采引起的岩层和地表移动规律与作为随机介质的颗粒体介质模型所描述的规律在宏观上相似。概率积分法就是把地下开采所引起的岩层及地表移动过程看成是随机过程，用概率论的方法建立由地下单元开采所引起的岩层及地表单元下沉盆地表达式、单元水平移动表达式，经迭加建立地表下沉的剖面方程及其他移动与变形分布表达式。

如图 7-7 所示，在直角坐标系中，zx，$z\xi$，$z\eta$ 代表不同水平面上的岩层。当开采在 z_1 水平进行时，z_1 水平的下沉曲线为 $W(z_1,x)$，这一下沉可导致其上部 z_2，z_3 水平分别以一定概率发生的下沉量为 $W(z_2,\xi)$，$W(z_3,\eta)$。由于 $W(z_1,x)$ 是发生 $W(z_2,\xi)$ 的原因，故可认为 $W(z_2,\xi)$ 是某个特定数学运算作用于函数 $W(z_1,x)$ 的结果，其表达式为：

$$W(z_2,\xi)=\Omega_{z_1}^{z_2}W(z_1,x) \tag{7-11}$$

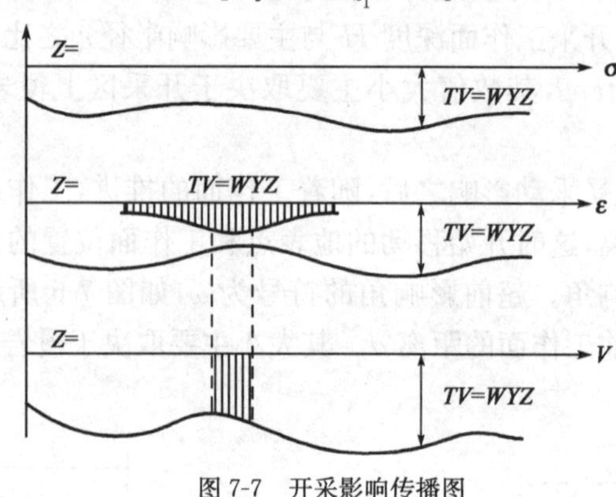

图 7-7　开采影响传播图

同理：

$$W(z_3,\eta)=\Omega_{z_1}^{z_3}W(z_1,x) \tag{7-12}$$

$$W(z_3,\eta)=\Omega_{z_2}^{z_3}W(z_2,\xi)=\Omega_{z_2}^{z_3}\Omega_{z_1}^{z_2}W(z_1,x) \tag{7-13}$$

设在 z_1 水平 x 处开采一个微元 $\mathrm{d}x$，则在 z_2 水平上造成的下沉应与 $W(z_1,x)\mathrm{d}x$ 成正比，其比例系数称为分布系数，记为 $\delta(z_1,x;z_2,\xi)$，则

$$W(z_2,\xi)=\int_{-\infty}^{+\infty}W(z_1,x)\cdot\delta(z_1,x;z_2,\xi)\mathrm{d}x \tag{7-14}$$

比较(7-11)与(7-13)可知，Ω 是一个积分算子，算子核即为分布函数 δ，为满足式(7-14)，δ 须满足：

$$\delta(z_1,x;z_3,\eta)=\int_{-\infty}^{+\infty}\delta(z_1,x;z_2,\xi)\cdot\delta(z_2,\xi;z_3,\eta)\mathrm{d}\xi \tag{7-15}$$

上述方程是一个积分方程，李特威尼申求得的最后下沉盆地 W，对平面问题，必须满足方程式：

$$\frac{\partial W(z,x)}{\partial z}=\alpha(z,x)W(z,x)+\beta(z,x)\frac{\partial W(z,x)}{\partial x}+\gamma(z,x)\frac{\partial^2 W(z,x)}{\partial x^2} \tag{7-16}$$

在空间问题中，以 z 表示垂直轴，以 x_1，x_2 表示两个相互正交的水平轴，则：

$$\begin{aligned}\frac{\partial W(z,x_1,x_2)}{\partial z}=&B_{11}(z,x_1,x_2)\frac{\partial^2 W(z,x_1,x_2)}{\partial x_1^2}+B_{12}(z,x_1,x_2)\frac{\partial^2 W(z,x_1,x_2)}{\partial x_1\partial x_2}+\\&B_{22}(z,x_1,x_2)\frac{\partial^2 W(z,x_1,x_2)}{\partial x_2^2}+A_1(z,x_1,x_2)\frac{\partial W(z,x_1,x_2)}{\partial x_1}+\\&A_2(z,x_1,x_2)\frac{\partial W(z,x_1,x_2)}{\partial x_2}+N(z,x_1,x_2)W(z,x_1,x_2)\end{aligned} \tag{7-17}$$

李特威尼申称符合这一方程的介质为随机介质，遵循这一规律的运动称为随机介质运动。砂粒、岩块体、破碎矿岩等就是这类介质。随机介质理论是地表移动与变形、岩体内部移动与变形等预计体系的基础。

7.3.3　水平成层介质的单元盆地

1）单元盆地的下沉

如图7-8所示，设直角坐标系为 x,y,z 及 s,q,m。在采深为 H 处，当采出肯定会引起地表点下沉的体积为 $2s_0 \times 2q_0 \times 2m_0$ 的单元体积矿体时，则组成这一开采的单元体积在地表所形成的最终稳定盆地称为单元下沉盆地。

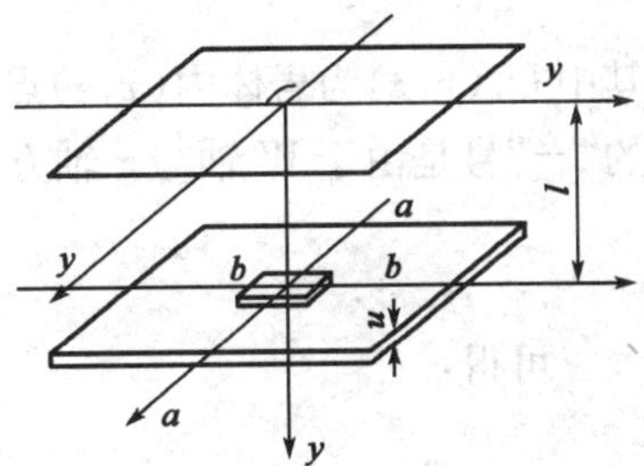

图7-8　地表点及开采空间

在三维问题中，地下(x_0,y_0,z_0)处开采使地表点 $A(x,y,z)$附近某一小块面积 $\mathrm{d}s$ 发生下沉这一事件的概率为：

$$p(\mathrm{d}s)=\delta(x,y,z)\mathrm{d}s=p^2\cdot\exp[-h^2(x^2+y^2)]\mathrm{d}s \tag{7-18}$$

$p(\mathrm{d}s)$表明 z_0 的开采影响以随机方式传至 z 水平上时，开采影响在 z 水平上的随机分布。由此可得到顶板下沉盆地的表达式：

$$W(x,y,z)\mathrm{d}s=p^2\cdot\exp[-h^2(x^2+y^2)]W(x_0,y_0,z_0)\Delta s_0 \tag{7-19}$$

令开采面积 $\Delta s_0=1$，采高 $W(x_0,y_0,z_0)=1$，即为单元开采。此时，在上覆岩层中形成的下沉盆地为单元盆地 W_e，单元盆地下沉方程为：

$$W_e(x,y,z)\mathrm{d}s=p^2\cdot\exp[-h^2(x^2+y^2)] \tag{7-20}$$

由于上覆岩石是逐渐下沉，单元盆地是时间的函数，即为 $W_e(x,y,z,t)$。对应的盆地体积为：

$$V_e=\int_{-\infty}^{+\infty}\int_{-\infty}^{+\infty}W_e(x,y,z,t)\mathrm{d}x\mathrm{d}y \tag{7-21}$$

若以单元体被采出瞬间为时间起算点，有：

$$t=0,V_e=0$$
$$t\to\infty,V_e=1 \tag{7-22}$$

若设定 V_e 增加率与残存未压缩体积成正比，即：

$$\frac{\mathrm{d}V_e}{\mathrm{d}t}=C\cdot(1-V_e) \tag{7-23}$$

则求解式(7-23)可得：

$$V_e=1-e^{-ct} \tag{7-24}$$

由此可得水平成层或水平各向同性介质中，单元下沉盆地的表达式为：

$$W_e(x,y,z,t)=\frac{1}{r^2(z)}(1-e^{-ct})\cdot\exp\left[-\frac{\pi}{r^2(z)}(x^2+y^2)\right] \tag{7-25}$$

式中 $r(z)$为主要影响半径，对整个岩层而言，$r(z)=\frac{\sqrt{\pi}}{h(z)}$。

2)单元盆地的水平移动

下沉盆地的体积变化 e 可表示为沿 3 个轴线方向的线应变 ε_x、ε_y、ε_z 之和，即：

$$e = e = \varepsilon_x + \varepsilon_y + \varepsilon_z \tag{7-26}$$

对于二维情况，考虑体积不变假设，为：

$$\varepsilon_x + \varepsilon_z = 0 \tag{7-27}$$

$$\varepsilon_x = \frac{\partial U_e(x,z)}{\partial x} \tag{7-28}$$

$$\varepsilon_z = -\frac{\partial W_e(x,z)}{\partial z} \tag{7-29}$$

其中 $U_e(x,z)$ 为岩体内 (x,z) 点受单元开采影响产生的水平移动，简称为单元水平移动。ε_z 中的"－"号是由于 W 轴与 z 轴方向相反。代入式(7-27)，有：

$$\frac{\partial U_e(x,z)}{\partial x} = \frac{\partial W_e(x,z)}{\partial z} \tag{7-30}$$

可得：

$$U_e(x,z) = B(z) \cdot \frac{\partial W_e(x,z)}{\partial x} \tag{7-31}$$

式(7-31)即为随机介质理论模型的单元水平移动计算公式。$B(z)$ 称为水平移动系数。

对于地表来说，z 等于开采深度 H，$B(z)$ 为常数，可令其为 B，则：

$$U(x) = B \cdot \frac{\mathrm{d}W_e(x)}{\mathrm{d}x} = \frac{2\pi Bx}{r^3}\exp\left(-\pi\frac{x^2}{r^2}\right) \tag{7-32}$$

式(7-32)为地表单元开采移动表达式。

3)任意水平开采时地表移动与变形

如图 7-2 所示的单元开采，$t\to\infty$ 时，式(7-25)表示开采单元体积在地表点所形成的最终稳定单元下沉盆地方程：

$$W_{ek}(x,y) = \frac{1}{r^2(z)}\exp\left[-\frac{\pi(x^2+y^2)}{r^2(z)}\right] \tag{7-33}$$

据此可推导大范围开采时的地表移动与变形预计公式。

(1)下沉：

$$W(x,y) = \frac{1}{W_{max}} \cdot \int_{-s_0}^{s_0} \frac{W_{max}}{r}\exp\left[-\frac{\pi}{r^2}(x-s)^2\right]\mathrm{d}s \cdot \int_{-q_0}^{q_0} \frac{W_{max}}{r}\exp\left[-\frac{\pi}{r^2}(y-q)^2\right]\mathrm{d}q \tag{7-34}$$

式中：W_{max}——最大最终地表可能下沉值；

r——地表主要影响半径；

$2S_0$——沿走向 x 方向开采宽度；

$2q_0$——沿倾向 y 方向的开采宽度的水平投影值。

(2)沿 x，y 方向及任意方向 f 的水平移动：

$$U_x(x,y) = \frac{br}{W_{max}} \cdot \frac{W_{max}}{r}\left[\exp\frac{-\pi(x+s_0)^2}{r^2} - \exp\frac{-\pi(x-s_0)^2}{r^2}\right] \cdot \frac{W_{max}}{\sqrt{\pi}}\int_{\frac{\sqrt{\pi}}{r}(y-q_0)}^{\frac{\sqrt{\pi}}{r}(y+q_0)} \exp(-\lambda^2)\mathrm{d}\lambda$$

$$U_y(x,y)=\frac{br}{W_{\max}}\cdot\frac{W_{\max}}{r}\left[\exp\frac{-\pi(y+q_0)^2}{r^2}-\exp\frac{-\pi(y-q_0)^2}{r^2}\right]\cdot\frac{W_{\max}}{\sqrt{\pi}}\int_{\frac{\sqrt{\pi}}{r}(x-s_0)}^{\frac{\sqrt{\pi}}{r}(x+s_0)}\exp(-\lambda^2)\mathrm{d}\lambda$$

$$U_f(x,y)=U_x\cos\varphi+U_y\sin\varphi \tag{7-35}$$

式中：b——水平移动系数；

φ——任意方向 f 与走向 x 轴间夹角。

(3)沿 x,y,z 方向水平变形 $\varepsilon_x,\varepsilon_y,\varepsilon_\varphi$ 及剪切变形 γ_{xy}，最大水平变形 $\varepsilon_{\max}$：

$$\varepsilon_x(x,y)=2\pi b\frac{W_{\max}}{r}\left\{\frac{x+s_0}{r}\cdot\exp\left[-\pi\frac{(x+s_0)^2}{r^2}\right]-\frac{x-s_0}{r}\cdot\exp\left[-\pi\frac{(x-s_0)^2}{r^2}\right]\right\}\cdot\frac{1}{\sqrt{\pi}}\int_{\frac{\sqrt{\pi}}{r}(y-q_0)}^{\frac{\sqrt{\pi}}{r}(y+q_0)}\exp(-\lambda^2)\mathrm{d}\lambda \tag{7-36}$$

$$\varepsilon_y(x,y)=2\pi b\frac{W_{\max}}{r}\left\{\frac{y+q_0}{r}\cdot\exp\left[-\pi\frac{(y+q_0)^2}{r^2}\right]-\frac{y-q_0}{r}\cdot\exp\left[-\pi\frac{(y-q_0)^2}{r^2}\right]\right\}\cdot\frac{1}{\sqrt{\pi}}\int_{\frac{\sqrt{\pi}}{r}(x-s_0)}^{\frac{\sqrt{\pi}}{r}(x+s_0)}\exp(-\lambda^2)\mathrm{d}\lambda \tag{7-37}$$

$$\gamma_{xy}(x,y)=-\frac{W_{\max}h'}{\pi h}\left\{\exp\left[-\pi\frac{(x+s_0)^2}{r^2}\right]-\exp\left[-\pi\frac{(x-s_0)^2}{r^2}\right]\right\}\cdot\left\{\exp\left[-\pi\frac{(y+q_0)^2}{r^2}\right]-\exp\left[-\pi\frac{(y-q_0)^2}{r^2}\right]\right\} \tag{7-38}$$

$$\varepsilon_f(x,y)=\varepsilon_x\cos^2\varphi+\varepsilon_y\sin^2\varphi+r_{xy}\sin\varphi\cos\varphi \tag{7-39}$$

$$\varepsilon_{\max}(x,y)=\frac{1}{2}[\varepsilon_x+\varepsilon_y\pm(\varepsilon_x-\varepsilon_y)^2+r_{xy}^2]^{\frac{1}{2}} \tag{7-40}$$

$$\phi_{\varepsilon_{\max}}=\frac{1}{2}\arctan\frac{\gamma_{xy}(x,y)}{\varepsilon_x(x,y)-\varepsilon_y(x,y)} \tag{7-41}$$

(4)地表点倾斜 $T_x(x,y),T_y(x,y),T_f(x,y)$：

$$T_x(x,y)=\frac{1}{br}U_x(x,y) \tag{7-42}$$

$$T_y(x,y)-\frac{1}{br}U_y(x,y) \tag{7-43}$$

$$T_{\max}(x,y)=(T_x^2+T_y^2)^{\frac{1}{2}} \tag{7-44}$$

$$T_f=T_x\cos\varphi+T_y\sin\varphi \tag{7-45}$$

(5)地表点曲率 K_x,K_y：

$$K_x=\frac{1}{br}\varepsilon_x(x,y),K_y=\frac{1}{br}\varepsilon_y(x,y) \tag{7-46}$$

7.3.4 岩体内部的移动规律

随机介质理论在考虑岩体内部移动规律时，认为 $r(z)$ 随 z 变化。如式(7-33)，在地表 $z=0$ 处，$r(z=0)=R$ 具有最大值；在采空区顶板，$z=H$，$r(z)$ 具有最小值，且 $r(z)$ 为 z 的单调函数。

最简单的假设称地表主要影响半径 R 是开采深度 H 和表征上覆岩层力学性质的主要影响角正切 $\tan\beta$ 的函数，即：

$$R = \frac{H}{\tan\beta} \tag{7-47}$$

因此，岩体内部的主要影响半径为：

$$r(z) = \frac{H-z}{\tan\beta_z} \tag{7-48}$$

式(7-48)中，分子 $H-z$ 是 z 的线性函数，若 $\tan\beta_z$ 为常数，则 $r(z)$ 也为 z 的线性函数，即岩体内部的主要影响半径 $r(z)$ 在岩体内部随 z 呈线性变化。但由于在整个厚度为 H 的岩层内，其各个组分的岩性总是复杂多变的，故岩层内部主要影响范围角正切 $\tan\beta_z$ 也是变化的，并为厚度与采深的相对比值 $\frac{H}{H-z}$ 及岩石力学性质参数的函数，一般情况下，取：

$$\tan\beta_z = \left(\frac{H}{H-z}\right)^{n-1}\tan\beta \tag{7-49}$$

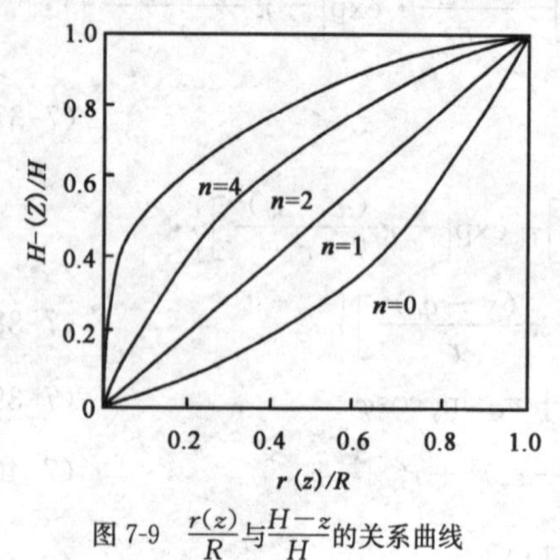

图 7-9 $\frac{r(z)}{R}$ 与 $\frac{H-z}{H}$ 的关系曲线

其中：n 为与岩层力学性质有关的参数，称为主要影响半径指数。

$$n = -2\pi b\tan\beta \tag{7-50}$$

即由地表水平移动系数 b 及地表主要影响范围角的正切决定，负号表示指数 n 与 b 取相反的符号，如图 7-9 所示。

当 $n=1$ 时，开采主要影响半径在岩体内部呈线性变化；

当 $n>1$ 时，$\tan\beta(z)>\tan\beta$，主要影响范围的边界在岩体内呈上凸曲线；

当 $n<1$ 时，$\tan\beta(z)<\tan\beta$，主要影响范围的边界在岩体内呈下凹曲线。

由此，岩体内部的水平移动系数 $b(z)$ 为：

$$b(z) = \frac{r(z)}{2\pi} = -\frac{n}{2\pi}\frac{R}{H}\left(\frac{H}{H-z}\right)^{n-1} = b\left(\frac{H-z}{H}\right)^{n-1} \tag{7-51}$$

根据 $r(z)$，$b(z)$ 值可以获得岩体内部相应于式(7-34)，(7-35)的计算公式。

1)*岩层移动形式与分带*

地下矿体采出后，岩体内部形成空洞，围岩原始应力平衡被打破，导致应力重分布，并达到新的平衡，如图 7-10 所示，这是十分复杂的物理力学变化过程，也是岩层移动和破坏的过程，该过程和现象称为岩层移动。由于地下开采直接破坏上覆岩层，进而使破坏力传递至地表，导致地表移动与变形，形成移动盆地，产生裂缝、台阶和塌陷坑，从而影响地表建(造)筑物。

围岩应力超过其极限强度时，将发生移动、弯曲、开裂、断裂、冒落，最终形成“三带”——弯曲带、裂缝带、冒落带，如图 7-11 所示。顶板在自重应力和上覆岩层的作用下，向空区方向弯曲，产生拉伸变形，当拉伸变形超过岩石极限强度时，直接顶板岩层与上覆岩层分离，进而冒落；直接顶的冒落，影响上覆岩层跟着向空区方向移动，不同岩层下沉速度不同，导致岩层离层，两侧岩石的挤压作用，使得岩层产生裂缝，最终破裂；裂缝上方岩层下沉速度相对较小，岩层出现数量不多的微小裂缝，基本保持岩层的连续性和层状结构。

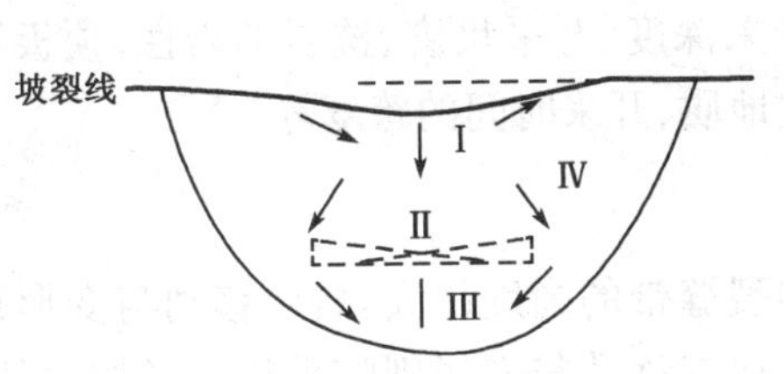

图 7-10 采动岩土应力分布

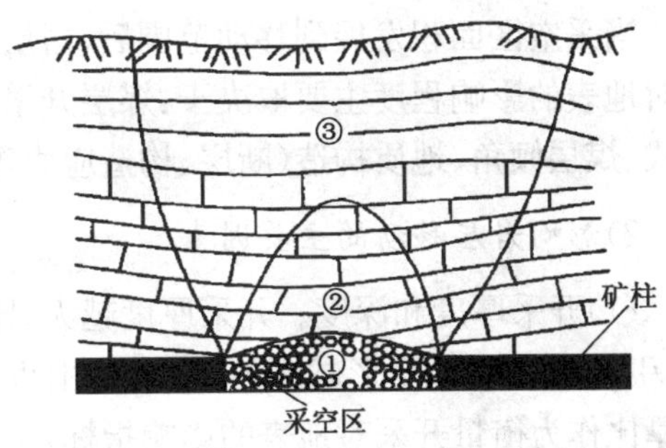

图 7-11 “三带”分布
①-冒落带；②-裂缝带；③-弯曲带

(1)冒落带。在回采后顶板放顶出现。其变形机理是：老顶岩石的似弹性弯曲是宏观和微观所引起的滑动，其滑动沿着岩层中黏结性减弱的岩层面出现，岩石的摩擦系数和剪切力较大，使得滑动面受到较大的摩擦阻力，每当裂缝中外力超过摩擦力和咬合力时，就产生一次滑动，最终形成新的应力平衡。其特点主要有 3 个方面：①随岩层的冒落，刚开始由于冒落高度比较高，特别在倾斜煤层开采时，无规律的填充采空区，随后由于冒落的高度降低使得冒落岩石移动空间减少，从而引起规则冒落，所以将冒落带分为不规则冒落和规则冒落。一般规则冒落位于不规则冒落上方，岩层基本保持原来的层次，而不规则冒落则失去原来的层位，靠近煤层或者倾斜开采时靠近煤壁附近，岩石破碎、堆积紊乱。②岩层具有碎胀性，冒落岩石空隙较大，使得冒落后的岩石比冒落前的体积大，正因为这样，才能使冒落自动停止。由于冒落带具有空隙，随时间的延续，空隙将被上覆岩石压实，直到达到新的平衡状态。③冒落带的高度由岩层倾角、采厚和岩石的碎胀系数决定，计算如下：

$$H = \frac{m}{(k-1)\cos\alpha} \tag{7-52}$$

式中：H——冒落带高度；

m——采厚；

k——岩石的碎胀系数；

α——煤层倾角。

(2)裂缝带。裂缝带中岩层产生裂缝、离层及断裂，但仍旧保持原有的层状结构。其特点有：裂缝带内岩层发生垂直层面的裂缝活断裂及产生顺层理面的离层断裂。一般将裂缝带分为三种：严重裂缝带部分、一般裂缝带部分、微小裂缝带部分。冒落带与裂缝带的高度与覆岩岩性、开采层数、采厚相关。近似水平开采和缓倾斜开采时，冒落带、裂缝带的高度可按如下公式计算：

$$H = 10\sum m + 20 \tag{7-53}$$

式中：H——冒落带、裂缝带高度，m；

$\sum m$——煤层开采总厚度，m。

(3)弯曲带。其特点：高度主要受采深影响，当采深较浅时，裂缝带直接贯通地表，不存在弯曲带，地表产生较大变形；当采深较大时，裂缝带不会达到地表，弯曲带高度一般大于冒落带和裂缝带的总和，当采深较深时，地表影响很小。

当采空区面积发展到移动范围后，岩层移动传递到地表，从而使地表产生移动与变形。开采对地表的影响程度主要取决于：煤层开采厚度、开采深度、开采尺度、覆岩的岩性、顶板管理方式、煤层倾角、地质构造（断层、构造应力等）、水文地质、开采时间的跨度等。

2）影响岩层移动的主要因素

（1）开采厚度和深度。开采厚度越大，冒落带和裂缝带的高度越大，岩层移动与变形越剧烈，引起地表移动变形越剧烈，影响范围也越大，而地表移动与变形则随采深的增加而降低。深厚比作为衡量开采对地表的影响指标，深厚比越大，地表影响越小，反之，地表影响越剧烈。深厚比较小时，地表将可能出现大裂缝、台阶、塌陷坑。此外，开采深度愈大，地表移动与变形时间越长，移动与变形速度愈缓慢，反之则结果相反。

（2）覆岩物理力学性质。当覆岩不存在极坚硬岩层时，开采易冒落，矿层顶板覆岩随采随冒，不形成悬顶，冒落岩块支撑，发生弯曲、下沉和变形直达地表，并产生“三带”，地表缓慢连续变形；覆岩均为厚层极坚硬岩层时，开采后形成悬顶，发生弯曲而不冒落，地表缓慢连续变形；覆岩中存在大多数极坚硬岩层时，矿层顶板大面积暴露，矿柱支撑强度不够时，覆岩产生切冒型变形，地表产生突然塌陷的非连续变形；覆岩中一定位置存在厚层极坚硬岩层时，采空区顶板局部或大面积暴露后发生冒落，但冒落发展到该坚硬岩层时便形成悬顶，不再发展到地表；覆岩产生拱冒型变形，地表缓慢连续变形；当覆岩均为极软弱岩层时，如一些泥岩、页岩或第四系土层等，顶板即使小面积暴露，也会局部沿直线向发生冒落，并直达地表，形成漏斗状塌陷坑。倾斜煤层开采时，如果顶底板岩层坚硬，回采后，顶板不冒落，而采空区上方残留的煤层沿底板的软弱岩层形成滑脱面冒落和下滑，地表煤层露头处出现塌陷坑；如果顶板为坚硬岩层，底板为软弱岩层，则底板岩层易产生滑移，地表变形集中于底板一侧；如果顶底板之间存在软弱层或夹层，则岩层与地表变形集中在软弱夹层处，此时地表变形沿软弱层面形成台阶状下沉盆地，而位于软弱夹层露头处的地面呈整体移动；如果采空区顶底板均为软弱岩层，回采后冒落岩石充填采空区，从而阻止采空区上方煤层的冒落和下滑，避免塌陷坑出现。上覆岩层的力学性质是影响地表最大下沉值的主要因素之一：覆岩层为坚硬岩石，岩层弯曲下沉产生离层、裂缝，并随采空区扩大，岩层及地表下沉逐渐稳定后，离层、裂缝虽能逐渐减少，但不能完全消失，在其他条件相同情况下，上覆岩层坚硬时地表最大下沉值小于岩层软弱时最大下沉值；移动盆地下沉曲线的形状主要取决于下沉曲线拐点位置，而拐点位置与岩性有关，顶板岩性越硬，悬顶距越大，地表下沉曲线上的拐点越偏向采空区一侧。

（3）地层倾角。不同地层倾角导致地表移动盆地特征不同。水平煤层移动盆地中心与采空区中心一致，盆地的平地部分位于采空区中部的正上方，地表移动盆地的形状与采空区对称，如果采空区的形状为矩形，则移动盆地的平面形状为椭圆形；移动盆地在外边缘区分界的正上方或略有偏离；倾斜煤层，在倾斜方向上，移动盆地中心偏向采空区下山方向，与采空区中心不重合，移动盆地与采空区的相对位置，在走向方向上对称于倾斜中心线，而在倾斜方向上不对称，煤层倾角越大，不对称越明显，移动盆地的上山方面较陡，移动范围小；下山方面较缓，移动范围较大；急倾斜煤层，形状不对称更加明显，工作面下边界上方开采影响达到开采范围以外很远，移动盆地明显偏向下山方向；最大下沉值不在采空区中心正上方，而在采空区下边界；地表的最大水平移动值大于最大下沉值。

(4)地表移动参数。其变化与倾角有关，随着煤层倾角的增大，地表移动盆地在采空区下山方向扩展更远，采空区下边界的移动角和边界角减小，即：

$$\beta = 90^\circ - k\alpha \tag{7-54}$$

其中 k 为系数，随矿区岩石强度增大而增大。当倾角大于 60°～70°时，β 不再随倾角增大。煤层倾角对上山移动角影响不大，随煤层倾角的增加，最大下沉角 θ 减小，即：

$$\theta = 90^\circ - k\alpha \tag{7-55}$$

其中 k 为系数，与岩性有关。

当倾角大于 60°～70°时，最大下沉角 θ 值不随煤层倾角的增加而减小，而是随煤层倾角的增加而增加，但不大于 90°。在急倾斜煤层开采时，地表最大下沉点基本上位于采空区下边界正上方附近。随着煤层倾角的增大，上山方向的水平移动值将增大。煤层倾角影响最大，水平移动值相对于最大下沉值的变化。在水平或者缓倾斜开采时，最大水平移动为最大下沉的 0.3～0.4 倍。急倾斜开采时，地表最大移动值可能大于最大下沉值。

(5)开采厚度与开采深度。开采厚度越大，冒落带、导水裂缝带高度越大，地表移动变形值也越大，移动过程表现越剧烈，因此移动变形与采厚成正比。随开采深度的增加，地表各项变形值减小，地表移动盆地变得平缓，当其他条件相同时，地表各项变形值与采深成反比。开采深度对地表移动速度和移动时间影响较大，当 $H<50\text{m}$ 时，地表移动时间仅 2～3 个月；当 $H=500\sim600\text{m}$ 时，地表移动时间可达 2～3 年。地表最大下沉速度与开采深度成反比，一般用深厚比作为衡量开采条件对地表沉陷影响的粗略估计指标，深厚比越大，地表移动变形值越小，移动和变形就越平缓，反之，地表出现大裂缝、台状断裂，甚至出现塌陷抗。采深与采厚比大于 40(即 $H/M>40$)时，在地层中没有较大断裂破坏情况下，当煤层采出一定面积后，引起岩体移动并波及地表，在空间和时间上具有明显的连续性和分布规律，常表现为地表移动盆地；在采深与采厚比小于 40(即 $H/M<40$)时，地表会引起剧烈变形，采空塌陷区上方的地表常形成较大裂缝和塌陷坑。

(6)顶板管理方法。是影响围岩应力变化、岩层移动、覆岩破坏的主要因素。不同的顶板管理方法，反映不同地表移动变形量及沉降变形延续时间。长壁陷落法开采放顶后，顶板自由或强制冒落，地表移动速度快，移动变形量大，当深厚比不太小时，地表变形分布均匀，当深厚比小时，垮落断裂带将达到地表，移动变形将失去连续性，地表出现非连续破坏，如大裂缝、台阶状断裂甚至出现塌陷，随时间推移，老采空区内的空洞率和残余的变形量很小；短壁陷落法开采放顶后，顶板一般为自由冒落，回采率和采空区面积较之长壁法开采低，移动变形量和变形速度也低，随时间推移，形成残余变形量和空洞率也要大；巷柱式和房柱式开采放顶后自然冒落，回采率较低，地表移动变形规律性差，一般浅采空区易出现塌陷坑或环形沉陷区，深采空区则地表移动变形缓慢，残余空洞率较大；特殊开采方法如条带开采，顶板有自然冒落和充填支护两种，分别称为冒落条带法和充填条带法。条带开采使顶板上方岩层及地表移动量和移动速度减小，形成平缓的蝶形移动盆地，控制地表变形量，使其小于保护对象的允许值。充填开采过程中用充填的方法控制顶板，使其不发生冒落，从而控制覆岩和地表的移动和变形。密实充填条带采空区的移动变形和地下空洞率都很小。

(7)采空区的规模。采空区规模决定地表移动充分程度、移动盆地的形状和地表移动变形分布。采动程度分非充分采动、充分采动、超充分采动，采动程度对地表移动盆地的影响见表 7-7。

采动程度对地表移动盆地的影响 表 7-7

采动程度	非充分采动		充分采动	超充分采动
	双向未达到临界尺寸	单向未达到临界尺寸		
开采情况	采空区尺寸在长度和宽度方向均未达到相应地质采矿条件下的临界开采尺寸	采空区尺寸仅在长度方向达到或超过临界尺寸	采空区尺寸在长度和宽度方向都达到临界开采尺寸	采空区尺寸在长度和宽度方向都超过临界开采尺寸
地表移动盆地特征	地表移动盆地呈碗形，移动盆地内所有点均未达到最大下沉值，地表移动盆地的中间区尚未形成	地表移动盆地呈槽形，其长轴方向与采空区长边方向平行，盆地内所有点均未达到最大下沉值，地表移动盆地中间区未形成	地表移动盆地呈碗形，仅盆地正中央达到最大下沉值，盆地中间区未形成	为标准的地表移动盆地，呈盘形，形成了中间区、两边缘区及外边缘区

一般用充分采动系数 η_1 和 η_2 衡量地表充分采动程度，即：

$$\eta_1 = k_1 d_1 / h_0, \eta_2 = k_2 d_2 / h_0$$

其中：k_1、k_2 为采动系数，与地质采矿因素相关；d_1、d_2 分别为采空区沿走向及倾斜方向长度；h_0 为平均开采深度。当 $\eta_1 = \eta_2 = 1$ 时，地表达到充分采动，如果大于 1 为超充分采动，小于 1 为非充分采动。

(8)重复采动。上部煤层开采后，开采下部煤层或同一煤层开采下一工作面时，岩层及地表移动过程比初次移动剧烈，地表下沉值加大，地表移动速度加大，移动总时间缩短，移动范围扩大。重复采动，加大地表下沉，扩大地表移动范围。连续的移动和变形值增大，地表下沉系数增加，加剧围岩和地表的移动与变形，非连续的破坏增加。重复采动时，经受初次开采破坏的岩土进一步破碎，岩层破坏程度加剧，破坏范围加大，采深小时，地表出现裂缝，产生不连续的大裂缝或台阶，使地表移动参数发生变化。复采与初采相比边界角减小 5°～10°，移动角减小 10°～15°。在工作面推进过程中参数有变化，如启动距减小，超前影响角减小，滞后角增大。复采加剧地表移动与上覆岩层物理力学性质、岩层组成、煤层间距等相关。

(9)水文地质条件。当上覆岩层为较坚硬的岩石时，岩层内含水量对物理力学性质无影响；但为软弱岩层及松散岩层时，层内含水多少对其物理力学性质有明显影响。如泥质页岩遇水后塑性增大，在移动过程中不易产生裂隙或断裂；冲积岩内含水较多，疏干后，地表下沉增大且移动范围扩大。

(10)断层。断层倾角、断层大小、断层面强度等决定断层对岩层与地表移动的影响程度。岩层移动过程中遇到断层后，沿断层层面移动，一直发展到地表断层露头处，在断层露头处地表移动与变形剧烈，常产生裂缝，有时甚至产生台阶状大裂缝，而断层露头处以外地表移动突然减小，导致地表移动范围减小。断层露头处建筑物将遭受严重影响，位于断层露头以外建筑物则只受轻微破坏或不受影响。

(11)地势。平坦地表产生沉陷盆地、裂隙及裂缝、陷落坑等；山区地表移动特征复杂，主要与地形起伏、地质等因素密切相关。主要特点：山区地表有明显下沉量和水平位移。山坡易产生向下坡方向滑移，引起向下坡方向的水平移动和下沉，坡间平地或山谷地带，由于滑移量突变，挤压使地表上升。山区水平移动比较复杂，一般情况下，沿走向半盆地地表坡度一致，地表倾斜和下沉盆地倾向相同，半盆地的水平移动全为正值，但数值比一般平地大，盆地中心处不

为 0,地表坡度基本一致;地表倾向与下沉盆地倾向相反时,若地表倾角较大,半盆地水平移动全为负,盆地中心负值最大,若地表倾角较小,拐点附近水平移动可能出现正数,其他位置出现负数。地表坡角在数值和方向都发生变化时,水平移动也相应变化,地表倾向和下沉盆地相同时,水平移动正向递增,倾向相反时,水平移动负向递增,其增减幅度与地表倾角成正比。

(12)松散层。对地表移动影响很大,特别是对水平变形和水平移动分布规律影响明显。岩基下沉引起松散层下沉,使松散层产生弯曲形式而移动,具体如下:当岩基为水平或近似水平时(<10°),松散层移动形式和基岩移动基本一致,两者呈垂直弯曲形式,移动量指向采空区中心,水平变形呈对称分布;岩基倾斜,移动指向煤层上山方向,基岩水平移动均指向上山方向,由于摩擦力作用,基岩移动带动松散层向上山方向水平移动,松散层由下往上逐渐减小,松散层很厚时,基岩移动产生的水平移动在松散层内传递时减小而达不到地表,此时地表只有垂直弯曲和水平移动。

(13)地质构造应力。大部分煤矿都是自重应力型矿山,但当矿区构造应力显著时,构造应力会改变地表沉陷盆地形状,使沉陷盆地范围急剧扩大。随着开采深度增加,构造应力也随之增大,下沉盆地最大下沉值显著减小,构造应力型矿山地表移动下沉系数一般为 0.4～0.6;塌陷坑边缘出现拉剪错断台阶破坏和拉伸开裂破坏;盆地外边缘遥远,急倾斜矿体崩落法开采时地表移动变形范围已超过 $2R$;盆地外边缘水平移动系数数倍甚至成量级地超过自重应力矿山地表移动与变形预计值;对近地表的构造弱面敏感,容易造成构造应力集中破坏,从而改变外边缘地表变形分布。

7.3.5 地表移动与变形规律

(1)移动盆地。地下开采波及到地表,使得岩层向采空区方向移动,地表形成比采空区面积大的沉陷区,即下沉盆地。开采上方地表最初为凹地,随着工作面前移,凹地不断发展,最终形成移动盆地。移动盆地一般比采空区面积大,其位置、形状和矿层倾角大小有关。倾角很小时,移动盆地两侧对称,倾角较大时,呈非对称,盆地中心一般偏向下山方向。常见盆地有槽型和蝶型,如图 7-12 所示。

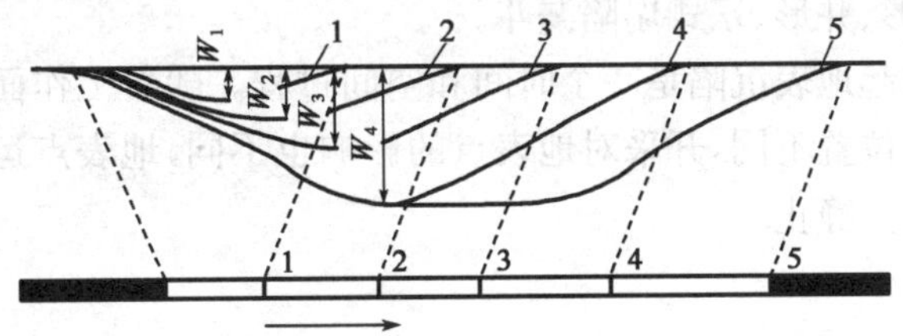

图 7-12 移动盆地的移动变形

按地表移动运动方向,开采沉陷的地表可分为垂直移动和水平移动;按地表变形方式不同可分为倾斜、弯曲和水平变形(伸张或压缩);根据地表变形值的大小和变形特征,自移动盆地中心向边缘分为三区,即均匀中间区、移动区、轻微变形区。

中间区:开采未达到充分开采时,采空区中部水平和垂直变形变化发展很快,且不均匀;当开采达到充分后,移动盆地形成平底,该区初具规模,区内地表运动以下沉为主,且下沉较均匀,地面平坦,一般无明显裂缝。

移动区(危险变形区):地表下沉不均匀,垂直移动和水平移动剧烈,倾斜、弯曲和水平伸张变形很大,地表常出现裂隙、裂缝,形状与采空区边缘有关,常见有条形、弧形。

轻微变形区:地表变形值很小,通常在下沉 10mm 以外的部分,一般对路基不造成损害。

移动盆地改变地表原特征,导致建(构)筑物开裂、倾斜,管道破裂,道路横坡度改变、路面开裂或断裂,河流流向改变导致生态环境变化等,特别在南方地区,降雨量大,因而引起移动盆地长期积水,严重影响土地的使用。

(2)地表裂缝及台阶。开采缓倾斜、中倾斜矿层时,移动盆地外边缘拉伸变形区产生裂缝,裂缝的深度、宽度和第四系松散层厚度、性质有关。塑性大的黏土、黏土质砂或岩石,拉伸变形达到 6~10mm/m 时,地表发生裂缝,一般平行于工作面边界发展,但在推进工作面前方方向地表可能出现平行于工作面的裂缝,这种裂缝深度、宽度较小,随工作面推进先张开后闭合。裂缝的形状,如楔形,上口大,越往深处越小,在一定深度湮灭,裂缝一般在地面以下 5m 消失,个别裂缝深度达到 10m。较大裂缝两侧地表往往有一定落差,落差大小取决于地表变形剧烈程度,即与采厚、采深、顶板管理方法等因素有关。当煤系地层覆盖有水砂层的厚松散层或地表下沉值较大时,地表移动盆地的边缘可能产生系列类似地堑式张口裂缝,相邻两条张口裂缝发展到一定宽度和深度后,两条裂缝中间土层下陷形成中间低、两侧高的地堑式裂缝。裂缝边界上的房屋因为开裂而无法使用,道路出现大型裂缝,严重影响车辆行驶,导致交通事故频繁发生,河流水由于流入裂缝而导致下游出现断流,煤矿出现大量积水,最终由于岩层遇水强度降低,使得煤矿垮塌等。急倾斜煤层条件下松散层较薄时,地表将出现裂缝或台阶。

(3)塌陷坑。一般出现在急倾斜煤层。开采浅部缓倾斜、倾斜煤层时,地表发生非连续破坏,也可能出现漏斗状塌陷坑。在采深很小或采厚很大情况下,用房柱法采煤,使覆岩破坏高度不一致,也会产生漏斗状塌陷坑;对采深很小、采厚很大的长壁式开采时,若采厚不一致,地表可能出现漏斗状塌陷坑;在有含水层的松散层下采煤时,不适当提高回采上限,也会在地表引起漏斗状塌陷坑;急倾斜煤层开采时,煤层露头处附近地表呈现严重的非连续破坏,往往出现漏斗状塌陷坑,塌陷坑大体位于煤层露头的正上方或略微偏离露头位置,偏离距离与煤层倾角、顶底板岩性及基岩表面风化程度有关。塌陷坑的形状取决于松散层的性质和厚度。松散层覆盖较厚时,多呈圆形、井形、坛式塌陷漏斗。

地下煤层采出后引起地表沉陷是一个时间和空间过程。随着工作面的推进,不同时间回采工作面与地表点相对位置不同,开采对地表点的影响也不同,地表点运动的全过程是:静止—开始运动—剧烈运动—静止。

1)地表沉降规律

走向主断面上,一般初次采动时,起动距约 $H/4$~$H/2$(H 为平均开采深度)地表点才开始移动,地表点以下沉 10mm 为标准。图 7-13 所示为工作面前方地表受超前影响而下沉。

下沉速度曲线,一般都是从开始小—逐渐增大—最大值—逐渐减小—静止。点下沉在时空上是连续、渐变的,最大下沉速度与覆岩性质、推进速度、深厚比、采动程度有关。覆岩越软、推进速度越大、深厚比越小,则下沉速度越大,重复采动时最大下沉速度比初次采动大。一般经历 3 个阶段,开始阶段:下沉量达到 10mm 时为移动开始阶段,达 50mm/月时结束;活跃阶段:下沉速度大于 50mm/月的阶段,也称危险阶段,下沉量占总量的 85%以上;衰退阶段:下沉

速度小于 50mm/月，且 6 个月内地表累积下沉不超过 30mm 时结束。

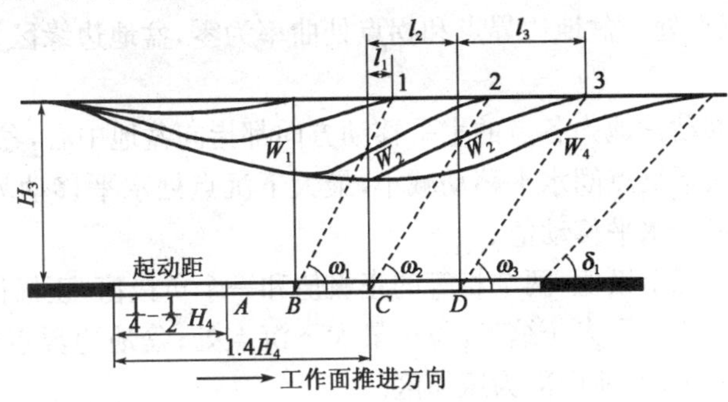

图 7-13 工作面推进过程规律

2)水平移动与变形规律

非充分采动时，随工作面的推进，水平移动增加。充分采动时，固定边界上方水平移动趋于稳定，水平移动值为 0 的点不再向前移动。超充分采动时，水平移动值为 0 的区域扩大，最大水平移动值基本相等，当工作面停采后，最大水平移动值仍继续增加，直到地表稳定。

固定边界上方地表最大正曲率由小到大逐渐增加，到稳定时达到最大；最大负曲率由小到大逐渐增加，然后又由大变小至充分采动时达到固定值。推进过程中工作面边界上方地表的最大正曲率，在充分采动时由小到大逐渐增加到固定值。当充分采动时，盆地内出现两个负曲率，盆地中心点曲率为 0。超充分时，曲率曲线随工作面推进而均匀向前移动，曲线形状基本相似，最大正负曲率基本相同，曲率为 0 区域不断扩大，工作面停采后，工作面上方的地表曲率曲线仍继续向前移动一段距离，最大曲率值仍然增大，直到地表移动达到稳定。当地表充分采动时，工作面推进中前方煤层上方的地表最大曲率变形值小于移动稳定后的地表最大曲率变形值。地表还没达到充分采动时，在开切眼附近的地表最大负曲率变形值的绝对值，大于稳定后的最大负曲率变形的绝对值。

移动盆地移动和变形规律与煤层倾角、开采厚度、开采深度、采区尺寸、采煤方法、顶板管理方法、松散层厚度等因素有关，采动程度和煤层倾角为主要因素。

(1)水平非充分采动主断面的变形规律

下沉曲线：最大下沉点位于采空区中央正上方，自盆地中心至盆地边缘下沉值逐渐减小，边界点下沉值为零，拐点在工作面开采边界正上方略偏向采空区一侧，地表达到充分采动时，拐点处的下沉值约为最大值的一半，如图 7-14 所示。

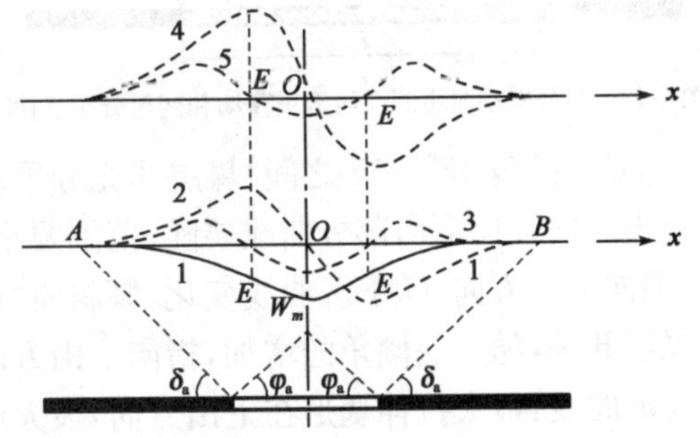

图 7-14 非充分采动时主断面内地表移动和变形分布规律
1-下沉曲线；2-倾斜曲线；3-曲率曲线；4-水平移动曲率；5-水平变形曲线

倾斜曲线：盆地边界点到拐点间倾斜渐增，拐点至最大下沉点间倾斜减小，在最大下沉点处倾斜为零。在拐点处倾斜最大，有两个方向的最大倾斜。

曲率曲线：有三个极值，两个相等的正极值和一个负极值，正极值位于边界点和拐点之间，负极值位于最大下沉点处。盆地边界点和拐点处曲率为零，盆地边缘区为正曲率，盆地中部为负曲率。

水平移动曲线：移动盆地内各点的水平移动方向都指向盆地中心，盆地边界至拐点间水平移动渐增，拐点至最大下沉点间水平移动减小，最大下沉点处水平移动为零；拐点处水平移动最大，有两个相反的最大水平移动值。

水平变形曲线：有三个极值，两个相等的正极值和一个负极值，正极值为最大拉伸值，位于边界与拐点之间，负极值为最大压缩值，位于最大下沉点处；盆地边界点和拐点处水平变形为零，盆地边缘区为拉伸区，盆地中部为压缩区。

(2)水平充分采动时主断面变形规律

充分开采与非充分开采的不同在于：下沉曲线达到最大下沉值；倾斜、水平移动曲线没明显变化；在最大下沉点处，水平变形和曲率变形值均等于零；在盆地中心区域出现两个最大负曲率及两个压缩变形值，位于拐点和最大下沉点之间，如图 7-15 所示。

(3)水平超充分开采时主断面移动变形规律

地表超充分开采与非充分开采不同在于：下沉曲线中部平底上各点下沉值相等，且达到最大值；平底内的倾斜、曲率、水平变形均为零或接近于零；变形主要分布在采空区边界上方附近；最大倾斜和最大水平移动位于拐点处；最大正曲率、最大拉伸变形位于拐点和盆地边界点之间；最大负曲率、最大压缩变形位于最大下沉点之间。具体见图 7-16。

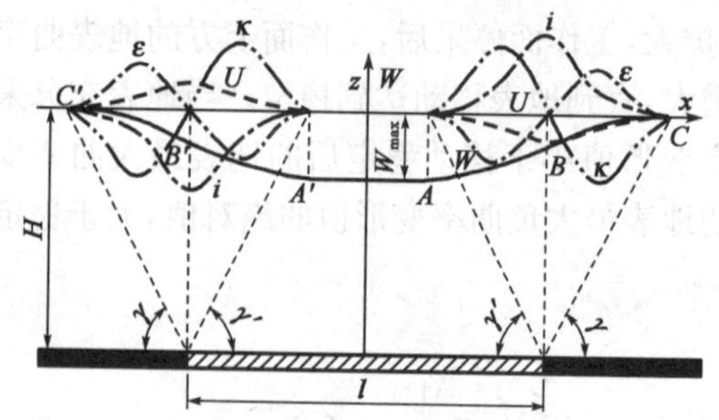

图 7-15　充分采动时主断面内地表移动和变形分布规律

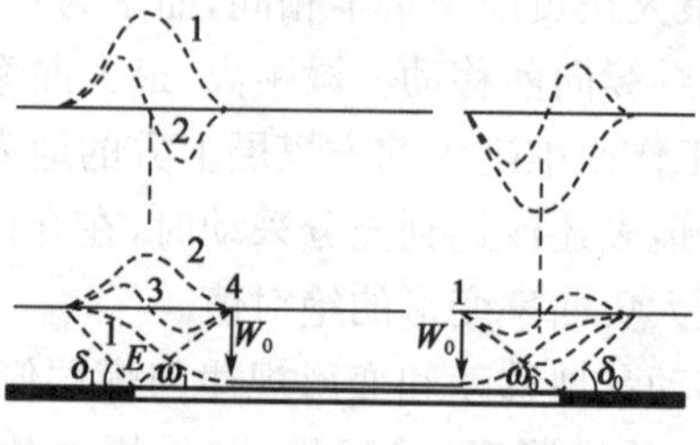

图 7-16　水平煤层超充分采动时主断面内移动变形分布规律

倾斜(倾角 15°～55°之间)煤层非充分采动时，如图 7-17 所示，下沉曲线失去对称性，上山部分下沉曲线比下山部分曲线要陡，范围要小，最大下沉点向下山方向偏离，曲线两个拐点对称，偏向下山方向，随下沉曲线变化，倾斜曲线和曲率曲线也相应发生变化；水平移动曲线：倾斜煤层开采，随煤层倾角的增加，指向上山方向的移动值增大，指向下山方向的移动值减小；水平变形曲线：最大拉伸变形在下山方向，最大压缩变形在上山方向，水平变形为零的点与最大水平移动点重合。

急倾斜(倾角＞55°)非充分采动时，下沉盆地非对称性十分明显，下山方向的影响范围远远大于上山方向。随倾角增加，倾斜剖面形状由对称的碗形逐渐变为非对称的瓢形，最大下沉点位置逐渐移向上山方向，当接近 90°时，下沉盆地剖面转为较对称的碗形或兜形，在煤层露头上方，最大下沉值随回采高度的增加而增大。松散层薄时，只出现指向上山方向的水平移动。

当开采厚度大，开采深度小，煤层顶底板坚硬而煤质较软时，采空区上方煤层沿底板滑落，使地表煤层露头处出现塌陷坑，如图 7-18 所示。

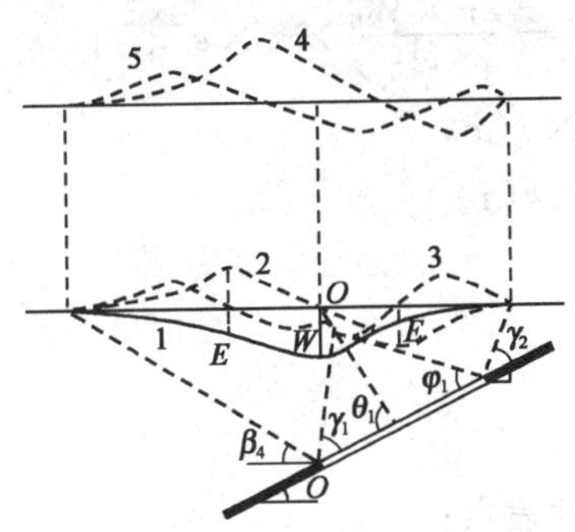

图 7-17　倾斜煤层非充分采动时主断面内地表移动变形分布规律

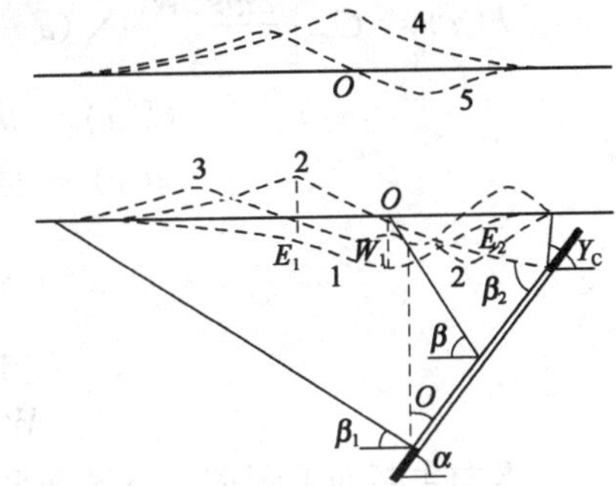

图 7-18　急倾斜煤层非充分采动时主断面内移动变形分布规律

3)采空区移动盆地变形规律

地表移动盆地的范围远大于采空区范围，移动盆地的形状取决于采空区的形状和煤层倾角。

水平开采：移动盆地位于采空区的正上方，盆地的中心与采空区中心一致，盆地的平底部分位于采空区中部的正上方。地表移动盆地以采空区中心对称。形状为矩形时，移动盆地的平面形状为椭圆形。移动盆地内外边缘的分界点，大致位于采空区边界的正上方或略有偏离。水平煤层开采时，非充分开采和刚达到充分开采的地表移动盆地特点和超充分开采相似，不同在于，不形成中性区域，只有一个最大下沉点，且位于采空区中心正上方。

非充分采动的倾斜煤层：倾斜方向上，移动盆地的中心偏向采空区的下山方向，与采空区不重合。移动盆地与采空区的相对位置，在走向方向上对称于倾斜中心线，倾斜方向不对称，倾角越大，不对称越明显。移动盆地的上山方向较陡，移动范围较小；下山方向较缓，移动范围较大。倾斜煤层充分采动时，移动盆地出现平底，充分采动区内的移动和变形特点与水平煤层充分采动区内相似。

急倾斜煤层移动变形规律：地表移动盆地形状不对称更加明显。工作面下边界上方地表的开采影响达到开采范围以外很远；上边界开采影响则达到煤层底板岩层。整个移动盆地偏向煤层下山方向。最大下沉值大致出现在采空区下边界上方，地表最大水平移动值大于最大下沉值。

7.3.6　地表最终移动和变形值的预计

开采引起地表沉陷的预计方法很多，其中比较成熟的有影响函数预计方法，即概率积分法、典型曲线法及剖面函数法等。概率积分法又称随机介质理论法。地表移动和变形主要由5个指标组成，即2个移动指标(下沉，水平移动)，3个变形指标(倾斜，曲率，水平变形)。采空区的采动程度不同，采用概率积分法预计其移动变形值公式也不同。倾斜方向和走向均开采有限时，主断面上的移动变形预计公式沿走向方向为：

$$W(x) = C_{ym}\left\{\frac{W_0}{2} \times \left[erf\left(\frac{\pi^{\frac{1}{2}}}{r_3}x\right) - erf\left(\frac{\pi^{\frac{1}{2}}}{r_4}(x-l)\right)\right]\right\} \tag{7-56}$$

$$i(x) = C_{ym}\left[\frac{W_0}{r_3} \times e^{\frac{-\pi \times x}{r_3}} - \frac{W_0}{r_4} \times e^{\frac{-\pi \times (x-l)^2}{r_4}}\right] \tag{7-57}$$

$$k(x) = C_{ym}\left[\frac{2\pi \times W_0}{r_4^3} \times (x-l) \times e^{\frac{-\pi \times (x-l)^2}{r_4^2}} - \frac{2\pi \times W_0}{r_3^3} \times x \times e^{\frac{-\pi \times x^2}{r_3^2}}\right] \tag{7-58}$$

$$U(x) = b \times (r_3 - r_4) \times i(x) \tag{7-59}$$

$$\varepsilon(x) = b \times (r_3 - r_4) \times k(x) \tag{7-60}$$

$$C_{ym} = \frac{W_{ym}}{W_0} \tag{7-61}$$

$$l = D_3 - s_3 - s_4 \tag{7-62}$$

$$W_0 = mq\cos\alpha \tag{7-63}$$

式中：x——走向主断面上距离采空区开采边界 x 米处地表点；

$W(x)$——x 处地表点的下沉值，mm；

$i(x)$——x 处地表点的倾斜，mm/m；

$k(x)$——x 处地表点的曲率值，mm/m^2；

$U(x)$——x 处地表点的水平移动值，mm；

$\varepsilon(x)$——x 处地表点的水平变形值，mm/m；

C_{ym}——倾向方向采动程度系数；

W_{ym}——倾向主断面上的最大下沉值，mm；

r_3，r_4——采空区左侧、右侧的影响半径，m；

m——采出煤层厚度，mm；

q——最终下沉系数；

α——煤层倾角，(°)；

b——水平移动系数；

l——走向有限开采时的计算长度，mm；

D_3——工作面走向长度，m；

s_3，s_4——左右边界的拐点偏距，m。

b，q 可参考相似地质条件的实测值进行取值。

沿倾斜方向：式(7-56)、(7-57)、(7-58)中将 x 用 y 代替，l 用 L 代替，见式(7-64)，C_{ym} 用 C_{xm} 代替，见式(7-65)，r_1、r_2 代替 r_3、r_4，可得到 $W(y)$、$i(y)$、$k(y)$。

$$L = (D_1 - s_1 - s_2) \times \frac{\sin(\theta_0 + \alpha)}{\sin\theta_0} \tag{7-64}$$

$$C_{xm} = \frac{W_{mx}}{W_0} \tag{7-65}$$

式中：y——倾向主断面上距离采空区开采边界 y 米处地表点；

$W(y)$——y 处地表点的下沉值，mm；

$i(y)$——y 处地表点的倾斜，mm/m；

$k(y)$——y 处地表点的曲率值，mm/m^2；

C_{xm}——走向方向的采动程度系数；

W_{mx}——走向主断面上的最大下沉值，mm；

θ_0——最大下沉角,(°);

L——倾斜工作面计算长度,m;

D_1——工作面倾向斜长,m;

r_1,r_2——下山、上山方向影响半径,m:

$$U(y)=b_1W_0e^{-\pi\frac{y^2}{r_1^2}}+W(y)\cot\theta_0-b_2W_0e^{-\pi\frac{(y-L)^2}{r_2^2}} \tag{7-66}$$

$$\varepsilon(y)=-\frac{2\pi b_1W_0}{r_1^2}ye^{-\pi\frac{y^2}{r_1^2}}+i(y)\cot\theta_0+\frac{2\pi b_2W_0}{r_2^2}(y-L)e^{-\pi\frac{(y-L)^2}{r_2^2}} \tag{7-67}$$

式中:$U(y)$——y处地表点的水平移动值,mm;

$\varepsilon(y)$——y处地表点的水平变形值,mm/m;

D_1——工作面倾向斜长,m;

s_1——上山边界的拐点偏距,m;

s_2——下山边界的拐点偏距,m;

b_1,b_2——下山和上山方向水平移动系数。

当走向方向达到充分采动、倾向方向开采不充分,计算倾向方向主断面各点变形时$C_{xm}=1$;当倾向方向达到开采充分、走向方向开采不充分,计算走向方向主断面各点变形时$C_{ym}=1$;当走向方向、倾向方向都达到充分采动,计算主断面各点变形时$C_{ym}=1,C_{xm}=1$。

7.3.7 剩余地表移动和变形值的计算

地表剩余变形,可由地表某一时刻的剩余变形量及该时刻地表变形速度来反应。地表最终变形量减去此时地表已发生的变形量,称为剩余变形量。残余下沉系数q_s为:

$$q_s=q-q_y \tag{7-68}$$

式中:q_y——已发生下沉的下沉系数,一般通过观测数据获得或者根据相似矿山进行预估。

剩余变形量的预计,就是将(7−68)式中q_s代替(1)式至(12)式中的q,然后按式(7-56)至式(7-67)进行预计,即可求出地表各点剩余变形量的大小。

至今,国内外还没有具体标准来计算地表剩余变形量,一般根据岩土极限碎胀系数、开采方式及顶板管理方法,或结束时间、覆岩性质、采深等进行大致估算,也有参照相关矿区经验值进行估算,即大多以工程经验为主。对鲁尔煤田的观测,提出随时间的下沉系数:第1a为0.75,第2a为0.15,第3a为0.05,第4a为0.03,第5a为0.02;北票矿区治理采用:停采时间大于15a的老采空区,地表残余下沉系数取0.04,大于5a的老采空区取0.12,小于5a的采空区取0.3;京福高速公路徐州绕城东段和西段采空区,取剩余变形量为40%,富水地区取80%;郑少高速公路采空区取剩余变形量为40%。有文献提出地表残余下沉系数:工作面停采10a以上,认为没有影响;停采5~10a,地表残余下沉系数为0.02;停采2~5a,地表残余下沉系数为0.05;停采1~2a,地表残余下沉系数为0.2;正在开采和将来开采,初次开采、地表残余下沉系数为0.75;重复开采,地表残余下沉系数为0.83等。

综合岩土的极限碎胀系数、开采方式、顶板管理方法、工作面停采时间、覆岩性质和采深等,对上覆岩层以中硬砂岩、石灰岩和砂质页岩为主,其余为页岩、粉砂岩、致密泥灰岩等,单向抗压强度30~60MPa中硬岩层,采深大于40m少于150m,深厚比大于20,顶板放顶后,自由垮落，倾角水平或者缓倾斜煤层(0°～15°)，开采层数为单层，采空区区域不存在断层及富水的复杂地质条件，开采达到充分采动的采空区地表剩余变形提出取值方案：工作面停采15a以上，认为影响极小，可不治理；停采10a以上，地表残余下沉系数为0.05或者剩余变形为8%；停采5～10a，残余下沉系数取0.15或者剩余变形为20%；停采2～5a，残余下沉系数取0.2或者剩余变形为25%；停采1～2a，残余下沉系数取0.35或者剩余变形为38%；停采大于6个月小于1a，残余下沉系数取0.65或者剩余变形为80%；停采小于6个月，正在开采或将来开采，地表残余下沉系数0.78；正在进行的重复开采，地表残余下沉系数为0.88。如果采空区上覆岩为坚硬岩层，多层开采，富水的复杂地质条件，采深大于150m，顶板管理方式为支撑或者顶板未垮落等，应分别加大地表残余下沉系数或剩余变形量估值。

7.4 采空区地表高速公路监测

采空区地表高速公路监测主要包括地表下沉和水平移动监测，其原则为：

(1)从整体到局部，从高级到低级；

(2)观测线的长度大于地表移动与变形范围，在高速公路路基或预计变形范围内重点布设；

(3)控制点要设在变形范围外，埋设牢固，且在冻土0.5m以下，每隔一定时期对其进行检核；

(4)明确观测仪器型号及监测点埋设标准，制定观测规范，监测仪器固定，监测人员固定，监测路线固定，监测时间固定，并严格按照监测方案进行监测；

(5)明确监测标准、监测频率和精度。

7.4.1 监测内容及范围

如表7-8所示，高速公路采空区路基及软体路基监测，一般只进行地表下沉与水平位移监测，必要时可增加深层沉降监测、土体侧向变形监测、地下位移监测、土体压力监测、孔隙水压力监测等。观测线的长度需大于采空区残余变形区范围。在确定测线长度时，一般根据各个矿区的沉陷参数进行确定，如采深、采宽、采高、松散层厚度、影响角等。软体路基可根据填筑路基厚度、地质条件、水位条件等布设监测断面。

高速公路路基地表移动监测 表7-8

序号	监测内容		监测方法	必测或选测
1	沉降	地面沉降	水准测量	必测
		地基深层沉降	水准测量	选测
		地基分层沉降	沉降仪量测	选测
2	水平位移	地面水平位移	极坐标、视准线法	必测
		地下深层位移	测斜仪	选测
3	应力	地基孔隙水压力	水压力监测	选测
		地基土压力	土压力监测	选测
		地基承载力	现场试验	选测
4	其他	地下水位	水位观测	选测
		出水量	水量量测	选测

7.4.2 测点的布设

结合采空区与线路的相对位置，按 5～20m 不等间距布设测点，在采空区影响范围外布设水准基点，监测点采用混凝土墩，观测墩为棱台形，顶面、底面均为正方形，顶面尺寸为 20cm×20cm，底面尺寸 25cm×25cm，高 45cm，墩内埋设长 20cm，刻有“＋”标准钢筋，钢筋直径 10～15mm，钢筋露出棱台 0.5cm。测点埋设在观测线上，埋深应在冻土以下 0.5m 左右，且彼此平行。平面监测布点如图 7-19 所示，立面布点如图 7-20 所示。

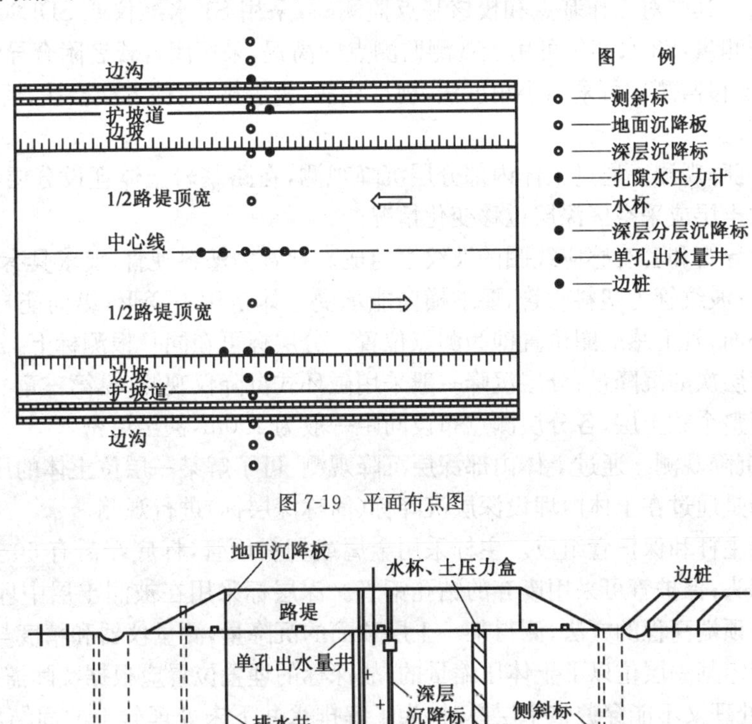

图 7-19 平面布点图

图 7-20 立面布点图

读数箱、工作标点桩、沉降板观测标、工作基点桩、校验基点桩、边桩、测斜管等在观测期中均必须采取有效措施加以保护或专人看管。沉降板及边桩等观测标杆易遭施工车辆、压路机等碰撞和人为损坏，除采取有力的保护措施外，还应在标杆上竖有醒目警示标志。测量标志一旦遭受碰损，应立即复位并复测。测斜管除应防止碰撞外，还必须做好封口，以防异物落入管内造成堵塞。

7.4.3 监测周期

观测频率应与地表下沉和水平移动速率相对应，当地表下沉和水平移动速率较小时，观测频率可适当放宽，地表下沉和水平移动速率较大时，则应加强观测，一般每隔1～3个月观测1次。一般在埋点10～15d后，点固结后进行工作基点与校核点之间的首次观测，然后再进行工作基点与观测点之间的首次观测，初始值必须进行两次观测，且两次差值较小才能当初值。

7.4.4 监测方法

(1)沉降监测。采用水准仪，控制测量按二等水准测量精度，工作基点与监测点之间采用三等水准测量。其中对工作基点和校核基点监测时，采用S1水准仪或SDL30电子水准仪等进行二等水准测量，S3水准仪可用于观测监测点的高程，采用闭合或者附合导线测量。

(2)水平位移监测。可采用小角度法、视准线法、极坐标法、前方交会法、后方交会法，具体视现场情况而定。

(3)分层沉降观测。通过土体内部分层沉降观测，在路基岩土体埋设分层沉降标(简称分层标)，监测软土层或采空区深层位移变化情况。

分层标由导管和套有感应线圈的波纹管组成。导管为塑料硬管，要求具有一定刚度，两端配有接口装置；波纹管为塑料软管，要求横向能承受主体挤压不变形，纵向能自由伸缩。波纹管套在导杆外面，管上感应圈位置即为测点位置。分层标可在同一根测标上，分别观测土体沿深度方向不同层次的沉降量；分层沉降一般采用磁环式沉降仪观测(见第三章)；分层沉降标埋置深度可贯穿整个软土层，各分层测点布设间距一般为1.0m，甚至更密。

(4)深层沉降观测。通过土体内部深层沉降观测，可了解某一层位土体的压缩情况。土体内部深层沉降是通过在土体内埋设深层沉降标(简称深层标)进行观测。

深层标由主杆和保护管组成。主杆采用金属或塑料硬管，杆底端需有50～l00cm长的以增加阻力的标头；保护管可采用废弃的钻孔钢管。深层标采用在被测土层中埋设标杆并用水准仪测量标杆顶端高程的方法，测得某一土层顶面的沉降量，测量仪器和精度与沉降板要求相同。深标是测定某一层位以下土体压缩量的，故深标的埋置位置应根据实际需要确定，如软土层较厚，排水处理又不能穿透整个层厚时，为了解排水井下未处理软土的固结压缩情况，深标可设至未处理软土顶面(排水井底面)。

分层和深层沉降标埋设要点：采用钻孔导孔埋设，钻孔垂直偏差率应不大于1.5%，并无塌孔缩孔现象存在，遇到松散软土层应下套管或泥浆护壁。钻孔深度：对分层标即为埋置深度；对深层标为埋置深度以上50cm。成孔后必须清孔。分层标埋设时先埋置波纹管，第一节波纹管底部必须封死，至一定深度后，插入导管与波纹管一并压至孔底。当埋置深度较大时，波纹管与导管均应随埋随接，接口必须牢固，但不能采用磁感材料作固定件。波纹管露出地面15～20cm，并用水泥混凝土固定；导管外露30～50cm，并随填土增高，接出导管井外加保护管。深层标埋设时先下保护管，再下主杆，到位后再将保护管拔高主杆标头30～50cm。随填土增高，接长主杆和保护管。当分层标和深层标至孔底定位后，用砂子填塞钻孔孔壁与波纹管或保护管之间的间隙，待孔侧土回淤稳定后，测定初始读数。先用水准仪测出分层标导管口高程，并用磁性测头自上向下依次透点测读管内各感应线圈至管顶距离，换算出各点高程。连续测读数日，稳定读数即为初始读数。分层沉降标埋设难度较大，且外露标管对施工影响较大，又易遭碰撞，一般埋设于路中心，一个观测断面埋设1～2根分层标。

(5)土体内部水平位移监测。我国几条高速公路的软基试验工程观测资料均证实，地基在路堤荷载作用下，土体最大的水平位移发生于地面下5～8m范围内，而地面的位移要比最大点的位移小得多。由此可知，主体的破坏不是从地表面开始向下发展，而是从5～8m处的最大位移点逐渐向上发展，道路工程中路堤范围之内水平位移观测采用测斜管法。但测斜管埋设要求较高，既要埋深至无水平位移的深层硬土中，又要严格控制测斜管在土中的垂直度，而且观测工作量也较大，故一般不作为常规施工生产路段的观测项目。但沿河、临河等临空面大而稳定性差的路段，为防止施工中路基失稳或有效控制路基填筑速率，必要时需进行地基主体内部水平位移观测。测斜管应埋设于地基土体水平位移最大位置，一般埋设于路堤边坡坡趾或边沟上口外缘1.0m左右的位置，测斜管埋设时采用钻机导孔，导孔要求偏差率不大于1.5%，测斜管底部应置于深度方向水平位移为零的硬土层中至少50m或基岩上，管内十字导槽必须对准路基纵横方向。具体测量方法见第三章。

(6)应力监测。采空区地区进行路基施工，为了解地基内部受力情况，或随荷载不断加大时地基内部的受力变化情况，需进行应力监测，以便能够全面掌握地基沉降机理及其发展趋势。具体应力监测手段有孔隙水压力观测、土压力观测及承载力观测等。孔隙水压力观测通过在地基土体内部埋设孔隙水压力计，观测土体孔隙水压力变化，掌握地基在承受不同排水条件下、不同附加应力时的固结状态，并据此分析地基土固结程度及地基处理效果。孔隙水压测试系统由孔隙水压力计和量测仪器组成，孔隙水压力值由频率仪测得的频率值换算。孔隙水压力计的平面布点宜集中于道路中心，并与沉降、水平位移观测点位于同一观测断面上。孔隙水压力测点沿深度布设，应根据试验分析需要确定，一般各土层均应有测点，土层较厚时每隔3.5m埋一个点，埋置深度应及至压缩层底。在路堤施工过程中，孔隙水压力计观测时间与频率应与沉降和水平位移观测要求相同；土压力测试系统由土压力计和量测仪器组成。土压力计选型必须与被测土体应力状况相适应，其埋设位置按试验要求确定，可水平向埋置，也可竖向埋置。土压力计可测定路堤基底、土工织物底面、结构基础底面、地基浅层不同深度地基反力，及墙背等位置应力，也可测定复合地基单桩及桩间反力。

压力计采用挖坑埋设，坑槽底面应平整密实，埋设后的土压力计必须位置正确而稳固，四周采用细砂填实，并在初读数稳定后，方可进行其上的填筑工作。测试频率按试验要求而定，也可与沉降和水平位移同步观测。

(7)地下水位及单孔出水量监测。主要是为了了解路堤附近地下水位随季节变化情况，反映的是区域内水位自然变化情况，以此检验试验区的孔隙水压力。由于路堤应力范围随路堤宽度和高度不同，如宽26m高3.4m的路堤，一般应力影响范围可及至坡脚外50m，因此，地下水位井的埋设应尽可能在50m之外。校验孔隙水压力的地下水位井埋设在路堤应力范围之外。水位管一般采用60～70mm的钢管或聚氯乙烯管，长2.5～3m，管底端口50cm范围钻有数排小孔，外包铜纱和尼龙纱，封死管底口。水位管采用钻孔埋入，上口加盖保护。用特制木尺插入管中测量水位，测量时间应与孔隙水压力计的观测同步。单孔出水量井用以检验排水井的排水效果，分析地基土的排水固结特性。单孔出水量、埋设的平面位置应根据研究需要设在路中、路肩或坡脚；埋设方法是在确定位置挖排水井，在排水井顶端约50cm处，套留有排气管和排水管的出水井管，周围用水泥混凝土填实，以隔离路基渗水，外引排气管和排水管至路基外的集水井。

7.4.5 监测数据分析与处理

及时进行监测数据处理、整理，并绘制曲线图：各监测点的累积沉降和下沉速率与时间变化曲线图；各监测点的累积水平移动和水平位移速率与时间变化曲线图；各断面各点的水平变形与时间曲线图；各断面各点的变形曲率与时间曲线图；各断面各点的倾斜与时间曲线图。

7.5 工程实例

某高速公路跨越煤矿采空区，采空区长110m，房柱式开采，开采时间为1982～1998年，生产能力6万t/a，回采率25%。开采9#煤层，采厚1.8m，采空区埋深50～54m，深厚比28～30，采深采宽比为3，倾角2°。采空区有少量积水，地表少量陷坑。9#煤层底板高程722～726m。上覆岩层主要为砂岩、砂质页岩、页岩、泥岩、石灰岩（3～5层）、煤层（5～6层）。取下沉系数q=0.78，水平移动系数b=0.25。采空区与高速公路空间相对位置见图7-21。

设计监测项目为地表下沉及水平位移监测。根据工程地质状况，参照类似矿山开采，取影响角45°界定监测范围，计算地表监测宽度126m，监测长度218m。沿走向设置2条监测线，沿倾向设置1条监测线。根据预测范围，分别在采空区中线左右各40m范围内加密布设监测点，测点间距5m，其他地方10～20m布设一测点，倾向方向监测线长度为218m。监测频率2次/月，沉降监测采用闭合导线方法，水平位移观测采用前方交会法，架设仪器点和定向点采用观测墩，减少仪器及后视定向对中误差，后视定向采用的棱镜要求与观测墩编号统一，减少系统误差。每期监测数据严密平差处理，并绘制变形曲线图。

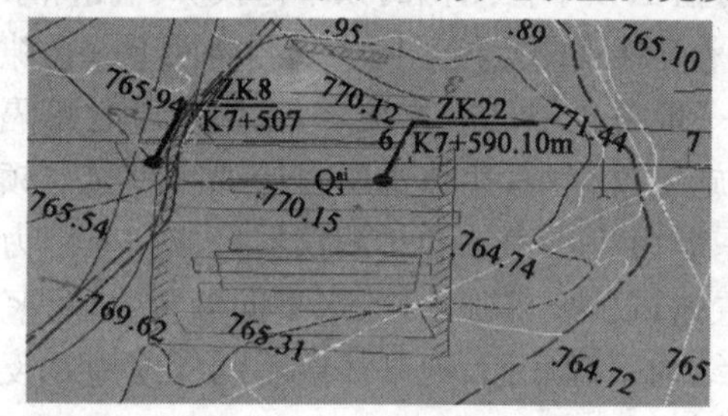

图7-21 采空区与高速公路空间相对位置

根据上述地表残余下沉系数取值方案，考虑地表变形及地质条件，q_s取0.12；由于走向方向开采充分，所以$C_{xm}=1$；倾角2°，可近似为水平开采，$s_1=s_2=0$，$L=D_1=18$m，$b_1=b_2=0.25$，$r_1=r_2=16.3$m。应用式(7-56)、(7-57)、(7-58)、(7-63)、(7-64)、(7-66)、(7-67)，将各参数代入进行计算，其中式(7-56)～式(7-58)中的x、l、r_3、r_4分别用y、L、r_1、r_2替代，绘制倾斜主断面上残余变形曲线，结果如图7-22、图7-23所示。

从图7-22、图7-23可以看到，采空区地表移动与变形长度约60m，其中坐标轴中心左侧影响范围约20m，坐标轴中心右侧影响范围约40m；残余最大水平移动值56mm，距坐标轴中心约0m和18m处；残余最大下沉值为180mm，距坐标轴中心约6m处；残余最大曲率正方向最大值1.3mm/m²，距坐标轴中心约−6m处，负方向最大值2.2mm/m²，距坐标轴中心约8m处；残余最大倾斜6.5mm/m，距坐标轴中心约0m和19m处；残余最大水平变形正最大值5.4mm/m，距坐标轴中心约−7.5m、25m，负最大值为9mm/m，距坐标轴中心约−8.5m。

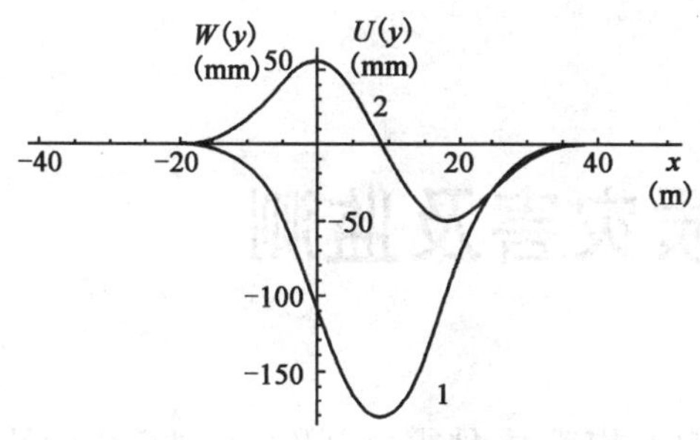

图 7-22　残余下沉和水平移动曲线

1-残余下沉；2-水平移动

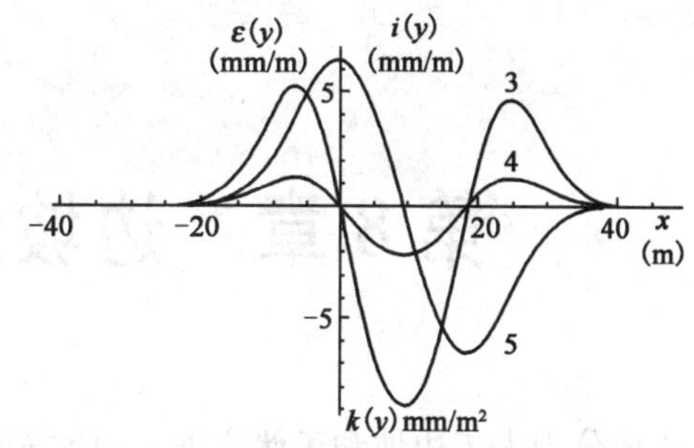

图 7-23　残余曲率、倾斜、水平变形曲线

3-曲率；4-倾斜；5-水平变形

地表最大下沉值 180mm，小于高速公路稳定性评价指标中的地表控制值，单一地表下沉对路基路面的影响很小，但该单项指标不能作为最终评价结果；残余最大曲率 2.2mm/m²，大于稳定值，会导致路基路面弯曲变形与开裂；残余最大倾斜 6.5mm/m，大于稳定值，会使高速公路发生坡度、竖曲线形状和线性方向变化；残余最大水平变形 9mm/m，大于稳定值，路基路面将受拉伸和压缩变形，引起路基路面开裂或隆起。根据设计高速公路下伏采空区稳定性评价指标，采空区处于不稳定阶段，采空区的残余变形对高速公路建设影响较大，必须对采空区进行必要处治。

第8章 边坡地质灾害及监测

边坡分为人工边坡和天然边坡。边坡岩体在重力、构造力、地震力以及各种外营力的长期作用下，都有向下滑落的趋势，这种趋势受到岩体本身抗剪切、抗破坏力的阻抗，一旦岩体阻抗力小于向下滑落的破坏力，就会产生各种地质现象，并可能造成灾害。由于岩体是复杂的自然介质，具有不确定的力学特性，必须采取有效手段，针对岩体工程应力应变特征，进行全过程监测，以检验各认识和论断在工程实施中的正确程度，并在出现不利特殊情况时进行必要补救。本章就边坡地质灾害及其监测进行分析。

8.1 概 述

边坡监测作为边坡工程研究的重要部分，其目的是：监控边坡施工期和运行期的安全，并为施工期信息化设计提供客观真实的资料和现场施工指导。对应负责任的大型边坡，需采取及时有效的支护措施，布设完善先进的安全监测系统、埋设监测设施和进行监测工作、对监测成果及时进行反馈，是边坡安全施工和动态优化的重要保障。同时，也应根据现场开挖反馈的实际地质情况和实际施工方式，实时调整、优化监测布设。在边坡工程施工及运行过程中，监测项目均能直接指导、反馈工程边坡的客观作用与演变。

安全监测主要体现在监控工程施工期和运行期的安全，检验已实施的工程措施效果，并为边坡工程实践积累经验。基于监测新技术和监测信息反馈水平的发展，边坡监测将向手段多样化、传感器新型化和智能化、监测工作自动化方向发展。安全监测预警系统的建立，对边坡安全分析评价、研究成果验证和边坡工程技术进步意义重大。

8.1.1 人工边坡地质灾害

山区铁路、公路、水渠、水库、矿山和城镇等建设，都有大量边坡工程，由于边坡岩体地质条件不良，加之有各种外营力的长期作用，常有崩塌、滑坡、坍塌、风化剥蚀等地质现象产生，并给人类带来不同程度的灾害。铁路和公路沿线滑坡、崩塌、坍塌等地质灾害分布广泛，每年都有发生。如宝成线宝鸡—上西坝段共347km，施工期间共发生滑坡、崩塌、坍塌等大小地质灾害2136处，交付运营后地质灾害仍然不断发生。我国重庆渡口，由于城市建设导致大量滑坡，给生命财产造成了重大损失。陕西耀县、铜川、白水、合阳至韩城长约183km的带形煤矿区，由于大规模开发地下煤炭资源及地面工程建设，极大破坏了厂矿区自然环境的平衡状态，产生滑坡150多处，造成了严重的滑坡灾害。1980年6月，湖北省盐池河磷矿发生灾难性大崩塌，高160m体积达100万m^3的山体突然崩落，冲击气浪将四层大楼抛至对岸撞碎，崩落的土石冲向对岸，造成建筑物毁坏，有284人丧生。甘肃孔山和金川等露天矿边坡也都有大量的地质灾害发生。2008年山西襄汾"9·8"特大尾矿库溃坝事故造成254人死亡、34人受伤，此次溃坝事故泄流量26.8万m^3，覆盖面积达30.2公顷，波及下游500多米的矿区办公楼和集贸市场以及部分民房。据分析，事故直接原因是非法矿主违法生产、尾矿库超储导致溃坝，如图8-1所示。2009年，贵州六盘水市新窑乡个体采石场"9·6"特大滑坡事故，死亡15人，伤2人，事故主要原因是关种田大坡岩层组合层面有2～5mm泥岩软弱夹层裂隙发育，雨水入浸，降低泥岩夹层抗剪强度，大坡顺坡向侧的坡脚地带，在修路和多年的采石场开采过程中，形成临空面，大坡两侧采石作业，破坏了整个滑坡体的稳定，酿成滑坡事故。

图8-1 山西襄汾"9·8"特大尾矿库溃坝

8.1.2 排土场滑塌模式

排土场是露天矿采掘剥离废石的排弃堆积体，它由承纳废石的基底和排弃的散体废石两部分组成。大型排土场最大垂高可达400多米，最大容量达数十亿立方米。在我国露天矿山，特别是多雨的南方矿山，露天矿排土场的失稳非常普遍，且常造成重大经济损失，因而对排土场的变形破坏分析及监测具有重要意义。根据排土场受力情况及变形破坏模式，其破坏主要可分为三种类型。

(1)压缩沉降变形。由于新堆置的排土场为松散岩土物料，其变形主要是在自重和外载荷作用下的逐渐压实和沉降，排土场沉降变形过程随时间及压力而变化，排土初期沉降速度大，随压实和固结沉降逐渐变缓。冶金矿山排土场观测资料表明：其沉降系数为1.1～1.2，沉降过程延续数年，但在第1年沉降变形占50%～70%，是产生滑坡事故关键的一年。在排土场正常压实沉降过程中，虽然变形较大，但不会滑坡，只有当变形超过极限值时才导致滑坡，大量观测资料表明：排土场位移速度为0～25cm/d时，属压缩沉降过程，而超过25～50cm/d便可能出现滑坡，需采取安全措施。

(2)失去平衡产生滑坡。按滑坡影响条件和滑动面所处位置的不同，这类滑坡又可分为3种形式：

①排土场内发生变形破坏。当基底岩层坚硬稳定，排弃散体透水性差，含黏土矿物多、风化程度高、散体强度低时，常常发生这类破坏，如图8-2所示，这类破坏往往是排土场台阶先鼓起后再滑坡。

②沿排土场基底与接触面的滑坡。当排土场散体物料及基底岩层强度较大，二者的接触面存在软弱物料时，常发生这种滑坡。如在外排土场陡倾山坡基底表面，存在第四纪黄土、黏土等软弱层覆盖的排土场，或内排土场基底表面存在有被风化而又未清除干净的松散物料时，可能产生这种滑坡形式，如图8-3所示。

图8-2 排土场内部滑动

③基底破坏。如图 8-4 所示，当承纳废石的基底岩层软弱承载能力较小时，在排土场的压力作用下可能会沿基底软弱岩层滑动，从而引起排土场滑塌。由于基底岩层滑动，常在排土场前方产生地鼓，从而引起牵引式滑坡。

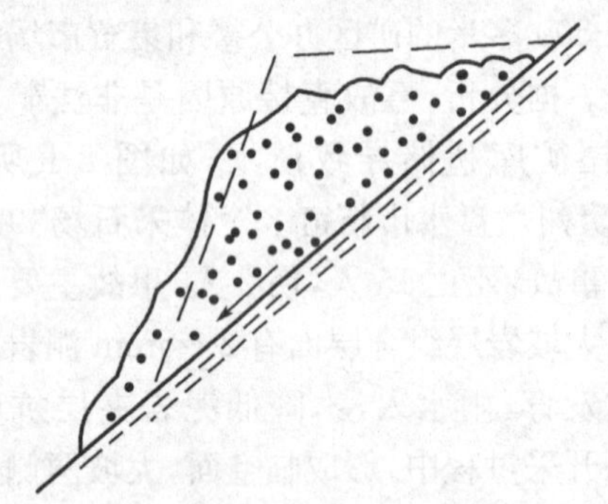

图 8-3 排土场沿接触面滑动

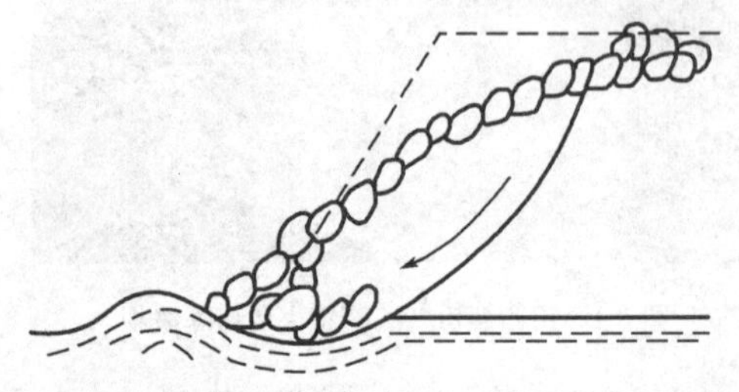

图 8-4 排土场软弱基底破坏引起滑塌

(3)产生泥石流。指斜坡上或沟谷中含有大量的泥、沙、石的固、液相颗粒流体，流体的体积密度一般在 1.2～2.3t/m³，泥石流是地质不良山区的一种介于洪水和滑坡间的地质灾害现象，常在暴雨(或融雪、冰川、水体溃决)激发下产生。泥石流以其强大的冲刷力和急速的流体搬运形式，致使地面景观发生巨变，在其整个流域内给工农业建设和其他活动带来巨大灾难。

8.1.3 天然边坡地质灾害

在外营力长期作用下，特别是在长期大暴雨作用下，天然边坡容易产生滑坡和崩塌。如 1988 年 1 月 10 日 18 时 37 分，伴随着一串惊天动地的“霹雳”声，巫溪县下堡乡中阳村发生一次大型崩塌，约 765 万立方米的石块和泥土，从千米高的山顶以排山倒海之势倾泻而下，填平了西溪河谷，冲上对岸 50 多米高的山坡，巨大的冲击气浪和铺天盖地的飞沙走石，摧毁并埋没了两岸房屋和田地，崩塌体的堆积面积达 64 万立方米，有 11 人丧生，7 人受伤，15 人下落不明。2003 年 5 月 12 日下午 3 点 30 分，贵州三穗发生特大山体滑坡事故，被土石方掩埋 35 人，主滑坡体在被掩埋工棚的山后，造成大约 30 亩稻田被掩，此次滑坡土石方量约 30 万立方米。2005 年 5 月 9 日，临汾市南村发生黄土高边坡自然崩塌，11 户人家 24 人被掩埋，山体滑坡塌方长度 250m，高度 80m，土方量 65 万余 m³。2010 年 6 月 28 日 14 时，贵州省大寨村连续强降雨导致山体滑坡，有 38 户人家 107 人被掩埋，其中 62 人遇难。2010 年 8 月 8 日，甘肃省舟曲县特大滑坡泥石流灾害，造成 1467 人遇难，298 人失踪，强降雨引发滑坡泥石流，堵塞嘉陵江支流白龙江，形成堰塞湖回水使舟曲县城部分被淹，电力、交通、通信等全部中断，如图 8-5 所示。从上述资料可以看出边坡地质灾害的严重性，其中主要有滑坡、崩塌、坍塌和风化剥落 4 种，以滑坡、崩塌、坍塌 3 种地质灾害对人类威胁为最大。

图 8-5 舟曲县特大滑坡泥石流

8.2 监测目的

边坡工程开挖导致岩土体疏水，使边坡岩土体内地下水位下降，同时使开挖岩土体失去部分横向支撑，边坡岩土体将向开挖空间产生移动，岩土体疏水会使骨架的有效应力增高，从而引起岩土固结加密，导致边坡岩土体的沉降与变形。

露天矿边坡从建设到闭坑从未发生过破坏，则通常意味着其设计偏于保守。此外，由于开挖使周围岩体原有应力场发生变化而产生压缩、剪切、拉伸等变形，加之开挖使深埋在岩体中的地质不连续面临空形成有界块体，暴露在外的岩石逐渐风化以及膨胀性夹层、地下水位变化、爆破影响等等，使人们只能按位移的实际发展对边坡实行管理。边坡移动监测是边坡稳定性研究的重要组成部分，监测目的是对可能发生滑坡的危险边坡进行观测，查明滑动性质、滑体规模，准确预报滑坡等现象以确保生产安全，避免灾难性事故的发生。具体为：

(1)提供边坡恶性发展报警，保证作业人员及设备安全，反之，在变形趋稳时解除警报，以利于组织生产。

(2)提供可靠监测资料，识别不稳定边坡的变形和潜在破坏的机制及其影响范围，以制定防灾、减灾措施。

(3)提供信息以便调整施工计划，甚至修改设计。

(4)参与提出处理潜在滑体方案，为方案的实施提供安全监测，并对处理效果进行评价。

8.3 监测内容

对边坡位移、应力、地下水等进行监测，监测结果作为指导施工、反馈设计的重要依据，是实施信息化施工的重要内容。施工安全监测将对边坡体进行实时监控，以了解由于工程扰动等因素对边坡体的影响，及时指导工程施工和优化施工方案。进行安全监测时，测点布置在边坡体稳定性差，或工程扰动大的部位，力求形成完整的剖面，采用多种手段互相验证和补充。

边坡施工安全监测内容包括地面变形监测、地表裂缝监测、深部位移监测、地下水位监测、孔隙水压力监测、锚索或锚杆拉力监测、抗滑桩中钢筋应力监测、地应力监测、爆破监测等内容。边坡处治效果监测是检验边坡处治设计和施工效果、判断边坡处治后稳定性的重要手段。边坡长期运营监测将在防治工程竣工后，对边坡体进行动态跟踪，了解边坡体稳定性变化特征，一般沿边坡主剖面进行，监测点的布置少于施工安全监测和防治效果监测，监测内容主要包括深层位移监测、地下水位监测和地表变形监测。

边坡监测的具体内容应根据边坡等级、地质及支护结构特点进行考虑，通常分为：①一级边坡防治工程，建立地表和深部相结合的综合立体监测网，并与长期监测相结合。②二级边坡防治工程，在施工期间建立安全监测和防治效果监测点，同时建立以群测为主的长期监测点。③三级边坡防治工程，建立群测为主的简易长期监测点。

8.4 监测方法

边坡安全监测以整体稳定性监测为主，兼顾局部滑动楔体监测。边坡中存在不利结构面，是引起边坡破坏的主要因素，边坡监测的重点是坡体中的软弱面，监测点应设置在软弱面或测孔穿过软弱面。引起失稳的原因通常是：施工破坏原有边坡稳定因素，因此边坡的失稳通常发生在施工期间，尤其是施工程序不正确时，如边坡施工要求自上而下施工时，如果支护措施跟进不及时，则可能导致失稳。土质边坡的不稳定因素是逐步积累的，施工期间稳定的边坡，随地下水的渗入和软弱面的发展，运行期间突然产生滑动，此时损失更大，治理成本更高。

8.4.1 坡体监测

1)坡表位移监测

测量内容包括边坡体水平位移、垂直位移及变化速率等。边坡地表监测网通常可采用：十字交叉网法，如图 8-6a)所示，适用于滑体小、窄而长，滑动主轴位置明显的边坡；放射状网法，如图 8-6b)所示，适用于比较开阔、范围不大，在边坡两侧或上、下方有突出的山包能使测站通视全网的地形；任意观测网法，如图 8-6c)所示，用于地形复杂的大型边坡。

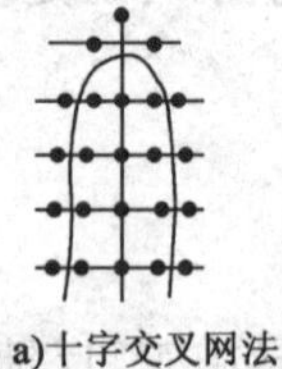
a)十字交叉网法

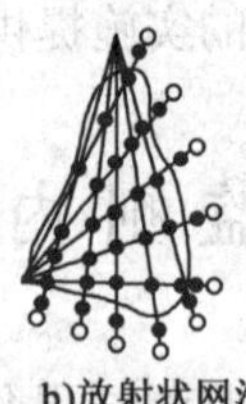
b)放射状网法

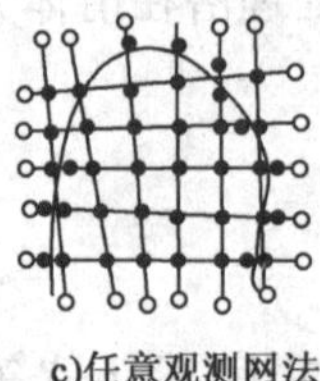
c)任意观测网法

图 8-6 边坡监测网布置

网点观测标志采用钢筋混凝土观测标墩，或选择其他标准观测墩。标墩基础力求稳固，应浇筑在除去表面风化层的新鲜基岩上。当地表覆盖层较厚时，开挖深度不小于 1m 的基坑，同时在底部打 5 根 2m 长的桩。标墩应现场浇筑，顶部仪器基盘采取混凝土埋设且仪器基盘要求水平。由于监测网点也是高程工作点，为观测方便，观测标墩的底盘上应设置水准标志，水准标志的标芯高出底盘面 0.5cm 左右。观测线由位于同一直线上的控制点和工作点组成。控制点应布设在滑体外稳定地表或边坡上，工作点设置在滑体上。每条观测线至少设两个控制点，控制点至第一个工作点的距离和控制点间的距离为 50～100m，工作测点剖面线长度视边坡倾斜方向实际长度而定。工作测点间距一般为 5～15m，对露天矿山边坡，视露天矿深度、台阶高度和宽度而定，一个台阶上至少应设两个测点，其中一个靠近坡顶，另一个靠近坡脚，每个平台上均应设置观测点，且测点位置应考虑观测方便，如图 8-7 所示。

观测站应布置在：①工程地质条件较复杂，如断层、破碎带、风化带、岩层节理等发育地段。②受地下水和地表水危害较大的地段。③运输枢纽。④已形成较高的边坡和服务年限较长的地段。⑤正在进行边坡治理地段。

露天矿边坡观测工作主要内容如下：①警戒观测：确定边坡是否滑动，根据季节及观测线的具体情况定期观测。若发现观测点累计下沉量达 20mm，可认为边坡开始滑动，需进行全面观测，全面观测包括高程和平面位置测量。②滑动期观测：其周期根据边坡活跃程度而定，一般 1～3 月进行一次水准测量，3～6 月进行一次全面观测，在滑动速度快、变形大情况时，应缩短观测周期以全面研究和掌握滑动规律。当发现滑体出现裂隙时，必须测量裂隙长短、深浅和走向，并在裂隙两侧设置观测点，每月或每周观测一次裂隙变化情况。③滑坡后观测：包括观测点平面位置、高程及滑体大小、滑落时间记录等，并在滑坡区平面图上表示滑动面、裂缝位置、凸起、凹陷等变形发生部位、时间及有关测量数据。

观测成果整理的主要内容有：①检查野外观测手簿。②计算观测点水平距离(加入全部改正)。③计算观测点平面位置和高程。④计算移动和变形值。⑤绘制移动和变形曲线图。

观测线的条数取决于滑坡范围(监测范围)的大小、边坡岩土力学性质及地质条件复杂程度。一般在滑体中央部分、沿预计最大滑动速度方向(多数情况为大致垂直于露天矿边坡走向方向)布置一条，其两侧再布设若干条，如图 8-8 所示。对滑体上具有特征性的地方应设专门观测点进行监测，当发现某些观测点有移动时，可在这些观测点的上、下、左、右增设观测点，以便准确确定边坡移动范围。

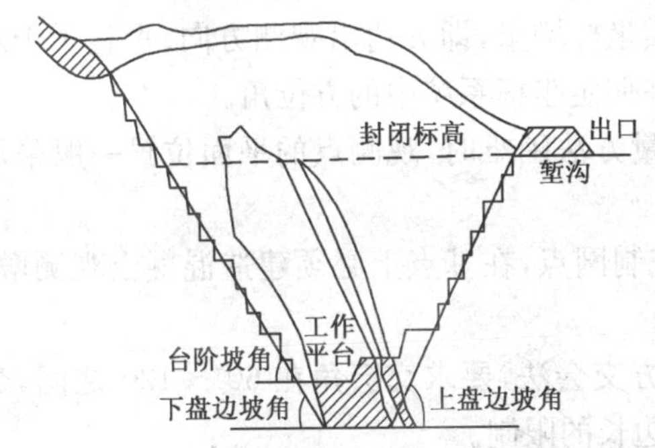

图 8-7　露天矿山边坡

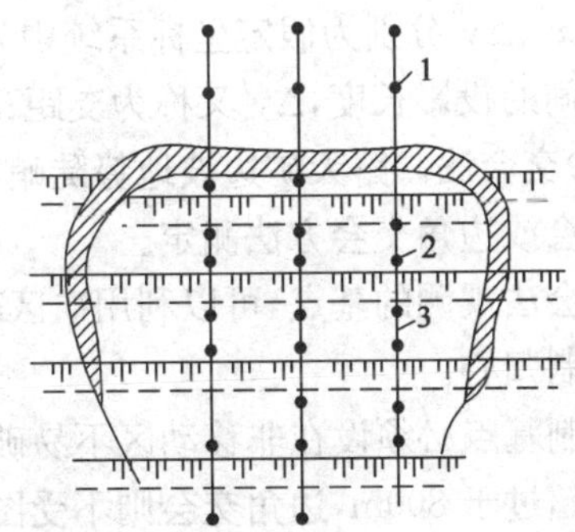

图 8-8　露天矿边坡观测线布设
1-控制点；2-工作点；3-观测线

对水准基点不要求建立严格统一的高程控制系统。可以每 2～3 个台阶在非移动区建立一组，每组不少于 3 个点，每次观测时，同级水准基点间应相互检测，为确定工作点的矿区统一高程值，可用等外水准进行各组水准基点间的连测。

地表位移监测是在稳定的地段设置测量标准(基准点)，在被测量地段设置若干观测标桩，或者设置有传感器的监测点，用仪器定期监测测点和基准点的位移变化或用无线边坡监测系统进行监测。监测点位误差要求不超过±(2.6～5.4)mm。水准测量每公里中误差±(1.0～1.5)mm。对于土质边坡，精度可适当降低，但要求水准测量每公里中误差不超过±3.0mm。

边坡表层垂直变形可使用精密水准仪、全站仪等进行水准或者三角高程测量。地表位移监测通常应用的仪器有：①大地测量仪器，如水准仪、全站仪、GPS 等，其中全站仪进行监测可以采用小角法、准直线法、前方交会法、后方交会法、单站改正法、极坐标法等。这类仪器只能定期的监测地表位移，不能连续监测地表位移变化。当地表明显出现裂隙及地表位移速度加快时，使用大地测量仪器定期测量显然满足不了工程需要，这时应采用能连续监测的设备，如全自动全天候的无线边坡监测系统等。②专门用于边坡变形监测的设备，如裂缝计、钢带和标桩、地表位移伸长计和全自动无线边坡监测系统等。

水平位移监测方法可采用导线法、前方交会法等。如采用交会法，则观测点的布设可更灵活，观测线上也可不布设控制点。

(1)导线法。观测工作在全部测点埋设10～15d后进行，观测时首先将观测站的控制点与基本控制网点(平面与高程)进行联测，平面联测工作可按5″小三角或5″导线要求进行，高程联测按四等水准要求进行。

观测站控制点联测后，即可按露天矿Ⅰ级导线和Ⅰ级高程测量方法和精度要求，测定各工作测点的平面位置和高程，观测需要独立进行两次，如果两次测量结果的平面坐标均符合露天矿Ⅰ级导线的精度要求，高程闭合差均不大于$\pm 35\sqrt{L}$(L为导线总长，km)，则取其平均值作为原始数据。

为日常观测成果整理方便，在计算各点平面坐标时，宜采用以观测线方向，即以观测线两控制点方向为x轴，以距观测点较近的控制点为坐标原点的假定坐标系统，其两点间的坐标增量按下式计算：

$$\Delta x' = l_n \cos\alpha_n', \Delta y' = l_n \sin\alpha_n' \tag{8-1}$$

其中：$\Delta x'$、$\Delta y'$分别为假定坐标系统中n边的纵、横坐标增量，即n边沿观测方向、垂直于于观测线方向的投影长度，$\Delta y'$又称为支距；α_n'为n边在假定坐标系统中的方位角。

(2)交会法。露天矿边坡地势陡峭，用导线测量方法困难时，观测点的平面位置一般采用前方交会或边角交会方法测定。

交会法观测的基点，可以利用矿区现有基本控制网点，在基点上必须建造混凝土观测墩，采用强制归心。

控制基点必须设在非移动区不易破坏处。前方交会法，要求交会角在60°～120°之间，交会边不超过于800m，边角交会则不受图形条件和边长的限制。

由于条件限制，基点位置不能满足上述要求时，可采用二级控制基点，即在移动区内相对稳定区布设基点(二级基点)，直接用于交会各工作测点，再在稳定地区布设基点(一级基点)，主要用于控制二级基点。为确保基点稳定性，一般还需建立一个监测基点稳定性监测网，监测网大小、观测要求视实际情况而定。基点(网)与控制网的联测则按5″小三角的要求进行。

交会法观测时，水平角测量的各种限差不能低于四等三角测量限差要求。观测时要求通视良好，成像清晰；每次观测的人员、仪器、观测顺序及其他条件相同。

为提高照准精度，要求在观测点上安置反光板或特制觇牌。测点高程可用水准测量方法，也可采用三角高程测量，方法与导线法完全相同。观测内容、观测周期等也与导线法相同。

2)边坡表面裂缝监测

边坡表面张性裂缝的出现和发展，往往是边坡岩土体即将失稳破坏的前兆，因此这种裂缝一旦出现，必须加强监测。监测内容包括裂缝的拉开速度和两端扩展情况，如果速度突然增大或裂缝外侧岩土体出现显著的垂直下降位移或转动，预示着边坡即将失稳破坏。地表裂缝位错监测可采用测缝计和裂缝计、伸缩仪、位错计量测，测量精度为0.1～1.0mm。对于规模小、性质简单的边坡，可通过在裂缝两侧设桩[如图8-9a)所示]，固定标尺[如图8-9b)所示]，或裂缝两侧贴片[如图8-9c)所示]等方法直接测量位移量。

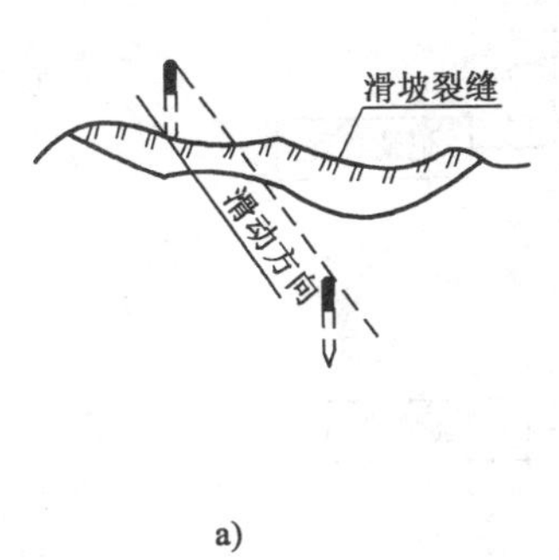

a)

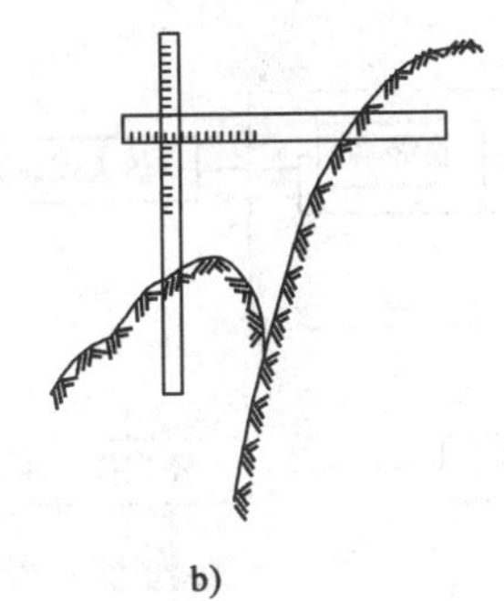
b)

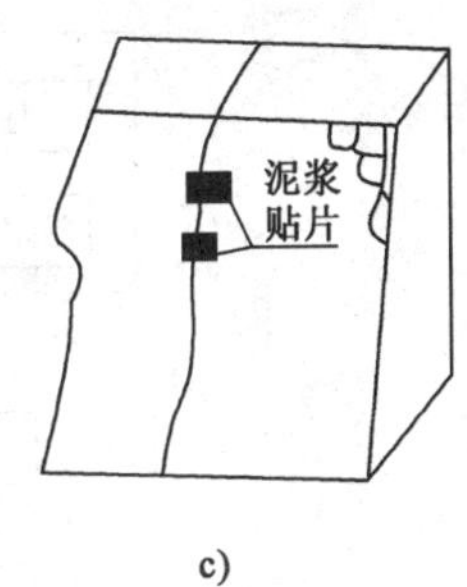

c)

图 8-9　边坡表面裂缝量测方法

对边坡位移观测资料应及时整理和校对，并绘制边坡观测桩的升降高程、平面位移矢量图，通过位移资料的整理与分析，判别或确定边坡体局部运动、滑动变形、滑动边界等，并预测边坡稳定性。

3)深部位移监测

边坡深部位移监测是边坡体整体变形监测的重要方法，将指导防治工程的实施和效果检验。传统的地表测量具有范围大、精度高等优点，裂缝测量也因其直观性强、方便适用等特点而广泛使用，但它们都有无法克服的弱点，即不能监测边坡岩土体内部蠕变，因而无法确定滑动面，而深部位移测量能弥补这一缺陷。

深部位移监测常用测斜仪。测斜钻孔应穿越边坡已有或潜在的危险滑动面，测斜管的基准点一般设在孔底，测斜管的一对导向槽方向应与顶计最大位移方向一致。为保护孔口，孔口一般浇筑墩高约 0.5m、底约 30cm×30cm、顶约 20cm×20cm 的混凝土保护墩。

分析评价测斜成果时，应综合地质资料，尤其是钻孔岩芯描述资料，如果位移－深度曲线的斜率突变处恰好与地质构造相吻合，可认为该处即为滑坡滑动面，分析时，还应考虑位移随时间变化规律、地下水位资料及降雨资料，详见第三章。

4)渗流监测

水是影响边坡稳定的重要因素，进行边坡监测，有时需要使用渗压计观测岩土体内的渗透水压力或孔隙水压力。渗压计应根据需要的深度钻孔埋设在边坡体深孔内，孔径由渗压计尺寸确定，一段不小于 150mm。岩土体钻孔应做压水试验，钻孔位置应根据地质条件和压水试验确定。将渗压计装入能放入孔内的细砂包中，先向孔内填入 40cm 中粗砂至渗压计埋设高程，然后放入渗压计至埋设位置，经检测合格后，在渗压计观测段内填入中粗砂，并使观测段饱和，再填入高 20mm 细砂，最后在剩余孔段灌注湿润土浆。分层测渗透压力时，可在一个孔内埋设多支渗压计，详见第三章。

5)爆破监测

岩石边坡施工时，往往采用爆破法开挖，为控制爆破对边坡稳定的影响，需对爆破振动效应进行监测。爆破振动强度与药量大小、爆破方式、起爆程序、测点距离以及地形地质条件等有关，通常以测定爆破引起的质点运动的位移、速度和加速度峰值来判别。

爆破振动效应观测系统一般由拾振器(或测振仪配合传感器)和记录器(包括计时计)两部

分组成(如图 8-10 所示)。

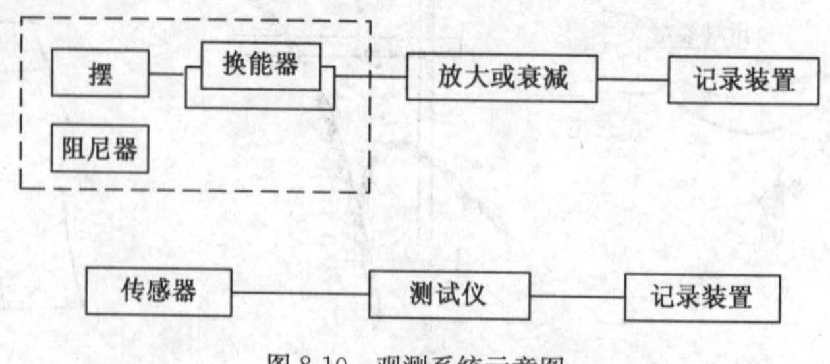

图 8-10 观测系统示意图

影响爆破振动效应的因素很多,为简化,可假定地震波在均匀弹性介质中传播,介质质点做简谐运动,质点运动方程如下:

位移:

$$x = A\sin\omega_i \tag{8-2}$$

速度:

$$\nu = \frac{\mathrm{d}x}{\mathrm{d}t} = \omega A\sin\left(\omega t + \frac{\pi}{2}\right) \tag{8-3}$$

加速度:

$$a = \frac{\mathrm{d}^2 x}{\mathrm{d}t^2} = \omega^2 A\sin(\omega t + \pi) \tag{8-4}$$

评定地震效应时,通常只采用地震波形图上的最大波幅值。取:

$$x = A \tag{8-5}$$

$$\nu = \omega A = 2\pi f A \tag{8-6}$$

$$a = \omega^2 A = 2\pi f\nu = 4\pi^2 f^2 A \tag{8-7}$$

式中:x——t 时刻的质点位移;

A——最大振幅;

ω——角频率;

f——振动频率。

由以上各式可知,已知位移、速度和加速度 3 个物理量中的 1 个,经微分或积分可求出其余两个。因为在数据换算中存在固有误差,所以实际观测中,最好直接量测所需物理量。爆破后,对岩体破坏范围检测的主要方法如下:

(1)弹性波观测。通过测定爆破前后岩体内不同深度的纵波速度变化,判断破坏范围。在爆区内布置几条测线,每条测线布置 3 个观测孔,其中 1 个孔放置雷管作为发射孔,另外两孔放置检波器(用水耦合)作为接收孔。观测孔比放炮孔深 1 倍以上,孔距一般大于 4m。爆破前由药包底部高程算起,向下每隔 0.5m 测量一次水平方向纵波速度,一直测到孔底;爆破后在原孔相同部位重复爆破前的测量,求出爆破前后纵波速度变化率随深度的变化图。

(2)声波观测。声波传播到微裂缝分界面上时,由于两种介质的波阻抗不同,其能量变化非常明显,从而估算爆破的破坏深度。在爆区钻 1~2 对观测孔,孔深为爆破孔深度的两倍以上。每对孔孔距 1m,相互平行。用水做耦合剂,将发射换能器和接收换能器分别置于相邻两孔内。沿孔深方向每隔 0.2m 观测一次,每次重复读数 3 次。对比前后观测资料,绘出声波能量(振幅)随深度变化关系图,确定爆破破坏区。

8.4.2 支护结构监测

对某些具有滑动危险或已失稳边坡,必须采取支护措施,且在支护工程施工和运营时,需对支护结构进行监测。常用的支护结构有土钉、锚杆、预应力锚索、抗滑桩、挡土墙等,某些特殊的大型坡则采用明洞防护。

1)土钉、锚杆监测

土钉是一种原位加筋技术,在土中设置拉筋使边坡的整体力学性能得以改善。土钉一般不需要很大的抗拔力,其面层利用喷射混凝土即可满足要求。锚杆分为锚固段和自由段,由位于稳定土层或岩层中的锚固段提供抗拔力。锚杆一般和混凝土构件,如板、柱、墩等结合使用,可提供较大的抗拔力。为监测锚杆和土钉的受力状态,需进行杆体应力监测。为观测锚杆受力状态和加固效果,了解应力沿杆体的分布规律,监测仪器常用锚杆应力计,每根监测的锚杆或土钉,一般宜布置 3~5 个测点。应力计采用螺纹或对焊与杆体连接,需要对焊的应力计,应在冷却下进行对焊,应力计与锚杆保持同轴,且安装前按规定进行标定。具体见第三章。

2)预应力锚索监测

预应力锚索加固边坡或滑坡,具有扰动岩体少、施工灵活、速度快,且处于主动受力状态等优点,故被广泛采用。通过安装测力计观测锚索,可了解锚固力的形成与变化,保证边坡处治工程的质量与安全。

测力计安装在孔口垫板上,应与孔轴垂直,偏斜小于 0.5°,偏心不大于 5mm。测力计安装后,加荷张拉前,应准确测得初始值和环境温度,反复测读,两次读数差小于 1%(F×S)时,取其平均值作为观测基准值。锚索与工作锚索的张拉程序相同,分级加荷张拉,逐级进行张拉观测。一般连续 3 次读数差小于 1%(F×S)为稳定。张拉结束后进行锁定后的稳定观测。

3)抗滑桩监测

抗滑桩是承受侧向荷载用以处治滑坡的支撑结构物,通过穿过滑体在滑床一定深度处锚固,起抵抗滑坡推力作用。抗滑桩监测主要有两方面:监测抗滑桩的加固效果和受力状态;监测抗滑桩正面边坡坡体的下滑力和背面边坡坡体的抗滑力。常采用钢筋计和混凝土应力计监测抗滑桩的受力状态。钢筋计布置在受力最大、最复杂的主滑动面附近。监测边坡下滑力及其分布,可在桩的正面和背面受力边界及桩的不同高度布置土压力计。具体见第三章。

4)挡土墙监测

挡土墙是支承路基填土或边坡土体,防止土体变形失稳的构造物。受土压力作用,挡土墙破坏的主要表现形式为倾覆或墙体自身破坏。因此,对挡土墙的监测,主要观测挡土墙背土压力变化及挡土墙位移。

挡土墙背土压力计埋设时,首先在埋设位置按要求制备基面,用水泥砂浆或中细砂浆将基面垫平,放置土压力计,密贴定位后,周围用中细砂压密,回填土方。具体见第三章。

5)明洞监测

某些地质条件复杂、有多层滑动面、滑坡推力大的大型危险边坡,可采用明洞构造处治边坡。采用明洞构造一般要求危险滑动面通过路基,由明洞上覆压力产生抗滑力。明洞还可和抗滑桩预应力锚索结合,组成复杂的预应力锚固抗滑桩明洞结构,抵抗较大的滑坡水平推力。明洞的监测项目主要是明洞结构物,如抗滑桩和预应力锚索受力状况监测、明洞的水平位移和竖向位移监测,以及滑坡体坡表位移和深层位移监测。

8.4.3 巡视检查

进行地表人工巡视检查十分必要,巡视检查方法如下。

(1)巡视检查:巡视检查分日常巡查、年度巡查,组织有专业经验的观测人员或监理、设计、施工等人员察看现场。

(2)检查内容:边(滑)坡地表或排水洞有无新裂缝、坍塌,原有裂缝有无扩大、延伸,断层有无错动;地表有无隆起或下陷;滑坡后缘有无拉裂缝;前缘有无剪出口出现;局部楔体有无滑动现象;排水沟、截水沟是否通畅,排水孔是否正常;是否有新的地下水露头,原有的渗水量和水质有无变化;安全监测设施有无损坏。

(3)巡视检查纪录和报告:检查时间、参加检查的人员、检查的目的和内容、检查中发现的情况。记录方式采取文字、照像、摄像、素描等。

(4)巡视检查工具:地质锤、地质罗盘、皮尺、放大镜、照像机、摄像机等。

8.5 监测频率

日常巡视,施工期(人工边坡开挖和天然滑坡整治期)应经常进行,一般1周1次,雨期应加密;运行期,正常情况下每月1次,运行期的年度巡查,应在每年汛期、汛后全面进行;特殊情况下(如遇地震等)应及时组织巡视检查。

施工期安全监测的数据采集原则上采用24h自动实时观测方式,以使监测信息能及时反映边坡体变形破坏特征,供有关方面作出决断。如果边坡稳定性好,工程扰动小,可放开到24h后,但不超过3d。

边坡处治效果监测时间一般要求不少于1a,数据采集间隔一般为7～10d,外界扰动较大时,如暴雨期间,应加密观测次数。

运营期数据采集时间间隔一般为10～15d。

8.6 监测资料整理与预报

8.6.1 监测资料的图示与分析

根据野外观测资料,及时计算观测点坡表水平位移、垂直位移、深层垂直位移、深层水平位移、裂缝、锚杆拉力、锚索拉力、地下水位、钢筋应力变化、爆破振动等变化数据,并绘制以下图形。

(1)测线剖面图。包含滑坡前后的边界外形,各台阶高程、地物、岩层、地质构造界线,各观测点及其移动量。如果滑动方向与观测线方向相差较大,应另绘滑动方向剖面图。剖面图比例尺一般为 1∶500,变形值比例尺采用 1∶20～1∶50。

(2)滑坡区平面图。包含滑坡前后台阶或地形及其高程、地物、滑体边界、裂缝、观测线、测斜孔、水位孔、钢筋计、锚杆、锚索等,绘出各观测点的变化向量。平面图比例尺一般采用 1∶500,移动向量比例尺采用 1∶20～1∶50。

对个别有代表性的测点,需绘累计变化值或变化速度随时间变化曲线。

根据上述图纸及滑坡区工程地质等条件,可推测滑动面形状和位置,分析滑动原因,进行滑坡预报。下面按不同情况说明其求取方法。

第一种情况,如图 8-11 所示,自上而下滑体上各观测点的变化向量值大致相同,其方向有规律,说明滑坡是以整体进行,滑动面大致为圆弧形,可按测点移动向量求出岩体内滑动面近似位置。

第二种情况,如图 8-12 所示,各移动向量大致相等,且方向相同,说明滑体可能是以整体形式沿平面结构面发生,此时从滑体上部的裂缝处起,作一平行于各移动向量方向的平行线,该平行线为滑动面的近似位置。

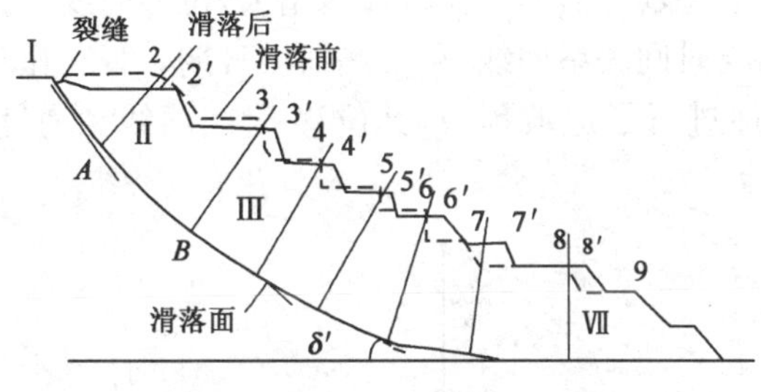

图 8-11 圆弧形滑面示意图

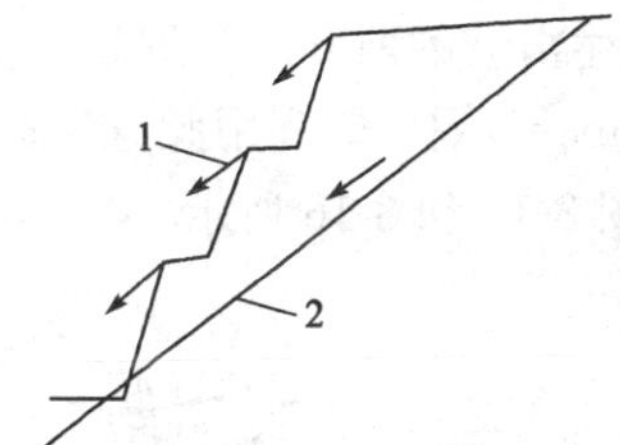

图 8-12 平面滑动面示意图

1-移动向量;2-节理面

第三种情况,如图 8-13 所示,各移动向量都是大致水平方向,结合结构面的埋藏特征,说明边坡破坏可能属于倾倒破坏。

第四种情况,各测点移动向量方向与大小的变化无一定规律,且有的点不动,或移动量很小,则可以认为岩体滑动不是整体滑动,而是有两个或多个滑落体,如果每个滑落体有足够的观测点(不少于 3 个),且分布在滑体的上、中、下不同部位,亦可按上述方法分别求取滑动面。

为简便起见,可只对移动最大的断面进行分析,以此代表滑坡相应部分的受力状态。

8.6.2 滑坡预报

滑坡预报包括滑坡地点,滑体形态、规模,以及滑坡发生的时间这三要素。

(1)滑坡地点的预报。根据工程地质、水文地质条件、岩石力学性质及边坡构成要素等,对露天矿边坡进行稳定性分析,将整个矿区划分成稳定区、比较稳定区、滑动区、极易滑动区,从而对滑坡地点进行预报。根据滑坡地点的预报可以确定边坡监测的重点区域。

(2)滑坡体形态和规模的预报。可根据滑落面的形状,作滑体形态及规模计算和预报。

(3)滑体发生时间的预报在滑体开始滑动后才能进行。滑体从早期征兆出现到滑落完成，经过初始期、恒速变化期和加速变化期，如图 8-14 所示。而加速滑动期的出现及其发展预示滑落来临，即当滑落速度突然大幅度增加，表明滑坡即将发生。所以滑坡的速度-时间曲线是滑坡时间预报的重要依据。

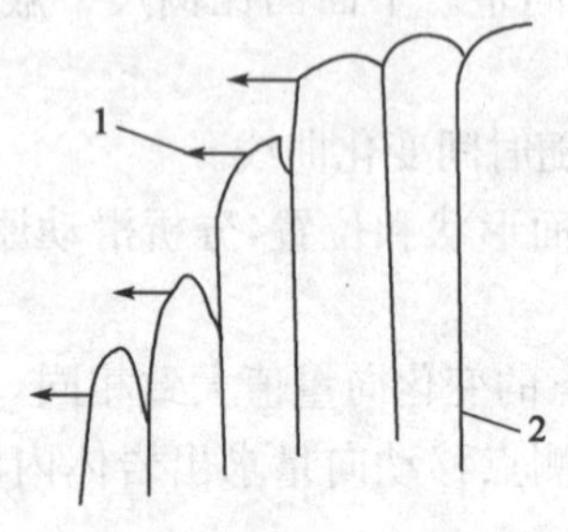

图 8-13 倾倒破坏示意图
1-移动向量；2-岩层面

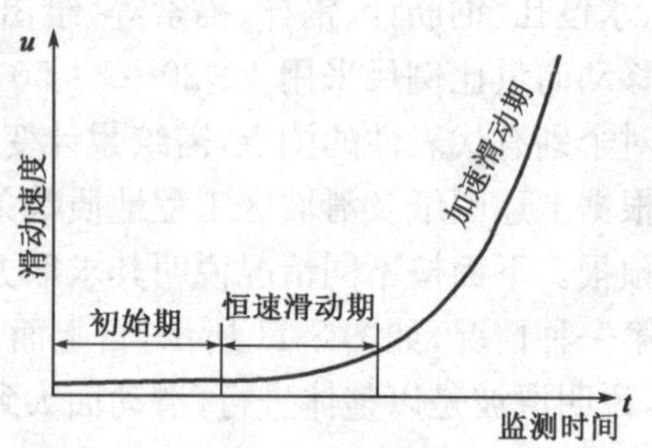

图 8-14 滑体滑落的三个阶段

滑坡发生时间预报的另一个重要依据是位移-时间曲线。一般在边坡滑坡初始阶段，位移比较均匀，但在发生滑坡前，位移有可能停顿一段时间，而后位移显著增大，位移曲线呈指数上升，这就是发生滑坡的前兆。依据累计位移与时间关系曲线，可推测滑坡日期。智利丘基卡玛塔(Chuguicamant)铜矿曾利用此方法成功地进行了边坡预报，其位移-时间曲线和速度-时间曲线分别如图 8-15 和 8-16 所示。

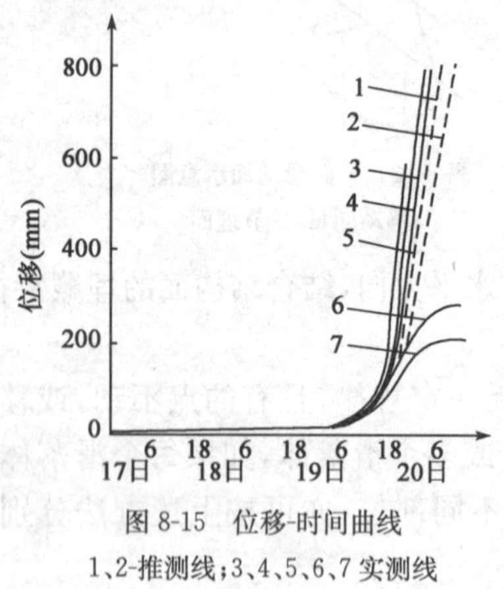

图 8-15 位移-时间曲线
1、2-推测线；3、4、5、6、7 实测线

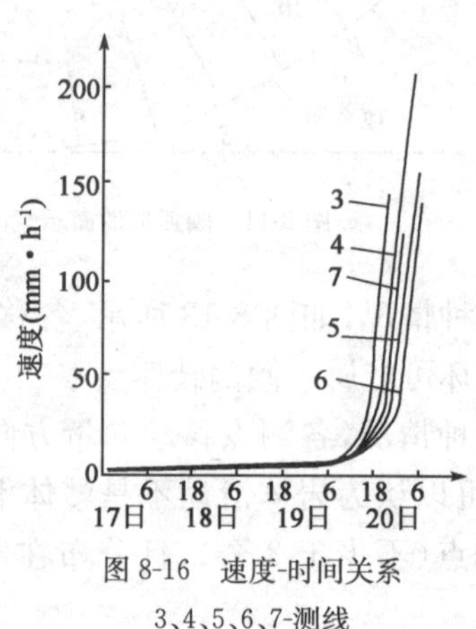

图 8-16 速度-时间关系
3、4、5、6、7-测线

8.7 工程实例—大冶铁矿露天边坡监测及治理

1)大冶铁矿边坡监测

大冶铁矿从 1969 年开始进行边坡监测和预报工作，曾成功地预报了几处岩石边坡的快速移动过程，对保证安全生产起了重要作用。大冶边坡监测的主要方法是位移观测，并配合使用地音仪、地震仪、地面钢丝伸长计等方法，此外，还进行了人工巡视边坡统计掉石情况等工作。

下面介绍象鼻山不稳定边坡下开采的监测。

大冶铁矿象鼻山北邦的一段边坡由 F_{25} 断层破碎带岩石组成，1972 年边坡高达 73m，并开始出现两条裂缝，长度达 100m，边坡监测点的移动观测采用角交会法，测站至工作点的距离为 128～293m，平均 243m，视线倾角为＋5°～－25°，测定空间全位移量的中误差。边坡顶部工作点的竖直位移量采用精密水准测量方法，以确切掌握边坡的移动过程，但其余水平台阶无法进行水准测量。水准测量采用 Zeiss004 水准仪观测，测定最远点竖直位移量的中误差 m_b＝±1mm。观测一般是 1～2d 进行 1 次，最少时一星期 1 次，最多时 1d 观测两次。此外，在边坡裂缝处安装了地表钢丝伸长计，以监测裂缝的发展情况。

通过观测得出移动过程如下：1978 年 8 月底，采场延伸至 36m 水平（此时边坡垂直高度 73m）时，坡顶的位移量约为 79mm，边坡顶部出现两条裂缝，其中走向为 N78°W 的一条呈张性，而 N28°W 的裂缝则是沿着结构面下滑。这是由于东边主要结构面在坡面上临空，西边 F_{25} 断层上盘岩体约束的结果。之后精密水准测量资料表明，几乎每天都有移动，速度为每天零点几毫米到 1～2mm/d。

1979 年 3 月 9 日～26 日，在不稳定区的边坡下部爆破，以结束 34m 水平开采，这段时间的位移速度由 0.5mm/d 增加到 5mm/d。3 月 29～31 日又连续下雨，特别是 31 日，降雨量达 58mm/d，边坡位移速度增至 46mm/d，5 月 2～5 日，在临近滑体坡脚处爆破，6 月下了一场大雨，位移速度从 1mm/d 上升至 18mm/d，6 月初又有一次扰动，6 月 19、23 和 25 日位移速度跃升至 519mm/d，随后逐渐下降，至 7 月 1 日降到 43mm/d，虽然 7 月 1 日～2 日仅小到中雨，但位移速度曲线已不是扰动型，而可能出现崩溃，所以于 7 月 4 日开始发出边坡出现危险状态的信号。7 月 9 日决定撤走象鼻山采区设备和人员，7 月 10 日测量位移速度为 545mm/d，11 日早晨发出边坡快要崩塌的紧急报告，当天上午 10 时 30 分，主动岩体经 F_{25} 断层破碎带推垮部分被动岩体，断层上盘岩体迅速滑动，12min 后，又迅速滑动一次，总位移量达 5m 左右，边坡面位移矢量基本平行于破坏面，等剩余的滑体恢复缓慢移动后，清理采场，又继续开采，直到 1980 年 3 月 19 日，按计划要求安全采至最终水平，紧张的观测工作进行了 16 个多月，边坡总位移量达 9.31m，成功地完成了在不稳定边坡下开采出 120 万 t 优质矿石的监测任务。

2）大冶铁矿 A 区边坡加固和治理

监测的大冶铁矿露天采场设计最大边坡高 444m，整体边坡角 43°～45°，1958 年投产，至 1997 年已形成坡高近 400m 的深凹高陡边坡露天矿。A 区边坡产状为 N75°E/SE∠43°，由于断层交汇、岩体严重蚀变等不良工程地质条件的影响及暴雨诱发下，于 1990 年 4 月 30 日在尖 F_9 断层上盘＋72～＋13m 高程发生滑坡，并导致滑体西北侧＋180～－24m 高程之间有底宽近百米、高 204m 的三角形区域边坡岩体持续向 A_1 滑坡位移，出现地表开裂和失稳前兆，为保证安全生产，完成了该区边坡稳定性评价、加固和综合治理措施研究，建立了边坡监测系统，并开展了边坡监测与滑坡预报工作。

由于露天矿采场处于开采晚期，考虑到大范围边坡加固与治理工程量大、费用高，加之许多地段已不具备现场施工条件，故加固重点放在滑体周围和边坡下部地段，而整个不稳定区采用动态监测的办法，以防止灾害性边坡失稳事故的发生。

A 区监测系统包括钻孔倾斜仪在孔深部位的位移监测、多点伸长计浅层位移监测、坡面位移监测及加固构件受力状态监测。1990 年 3 月～1996 年 6 月，对 A 区尖 F_9 上盘边坡＋180～－60m 的 83 个测点进行长期监测和资料整理分析工作，通过测量结果进行对比分析，确定其中 34 个测点分布范围为不稳定区，如图 8-17 所示，监测结果表明：

(1)48～180m 之间的 A_1 滑体西北侧 21 个测点滑移方向为 120°～130°，即沿 F_9 断层走向挤压 A_1 滑体。由于加固工程的实施，其位移速率经历了快(1990 年雨季 0.369mm/d)-慢(1991 年雨季 0.0029mm/d)-快(1994 年达到0.60mm/d)-加速(1996 年上半年 5.32mm/d)的过程，最终发生 A_2 滑坡，其范围即为边坡位移观测点所确定的三角形不稳定区。

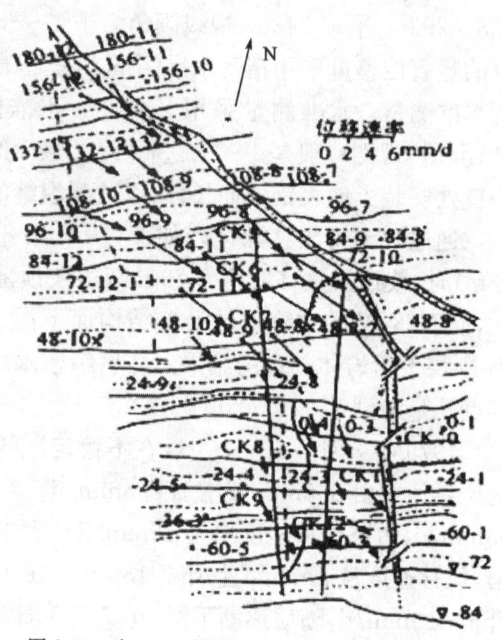

图 8-17　尖 F9 上盘滑坡时日平均位移值及各测点滑坡方向

(2)0～60m 之间的 A_1 滑体下部 13 个测点位移方向基本上是顺坡面，1994 年其位移速率为 0.149mm/d，1995 年为 0.179mm/d，1996 年剧增至 1.05mm/d。上述资料表明，A_1 滑体及其下部加固区的边坡直到 1995 年是较为稳定的，1992 年上半年 A_2 滑坡推动了 A_1 滑体及其下部边坡。根据 7a 多的监测资料，采用了整个监测区所有测点全年日平均位移速率来确定滑坡临界率。当位移速率达到 0.5mm/d 时，可以将此作为滑坡可能的临界位移速率，当位移速率达到 5.0mm/d 时，可以作为滑坡即将发生的判断。

A_1 滑体西北部不稳定区内 21 个测点，1993 年的日平均位移速率为 0.369mm/d，1994 年为 0.60mm/d，1995 年为 0.578mm/d，1996 年上半年为 5.32mm/d。由上述分析可知，1994～1995 年边坡以约 0.5mm/d 左右的位移速率持续大变形(即处于等速蠕变阶段)，经历 1996 年 3～6 月的特别强降雨后，进入加速蠕变阶段并诱发了 A_2 滑坡。

根据 1990～1994 年 12 月的边坡面位移监测资料，利用时间序列分析法，将自身条件和众多环境因素引起的边坡位移分为确定性和随机性两部分，建立了包含这两部分因素的边坡位移叠合时序模型，以此预测未来几年的边坡位移。从预测结果看，边坡位移从 1996 年 3 月起加速，6 月 20 日～7 月 5 日间达到最大速率，与实际滑坡过程及时间基本一致。在 A_2 滑坡发生前半个月，根据监测资料和该矿滑坡预报的经验，在有可能发生滑坡区域停止采矿作业，禁止矿用汽车在该区域通过，撤离重型设备，并加强了该区域的监测，这些措施对安全生产起了重要作用。

由于 A_1 滑体下部边坡逐台阶采用了喷锚网护面、长锚杆、钢轨抗滑桩、水平深孔等综合措施，尽管受到 A_2 滑体的推压，出现加固构件的受力加大、岩体位移加速等现象，但－36m 以下边坡仍保持形状完好，加固工程对正常生产起了重要作用。

第 9 章　基坑工程监测

近年来，我国城市深基坑开挖和支护技术得到前所未有的发展。目前，深基坑开挖面积大，长度与宽度已达数百米。基坑四周建筑物密集或紧邻市政设施，在软弱土层中开挖深基坑，会对周边建筑物、市政设施和地下管线造成影响。地质条件和水文条件的复杂性，给深基坑工程的设计和施工增加了难度；深基坑工程施工场地狭窄，施工条件差，而且相邻场地施工中，打桩、降水、挖土及基础浇筑混凝土等工序相互影响，增加协调工作难度；深基坑施工周期长，其安全度随机性较大，事故发生对周边影响大。2008 年，杭州地铁基坑塌陷，导致 17 人遇难（见图 9-1）；2009 年 8 月，成都浅水半岛、汇融名城、海德公园 3 个基坑发生局部垮塌；2010 年，深圳地铁 5 号线宝安中心站基坑塌陷，塌陷面积约 630m²（见图 9-2）；2010 年 8 月，因连降大雨造成鸿泰湖滨公馆 3 号楼东北侧部分基坑出现塌方；2010 年 12 月，杭州地铁 1 号线湘湖站基坑塌陷（见图 9-3）；2011 年，河南大唐公司铭都国际项目建筑基坑护坡因连日雨水冲刷，发生局部塌方，千名官兵奋勇抢险；2012 年，杭州五洲广场基坑塌方导致 1 死 2 伤，该工地 1 年内已第 2 次出现事故。因此，必须加强基坑开挖和施筑期监测，通过现场监测，及时发现不稳定因素，并采取补救措施，确保基坑稳定安全；验证设计、指导施工；保障业主及相关社会利益；通过对围护结构、周边建筑物和周边地下管线等监测数据的整理、分析，了解监测对象的实际变形状况及其对周边环境影响程度。

图 9-1　2008 年杭州地铁基坑塌方

图 9-2　深圳地铁宝安中心站基坑塌陷

图 9-3　2010 年杭州地铁塌方示意图

9.1 监测意义和目的

9.1.1 监测意义

在深基坑开挖过程中，基坑内外的土体将由原静止土压力状态向被动和主动土压力状态转变，并引起围护结构荷载，导致围护结构和土体变形。当任一变形值超过容许范围时，将造成基坑的失稳破坏或对周围环境的不利影响。由于深基坑开挖工程往往位于建筑密集区，施工场地四周地下管线密布，基坑开挖引起土体变形将改变地下管线的正常状态，当土体变形过大时，会造成邻近结构和设施失效或破坏。同时，由于基坑相邻建筑物施加集中荷载，基坑周围管线常引起地表水渗漏等，这些因素导致土体变形加剧。因此，在深基坑施工过程中，只有对基坑支护结构、基坑周围土体和相邻构筑物进行全面、系统监测，才能对基坑工程的安全性及其周围环境影响有全面了解，以确保工程顺利进行，并在出现异常时及时反馈，采取工程应急措施，甚至调整施工工艺或设计参数。

9.1.2 基坑监测目的

(1)检验设计假设和参数的正确性，指导开挖和支护结构施工。基坑支护结构设计处于半理论半经验状态、土压力计算大多采用经典的侧向土压力公式，这些理论与现场实测值相比较有一定差异，目前还没有成熟的方法计算基坑周围土体变形，而在施工过程中则需要知道现场实际受力和变形情况。基坑施工总是从点到面，从上到下分工况局部实施，可以根据局部和前一工况开挖产生的应力和变形实测值与预估值的分析，验证原设计和施工方案的正确性，同时对基坑开挖到下一工况时的受力和变形数值及趋势进行预测，并与设计值进行比较，必要时对设计方案和施工工艺进行修正。

(2)确保基坑支护结构和相邻建筑物的安全。在深基坑开挖支护结构施工过程中，必须避免产生过大变形而引起邻近建筑物的倾斜或开裂，防止邻近管线的渗漏等。基坑破坏前，往往会在基坑侧向不同部位出现较大变形，或变形速率明显增大。1990 年代初期，基坑失稳引起的工程事故比较常见，随着工程经验的积累，这种事故越来越少。但由于支护结构及被支护土体的过大变形，引起邻近建筑物和管线破坏现象仍经常发生，因此，基坑开挖过程中应进行周密监测，在建筑物和管线变形处于正常范围内时，保证顺利施工；在建筑物和管线变形接近警戒值时，及时采取应急措施，避免或减轻破坏。

(3)积累工程经验，为提高基坑工程设计和施工整体水平提供依据。支护结构所承受的土压力及其分布，受地质条件、支护方式、支护结构刚度、基坑平面几何形状、开挖深度、施工工艺等影响，并直接与侧向位移有关，而基坑侧向位移又与开挖顺序、施工进度等有关。现场监测在某种意义上是一种现场原位实体试验，所取得数据是结构和土层施工过程的真实反应，是各种复杂因素影响和作用下基坑系统的综合体现，也为该领域积累了第一手资料。

9.2　基坑变形影响因素

基坑变形由诸多影响因素控制，可主要归纳如下：

(1)土层特点及地下水条件。各土层的分布、强度及刚度等因素对基坑变形产生重要影响，尤其是当存在软弱土层时。此外，地下水位、潜水、承压水分布及渗流也将对基坑变形产生影响，当承压水头较高时，承压水将对坑底隆起产生影响。当建(构)筑物的选址确定时，其水文及地质条件也相应确定，除对基坑进行加固或对地下水进行降排水外，在条件允许情况下，要尽可能避开对基坑施工或建(构)筑物承载不利地层，选择合理的建造地址。

(2)基坑几何形状及尺寸。基坑几何形状对基坑变形产生一定影响，主要体现为基坑的空间效应，如长条形基坑、不规则基坑的阳角等均表现出一定变形特点。同时，基坑开挖深度及尺寸也对变形有重要影响。实际工程中，基坑几何形状及尺寸由建(构)筑物整体规划确定，基坑开挖深度也由建(构)筑物功能确定。

(3)围护墙与支撑性能。围护墙与支撑系统刚度体现为支护体系抵抗变形能力，包括围护墙类型、厚度、插入深度，还包括支撑种类、水平与竖直间距、预加荷载、反压土的预留等。此外，挡墙与土体相互作用程度，也将对围护墙及坑外土体位移产生较大影响。

(4)荷载条件。施工超载、交通荷载、周围建(构)筑物及管线荷载等将改变基坑应力状态，尤其是动荷载的影响将改变基坑的变形。基坑开挖前，坑外的超载在围护墙的内外两侧处于平衡状态，当坑内土体开挖时，由于超载存在而使卸载产生的基坑不平衡程度增强，使基坑在增加不平衡力作用下发生更大变形。此外，施工动荷载和交通荷载对土体产生的动荷载效应，也将增大基坑变形。

(5)施工工艺。开挖工法及分段分步开挖合理与否，将改变基坑空间变形状况。无支护暴露时间，未架设支撑时悬臂开挖深度，支撑安装及时程度，开挖初始阶段的悬臂深度、挡墙接缝情况等也将影响基坑变形。存在软弱下卧层时，支撑架设的及时程度及预应力的大小对控制基坑变形有着重要意义。及时进行支撑架设，且施加合适的预应力，将使围护墙变形得到及时控制。对软土地区基坑，土体蠕变对基坑变形存在一定影响，当采用逆作法施工，现浇混凝土楼板尚未形成强度时，围护墙亦将随时间增长而发生一定变形。

(6)降水。为防止基坑施工面渗水，便于开挖施工及土体运输，保证基坑稳定安全，施工开挖基坑前，常对基坑进行降水和排水处理。然而，由于地下水抽取将导致降水井周围水位下降，孔隙水压力消散，上覆土层压力由于缺少地下水浮力作用而增大，土中孔隙逐渐被压密，导致土体发生变形，并最终引发地表沉降。与此同时，由于降水导致土体有效应力增大也在一定程度上增加被动区土体强度及变形模量，对基坑变形产生影响。除施工过程中降水外，基坑开挖前降水也可造成墙体水平位移和地面沉降。

(7)渗流。由于基坑降水，基坑及周边土体中地下水将存在一定水头差，并由此引发渗流现象。地下水在土中流动时，受土颗粒的阻力而消耗能量，并导致水头损失，同时地下水对土颗粒施加反作用力，试图推动土颗粒发生位移，这种地下水作用在土体颗粒上产生的拖拽力即称为渗流力。由于渗流力的存在，土体内部有效应力发生一定变化，并由此对变形产生影响。

当渗流作用较强时，将带动土中细颗粒发生移动，引发流土、管涌等现象，并可能导致基坑局部或整体失稳。

(8)固结。基坑开挖过程中坑内及周边土体的应力将发生变化，孔隙水压力也将由此发生变化，故随着基坑施工的进行，土体逐渐固结，土中超孔隙水压力逐渐消散，有效应力随孔隙水压逐渐趋于稳定，最终达到固结状态。在这个过程中，土体将发生应变，宏观上表现为基坑变形。此外，软土流变特性也在施工过程中对变形产生一定影响。

9.3 基坑监测内容

根据基坑工程结构破坏可能产生的后果，判定其安全等级：当破坏后果“很严重”时确定为一级；当破坏后果“严重”时确定为二级；当破坏后果“不严重”时确定为三级。基坑监测内容根据基坑安全等级确定（见表 9-1）。

基坑监测项目统计表 表 9-1

监测项目		基坑安全等级		
		一级	二级	三级
围护结构墙顶水平位移和竖向位移		应测	应测	应测
围护结构深层水平位移		应测	应测	宜测
土体深层水平位移		应测	应测	宜测
墙体内力		宜测	可测	可测
支撑内力		应测	宜测	可测
立柱竖向位移		应测	宜测	可测
坑底隆起	软土地区	宜测	可测	可测
	其他地区	可测	可测	可测
地下水位		应测	应测	宜测
土压力		宜测	可测	可测
孔隙水压力		宜测	可测	可测
地层分层竖向位移		宜测	可测	可测
墙后地表竖向位移		应测	应测	宜测
周围建(构)筑物变形	竖向位移	应测	应测	应测
	水平位移	应测	宜测	可测
	倾斜	宜测	可测	可测
	裂缝	应测	应测	应测
地下管线变形		应测	应测	应测

国家《建筑基坑工程监测技术规范》（GB 50497—2009）规定基坑变形指标如表 9-2 所示。

建筑基坑工程监测技术规范　表 9-2

序号	监测项目	支护结构类型	基坑类别								
			一级			二级			三级		
			累计值(mm)		变形速率(mm/d)	累计值(mm)		变形速率(mm/d)	累计值(mm)		变形速率(mm/d)
			绝对值(mm)	相对基坑深度 h		绝对值(mm)	相对基坑深度 h		绝对值(mm)	相对基坑深度 h	
1	墙顶水平位移	地下连续墙	25～30	0.2%～0.3%	2～3	40～50	0.5%～0.7%	4～6	60～70	0.6%～0.8%	8～10
2	墙顶竖向位移	地下连续墙	10～20	0.1%～0.2%	2～3	25～30	0.3%～0.5%	3～4	35～40	0.5%～0.6%	4～5
3	深层水平位移	地下连续墙	40～50	0.4%～0.5%	2～3	70～75	0.7%～0.8%	4～6	80～90	0.9%～1.0%	8～10
4	立柱竖向位移		25～35		2～3	35～45		4～6	55～65		8～10
5	周边地表沉降		25～35		2～3	50～60		4～6	60～80		8～10
6	基坑回弹		25～35		2～3	50～60		4～6	60～80		8～10
7	支撑内力		(60%～70%)f			(70%～80%)f			80%～90%f		
8	墙体内力										
9	锚杆内力										
10	土压力										
11	孔隙水压力										

注：1. h 为基坑设计开挖深度。

2. f 为设计极限值。

3. 累计值取绝对值和相对基坑深度 h 控制值两者的小值。

4. 当监测项目的变化速率连续 3 天超过报警值 50%，应报警。

9.4 基坑工程监测技术

由于基坑工程多在城市区，周边环境复杂，对监测提出较高要求，监测内容如下：

(1)支护体系监测。主要有支护结构沉降监测、支护结构顶部水平位移监测、支护结构倾斜监测、支护体系完整性及强度监测、支护体系应力监测、支护体系受力监测。

(2)周围环境监测。主要有邻近建筑物沉降、倾斜和裂缝发生时间及发展过程监测；邻近构筑物、道路、地下管网等设施变形监测；表层土体沉降、水平位移以及深层土体分层沉降和水平位移监测；桩侧土压力测试；坑底隆起监测；土层孔隙水压力测试；地下水位监测。

具体监测项目选定应视工程地质和水文地质条件、周围建筑物及地下管线、施工进度和基坑工程安全等级情况综合考虑。所使用仪器主要有：

(1)水准仪和全站仪：测量支护结构、地下管线和周围环境的沉降和位移。

(2)测斜仪：支护结构和土体水平位移的观测。

(3)深层沉降标：量测支护结构后土体位移，以判断支护结构的稳定状态。

(4)土压力计(盒):量测支护结构后土体的压力状态(主动、被动和静止)、大小及变化情况,以检验设计计算的准确程度,判断支护结构的位移情况。

(5)孔隙水压力计:观测支护结构后孔隙水压力的变化情况,以判断坑外土体的松密和移动。

(6)水位计:量测支护结构后地下水位的变化情况,以检验降水效果。

(7)应力计:量测支撑结构的轴力、弯矩等,以判断支撑结构是否稳定。

(8)温度计:一般和应力计一起埋设在钢筋混凝土支撑中,计算温度变化引起的应力。

(9)混凝土应变计:测定支撑混凝土结构的应变,计算相应支撑断面内的轴力。

无论哪种类型监测仪器,埋设前都应从外观、防水性、压力和温度等方面进行检验和标定。应变计、应力计、孔隙水压力计、土压力盒等各类传感器在埋设安装前应进行重复标定;水准仪、经纬仪、测斜仪等除须满足设计要求外,每年由法定计量单位进行检验、校正,并出具合格证。由于监测仪器设备的工作环境大多在室外甚至地下,而且埋设元件不能置换,因此选用时应考虑其可靠性、坚固性、经济性以及测量原理和方法、精度和量程。

9.4.1 沉降监测

沉降监测精度指标如表 9-3 所示,沉降监测网观测主要技术要求如表 9-4 所示。

沉降监测精度指标 表 9-3

基坑等级	测站高差中误差(mm)	往返较差、附和环线闭合差(mm)	检测已测侧段高差之差
一级	0.3	$0.3\sqrt{n}$	$0.45\sqrt{n}$
二级	0.5	$1.0\sqrt{n}$	$1.5\sqrt{n}$
三级	1.5	$3.0\sqrt{n}$	$4.5\sqrt{n}$

沉降监测网观测主要技术要求 表 9-4

基坑等级	水准仪最低精度(mm/km)	视准长度(m)	前后视距较差(m)	前后视距累计较差(m)	视线距地高度(m)	基辅分划读数差(mm)	基辅分划高差之差(mm)
一级	±0.1	≤30	≤0.7	≤1.0	≥0.5	0.3	0.5
二级	±1.0	≤50	≤2.0	≤3.0	≥0.3	0.5	0.7
三级	±2.0	≤75	≤5.0	≤8.0	≥0.2	1.0	1.5

1)布点原则

基准点是检验工作基点稳定性的基准,埋设在远离基坑施工影响区域的稳定位置;工作基点是直接测量变形观测点的依据,选设在相对稳定的地段,一般距基坑开挖深度或隧道埋深2.5 倍范围外;控制点的分布应方便引测观测点,测区基准点及工作基点的个数均不少于 3 个,以保证必要检核条件;地表基点或工作基点一般埋设在场区密实的低压缩性土层上,建筑物上基点或工作基点埋设在沉降已稳定的建筑物墙体上;基点及工作基点应避开交通要道、地下管线、仓库堆栈、水源井、河岸、松软填土、滑坡斜面及标志容易遭破坏的地点。

沉降观测点的布设应能全面反映建筑及地基变形特征，并顾及地质情况和建筑结构特点。沉降观测标志根据不同建筑结构类型和建筑材料，采用墙（柱）标志、基础标志和隐蔽式标志等形式，并符合规定。

2）基点及观测点埋设

地表基准点及工作基点采用人工开挖或钻具成孔方式埋设。埋设步骤：土质地表使用洛阳铲，硬质地表使用工程钻具，开挖直径约 80mm、深度大于 1m 孔洞；夯实孔底；清除渣土，向孔洞内注入适量清水养护；灌注强度等级不低于 C20 混凝土，并使用振动器密实，混凝土顶面与地表距离保持 5cm 左右；在孔中心置入长度不小于 80cm 钢筋标志，露出混凝土面约 1～2cm；上部加钢制保护盖。地表基准点及工作基点埋设形式如图 9-4 所示。

如图 9-5 所示，建筑物上布设的基准点采用钻具成孔方式进行埋设，埋设步骤：使用钻具在选定位置钻直径 65cm、深约 122cm 孔洞；清除孔洞内渣质，注入清水养护；向孔洞内注入适量锚固剂；放入观测点标志；使用锚固剂回填标志与孔洞之间孔隙。

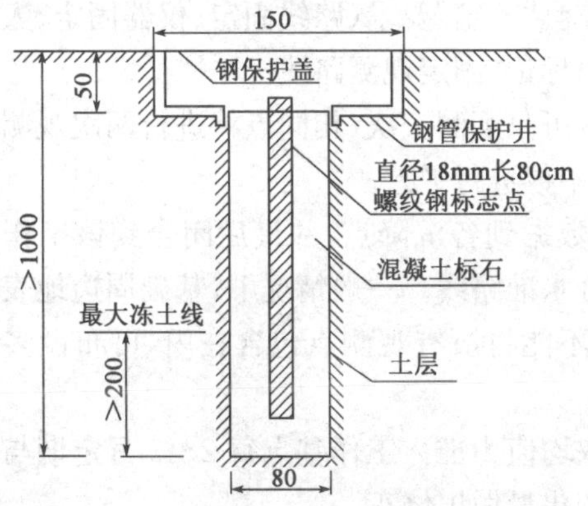

图 9-4　地表基准点埋设示意图（尺寸单位：mm）

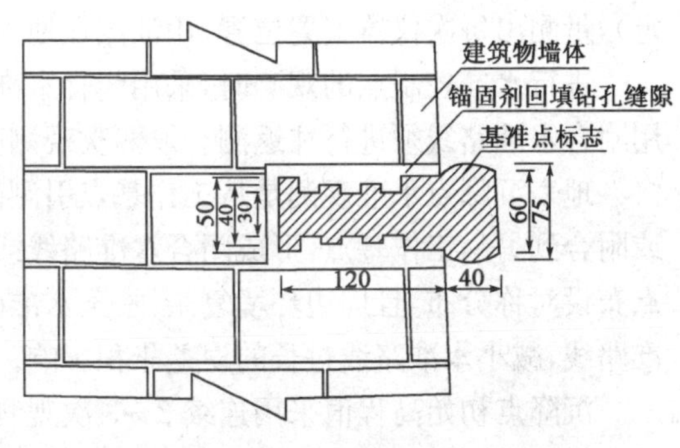

图 9-5　建筑物基准点埋设示意图（尺寸单位：mm）

如图 9-6 所示，根据基坑施工范围和开挖深度，工作基点须离开基坑 100m（即离基坑边 2～4倍）以上，以减少基坑开挖影响。基点成组埋设，每组至少 3 点，利用基点相互检核其稳定性。

图 9-6　沉降基准点

由于深基坑多位于城市中心地带，其周边地面为城市道路，给地表沉降监测点的布置提出了较高要求。观测点根据设计图纸要求沿基坑周边对称布置、成组埋设，根据具体情况，采用钻具成孔埋设定制钢筋，并用混凝土固定的方式进行开挖埋设。地表基准点及观测点埋设形式如图 9-7 所示。

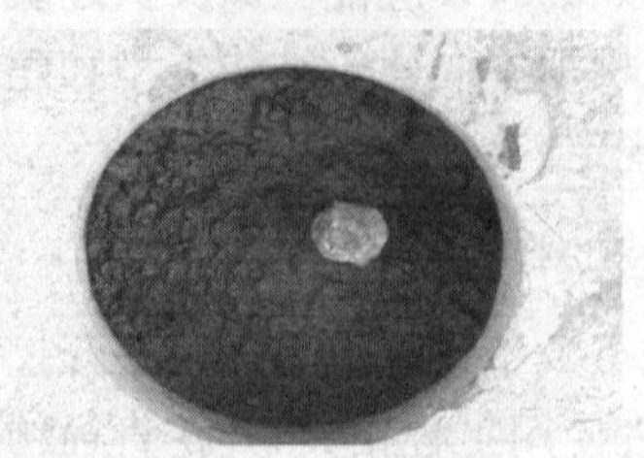

图 9-7　沉降观测点

3)沉降观测方法

水准路线控制网采用分级布设,首先根据监测点分布情况,布设首级控制网,观测首级控制点高程;其次,布设二等水准网,观测各沉降点高程。首级控制和二级控制应布设成附合路线或闭合路线,具体根据观测点分布情况和建筑物密集程度决定。布设水准控制路线时,为确保前后视距差满足二等精度要求,同时满足变形监测"三定"要求(路线固定、仪器固定、人员固定),量测出每次仪器安置位置,用油漆在地面做出标记,固定观测路线。

进行水准控制点的观测时,采用闭合水准路线可只观测一次(相同点将进行两次观测),采用附合水准路线须进行往返测。取两次观测高差中数进行平差。

地表沉降点水准观测是从工作基点引测高程数据到各沉降点,并最后闭合到该工作基点或附合到另一工作基点,形成闭合水准路线或附合水准路线。一般情况下,基础周边地表沉降点布设对称分布,且周边环境复杂,一条水准路线不能将所有观测点包含在内,可布设多条水准路线,减小水准路线过长的误差累积影响。

沉降点初始高程值采用连续 2～3 次观测值取均值为准。工作基点每 2～3 月定期与沉降基点进行联测,校核高程数据,判断稳定性,并对变化量做出修正。

9.4.2　深层位移监测

监测点应布设在临近需重点监测的地下设施或建筑物周围土体及围护墙内,土体侧向位移监测点间距一般为围护墙深层位移监测点间距 1～2 倍,且比围护墙深 5～10m,连续墙内的测点宜布设在围护墙顶水平位移监测点边。测斜管宜采用 PVC 工程塑料或铝合金材料,直径 45～90mm,管内有两组相互平行纵向导槽,导槽扭度不应大于 1/100,测斜管埋设现场如图 9-8所示。

图 9-8　测斜管埋设

测斜仪分辨率应大于0.01mm/m,精度应不低于0.1mm/0.5m,电缆线长度大于最深的测斜孔深度。

9.4.3 周围建筑物变形监测

建筑物倾斜、裂缝、挠度监测见第三章和第六章。

9.4.4 墙顶水平位移监测

水平位移监测精度应符合表9-5、表9-6规定。

水平位移监测精度要求　表9-5

基坑监测等级	一级	二级	三级	四级
监测点坐标中误差(mm)	2.0	3.0	4.0	6.0

水平位移监测网技术要求　表9-6

基坑监测等级	平均边长(m)	测角中误差(″)	测距中误差(mm)	最弱边边长相对中误差
二级	200	1.0	2.5	1∶75000
三级	300	1.5	4.0	1∶60000
四级	500	2.5	7.5	1∶50000

围护结构墙顶水平位移监测一般采用全站仪,以小角观测法和极坐标法为主。观测基线是测站点与后视基准点之间的连线,通常埋设观测墩在基坑长边两端,其连线平行于基坑长边,各监测点尽量布置在基线上,使其两线角度尽量小,以减小公式估算误差影响。极坐标法比小角法更为直接。

围护结构墙顶水平位移监测点布设的位置和数量根据基坑安全等级和周围环境监测等级确定,一般情况下沿墙顶冠梁布置,点间距10～15m,要求点位稳固,标记清晰,并加设防护装置和标识牌,避免工人或设备无意破坏。观测基点和基准点则布置在利于观测、通视条件好的位置,并制作强制对中观测墩。基准点一般布置在远离基坑影响范围外,且与观测基点通视良好,并定期利用基准点对观测基点进行检核和修正。观测基点检核方法一般采用交会法和导线观测法。

9.4.5 地下水位监测

基坑外地下水位孔监测点布设应满足如下要求:监测点布设在临近搅拌桩施工搭接处、转角处、相邻建筑物处、地下管线相对密集处等,并布设在止水帷幕外侧2m处;潜水水位监测点间距宜为20～50m,水文地质条件复杂处应适当加密;潜水水位观测管埋设深度宜为6～8m;对需降低微承压水或承压水水位的基坑工程,监测点宜布置在相邻降压井近中间部位,间距为30～60m,每侧边监测点至少1个,埋设深度能保证反映承压水水位的变化。

基坑内地下水水位监测包括潜水水位监测和承压水水位监测,监测点布置要求:潜水水位监测点布置在相邻降水井近中部;潜水水位观测管埋设深度比基坑深5m以上;对需要降低微承压水或承压水水位的基坑,监测点宜布置在基坑中部、相邻降水井近中间部位,埋设满足设计要求；承压水监测孔如埋设在基坑内部，要有足够安全措施，以避免基坑开挖过程中承压水突涌。

钻孔孔径不小于110m，水位管直径宜为50～70mm，将水位管下放孔中，水位观测管确保滤孔段向下，顶端应高出地面0.5m，水位管与孔壁间用干净细沙填实，然后用清水冲洗孔底，以防泥浆堵塞测孔，在孔口位置固定测点标志，并用保护套加以保护。

水位管埋设后，应采用水位计逐日连续观测水位，取至少3d稳定值做为初始值，地下水位观测仪器精度不低于5mm。

9.4.6　立柱沉降监测

立柱作为整体结构的重要组成部分和主要受力构件，其稳定对整体结构的稳定非常关键。立柱结构必须有足够承载力来支撑上部结构荷载，同时也要避免产生不均匀沉降，如果立柱产生过度不均匀沉降，将会给上部结构乃至整个结构带来危害。因此在施工期间和结构完成后的稳定之前，必须密切关注立柱沉降变形。立柱沉降测点一般布置在立柱刚性连接顶板表面，用钻孔埋设膨胀螺丝。

立柱沉降观测点可并入基坑沉降观测网中。在开挖及结构施工期1次/2d，结构完成后1次/周，经数据分析确认达到基本稳定后1次/月。

9.4.7　围护体系内力监测

围护墙内力监测点布设在弯矩较大、受力较复杂的围护墙体内；测点的平面间距宜20～50m，且每侧监测点不少于1个；竖向监测点宜布设在支撑点、拉锚位置、弯矩较大处，竖向间距3～5m。

冠梁或腰梁内力监测点布置在每侧边中间部位、弯矩较大、支撑间距较大、受力较复杂处，铅垂方向上监测点位置宜保持一致；监测点平面间距宜为20～50m，且每侧不少于1个；每个监测点内力传感器埋设不应少于2个，且在冠梁或腰梁两侧对称分布。

支撑内力测点应根据围护设计计算书确定；测点宜布设在支撑内力较大、受力较复杂的支撑上；每排支撑内力监测点不应少于3个，每道支撑内力监测点宜在垂直方向保持一致；对钢筋混凝土支撑，每个截面内传感器埋设不少于4个，每个界面埋设的4个传感器可上下或左右对称布置；对于钢支撑，每个截面内传感器埋设不应少于2个；钢筋混凝土支撑和H型钢支撑内力监测宜布置在支撑长度的1/3部位，钢管支撑采用反力计测试时，监测点布置在支撑端头，采用表面应力计测试时，布置在支撑长度的1/3部位。

立柱内力监测布设在受力复杂、内力较大的立柱上；每个截面内传感器埋设不应少于2个；监测点布设在坑底以上立柱长度的1/3部位，多道支撑宜布设在相邻两道支撑中部。

围护体系内力监测值应考虑温度变化的影响，钢筋混凝土支撑还需考虑混凝土收缩、徐变及裂缝发展影响。

混凝土支撑在钢筋笼绑扎时，应在预定位置处将应力计焊接于主钢筋上，混凝土浇筑后，应力计和混凝土支撑融合一起，通过测量应力计的应力变化，计算支撑应力的变化。钢支撑架设时，在钢支撑和围护结构墙的接缝处安置轴力计或焊接应变计，通过轴力计或应变计的频率变化，计算钢支撑轴力变化。

9.4.8 土压力监测

围护墙侧向土压力监测点选择在弯矩较大、受力较复杂及有代表性的围护体侧，监测点平面间距20～50m，每侧监测点不少于1个，监测点竖向间距3～5m，布设在土体中部，可预设在迎土面及迎坑面入土段的围护墙侧面。

土压力计量程应满足被测压力范围要求，取最大设计压力的1.2倍，分辨率优于0.2%(F.S)，精度优于0.5%(F.S)，具有足够强度、抗腐蚀性和耐久性，并具有抗震和抗冲击能力，具有较小匹配误差。

9.4.9 孔隙水压力监测

孔隙水压力监测点根据施工监测对象、测试目的和场地条件等布设，数量不少于3个，测点在水压力变化影响深度范围内按土层布设，竖向间距4～5m，涉及多层承压水层时适当加密。

孔隙水压力监测采用振弦式孔隙水压力计或气压式孔隙水压力计，量程满足被测压力范围要求，取静水压力和超空隙水压力之和的1.2倍，分辨率优于0.2%(F.S)，精度优于0.5%(F.S)，具有足够强度、抗腐蚀性和耐久性，并具有抗震和抗冲击能力。

孔隙水压力计在基坑降水前一周埋设，埋设前孔隙水压力计浸泡饱和，排除透水石中的气泡，检查核对孔隙水压力计的出厂率定数据，整理压力-频率曲线，并用回归方法计算各孔隙水压力计标定系数。埋设后应测量孔隙水压力初始值，且逐日定期连续量测1周，取3次测量平均值做为初始值。

9.4.10 土体分层沉降监测

土体分层沉降监测点布置在紧邻保护对象处。监测点在铅垂方向布置在各土层分界面上，监测点的竖向间距5m，在较厚土层中部适当加密；监测点布置深度大于2.5倍基坑开挖深度，且不小于围护结构以下5～10m。

分层沉降监测可采用磁性分层沉降仪和深层沉降观测标，分层沉降读数分辨率大于0.5mm，精度大于1.0mm。

9.4.11 坑底隆起监测

坑底隆起监测点按剖面布置在基坑中部。剖面间距为20～50m，数量不少于2个；监测点间距10～20m，数量不少于3个；埋设坑底回弹孔时，钻孔深度应适宜，尽量避免因上覆土层厚度减小而引起坑底承压水层发生突涌。

可采用分层沉降仪和深层沉降标观测高程变化。仪器监测精度不低于1mm。

9.4.12 锚杆拉力监测

锚杆或土钉拉力监测点布置在基坑外侧边中心处、锚杆或土钉受力较大处和形态较复杂处;每层监测点应按锚杆或土钉总数的1%～3%布设,且不应少于3个;每层监测点在铅垂方向上的位置保持一致。

锚杆拉力监测采用锚杆应力计和钢筋应力计,监测精度大于1kPa。

9.5 监测频率

监测频率取决于变形大小、变形速度和监测目的。一般而论,要求既能反映变形过程,又不遗漏变形时刻。除系统观测外,在特殊情况前后,应进行应急观测。一般认为砂类土层上建筑物,其沉陷在施工期间已完成大部分,黏土类土层上基础,施工期间只完成部分沉陷。

(1)施工准备阶段:进行各观测项的初始观测,初始观测次数不小于2次,取均值作为初始数据。

(2)连续墙开挖阶段:周边建(构)筑物沉降监测,原则上根据设计要求,开挖过程中1次/3天,当监测数据稳定,可适当调整频率。

(3)土体开挖阶段:$H \leqslant 5$m时,1次/2d;$5 < H \leqslant 10$m时,1次/1d;$H > 10$m时,2次/d。

(4)结构施工阶段:根据底板浇筑时间d确定,原则上$d \leqslant 7$d时,2次/1d;7～14d时,1次/1d;14～28d时,1次/2d;$d > 28$d时,1次/3d。监测数据稳定时,适当调整监测频率。

(5)基坑完成后阶段:周边建(构)筑物沉降、围护桩监测需持续一段时间,原则上按设计要求1次/7d,当数据稳定时,适当调整监测频率。

发生险情或者出现恶劣天气时:当变形速率或监测值达到控制值(设计容许值)的80%或发生突变时(即变形曲线显著偏离预测曲线),对明显变形区域及周边建构筑物监测频率加密至2次/1d;当发生长时间恶劣天气影响(持续降水等)或基坑周边土体荷载突变时,对变形区域及周边建筑物监测频率加密至2次/1d;存在险情征兆时,对该危险区域及周边建(构)筑物的监测频率加密至1次/6h。

9.6 监测数据分析与资料编制

通过监测获得准确数据之后,应进行定量分析与评价,从而及时对基坑作出安全与否的评判,以指导下一步施工。一旦发生险情,可及时进行预报,并提出合理化建议和措施,直到问题解决。监测结果分析评价主要包括以下内容:

(1)定量分析支护结构侧向位移,包括位移速率和累计位移最大值及其所处位置,及时绘制测斜变化曲线形态;对引起位移速率增大的原因如开挖、超挖、支撑不及时、渗漏、管涌等情况进行记录和分析。

(2)分析沉降与沉降速率,区分沉降原因是由于支护结构水平位移引起还是地下水位下降等引起,并与支护结构侧向位移进行比较。

(3)综合分析各项监测结果,并相互验证和比较。对比分析监测结果与原设计预期情况,判断设计、施工方案合理性。必要时,及早采用相应预案对策或调整施工设计方案。

(4)根据监测结果全面分析基坑开挖对周边环境的影响和支护效果,并通过反分析查明工程施工技术原因。

(5)用数值模拟法分析基坑施工期间支护结构位移变化规律和稳定性情况；用反分析法推算土体特性参数，检验原设计计算方法适宜性；预测后期施工中可能出现的动态。

记录表格设计以记录和数据处理方便为原则，并留一定空间，以便对异常情况做及时记录。监测报表分日报表、周报表、阶段报表，其中日报表最重要，通常作为施工调整依据；周报表通常作为工程例会书面文件，对一周监测成果作简要汇总；阶段报表是基坑施工某个阶段监测数据的小结。

监测日报表应及时提交业主、监理、设计等单位，并另备一份经现场监理工程师签字后存档，作为报表收到及监测工作量结算依据。报表中应尽可能配备图形或曲线，如测点位置图、桩墙体深层水平位移曲线图等。报表是原始数据，不得随意修改、删除，对有疑问、由人为或偶然因素引起的异常点，应在备注中说明。

监测过程中，除及时呈报各类报表、绘制测点布置位置平面和剖面图外，还要及时整理各监测项目汇总表和相关曲线，包括各监测项目时程曲线、速率时程曲线、各种不同工况和特殊日期变化发展形象图等。应将工况点、特殊日期及引起变化显著的原因标在各种曲线和图上，以直观反映监测项目物理量变化原因。

9.7　地铁车站深基坑监测实例

某地铁车站是该市轨道交通工程一号线的第8个站，位于大学路和明秀路交叉的十字路口，为一号线与五号线换乘站。该站为地下两层车站，采用明挖顺作法施工，在大学路和明秀路路口局部采用临时铺盖施工。车站长度为465m，基坑深度为16.88～19.23m，标准段宽度为20.7m。

该车站站区范围地面交通繁忙，建筑物较密集，地下分布各种管道、管线等。场地属邕江北岸Ⅱ阶冲积阶地，地形较平坦，地面高程75.86～77.89m，相对高差2.03m。基坑施工场地周边环境复杂，施工区域狭窄，如图9-9所示。

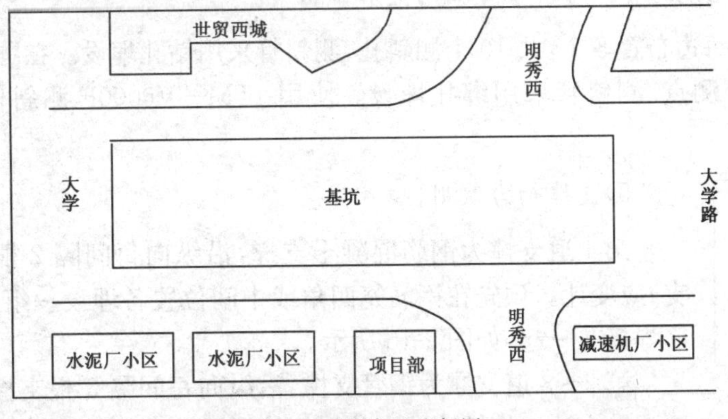

图9-9　基坑场地现场图

场地出露地层为第四系上更新统望高祖上段(Q_3^w)，系河流冲积形成的黏土、粉质黏土、粉土、粉砂、砾砂、圆砾等；下伏地层为第三系(E_3^b)北湖组湖相沉积的泥岩、粉砂岩等；表层为素填土(Q_4^{ml})所覆盖。

9.7.1 监测方案

1)水平监测点布设

在基坑周边稳定区域内布设6个基点,在基坑周边较稳定区域内布设2个工作基点(工作基点建立观测墩),工作基点墩布置在基坑拐角处附近楼顶。根据设计确定支护结构桩(墙)顶水平位移点位置和数量,在基坑冠梁顶部布设观测点,埋设观测墩。

布设工作基点墩,将仪器架设在工作基点墩,指挥沿基坑边布设观测点墩,观测点选择在通视处。为避开安全栏杆,又不影响施工,且便于保护,以离基坑300mm比较合适。

2)沉降监测

埋设3个工作基点,基点远离基坑100m(即离基坑边2~4倍)的桩基础建筑物上。监测点布设如下:

(1)支撑立柱沉降监测点:布设在支撑立柱上部。

(2)周边建(构)筑物沉降监测点:布设在建筑物拐角处,离地面10~20cm,避开雨水管、窗台线、电器开关等有碍设标与观测的障碍物,并视立尺需要离开墙(柱)面一定距离。

(3)道路及地表沉降监测点:布设在设计位置,采用地面钻孔埋设定制钢筋,并用水泥砂浆固定。

(4)管线位移监测点:铸铁管、钢管等材质,埋深较浅管道,采用直接法布点,将钢筋焊接于管线顶部,并引至地表,周围用砖砌筑成窨井;埋深较浅的煤气管道,采用抱箍法,即根据管道外径,特制2个对开箍,环抱管道,用钢筋引出地面;埋深较大管道,用间接法,即钻孔至管道顶部或底部,孔中放入保护管,管中放入钢筋,钢筋底部须适当扩大,以测量管道顶部或底部土体位移。

3)倾斜监测

结合工程实际情况,采用测量基础相对沉降方法来确定建筑物是否倾斜。

4)围护结构墙(桩)体变形和土体侧向变形监测

沿车站纵向每边布置5个,共10个测斜孔,测斜管采用钻孔埋设。在围护结构上部,沿纵向每25m设1个测点,测斜管采用绑扎埋设。使用JTM—V6000F测斜仪(精度:0.1mm/0.5m)监测。

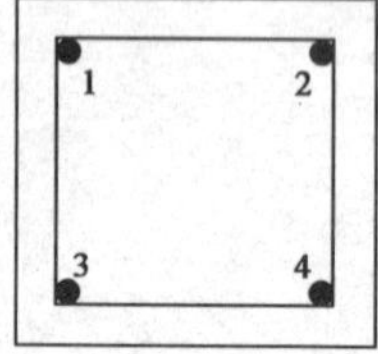

图9-10 钢筋计布置断面图

5)支撑轴力监测

第1道支撑为钢筋混凝土支撑,沿纵向每间隔2根支撑布设一组(4支)应变计。预先在钢筋笼四角或中间位置各埋设一组钢筋计,与支撑主筋焊接在一起,如图9-10所示。

第2~3道支撑为钢管支撑,沿纵向每间隔3根支撑布设一个钢弦式频率轴力计。将轴力计安装架与钢支撑对中并牢固焊接,在拟安装轴力计位置的桩(墙)体钢板上焊接一块250mm×250mm×25mm加强垫板,防止轴力计陷入钢板。待焊接件冷却后将轴力计推入安装架,并用螺丝固定。要求轴力计和钢支撑轴线一致,接触面平整,确保钢支撑受力通过轴力计传递到围护结构上,用振弦式频率读数仪测试。

6)围护结构内力监测

沿纵向布置3个断面,每个断面竖向间隔3m埋设2支钢筋应力计,测试墙体钢筋应力。浇注混凝土前将钢筋应力计预先安装在钢筋笼上,安装时,拧下钢筋计两头拉杆,与相同直径钢筋对焊,并将电缆线绑扎在钢筋笼上。测试时,按预先标定的率定曲线,即可根据钢筋计频率计算墙体内力。

7)地下水位观测

在基坑周围沿车站纵向两边各布置5个,共计10个水位孔,孔深15m。铺盖法施工地段需埋设有水位观测孔。

9.7.2　监测数据分析与处理

基坑近邻地表沉降观测点点位布设如图9-11所示。

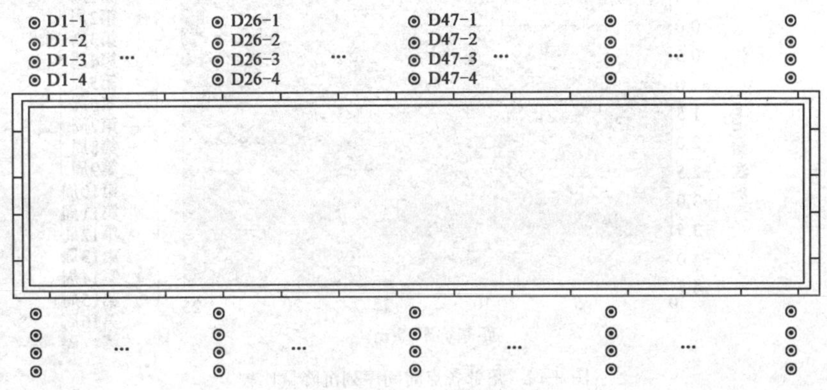

图9-11　沉降点位布设示意图

选取基坑长边端点、1/4和1/2处,距离基坑距离为1m、5m、12m和20m处的3组数据进行分析。将基坑不同位置处各点的沉降量进行时间序列对比分析,如图9-12～图9-14所示。

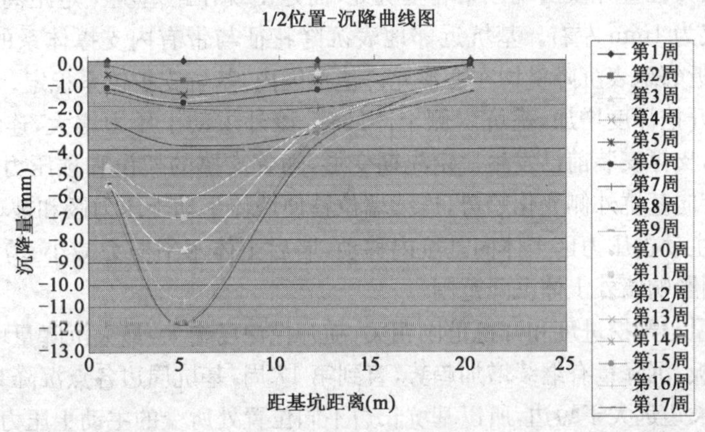

图9-12　1/2处各点时间序列沉降量比较

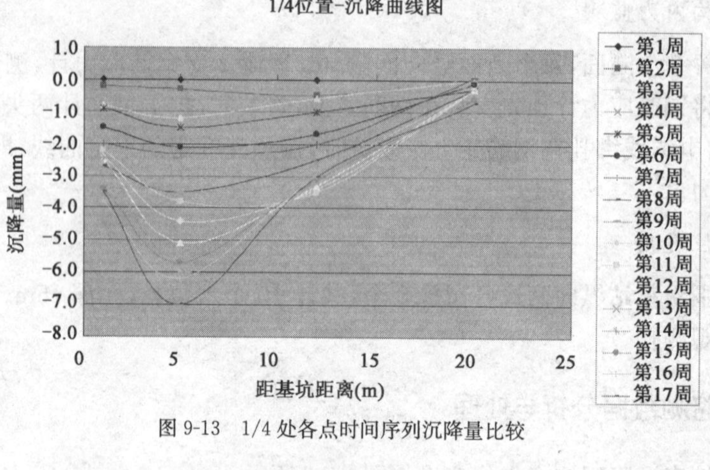

图 9-13　1/4 处各点时间序列沉降量比较

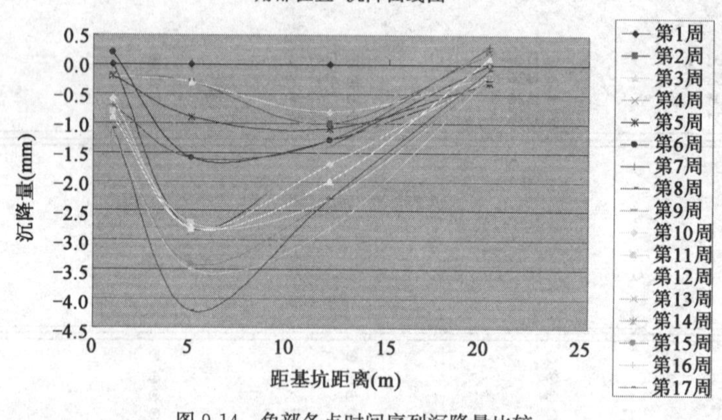

图 9-14　角部各点时间序列沉降量比较

从图 9-12～图 9-14 可知：随开挖深度增加，基坑各处地表沉降点沉降量变化。开挖前几周，深度不大，周边各点沉降变化不大；随基坑开挖深度增加，周边各点沉降量逐渐增大；第 15 周开挖到底板，随后两周仍有沉降，但沉降量较小，且逐渐趋于稳定。距基坑约 5m 处沉降量最大，沉降量最大位置并没出现在紧邻基坑处，而是出现在距基坑一定距离处，在距基坑 20m 远处，沉降量仅为 1mm 左右。基坑近邻地表沉降特征与带有内支撑体系的基坑地表沉降规律吻合。基坑近邻地表沉降量均在变形允许值范围内，基坑支护体系稳定。

随着基坑开挖深度增加，基坑内侧土体卸载，墙外主动土压力增大，连续墙向基坑内移。由于支撑滞后，支撑安装前已发生一定先期变形，随着支撑的架设和预压力施加，连续墙受支撑作用，局部有向基坑外侧变化趋势，连续墙位移使墙体主动土压力区和被动土压力区土体发生位移。墙外主动土压力区土体向基坑内移动，墙后土体水平应力减小，剪切力增大，形成塑性区，塑性区则影响墙外土体沉降范围。

地表沉降量与开挖进度和开挖范围相关，随开挖深度增大，最大沉降量增大，但在第 15 周基坑开挖到底板，沉降量有继续增加趋势，直到第 17 周，基坑周边各点沉降基本稳定。

由于基坑长边远大于短边，所以基坑长边不同位置处所受的主动土压力大小不同，塑性区范围不同。端部土体主动土压力小于基坑边 1/4 处，更小于 1/2 处。

利用 BP 网络模型，选取监测点样本数据进行仿真，预测后期变形量。将训练样本数据标准化处理并进行网络训练，并将训练结果反规范化处理，对比目标期望输出值，如表 9-7 所示，预报曲线如图 9-15 所示。

隐含层节点为 9 的训练结果　　　表 9-7

隐含层节点为 9 的训练结果(单位:mm)							
序号	实测值	仿真	误差	序号	实测值	仿真	误差
1	−0.5	−0.6	−0.1	16	−1.4	−1.4	0.0
2	−1.1	−1.0	0.1	17	−2.0	−2.0	0.0
3	−0.6	−0.7	−0.1	18	−2.2	−2.1	0.1
4	−1.0	−1.1	−0.1	19	−1.8	−1.9	−0.1
5	−1.0	−1.0	0.0	20	−2.7	−2.6	0.1
6	−0.8	−0.9	−0.1	21	−3.0	−3.1	−0.1
7	−1.0	−1.2	−0.2	22	−2.8	−2.7	0.1
8	−0.6	−0.8	−0.2	23	−2.5	−2.7	−0.2
9	−1.2	−1.1	−0.1	24	−2.7	−2.7	0.0
10	−1.6	−1.3	0.0	25	−2.9	−2.9	0.0
11	−1.3	−1.4	−0.1	26	−3.4	−3.4	0.0
12	−1.2	−1.0	0.2	27	−3.9	−3.8	0.1
13	−1.1	−1.4	−0.2	28	−4.1	−4.3	−0.2
14	−1.6	−1.3	0.3	29	−4.4	−4.2	0.2
15	−1.6	−1.6	0.0	30	−4.6	−4.6	0.0

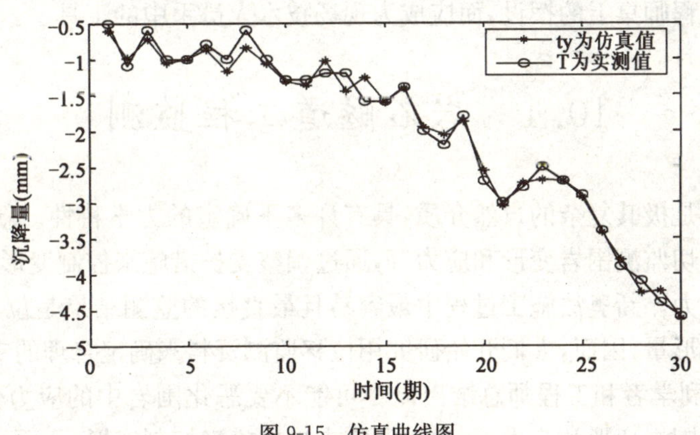

图 9-15　仿真曲线图

由图 9-15 看出，函数仿真值与实测值曲线走势一致，其中最大误差出现在第 14 期仿真中，实测值−1.6mm，仿真值−1.3mm，两者相差 0.3mm，仿真曲线和实测值曲线相吻合。

第 10 章 隧道工程监测

城市化水平的迅速提高,促进了城市地下空间建设的发展。一般小城市,具备煤气管道、供水、排污、电、通信及供热等必需的地下设施;大中型城市有市区轨道交通、郊区火车、汽车及电车和人行道等;大城市或特大城市有地下购物商店、地下文化设施(博物馆等)、地下住宅、地下办公室、地下停车场、地下人行道、地下民防工事、地铁、储藏室及废物处置地等供生活、储存、运输及废物处置的地下设施。综合利用城市地下空间是解决上述城市社会问题的重要途径,地下空间的利用形态多种多样,如粮食地下储藏、地下式住宅、城市地铁、地下商业街、地下停车场、地下水力发电站、地下能源发电站、地下工厂、地下交通设施和防御、减小灾害的地下设施。

信息化施工是根据前一段开挖期间监测到的岩体变形等各种行为表现,及时捕捉大量的信息,并及时比较勘察、设计所预期的性状与监测结果的差别,对原设计成果进行评价并判断施工方案的合理性,同时通过反分析方法计算和修正有关参数,预测工程实践可能出现的新动态,从而为施工期间进行设计优化和合理组织施工提供可靠的信息,对后续施工提出建议,对施工过程中出现的险情进行及时预报,当有异常情况时,立即采取必要工程措施的过程。因此,信息化施工的概念应不只为科研人员所掌握,而应被施工管理人员所接受,现场监测的成果也不应只是总工程师桌上的摆设,而应成为现场技术人员手中的工具。

10.1 岩石隧道工程监测

由于地下岩体是极其复杂的自然介质,具有许多不确定的力学特性。新奥法隧洞施工技术在施工过程中密切监测围岩变形和应力等,通过调整支护措施来控制变形,使得围岩最大限度地发挥本身自承力。新奥法施工过程中最容易且最直接的监测结果是位移及洞周收敛,而要控制的是隧洞变形量,因而,人们开始研究用位移监测资料来确定合理的支护结构形式。

1960 年,奥地利学者和工程师总结出以尽可能不要恶化围岩中的应力分布为前提,在施工过程中密切监测围岩变形和应力等,通过调整支护措施来控制变形,从而达到最大限度地发挥围岩自承能力的新奥法隧洞施工技术。新奥法量测工作的作用有:

(1)掌握围岩动态和支护结构的工作状态,利用量测结果修改设计,指导施工。

(2)预见事故和险情,以便及时采取措施,防患于未然。

(3)积累资料,为确定隧道安全提供可靠的信息。

(4)量测数据经分析处理与必要计算和判断后,进行预测和反馈,以保证施工安全和隧道稳定。

以施工监测、力学计算及经验方法相结合为特点，建立岩石隧洞特有的设计施工程序。与地下工程不同，在岩石隧洞设计施工过程中，勘察、设计、施工等环节允许有交叉、反复。在初步地质调查基础上，根据经验方法或通过力学计算进行预设计，初步选定支护参数。然后，在施工过程中根据监测所获得的关于围岩稳定性及支护系统力学和工作状态的信息，对施工过程和支护参数进行调整。施工实测表明，对于设计所作的这种调整和修改是十分必要和有效的。这种方法并不排斥以往的各种计算、模型实验及经验类比等方法，而是把它们最大限度地包容在其决策支持系统，发挥各种方法特有的长处。

10.1.1 隧道岩土变形机理

隧道岩体的变形不仅表现为弹性和塑性，而且也具有流变性质。所谓流变性质，就是指岩体的应力-应变关系与时间因素有关的性质，岩体在变形过程中具有时间效应的现象，称为流变现象。岩体的流变性质包括蠕变、松弛和弹性后效。蠕变是指当荷载不变时，变形随时间而增长的现象；松弛是指当应变保持不变时，应力随时间增长而减小的现象；弹性后效是指当加载或卸载时，弹性应变滞后于应力的现象。

在蠕变效应比较明显的岩体或受高温、高压的岩体中，蠕变现象更为常见。这些岩体破坏往往不是因为围岩强度不够，而是由于岩体还未达到其破坏极限，却因蠕变而产生过大的变形，导致岩体工程发生破坏。因此，对这类岩体工程进行设计时，必须考虑岩体蠕变的影响。

由于岩体性质不同，岩体蠕变性质也各不相同，通常用蠕变曲线（ε-t 曲线）来表示这种差异。以时间 t 为横坐标，以各时间对应的应变值 ε 为纵坐标，岩体的蠕变曲线大致可分为以下两类：

(1)稳定蠕变。蠕变开始阶段，变形增加较快，随后逐渐减慢，最后趋于某一稳定的极限位，如图 10-1 所示。

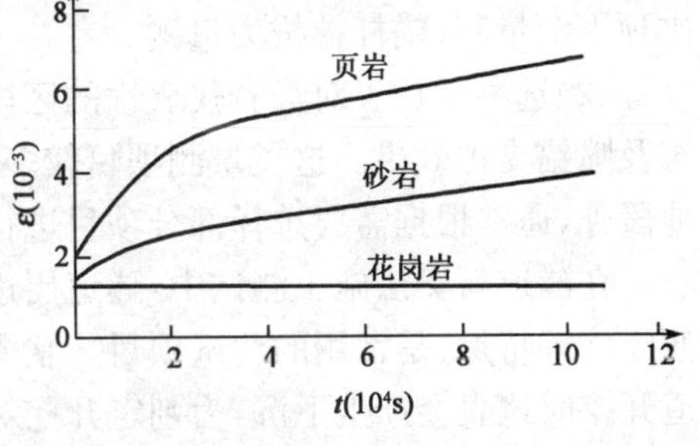

图 10-1 常应力及常温下的典型蠕变曲线

荷载大小不同，这一稳定位也不同。通常，稳定后的变形量 ε 比初始瞬时变形量 ε_a 增大 30%～40%，由于这种蠕变最终是稳定的，所以在多数情况下，不可能对工程造成危害。大部分较坚硬的岩体，如砂岩、石灰岩、大理岩、砂质岩等具有这种蠕变性质。

(2)不稳定蠕变。变形随着时间的延长而不断增长，蠕变不能稳定于某一极限值，而是随时间无限增长，直到岩体破坏。具有不稳定蠕变特性的岩体，主要是一些软弱岩体，如黏土、砂质黏土、硬质黏土、板岩、糜棱岩、片麻岩及具有不连续面的岩体等。一般来讲，根据蠕变速度不同，软弱岩石蠕变过程可分 3 个阶段：初始蠕变阶段；等速蠕变阶段；加速蠕变阶段。

岩体可发生稳定蠕变，也可发生不稳定蠕变，其关键取决于作用在岩体上的恒定荷载大小。由稳定蠕变向不稳定蠕变转化时，其间必然有一个临界荷载或临界应力，小于临界应力时，只产生稳定蠕变，不会导致岩体破坏，大于临界应力时，则产生不稳定蠕变，并随时间的增长，将导致岩体破坏，因此，工程将临界应力称为长期强度。

(3)初期支护后隧道围岩的变形。对于隧道工程，由于工作面开挖后即在隧道围岩进行锚杆和喷射混凝土，一般不会出现不稳定变形。在施工过程中，不允许隧道围岩发生不稳定变形，在正常情况下，如果喷锚支护及时，隧道围岩变形处于稳定状态。

根据围岩变形速率，隧道围岩的稳定变形可分为3个阶段：

①急剧变形阶段。随隧道开挖后围岩变形初始速率最大然后逐渐降低，变形与时间关系曲线呈下弯型，这一阶段变形量约为最终变形量的60%～70%。

②缓慢变形阶段。随变形速率的递减，围岩变形越来越小，当速率近于0.1mm/d时，围岩处于稳定状态。

③基本稳定阶段。由于隧道围岩日趋稳定，变形不再增加，变形速率近于零，隧道围岩基本稳定。

10.1.2 岩石隧洞监测内容

岩石隧洞监测对象主要为围岩、衬砌、锚杆和钢拱架及其他支撑，监测部位包括地表、围岩内、洞壁、衬砌内和衬砌内壁等，监测类型主要是位移和压力，有时也监测围岩松动圈和声发射等其他物理量。隧道施工监测旨在收集施工过程中围岩动态信息，据此判定隧道围岩稳定状态，以及支护结构参数和施工合理性。因此，监测项目分为：

(1)必测项目。必须进行的常规量测项目，是为了在设计施工中确保围岩稳定、判断支护结构工作状态、指导设计施工的经常性量测。这类量测通常测试方法简单、费用少、可靠性高，对监视围岩稳定、指导设计施工有重要作用。主要包括：隧道内目测观察；隧道内空变位量测；拱顶下沉量测；锚杆拉拔力量测。

(2)选测项目。对具有代表性的区段进行补充测试，以更深入了解围岩松动范围、稳定状态及喷锚支护效果。这类量测项目较多且测试较复杂，费用较高。因此，除有特殊量测任务的地段外，通常根据需要选择部分项目进行量测。

在隧道新奥法施工测试中，隧道周边位移、拱顶下沉和锚杆抗拔力试验具有稳定可靠、简便经济等特点，是常用的测试项目。软弱破碎岩层围岩稳定性差，如果覆盖岩层厚度薄，则隧道开挖时地表会产生下沉，为判定开挖对地面的影响程度和范围，需进行地表下沉量测。

①对开挖后没有支护的围岩进行目测。了解开挖工作面工程地质和水文地质条件；岩质种类和分布状态，境界面位置状态；岩石颜色、成分、结构、构造等；地层年代及产状；节理性质、组数、间距、规模，节理裂隙发育程度和方向，断面状态特征，充填物类型和产状等；断层性质、产状，破碎带宽度、特征；地下水类型，涌水量大小、位置、压力、水的化学成分等；开挖工作面的稳定状态，顶板有无剥落现象。

②开挖后已支护段的目测。初期支护完成后对喷层表面的观察及裂缝状况的描述和记录；有无锚杆被拉脱或垫板陷入围岩内部现象；喷射混凝土是否产生裂隙或剥离，是否发生剪切破坏；有无锚杆和喷射混凝土施工质量问题；钢拱架有无被压屈现象；是否有底鼓现象。如果观察中发现异常现象，要详细记录发现时间、距开挖工作面距离及附近测点量测数据。

对于浅埋岩石隧洞，如城市地铁，地表沉降动态是判断周围地层稳定性的重要指标，而其监测方法简便，监测结果能反映地下工程开挖过程中隧洞周围岩土介质变形全过程，地表沉降监测的重要性随埋深变浅而增大，如表10-1所示。对于深埋岩石隧洞工程，水平方向位移监测往往比较重要，常采用洞周收敛计进行监测，也可在边墙设置水平方向位移计监测。

地表沉降监测

表 10-1

埋 深	监测重要性	监测与否
$3D<h$	小	不必要
$2D<h<3D$	一般	最好监测
$D<h<2D$	重要	必测
$H<D$	非常重要	主要监测项目

注：D 为隧道直径，h 为埋深。

10.1.3 岩石隧洞监测方法

1)洞内观察

由于地下工程开挖前很难提供准确的地质资料，因此，在施工过程中，需对开挖工作面附近围岩的岩石性质、状态，开挖后动态，被覆围岩动态进行目测。洞内观察不借助任何量测仪器，凭肉眼经验判断围岩、锚杆、衬砌和隧道安全性，对于发现个别现象和特殊情况尤其重要。其目的是核对地质资料，判别围岩和支护系统稳定性，为施工管理和工序安排提供依据、检验支护参数。因此，应细致地观察隧道内地质条件变化情况，裂隙发育和扩展情况，渗漏水情况，隧道两边及顶部有无松动岩石，锚杆有无松动，喷层有无开裂及中墙衬砌上有无裂隙出现，尤其是中墙衬砌上的裂缝，如发现裂缝则用裂缝观察仪观测记录裂缝发展情况，洞内观察工作贯穿于隧道施工全过程。

2)位移监测

在隧洞入洞口一定范围内及埋深较浅的隧洞，需监测地表沉降和水平位移。拱顶沉降通常采用水准仪，由于隧洞拱顶一般较高，通常使用标尺不能测量，可在拱顶用短锚杆设置挂钩，通过悬挂标尺的方法测量。

围岩位移分绝对位移与相对位移。绝对位移是指隧道围岩或隧道顶底板及侧端某一部位的实际移动值。其测量方法是在距实测点较远的地方设置一基点(该点坐标已知，且不再发生移动)，然后定期用全站仪和水准仪自基点向测点进行量测，根据前后两次观测所得的高程及方位变化，确定隧道围岩的绝对位移。但是，绝对位移量测需花费较长时间，并受现场施工条件限制，除非必需，一般不进行绝对位移量测。

为监测洞内或围岩不同深度的位移，可采用单点位移计、多点位移计和滑动式位移计等。

(1)单点位移计。实际上是端部固定于钻孔底部的锚杆，加上孔口的测读装置。位移计安装在钻孔中，锚杆体可用直径 22mm 的钢筋制作，锚固端用楔子与钻孔壁楔紧，自由端装有测头，可自由伸缩，测头平整光滑。定位器固定于钻孔孔口的外壳上，测量时将测环插入定位器，测环和定位器上都有刻痕，插入测环时将两者的刻痕对准，测环上安装有百分表、千分表或深度测微计以测取读数。测头、定位器和测环用不锈钢制作，单点位移计结构简单、制作容易、测试精度高、钻孔直径小、受外界因素影响小、容易保护，因而可紧跟爆破开挖面安设，应用较多。

由单点位移计测得的位移量是洞壁与锚杆固定点之间的相对位移，若钻孔足够深，则孔底可视为位移很小的不动点，故可视测量值为绝对位移。不动点的深度与围岩工程地质条件、断面尺寸、开挖方法和支护时间等有关。在同一测点处，若设置不同深度的位移计，可测得不同深度的岩层相对于洞壁的位移量，据此可画出距洞壁不同深度的位移量的变化曲线。单点位移计通常与多点位移计配合使用。

(2)多点位移计。有机械式和电测式两类。机械式位移计一般采用深度测微计、千分表或百分表，电测式位移计采用的位移传感器有电阻式、电感式、差动式、变压式和钢弦式等多种。

3)收敛监测

隧道围岩周边各点趋向隧道中心的变形称为收敛，所谓隧道收敛量测主要是指对隧道壁面两点间水平距离量测，拱顶下沉及底板隆起量测等，是判断围岩动态的最重要项目，特别是当围岩为垂直岩层时，内空收敛位移量测更为重要。收敛量测设备简单、操作方便，对围岩动态监测起重大作用。

图 10-2 为几种收敛计的现场测试示意图，其中图 10-2a)为穿孔钢卷尺式收敛计，监测的粗读元件是钢尺，细读元件是百分表或测微计，钢尺固定拉力可由重锤实现，或用弹簧、测力环配百分表，由于百分表量程有限，钢卷尺每隔数厘米打一小孔，以便根据收敛量变化情况调整粗读数；图 10-2b)为铟钢丝弹簧式收敛计，由读数表读取收敛位移量，固定拉力由弹簧提供，并由拉力百分表显示拉紧程度，采用铟钢丝制作收敛计，可提高温度稳定性和监测精度；图 10-2c)为铟钢丝扭矩平衡式收敛计，由读数表读取收敛位移量，固定拉力由微型电机提供，电机由控制器操纵，达到一定扭矩后能自动停转。收敛测试的固定端一般采用短锚杆，并设保护装置。

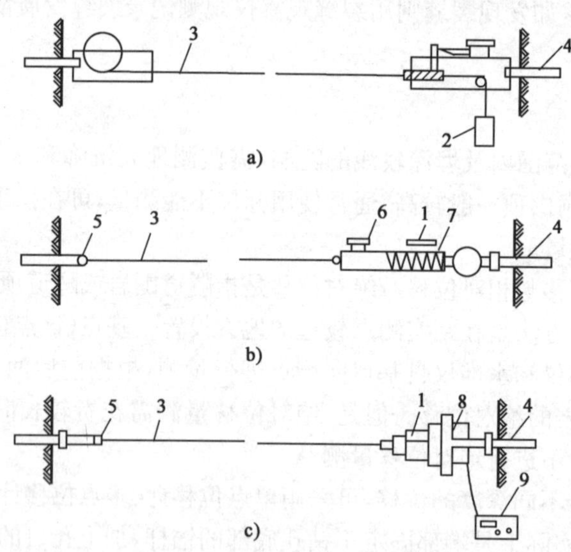

图 10-2 收敛计类型及布置示意图

1-测度表；2-重锤；3-钢卷尺；4-固定端；5-连接装置；6-张拉表；7-张拉弹簧；8-微型电机；9-控制器

图 10-3a)是弹簧钢卷尺现场布置示意图，图 10-3b)是以测距仪测定收敛位移量的现场布置示意图。

除上述几种测试方法外，对于跨度小、位移较大的隧洞，可用测杆监测收敛量，测杆可由数节组成，杆端一般装设百分表或游标尺，以提高监测精度。对于拱顶绝对下沉，可用精密水准仪监测。一些跨度和位移均较大峒室，也可用全站仪和断面仪观测。

4)压力监测

压力监测包括地下峒室内部和支衬结构内部压力，以及围岩和支衬结构间接触压力监测。压力监测通常采用应力计或压力盒，在支衬内部及围岩与支衬接触面上埋设压力盒，只需在浇注混凝土前将其就位固定，监测围岩压力的压力盒则需专门钻孔，将压力盒放入钻孔内预定深度后，用速凝砂浆充填密实。

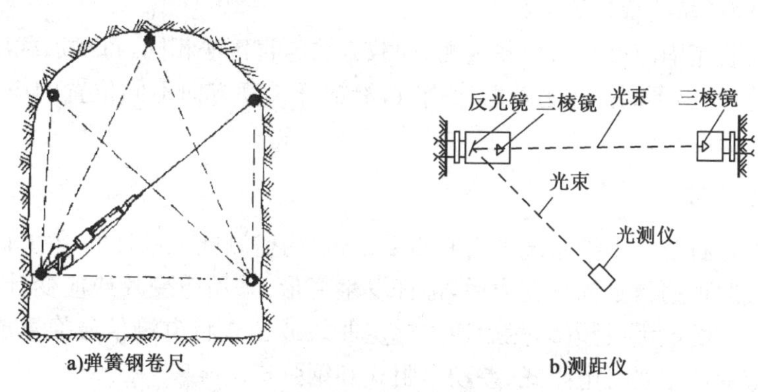

图 10-3　弹簧钢卷尺和测距仪的现场布置示意图

隧道施工随掘进及时喷射一层混凝土，封闭围岩暴露面形成初期柔性支护，由于混凝土与围岩紧密均匀接触，并可通过调整喷层厚度，协调围岩变形，使应力均匀分布，避免应力集中，随后按设计要求布置锚杆，加固深部围岩。锚杆、喷层和围岩共同组成承载环，支承围岩压力，这部分支护结构称为“外拱”。外拱施工过程中，通过监测可掌握围岩变形情况，待围岩位移趋于稳定，支护抗力与围岩压力相适应时，进行外拱封底，使变形收敛，同时进行二次支护，加强支护抗力，提高安全系数，二次支护结构称为“内拱”，内拱为储备强度。新奥法必须严格控制二次支护时间，以使支护结构呈先柔后刚特性，因此，在施工过程中需对喷射混凝土层进行应力量测工作。

喷层应力量测是将量测元件(装置)直接喷入喷层，喷层在围岩逐渐变形过程中由不受力状态逐渐过渡到受力状态。为使量测数据能直接反映喷层变形状态和受力大小，要求量测元件材质弹性模量与喷层弹性模量相近，以避免喷层应力异常分布和量测喷层应力(应变)失真。

目前，常用量测喷层应力的方法主要有应力(应变)计量测法和应变砖量测法。测定喷层应力时，不论采用哪一种量测法(应力计法、应变砖法)，一次仪表埋设后，均应根据现场具体情况及量测要求进行定期量测，每次对某一应力计(或应变砖)的量测应不少于 3 次，力求量测数据可靠、稳定。取量测平均值作为当次数据，并做好记录。随着量测数据逐渐积累，绘制以下曲线：①喷层内径(切)向应力随开挖面变化关系曲线，掌握试验断面处喷层应力随开挖工作面距离变化关系；②喷层内径(切)向应力随时间变化关系曲线，掌握量测断面处不同部位切向应力随时间变化情况。

5)锚杆抗拔力监测

锚杆抗拔力(亦称锚杆拉拔力)是指锚杆能够承受的最大拉力，它是锚杆材料、加工与施工安装质量优劣的综合反映。锚杆抗拔力大小直接影响锚杆作用效果，如果抗拔力不足，会使锚杆起不到锚固围岩作用，所以锚杆抗拔力量测是检测锚杆质量的一项基本内容。量测方法主要有直接量测法、电阻量测法等。

(1)直接量测法。根据施加给锚杆的荷载值和锚杆的变形量,绘出荷载-锚杆变形曲线,求出锚杆抗拔力,量测时所采用的锚杆拉力计主要由千斤顶、油压泵和相应辅助配件组成。

(2)电阻量测法。量测装置与直接量测法基本相同,锚杆安设前在锚杆上贴应变片,并增加量测锚杆应变值的应变仪,电阻量测法除可得直接量测法所得数据外,还可得到锚杆轴向抗拔力分布状况,锚杆黏结状态等资料。

量测装置安装完毕即可开始加载量测,加载方法与直接法相同,每次加载后分别记录贴应变片点的应变值,绘出不同抗拔力荷载作用时,沿锚杆长度方向不同位置的应变曲线,以分析锚杆质量和锚杆长度是否适宜。

6)锚杆轴力监测

支护锚杆在岩石隧洞支护系统中占有重要地位,为监测施工锚杆的受力状态,需对锚杆应力进行监测。其原理通常是锚杆受力后,锚杆发生变形,采用应变片或应变计测量锚杆应变,得出与应变成比例的电阻或频率,然后通过标定曲线或公式将电测信号换算成锚杆应力。监测锚杆应力的应变计主要有电阻式、差动电阻式和钢弦式。

电阻式锚杆应变计,由内壁按一定间距粘贴有电阻片的钢管或铝合金管组成,电阻片粘贴后需严格进行防潮处理。也有直接采用工程锚杆,经过对粘贴应变片部位特殊加工,粘贴应变片后经防潮处理,并加密封保护罩制成。这种方法价格低廉、使用灵活、精度高,但由于防潮要求高,抗干扰能力低,大大限制了其使用范围。

差动电阻式和钢弦式锚杆应变计,是将应变计装入钢管改为装入锚杆加粗段的槽孔中,然后与锚杆连接而成,一根锚杆上可连接多节,其中钢弦式应变计由于环境适用性强,测读仪器轻巧方便,适用于不同地质条件和环境条件的锚杆应力观测。

锚杆轴向力测定属选测项目,首先在隧道内选择拟测岩层,结合隧道开挖,选择便于施工钻孔位置。测定锚杆轴向力的目的有:

(1)了解锚杆受力状态及轴向力大小。隧道开挖后随围岩发生变形而产生锚杆轴向力,在围岩变形稳定前锚杆轴向力不断增加,量测锚杆轴向力是为弄清锚杆负荷状态,为确定合理锚杆参数提供依据。

(2)判断围岩变形发展趋势。判断围岩内强度下降区界限,一般把从隧道壁面至变形量最大处称为隧道围岩扰动圈。

(3)评价锚杆支护效果。锚杆轴向力是检验锚杆支护效果与锚杆强度的依据,根据锚杆极限抗拉强度与锚杆应力的比值 K(锚杆安全系数)可作出判断,锚杆轴向力越大,则 K 值越小,当锚杆中某段的最小 K 值稍大于1时,应认为合理。

电测法和机械法量测都是通过量测锚杆,先测出隧道围岩内不同深度的变形(或应变),然后通过有关计算求应力的量测方法。用电测法时,必须对量测传感元件做防潮处理,如用机械法量测时,布置在拱顶和拱腰处的测点,必须采用台架才能进行量测。

7)地表下沉量测

浅埋隧道通常位于软弱、破碎、自稳时间极短的围岩中,若施工方法不妥极易发生冒顶塌方或地表下沉,当地表有建筑物时会危及其安全。浅埋隧道开挖时可能会引起地层沉陷而波

及地表，因此地表下沉量测对浅埋隧道施工十分重要。

浅埋隧道地表沉降及沉降发展趋势是判断隧道围岩稳定性的重要标志。用水准仪在地面量测，简易可行，量测结果能反映浅埋隧道开挖过程中围岩变形全过程。如果需要了解地表下沉量大小，可在地表钻孔埋设单点或多点位移计进行量测。隧道地表下沉量测的重要性，随埋深变浅而增大。

10.1.4 监测点埋设

1)监测部位

从围岩稳定监控出发，应重点监测围岩质量差及局部不稳定块体；从反馈设计、评价支护参数合理性出发，则应在代表性地段设置监测断面，在特殊工程部位(如洞口和分叉处)也应设置监测断面。监测点安装埋设应尽可能靠近隧洞掌子面，最好不超过 2m，以便尽可能完整获得围岩开挖后初期力学形态变化和变形情况。这段时间内的测量数据对判断围岩性态特别重要。

洞周收敛、位移、拱顶沉降、多点位移计及地表沉降，应尽量布置在同一断面上，锚杆应力和衬砌应力最好都置于同一断面上，以使监测结果相互对照，相互检验。监测断面间距视工程长度、地质条件变化而定。当地质条件情况良好，或开挖过程中地质条件连续不变时，间距可加大；地质变化显著时，间距应缩短。施工初期阶段，要缩小监测间距，取得一定数据资料后可适当加大监测间距，洞口及埋深较小地段适当缩小监测间距。

一般铁路和公路隧道，根据围岩类别，洞周收敛位移和拱顶沉降监测断面间距按如下划分：Ⅱ类：5～20m；Ⅲ类：20～40m；Ⅳ类：40m 以上。

地表沉降监测的断面间距与隧洞埋深和地表状况有关，当地表是山岭田野，埋深大于 2 倍洞径时断面间距取：20～50m；埋深在 1 倍洞径与 2 倍洞径之间时取：10～20m；埋深小于洞径时取：5～10m。锚杆应力和衬砌应力按照 200～500m 布设一个监测断面。

2)测点布置形式

收敛监测方案视隧洞跨度和施工情况而定，监测方向一般可按十字形、三角形和交叉形等布置，如图 10-4 所示。十字形布置适用于底部施工基本完成的隧洞，监测结构物内部的收敛位移量；如果隧洞顶部有施工设备，可采用交叉形布置；三角形布置易于校核监测数据，一般采用这种形式监测，隧洞较大时，可设置多个三角形监测方案。

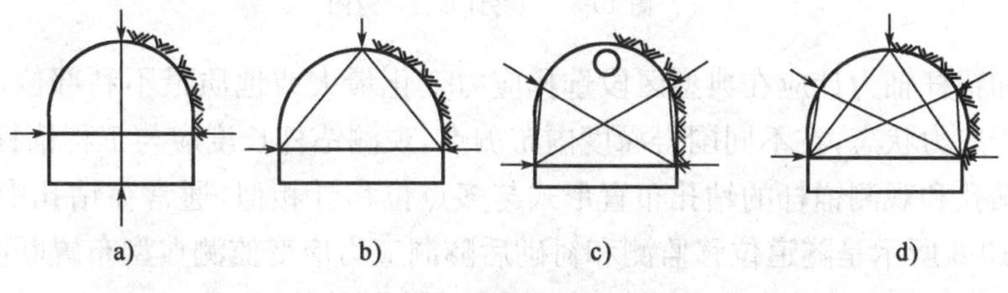

图 10-4 洞周收敛布设

若收敛位移监测目的是为围岩稳定监控服务，且峒室尺寸不大时，可采用较为简单的布置形式。若要考虑岩体地应力场和围岩力学参数反分析，则要采用多三角形监测方案。当地下峒室边墙较高时，可沿墙高一定间距设置多个水平测量基线。

位移监测断面必须尽量靠近开挖工作面，但太近会造成爆破的碎石砸坏测桩，太远又会漏掉该量测断面开挖后的变位值，故测点应距开挖面 2m 范围埋设，并应保证爆破后 24h 内或下一次爆破前测读初次读数。监测断面沿隧道纵向设置间隔，根据岩性不同与围岩类别差异，可看出围岩类别越低，监测断面布置越密，一般按表 10-2 所示要求。

测量断面间距(单位：m)　　表 10-2

围岩条件	洞口附近	埋深小于 $2B$	施工进度 200m 前	施工进度 200m 后
硬岩地层 (断层破碎带除外)	10	10	20	30
软岩地层 (塑性地压不大)	10	10	20	30
软岩 (塑性地压大)	10	10	20	30

注：B 为隧道开挖宽度。

隧洞内孔口处一般需布设收敛位移测点，浅埋隧洞布设拱顶沉降测点，在地表对应部位布设地表沉降和水平位移测点，两者之间布设多点位移计测孔，在隧洞壁上对应部位布设收敛位移测点，分析从拱顶到地表各测点围岩向隧洞内位移变化规律，同时可验证沉降、多点位移、拱顶沉降和收敛位移各监测项目的正确性及其相互关系。

位移计通常布置在地下峒室拱顶、边端和拱脚部位，如图 10-5 所示。当围岩较均一时，可利用对称性仅在峒室一侧布置测点。测孔深度一般应超出变形影响范围，测孔中测点的布置应根据位移变化梯度确定，梯度大的部位应加密，在孔口和孔底一般都应布置测点，在软弱结构面、接触面和滑动面等两侧应各设置一个测点。

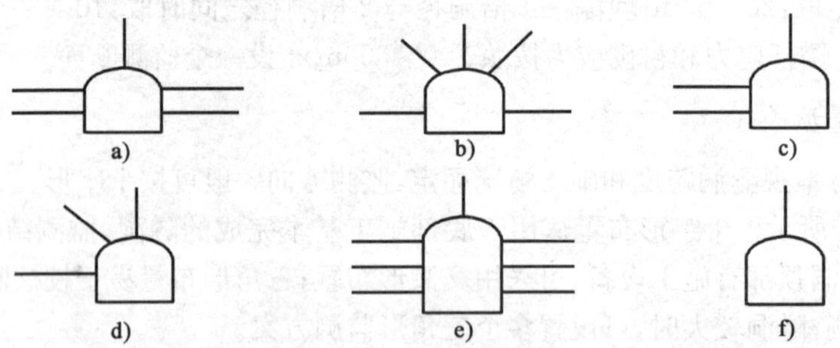

图 10-5　位移计布置示意图

压力盒和锚杆轴力计应在典型区段选择应力变化最大或地质最不利部位，并根据位移变化梯度和围岩应力状态，在不同围岩深度内布测点，观测锚杆长度应与工程锚杆相同。用于埋设压力盒的钻孔和观测锚杆的钻孔布置形式与多点位移计相似，通常在钻孔中布置 3 个或以上测点。图 10-6 所示是隧道位移监测和衬砌后隧洞应力应变监测典型布置断面。

应变片沿锚杆长度方向每隔 500～700mm 在锚杆两侧对称贴一对，应变片与应变仪之间用导线连接，在每一监测断面内一般布置 5 个量测位置(孔)，每一量测位置的钻孔内设测点 3～6个。具体布置形式为拱顶中央 1 个，拱垂线上(或拱基线上 1.5m 处)左右各设 1 个，在两侧墙底板线上 1.5m 处各设 1 个，如图 10-7 所示。具体部位可根据岩性及现场情况适当变更。

由于浅埋隧道距地表较近，地质条件复杂，岩（土）性差，施工时多用台阶分部开挖，因此，纵断面布置测点的超前距离为隧道距地表深度 h 与上台阶高度 h_1 之和。整个纵向测定区间长度为 $h+h_1+(2\sim5)D+h'$（h' 为上台阶开挖超前下台阶距离），如图 10-8 所示。如果采用全断面开挖，为掌握地表下沉规律，应从工作面前方 $2D$（隧道直径）处开始量测地表下沉，表 10-3 为地表沉降测点纵向间距。

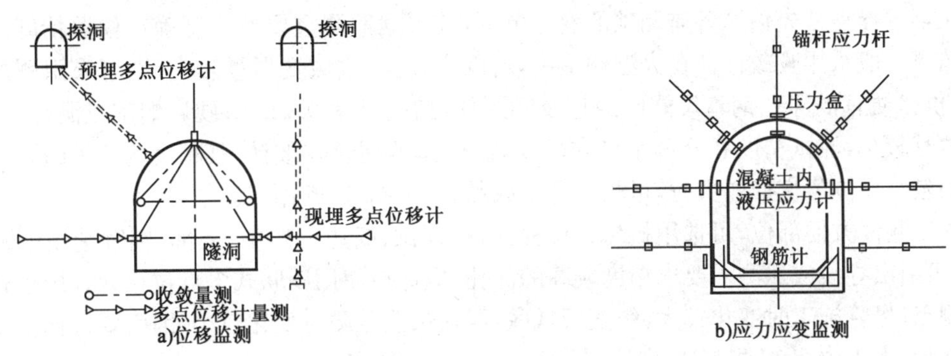

图 10-6　隧洞监测典型布置断面

地表沉降测点纵向间距（单位：m）　表 10-3

隧道埋深	测点间距
$h>2D$	20～50
$D<h<2D$	10～20
$h<D$	5～10

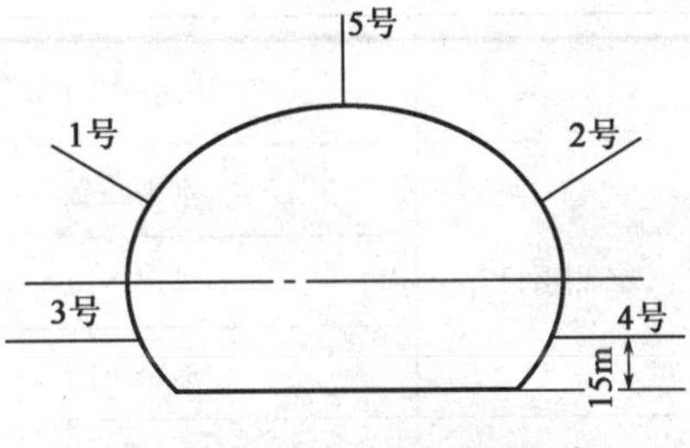

图 10-7　量测锚杆的布置形式

如图 10-9 所示，地表下沉量测横断面上应布置 11 个测点，测点间距 2～5m，隧道中线附近测点应布置较密。

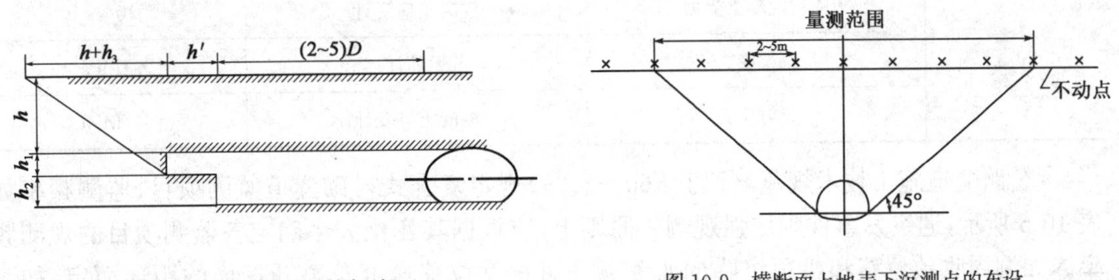

图 10-8　地表下沉量测区间

图 10-9　横断面上地表下沉测点的布设

10.1.5　监测精度及频率

仪器可靠性应该简易、在安装环境中耐久、对气候敏感性小，并有良好运行性能。应选择不易受施工设备和人为破坏，不易受水、灰尘、温度或地下化学过程的损坏，不易受周围物体变形而影响其性能的元件。监测仪器精度和方法取决于围岩工程地质条件、力学性质及环境条件。通常，软弱围岩中的隧洞工程，由于围岩变形量值较大，可采用精度稍低的仪器和装置；硬岩中则必须采用高精度监测元件和仪器。在干燥无水隧洞工程中，传感器工作状况往往较好，而在地下水发育的地层中则较为困难。埋设各种类型监测元件时，对深埋地下工程，必须在隧洞内钻孔安装，对浅埋地下工程则可从地表钻孔安装，以监测隧洞工程开挖过程中围岩变形全过程。

仪器选择需首先估算各监测项的变化范围，并根据监测重要性程度确定仪器精度。收敛位移监测一般采用收敛计。在大型峒室中，若围岩较软，收敛变形量较大，则可采用测试精度较低、价格便宜的穿孔钢卷尺式收敛计及测距仪，精度可达0.2mm；硬岩峒室或洞径较小时，收敛位移较小，测试精度和分辨率要求较高，需选择铟钢丝收敛计，其精度为0.01mm。当峒室断面较小而围岩变形较大时，可采用杆式收敛计、全站仪、断面仪。

人工测读方便部位，可选用机械式位移计，在顶拱、高边墙的中、上部，则宜选用电测式位移计，可引出导线或遥测。要求精度较高的深孔，应选择使用串联式多点位移计。用于长期监测的测点，尽管施工时变化较大，精度可低些，但在长期监测时变化较小，因而要选择精度较高的位移计，表10-4为必测与选测项目精度。

必测与选测项目精度　　表10-4

	测试项目	仪　器	精　度
必测项目	水平收敛	收敛计	0.1mm
	拱顶下沉	全站仪、水准仪、钢尺	1mm
	地表下沉	水准仪、塔尺	1mm
选测项目	围岩内部变形	多点位移计	0.1mm
	围岩压力	压力盒	0.001MPa
	锚杆轴力	钢筋计	0.01MPa
	喷射混凝土受力	混凝土应变计	10με
	钢架受力	钢筋计	0.1MPa
	二衬应力	混凝土应变计	0.1MPa

《公路隧道施工技术规范》(JTJ F60—2009)规定复合式衬砌隧道监测项目、监测频率如表10-5所示，遇突发事件则加强观测。原则上，应根据其变化大小确定各监测项目的观测频率。如洞周收敛位移和拱顶沉降的监测频率可根据位移速度及离开挖面的距离而定，如表10-6所示。不同基线和测点，位移速度不同，应以产生的最大位移决定监测频率，整个断面内的各基线或测点应采用相同监测频率。

膨胀性围岩中，位移长期(开挖后60d以上)不能收敛时，量测要持续到1mm/月为止。

(1)应十分重视各量测项目初读数的准确性。隧道开挖所测初读数是判断施工安全的基准。初读数往往需经数次波动后才能趋于稳定，因此，必须当连续3次测得的数值基本一致后，才能将其定为初始值，否则应继续测量，直至满足要求为止。

暗挖监控量测频率 表 10-5

监测项目	监测频率			
地质及支护状况观察	每次开挖后进行			
周边收敛位移与拱顶下沉	爆破后 24h 内进行			
	0～18m	18～36m	36～90m	>90m
	1～2 次/d	1 次/d	1～2 次/2d	1 次/周
仰拱隆起测量	仰拱开挖后 12h 内测量			
	1～15d	16～1 个月	1～3 个月	>3 个月
	1 次/d	1 次/2d	1～2 次/周	1～3 次/月
地表下沉	开挖面前 >30m	开挖面前 <30m	开挖面后 30m～80m	开挖面后 >80m
	1 次/2d	2 次/1d	1 次/2d	1 次/周
围岩内部位移	爆破后 24h 内进行			
	0～18m	18～36m	36～90m	>90m
	1～2 次/d	1 次/d	1～2 次/2d	1 次/周
锚杆内轴力	锚杆施作后开始			
	0～18m	18～36m	36～90m	>90m
	1～2 次/d	1 次/d	1～2 次/2d	1 次/周
钢支撑内力及外力	钢支撑施作后开始			
	0～18m	18～36m	36～90m	>90m
	1～2 次/d	1 次/d	1 次/2d	1 次/周
二次衬砌钢筋应力	二次衬砌施作后开始			
	1～15d	16～1 个月	1～3 个月	>3 个月
	1 次/d	1 次/2d	1～2 次/周	1～3 次/月

位移速度与监测频率 表 10-6

位移速度(mm/d)	15	1～15	0.5～1	0.2～0.5	<0.2
频度	1～2 次/d	1 次/d	1 次/2d	1 次/7d	1 次/15d

(2)测量数据应及时整理分析，尽快提交工程施工单位与项目决策部门，以修改设计、调整支护参数、合理安排施工进度。量测数据最准确，但若错过工程施工最佳时机，其对工程施工也无任何指导作用。因此，量测成果提交及时性比单纯增加量测次数更重要。

10.1.6 监测方案设计

现场监测目的在于了解围岩动态过程、稳定状况和支护系统可靠程度，为支护系统的设计和施工决策服务。监测设计是否合理，不仅决定现场监测能否顺利进行，而且关系到监测结果能否反馈于工程设计和施工，为推动设计理论和方法进步提供依据。因此，合理、周密的监测方案设计是现场监测的关键。

现场监测方案设计包括：监测项目，监测手段、仪表和工具；施测部位和测点布置；实施计划，包括测试频率。

1)总体原则

隧道监测设计不仅是仪器选择和测点布置,而且是一项综合的工程技术,应从监测目的、原则到监测资料的整理与应用等整个过程全面系统地考虑。

(1)在围岩条件和工程性状预测基础上,进行隧道监测设计,以施工期监测围岩稳定性和支护结构工作状态为重点。

(2)观测项目和测点布置应满足施工过程要求,监测断面应能全面监控隧道工程工作性状,统一考虑各种内外因素相互作用。

(3)观测仪器布置要合理,注意时空关系,控制工程关键部位。随着隧道工程开挖进展或时间推移,空间不断扩大,对按监测目的所选定的物理量应测其空间分布和随时间变化全过程。空间变化过程中,应有选择的做到所监测物理量沿一定方向或沿一定边界分布;时间变化过程中,应做到尽量早地持续观测读数。

(4)为尽量求得监测围岩和支护结构性状变化的全过程,在条件许可时,能从附近钻孔预埋观测仪器的,采取预埋方式;不具备预埋条件的,应紧跟掌子面及时埋设。

(5)安全监测设计随工程开挖的推进,出现新问题时要及时补充或修改监测设计。

(6)仪器监测点布设在典型断面和有代表性位置,应采取仪器监测为主,人工巡视调查与仪器监测相结合方式,弥补仪器覆盖面不足缺陷。

2)监测项目的原则

确定监测项目的原则是监测简单、结果可靠、成本低、便于采用,监测元件要能尽量靠近工作面安设。此外,所选择的被测项目应概念明确,量值显著,数据易于分析、易于实现反馈。由于位移监测是最直接易行的,因而作为施工监测重要项目。但在完整坚硬的岩体中位移值往往较小,故要配合应力和压力测量。监测项目应根据具体工程特点确定,其主要取决于:①工程规模、重要性程度;②隧道形状、尺寸、工程结构和支护特点;③地应力大小和方向;④工程地质条件;⑤施工工序和方法;⑥在尽量减少施工干扰情况下,要能监控住整个工程主要部位的位移,包括各种不同地质单元和隧道结构复杂部位。同时还要考虑业主财力。如岩体完整性差、地质条件变化较大的工程,在施工时应用声波法探测隧洞前方的岩体状况;在地应力高的脆性岩体中施工,有可能产生岩爆,因此要用声监测技术监测岩爆可能性或预测岩爆时间。

3)监测数据警戒值及围岩稳定性判断准则

如以位移监测信息作为施工监控的依据,则判断围岩稳定性的依据应为位移量和位移速率,因此,针对具体工程实践,规定容许位移量与容许位移速率值,是施工监控的基础工作。

(1)容许位移量。指在保证隧洞不产生有害松动和地表不产生有害下沉量条件下,自隧洞开挖起到变形稳定为止,在起拱线位置的隧洞壁面间水平位移总量的最大容许值,或拱顶的最大容许下沉量。在隧洞开挖过程中,若发现监测到的位移总量超过该值,则意味着围岩不稳定,支护系统必须加强。

容许位移量与岩体条件、隧洞埋深、断面尺寸及地表建筑物等因素有关。例如对于城市地铁,通过建筑群时一般要求地表下沉不超过 20～30mm;对于山岭隧道,地表沉降的容许位移量可由围岩的稳定性确定。

表 10-7 是《公路隧道设计规范》(JTG D70—2004)对洞周允许相对收敛量和开挖轮廓预留变形量的规定。《锚杆喷射混凝土支护技术规范》(GB 50086—2001)对洞周允许相对收敛量的规定与此类似,但只适用于高跨比为 0.8～1.2 和跨度不大于 20m(Ⅲ类)、15m(Ⅳ类)、10m(Ⅴ类)的隧洞。

洞周允许相对收敛量和开挖轮廓预留变形量 表 10-7

围岩类别	洞周允许相对收敛量(%)			开挖轮廓预留变形量(cm)	
	隧道埋深(m)			跨度(m)	
	<50	50～300	301～500	9～11	7～9
Ⅳ	0.1～0.3	0.2～0.5	0.4～1.2	5～7	3～5
Ⅲ	0.5～1.15	0.4～1.2	1.8～2.0	7～12	5～7
Ⅱ	0.2～0.8	0.6～1.6	1.0～3.0	12～17	7～10
Ⅰ					10～15

注:1. 洞周相对收敛系指实测收敛量与测点距离之比。
2. 脆性岩体中的隧洞允许相对收敛量取表中较小值,塑性岩体中的隧洞则取表中的较大值。
3. 表中所列数据,可在施工中通过实测和资料积累作适当调整。
4. 拱顶下沉允许值一般按表 10-7 中的 0.5～1.0 倍。
5. 跨度超过 11m 时,可取用最大值。

(2)容许位移速度。指在保证围岩不产生有害松动条件下,隧洞壁面间容许的最大位移速度。与岩体条件、隧洞埋深及断面尺寸等因素有关,容许位移速率目前尚无统一规定,一般根据经验选定,通常在开挖面通过测试断面前后 1～2d 内容许出现位移加速,其他时间内都应减速,达到一定程度后才能修建二次支护结构。

(3)根据位移—时间曲线判断围岩稳定性。由于岩体的流变特性,岩体破坏前的变形曲线可分为 3 个区段,如图 10-10 所示。

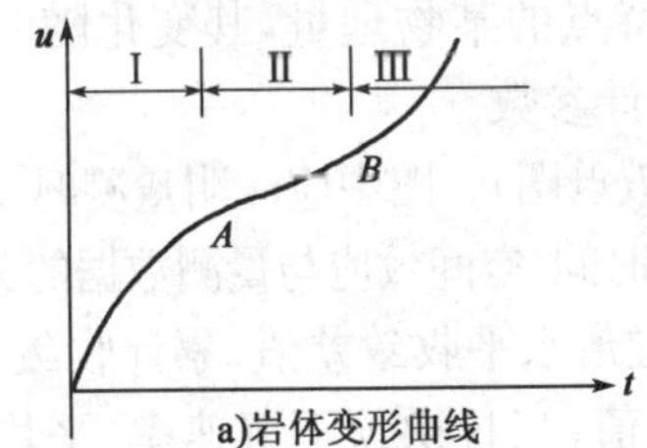

a)岩体变形曲线

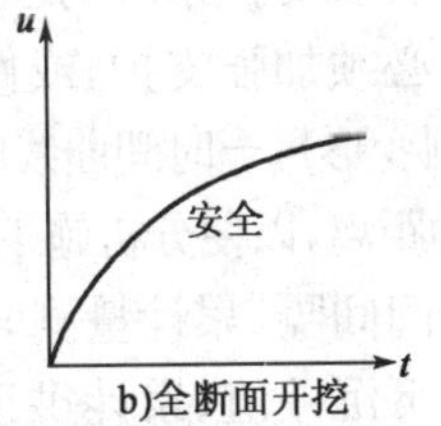

b)全断面开挖

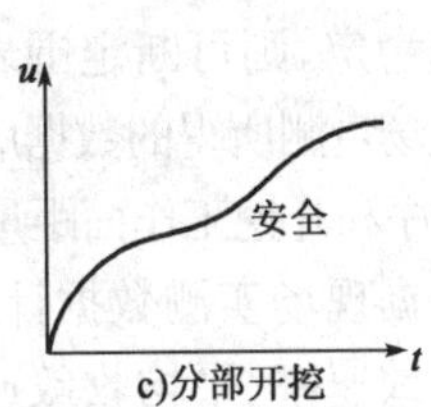

c)分部开挖

图 10-10 岩体流变曲线与位移—时间曲线

①基本稳定区,主要标志是变形速率不断下降,即变形加速度小于 0。

②过渡区,变形速度长时间保持不变,即变形加速度等于 0。

③破坏区,变形速率渐增,即变形加速度大于 0。

现场监测的位移—时间曲线呈现 3 种形态,隧洞开挖后在洞内测得的位移曲线,如果始终保持变形加速度小于 0,则围岩稳定;如果位移变形加速度等于 0,则围岩进入"定常蜕变"状态,须发出警告,并及时加强支护;位移变形加速度大于 0,则表示已进入危险状态,须立即停工并进行加固。根据该方法判断围岩的稳定性,应区分由于分步开挖时,围岩随时间释放的弹塑性位移的突然增加,使位移—时间曲线上的位移速率加速,因为这是由隧洞开挖引起,并不预示着围岩进入破坏阶段。

在隧洞施工险情预报中，还需考虑收敛或变形速度，相对收敛量或变形量及位移-时间曲线，结合所观察的隧道围岩喷射混凝土和衬砌表面状况等综合预报。隧洞位移或变形速率的骤增往往是围岩破坏、衬砌开裂的前兆，当因位移或变形速率骤增报警，为控制隧洞变形的进一步发展，可采取停止掘进、补打锚杆、挂钢筋网、补喷混凝土加固等施工措施，待变形趋于正常后方可继续开挖。

10.1.7 监测数据分析处理

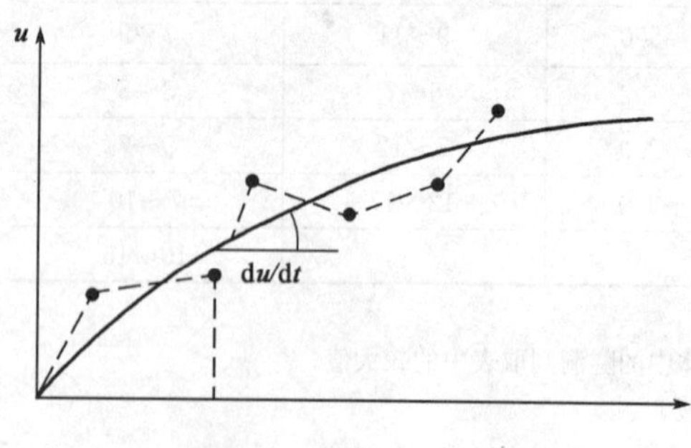

图 10-11 位移速率的变化

基于各种可预见或不可预见因素，现场监测数据有一定的离散性，必须进行误差分析、回归分析和归纳整理等，利用监测成果解释隧道变形规律。例如，为了解某一时刻某点位移变化速率，简单将相邻时刻测得的数据相减后除以时间间隔，作为变化速率显然不确切，如图 10-11 所示，正确做法是对监测得到的位移-时间数组作滤波处理，经光滑拟合后得对时间一阶导数值，即为各时刻的位移速率。总之，监测数据处理的目的是验证、反馈和预报，即：

(1)各种监测数据相互印证，以确定监测结果的可靠性。

(2)分析围岩变形或应力状态的空间分布规律，了解围岩稳定性特征，以便提供反馈，合理设计支护系统。

(3)监视围岩变形或应力状态随时间变化情况，预测预报最终值或变化速率。

理论上，设计合理、可靠的支护系统，应使表征围岩与支护系统力学形态的物理量随时间渐趋于稳定；反之，如果测量表征围岩或支护系统力学形态特点的某物理量，其变化随时间不是渐趋稳定，则可断定围岩不稳定，必须加强支护，或修改设计参数。

现场量测所得的数据应及时绘制变形量一时间曲线图(或散点图)。图中应注明量测时工作面施工工序和开挖工作面距量测断面的距离，以便分析施工工序、时间、空间效应与量测数据的关系。

根据现场实测数据计算量测时间间隔、累计量测时间、隧道水平收敛差值、累计收敛差值、当日收敛速率、平均收敛速率、拱顶下沉差值、累计拱顶下沉值、当日拱顶下沉速率、平均拱顶下沉速率、量测断面至开挖面距离等，并绘制量测断面测线的收敛差值及累计收敛差值与时间关系曲线、当日收敛速率及平均收敛速率与时间关系曲线、拱顶下沉差值与累计拱顶下沉值与时间关系曲线等。

10.2 盾构隧道施工监测

1818 年，法国工程师布鲁诺(Brunel)从蛀虫在船身上打洞得到启发，提出盾构工法。采用这一原理，1843 年在伦敦泰晤士河下修建了世界上第一条盾构法隧道。19 世纪末到 20 世纪中期，盾构工法相继传入美国、德国、法国、日本、丹麦、加拿大、前苏联等国。从最初的手掘式盾构、挤压式盾构、半机械式盾构发展成机械式盾构、盾构机器人。1950 年，我国开始引入盾构工法，虽然起步晚，但发展很快。1990 年，我国首次将盾构法用于上海地铁 1 号线延安东路隧道施工。随后，北京、广州、深圳、南京、上海、天津、长沙等地相继采用盾构法隧道施工。目前，盾构法隧道施工已成为我国城市地铁隧道施工的主要方法。

盾构法施工是暗挖隧道的一种施工方法，近年来由于盾构法在技术上不断改进，机械化程度越来越高，对地层适应性也越来越好。由于其埋置深度可很深而不受地面建筑物和交通影响，所以在水底公路隧道、城市地下铁道和大型市政工程等领域均被广泛采用。在软土层中采用盾构法掘进隧道，会引起地层移动而导致不同程度的沉降和位移，即使采用先进的土压平衡和泥水平衡式盾构，并辅以盾尾注浆技术，也难完全防止地面沉降和位移，因此将引发不同程度的地层变位(表现为地表沉降)，如果地层变位超过一定程度时，就会威胁周边建(构)筑物、地下管线等，进而引发系列岩土工程问题，其后果十分严重(见图 10-12、图 10-13)。随着城市隧道工程增多，在道路、桥梁、建筑物下进行盾构法隧道施工，必须将地层移动减小到最低程度。

图 10-12 大连地铁塌方

图 10-13 南京地铁主干道路面塌方

10.2.1 盾构法隧道施工特点

盾构法隧道的基本原理，是用圆柱体钢组件沿隧道洞轴线，边向前推进边对土壤进行挖掘，如图 10-14 所示，这个钢质组件称为盾构。隧道拱内圈的空洞由盾构本体防护，同时还需要其他辅助措施对工作面进行支护，盾构法隧道主要有自然支撑、机械支撑、压缩空气支撑、泥浆支撑、土压平衡支撑等，目前主要采用土压平衡法盾构。

图 10-14 盾构法隧道基本原理

土压平衡法盾构又称为泥土加压法盾构。其前端是一个全断面的切削刀盘，在刀盘后面还有一个储存切削土体的密封舱，密封舱中轴线下安装长筒螺旋输送机，输送机的另一端设有一个出入口，如图 10-15 所示。所谓土压平衡法就是把密封舱内切削下来的泥水和土充满整个密封舱，并具有适当压力与开挖断面土压平衡，进而减少对土体扰动，控制地表沉降，主要适用于黏性土。

盾构法施工与明挖法相比，其优点主要有：

(1)对环境影响小。不影响地面交通、商店营业,无经济损失;出土量少,周边地层的沉降量小,对周边建(构)筑物的影响小;不需要搬迁、切断地下管线等各种地下设施,节省搬迁费用;对居民生活、出行影响较小;无空气、噪音、振动等污染问题。

(2)占地面积小,征地费用较少。

(3)在施工过程中,不受地貌、江河水域、地形等外界环境的限制。

(4)用于大深度、高地下水压施工。

(5)施工不受气候条件限制。

(6)盾构法施工的隧道抗震性能好。

(7)适用地层范围广,砂卵石、软土、软岩等岩层均可适用。

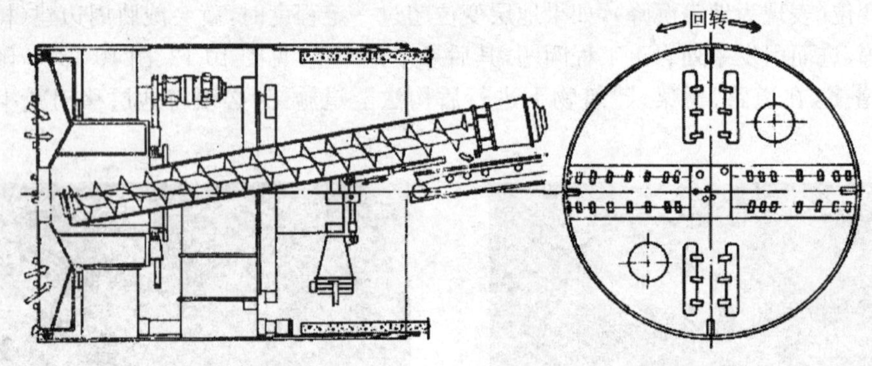

图 10-15　土压平衡式盾构

盾构工法广泛应用于城市隧道施工中。目前,盾构工法正朝着机械化、智能化、自动化、特殊形态、特殊断面等方向发展。盾构推进过程中,地层移动的特点是以盾构本体为中心的三维运动的延伸,其分布随盾构推进而前移。在盾构开挖面产生的挖土区,这部分土体一般随盾构的向前推进而沉降,但也有一些挤压型盾构因出土量少而使土体前隆。挖土区以外的地层,因盾构外壳与土的摩擦作用而沿推进方向挤压。盾尾地层因盾尾部的间隙未能完全及时的充填而发生沉降。

地层移动特征,根据对地层移动的大量实测资料分析,按地层沉降变化曲线的情况,大致可分为 5 个阶段:①前期沉降发生在盾构开挖面前一定范围内,地下水位随盾构推进而下降,使地层的有效土压力增加而产生压缩、固结沉降;②开挖面前的隆陷发生在切口即将到达测点,开挖面坍塌导致地层应力释放,使地表隆起,盾构推力过大使地层应力增大,使地表沉降,盾构周围与土体的摩擦力作用使地层弹塑性变形;③盾构通过时的沉降,从切口到达至盾尾通过之间产生的沉降,主要是由于土体扰动后引起的;④盾尾间隙的沉降,盾构外径与隧道外径之间的空隙在盾尾通过后,由于注浆量不足而引起地层损失及弹塑性变形;⑤后期沉降,盾尾通过后由于地层扰动引起的次固结沉降。

10.2.2 监测目的

在软土地层的盾构法隧道工程中,由于盾构穿越地层的地质条件千变万化,岩土介质的物理力学性质也异常复杂,而工程地质勘察总是局部和有限的,因而对地质条件和

岩土介质的物理力学性质的认识总存在诸多不确定性和不完善性。由于软土盾构隧道是在这样的前提条件下设计和施工的，所以设计和施工方案总存在着某些不足，需要在施工中进行检验和改进。为保证盾构隧道工程安全、顺利地进行，并在施工过程中改进施工工艺和工艺参数，需对盾构推进全过程进行监测。在设计阶段要根据周围环境、地质条件、施工工艺特点，做出施工监测设计和预算，在施工阶段要按监测结果及时反馈，以合理调整施工参数并采取技术措施，最大限度地减少地层移动，确保工程安全并保护周围环境。施工监测的目的有：

(1)认识各种因素对地表和土体变形等的影响，以便有针对性地改进施工工艺和修改施工参数，减少地表和土体的变形。

(2)预测地表和土体变形，根据变形发展趋势和周围建筑物情况采取保护措施，并为确定经济合理的保护措施提供依据。

(3)检查施工引起的地面沉降和隧道沉降是否控制在允许范围内。

(4)控制地面沉降和水平位移及其对周围建筑物的影响，减少工程保护费用。

(5)建立预警机制，保证工程安全，避免结构和环境安全事故造成工程总造价增加。

(6)为研究岩土性质、地下水条件、施工方法与地表沉降和土体变形的关系积累数据，为改进设计提供依据。

(7)为研究地表沉降和土体变形的分析计算等积累资料。

10.2.3 监测内容与方法

盾构隧道监测的对象主要是土体介质、隧道结构和周围环境，监测部位包括地表、土体内、盾构隧道结构以及周围道路、建筑物和管线等，监测类型主要是地表及土体深层沉降和水平位移、地层水土压力和水位变化、建筑物和管线及其基础等沉降和水平位移、盾构隧道结构内力、外力和变形等，具体见表10-8。

1)管片隆起监测

在盾构的始发和到达端30～40m范围内，按照20m的间距布设监测断面，其他地段按50m间距布设测试断面。每个测面布设一组管片隆起监测点，如图10-16所示。

使用冲击钻打孔(孔径和孔深按测点测桩的要求实施)，将带膨胀螺栓的测桩安置于孔中，然后拧紧螺栓使其膨胀牢固即可测试。也可将钻孔孔径扩大，孔中注入水泥砂浆，再将带膨胀螺栓的测点埋入孔中，砂浆凝固即可测试。一般情况下，测点需有保护罩保护。观测方法与地表、建筑物沉降监测方法相同。

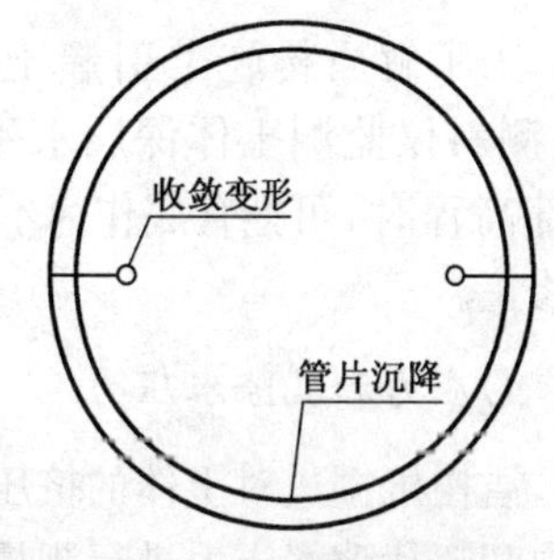

图10-16 隧道管片的隆沉监测布点图

2)拱顶下沉量测

拱顶下沉量测点与净空收敛量测点布置在同一断面，每10m布置一监测断面，一般断面设1个沉降观测点，拱顶下沉量测主要用于确认围岩稳定性，及时掌握隧道整体稳定情况。

表 10-8 盾构隧道施工监测项目和仪器

序号	监测对象	监测类型	监测项目	监测元件与仪器
1	隧道结构	结构变形	(1)隧道结构内部收敛	收敛计,伸长杆尺
			(2)隧道、衬砌环沉降	水准仪
			(3)隧道弱室三维位移	全站仪
			(4)管片接触张开度	测量计
		结构外力	(5)隧道外测水土压力	压力盒、频率仪
			(6)隧道外测水压力	孔隙水压力计、频率仪
		结构内力	(7)轴向力、弯矩	钢筋应力传感器、频率仪、环向应变计
			(8)螺栓轴向力、管片接缝法向接触力	钢筋应力传感器、频率仪、横杆横力计
2	地层	沉降	(1)地表沉降	水准仪
			(2)土体沉降	分层沉降仪、频率仪
			(3)盾构底部土体回弹	深层回弹柱、水准仪
		水平位移	(4)地表水平位移	经纬仪
			(5)土体深层水平位移	测斜仪
		水土压力	(6)水土压力(侧、前面)	土压力盒、频率仪
			(7)地下水位	监测井、标尺
			(8)孔隙水压	孔隙水压力探头、频率仪
3	相邻环境周围建(构)筑物,地下管线铁路、道路		(1)沉降	水准仪
			(2)水平位移	经纬仪
			(3)倾斜	经纬仪
			(4)建(构)筑物裂缝	裂缝计

3)深层位移监测

为了解盾构施工引起土层扰动的范围和影响程度,常采用分层沉降仪监测土体沉降,测斜仪监测土体深层水平位移。两者可共用一个测孔,当测管型埋设深度低于隧道底部高程时,可把管底作为不动点,若以测管管顶为不动点,但必须测量管顶的水平位移值进行修正。

4)应力和孔隙水压力

盾构机掘进对土体的挤压,破坏土体本构结构,使土中应力和孔隙水压力增大,因此对土压力和超孔隙水压力进行测量,能及时了解盾构施工性能和土层扰动程度。通过监测数据反馈,及时调整施工参数,以减少对土层扰动。土应力和孔隙水压力的测量元件埋设采取钻孔埋设法,测点埋设在隧道外围。

5)净空收敛监测

在测点不被破坏前提下,尽可能靠近工作面埋设,初读数在开挖后12h内读取,最迟不超过24h,且在下一循环开挖前完成初期变形值的读数。每10m布置一监测断面,一般断面设3个收敛观测点,监测主断面处增设2个收敛观测点。每个监测断面的两侧和拱顶收敛预埋钩,埋设方法同周边收敛量测。埋设测点时,在测点处用微型钻机在待测部位成孔,将带膨胀螺栓的预埋件敲入,旋上收敛钩即可量测。测点布设方法与管片隆沉监测布点方法一致。

6)钢支撑内力监测

根据钢筋计的频率—轴力标定曲线,可用量测数据直接换算相应轴力值,然后根据钢筋混凝土结构有关的计算方法得到钢筋轴力计所在拱架断面的弯矩,并在隧道横断面上按一定比例将轴力、弯矩值点画在各钢筋计分布位置,并将各点连接形成隧道钢拱架轴力及弯矩分布图。对于型钢拱架,用钢表面应变计或钢筋应力计量测,其他与格珊钢拱架钢筋计量测法相同。

7)地表和建筑物监测

对盾构直接穿越和影响范围内的地表、房屋、桥梁、管线等构筑物必须进行监测,监测内容主要是地表沉降、构筑物的沉降、倾斜和裂缝等。

观测线长度需跨越变形区影响范围,一般根据盾构规模及水文地质条件等确定观测线长度。沿线路方向每隔30m布设1个监测断面,在始发段进行加密。如图10-17所示,为获得连续的监测数据,沿隧道中线方向每隔5~10m布设一沉降观测点。

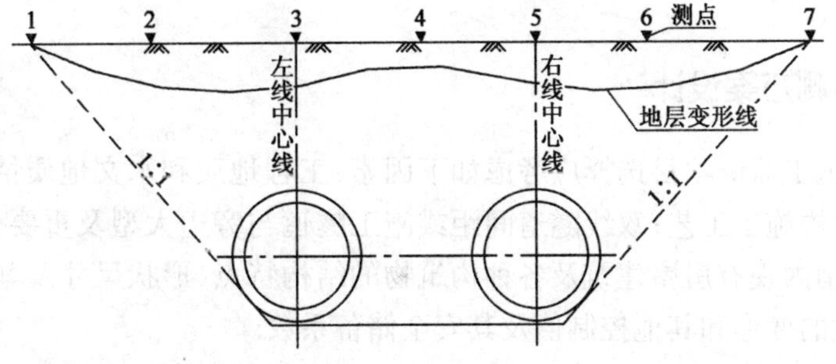

图10-17 监测断面地表测点布置

10.2.4 监测点埋设

地表变形和沉降监测需布置纵(沿轴线)剖面监测点和横剖面监测点,纵(沿轴线)剖面需保证盾构顶部有监测点,沿轴线方向监测点间距一般小于盾构长度,通常为3~5m一个测点。监测横剖面每隔20~30m布设1个,在横剖面上从盾构轴线由中心向两侧按测点间距从2~5m递增布设测点,布设的范围为盾构外径的2~3倍,在该范围内的建筑物和管线等需监测其变形。洞内各断面的间距参照岩石隧道布设,尽可能将所有监测项目布设在同一断面上,以便相互验证,及时发现险情。

10.2.5　监测频率

监测频率应根据盾构施工工况、监测断面距开挖面的距离和变形速率确定。当监测项变形速率较小时，观测频率可适当放宽，但地表变形速率较大时或者地表下沉值大于报警值、场地出现危险苗头、暴雨天气或者异常天气时，则应加强观测，一般在埋点10～15d后进行工作基点与校核点之间的首次观测，然后进行工作基点与观测点之间首次观测，初始观测必须进行两次，且两次差值较小。

(1)建筑物沉降、倾斜、裂缝监测频率。开挖面近接的重要建(构)筑物(当开挖面已过或距离建筑物边线在对应线路上投影30m以内时)，监测频率1次/d；在30m范围以外但并未超过近接工程界定值时，当所穿越地质为软弱层、砂层、花岗岩残积层及全风化层时1次/3d；当所穿越地质为红层残积层、花岗岩强～微风化层及其他岩层全～微风化层，根据监测数据反馈信息确定。

(2)地表监测频率。根据盾构施工情况、监测断面距开挖面的距离和沉降速率确定。出现异常情况时，应增大监测频率。

一般情况下可选用如下监测频率：掘进面距监测断面前后≤30m时，1次/d；掘进面距监测断面前后＞30m时，1次/3d；根据数据分析确定沉降基本稳定后，1次/月。

其他监测项目在前方距盾构切口2m，后方离盾尾30m监测范围内，通常监测频率为1次/d；其中在盾构切口到达前1倍盾构直径时和盾尾通过后3d内应加密监测，监测频率加密到2次/d，以确保盾构推进安全；盾尾通过3d后，监测频率为1次/d，以后每周监测1～2次，直到监测数据稳定。

10.2.6　监测方案设计

盾构法隧道施工监测项目选择应考虑如下因素：工程地质和水文地质情况；隧道埋深、直径、结构形式和盾构施工工艺；双线隧道间距或施工隧道与旁边大型及重要公用管道的间距；隧道施工影响范围内现有房屋建筑及各种构筑物的结构特点、形状尺寸及其与隧道轴线的相对位置；设计提供的变形和其他控制值及其安全储备系数。

各种盾构隧道基本监测项目确定见表10-9。对于具体隧道工程，需根据工程具体情况、特殊要求、经费投入等因素综合确定，目标是使施工监测能最大限度反映周围土体和建筑物变形情况，不导致对周围建筑物有害破坏。对某一些施工细节和施工工艺参数，需在施工通过实测确定时，则要专门进行研究监测。

盾构隧道基本监测项目　　表10-9

监测项目		地表沉降	隧道沉降	地下水位	建筑物变形	深层沉降	地表水平位移	深层位移、衬砌变形和沉降、隧道结构内部收敛等
地下水位情况	土壤情况							
地下水位以上	均匀黏性土	•	•	△	△			
	沙土	•	•	△	△	△	△	△
	含漂石等	•	•	△	△	△	△	

续上表

监测项目		地表沉降	隧道沉降	地下水位	建筑物变形	深层沉降	地表水平位移	深层位移、衬砌变形和沉降、隧道结构内部收敛等
地下水位情况	土壤情况							
地下水位以下，且无控制地下水位措施	均匀黏性土	•	•	△	△			
	软黏土或粉土	•	•	•	○	△	△	
	含漂石等	•	•	•	△	△	△	
地下水位以下，用压缩空气	软黏土或粉土	•	•	•	○	○	○	△
	沙土	•	•	•	○	○	○	△
	含漂石等	•	•	•	○	○	○	△
地下水位以下，用井点降水或其他方法控制地下水位	均匀黏性土	•	•	•	△			
	软黏土或粉土	•	•	•	○	○	○	△
	沙土	•	•	•	○	△	△	△
	含漂石等	•	•	•	△	△	△	

注：1. • 为必须监测的项目。

2. ○为建筑物在盾构施工影响范围以内，基础已做加固，需监测。

3. △为建筑物在盾构施工范围以内，但基础未作加固，需监测。

表中建筑物变形系指地面和地下建(构)筑物水平位移和沉降。设计时必须对盾构引起地层移动量进行估算，从而使得隧道处于受控状态。

10.2.7　监测数据分析处理

盾构隧道监测数据分析处理，可参照岩石隧道监测。盾构施工监测的所有数据应及时整理并绘制成相关图表，施工监测数据的整理和分析必须与盾构的施工参数采集相结合，如开挖面土压力、盾构推力、盾构姿态、出土量、盾尾注浆量等。大多数监测项目的实测值的变化与时间和空间位置有关，因此，在时程曲线上要尽量标明盾构推进的位置，而在纵向和横向沉降槽曲线、深层沉降和水平位移曲线等图表上，要绘出典型工况和典型时间点的曲线。

第11章　桥梁工程监测

随着大跨度桥梁的大量建设，桥梁结构安全受到前所未有的重视。大型桥梁的长度与跨径较大，具有较好的跨越能力，方便通航，但大型桥梁事故容易造成重大生命和财产损失。伴随着大型桥梁的大量建设，各种恶性安全事件时有发生，如四川彩虹桥倒塌、宜宾南门大桥断裂、湖南凤凰大桥垮塌等，损失巨大、社会影响恶劣。大跨度桥梁在行车荷载、风力、湿度、温度等外界因素的影响下，也容易发生混凝土碳化、钢筋锈蚀、预应力松弛、斜拉索锈蚀和墩台基础沉降等现象。

大跨度桥梁施工复杂，影响因素众多，如材料性能与设计取值之间的差异，先期形成结构(部件)的截面特性等与分析取值之间的误差，施工测量存在的误差，施工条件与工艺非理想化的影响，结构设计参数和状态参数实测中存在的误差等。在施工中必须对重要的结构设计参数、状态参数进行监测，以获取反映实际施工情况的数据和信息，不断修正设计参数，使施工状态处于控制范围之中。因此，为确保大型桥梁结构的使用安全性和耐久性，减少或避免对人民生命财产造成重大损失，应通过监测手段及时了解桥梁安全状况，对新建大型桥梁结构在工程建设同时，增设长期安全监测系统和损伤识别控制系统，为保证桥梁安全提供可靠的健康状况信息。

11.1　变形机理与监测内容

11.1.1　变形机理

桥梁按受力情况可分为梁式桥、拱式桥、钢构桥、斜拉桥、悬索桥等。大型桥梁产生变形的原因，归结起来有以下几类：

(1)自然条件及其变化，即桥墩台地基的工程地质、水文地质、土壤物理性质、大气温度、水位变化及地震等。例如，桥墩台基础的地质条件不同，引起桥墩台间不均匀沉降，使其产生倾斜或裂缝；土塑性变形引起桥台不均匀沉降；季节性的温度、水位、水流方向的变化，也使桥梁产生有规律的变形；桥台和桥墩基础附近的河床冲刷，甚至可能造成毁桥事故发生；桥梁受日照强度和方向影响，温度高的一侧膨胀，产生不均匀变形；地层构造运动使地上或地下建筑物造成不同程度的破坏，桥梁震害主要反映在结构的各个部位。

(2)与桥梁本身相联系的原因，如动荷载和风力等。车辆动荷载和人群动荷载，其本质上是强迫共振现象，桥梁结构振动影响桥面行车的舒适与安全，加大振动变形，甚至使桥梁完全破坏；1940年秋，美国华盛顿州建成才4个月的塔科马(Tacoma)悬索桥，在不到20m/s的12

级大风作用下，发生了强烈的风致大桥振动而破坏的严重事故，震惊了桥梁工程界，并由此提出了桥梁的风致振动问题，即引起风与结构的相互作用机制，从而使桥梁发生变形；此外，洪水、船舶、水中悬浮物、北方河中浮冰等，都可能对桥墩产生撞击，而使桥梁产生局部变形。

桥梁变形可分为静态变形和动态变形。静态变形通常是指变形监测的结果在某一周期的变形值，也就是说，它只是时间的函数；动态变形是指在外力影响下产生的变形，它是以外力为函数，表示动态系统对于时间的变化，其监测结果表示桥梁在某时刻的瞬时变形。桥梁结构在荷载和环境因素作用下产生的变形分成两类：一类变形能反映结构的整体工作状况，如挠度、转角、支座位移等，称为整体变形，桥梁逐渐老化，表现最为明显的是桥梁挠度变化。整体变形的能力能够概括结构整个工作的全貌，因此，在所有监测项目中，整体变形往往是最基本的。另一类变形能反映结构的局部工作状况，如纤维变形、裂缝、钢筋的滑动等，称为局部变形。最能表现老化(或缺陷)的特征是裂缝，裂缝的部位、方向揭示桥梁老化(或缺陷)部位和性质。

11.1.2 监测内容

桥梁工程监测分为施工监测和运营监测。大跨度桥梁监测是桥梁施工和运营的重要组成部分，不论何种类型的桥梁，其施工监测一般包括几何参数监测，主要为桥梁上部结构的扰度、线形、倾斜及下部结构的位移、沉降变形监测等；结构物理参数监测包括桥梁各部分的应力、应变、徐变、混凝土温度等参数的监测；环境参数监测包括有风力、风向、温度、地震、交通荷载等因素监测。

通过监测，跟踪施工安全、运营状态和结构真实情况，修正设计参数，保证施工控制预测的可靠性，及时发现桥梁结构在施工中出现的超限参数(如变形、截面应力等)及结构破坏。

1)梁式桥梁

(1)顶推监测。顶推施工是在被顶推体梁体后部设置预制平台，在平台上分节段预制梁体，经水平千斤顶施顶，使梁体在各墩顶滑道上逐段向前滑动，直到主梁形成。其监测包括：

①预制平台变形与平整度监测。预制平台发生变形，可能使梁体高度及梁底平整度产生偏差，使梁体在顶推过程中内力改变较大。通过在预制平台上设置长期监测点进行监测。

②临时支墩变形监测。临时支墩发生超过允许压缩变形，会在梁内产生较大的附加内力，因此，必须对支墩进行沉降和水平位移监测。

③温度监测。顶推用的临时支墩为钢结构，温度敏感性高。

④顶推同步性与施力监测。单点顶推要求梁的两侧同步；多点顶推，除两侧顶推同步外，还要求各墩上顶推同步，否则梁体会发生横向偏位，桥墩盖梁受扭且某些顶推力大的墩会受力过大。

⑤主梁轴线位置监测。包括梁两侧顶推不同步在内的多种因素可使梁偏位，施工中应实时监测，及时发现和纠偏。

⑥主梁应力监测。监测施工中结构的受力情况。

⑦导梁端部标高监测。导梁端部接近支墩时，应对其标高进行监测，确定是否需，对导梁端起顶。

(2)预应力混凝土连续梁桥、连续钢构桥悬臂监测。悬臂施工过程中，通过监测主墩和主梁结构在各施工阶段的应力和变形，及时了解结构状况。根据监测数据，确保结构的安全和稳定，保证结构受力合理和线形平顺。每一节段的大主梁施工过程中，需要监测箱梁顶面、底面的挠度，为控制分析提供实测数据。同时，在节段立模、混凝土浇筑、预应力张拉前后，也需监测主梁挠度变化和相应的应力变化。还需监测梁体温度，测试混凝土弹性模量、徐变收缩系数及容重；对预应力钢绞线，还将测定预应力管道摩阻损失。

2)拱桥

随着拱桥施工进行，荷重、结构体系都在变化，影响结构的强度，因此，施工中需进行监测控制。施工过程中一般进行下面几项监测：拱桥基础沉降和转动；后拉杆的张力；斜吊钢棒张力及温度；拱圈标高；由风引起的斜吊钢棒的振动频率；拱架的高度与横向变形。

3)斜拉桥

斜拉桥是高次超静定结构，节点坐标变化影响结构内力分配，因此，桥梁线形若偏离设计值，会导致内力偏离设计值。斜拉桥施工监测、控制是“施工-测量-计算分析-修正-预告”的循环过程，要求确保结构安全施工前提下，主梁线形和内力符合设计规定允许误差范围。施工控制中的监测主要有主梁及塔索的变形监测、结构各控制截面的应力应变监测、索力大小监测、温度监测、挂篮变形监测及其他一些参变量的测试。

主梁变形监测是在斜拉桥各施工阶段测定每一工况下主梁的变形，通过测定每一工况前后的标高来确定。索塔变形测量主要测定某些关键工况前后索塔沿桥轴线方向位移。对采用空间索的斜拉桥，必要时还需测定横向水平位移。应力测量主要测定某些工况前后主梁或主塔内若干控制截面的应力变化。索力测试是测定每一施工阶段内每一工况前后斜拉索的索力大小。温度影响测量是测定在典型气候条件下，全天 24h 内的温度变化对主梁挠度、索塔变形及索力大小的影响。挂篮变形测量指梁段混凝土浇筑前后挂篮变形测定，据此作为立模标高调整依据。

4)悬索桥

①结构线形。主要测量主缆线形和加劲梁顶面线形、控制点坐标。控制点可选两个支点，两个 1/8 点，两个 1/4 点，两个 3/8 点及跨中点，共 9 个点。施工前期，线形监测主要测量主缆控制点坐标，吊装加劲梁段后，进行加劲梁顶面线形监测。各跨支点坐标测量则主要测量塔顶坐标及索鞍的残留预偏量。

②主缆锚跨索股拉力。一般只监测少数索股拉力，成缆状态及成桥状态时，应对所有索股拉力进行测定。

③塔应力。各个状态均需进行应力测定。控制截面位置在塔截面变化处，控制截面还包括塔根及有系梁处，且单塔柱控制截面总数不能少于两个。

④吊索(或吊杆)拉力。一般只监测少数吊索拉力，成桥状态应对所有吊索拉力进行测定。对按传统方法施工的悬索桥，在梁段合拢状态及成桥状态，应对所有索股拉力进行测定。

⑤测定加劲梁应力(总应力)。按传统方法施工的悬索桥，梁段合拢后才开始进行测定。钢加劲梁在成梁后才进行应力测定，预应力混凝土加劲梁在连续段接缝时开始测定应力。控制截面位置与线形位置相同，但无梁端部支点。

11.2　监测方法

11.2.1　垂直位移监测

主要监测桥梁墩台空间位置在垂直方向上的变化。

(1)基本原则:加强基础沉降监测,如悬索桥沉降监测主要部位包括两塔、两锚及可能影响的区域,锚锭地下连续墙施工或锚锭冻土法施工期间,尤其要加强监测;以精密水准测量为主,精密三角高程为辅,利用已有施工控制网测量成果,保证资料连续性;在保证精度前提下,尽可能结合地形、交通等条件,缩短监测时间。

(2)监测网和测点布设。为监测墩台垂直位移,需建立变形监测基点网,基点网由基准点和工作基点组成。为使选定的基准点稳定牢固,基准点应尽量选在桥梁承压区之外,但又不宜离桥梁墩台太远,以免加大施测工作量及增大测量累积误差。一般来说,以不远于桥梁墩台1～2km为宜。基准点需成组埋设,以便相互检核。

工作基点选在桥台或其附近,以便于监测布设在桥梁墩台上的监测点,测定各桥墩相对于桥台的变形。而工作基点的垂直变形可由基准点测定,以求得监测点相对于稳定点的绝对变形。

基准点埋设在稳固基岩上,当工程所在区域覆盖层较厚时,可建立深埋钢管标作为基准点。另外,大型桥梁工程施工初期,为验证设计数据,需建立一定数量的试验桩,这些试验桩有的已和深层基岩紧密相连,有良好稳定性,因此,在试验桩顶部建立水准标志点,可成为工作基点,甚至可作为基准点。

布设监测点应遵循既均匀又有重点的原则。均匀布设是指在每个墩台上布设监测点,以便全面判断桥梁稳定性;重点布设是指对那些受力不均匀、地基基础不良或结构重要部分,应加密监测点,尤其是主桥桥墩。为研究墩台沉降和不均匀沉降,在主桥墩台顶面的上下游两端各设一点。

(3)垂直位移监测。定期测量桥墩台或基础高程,计算墩台垂直位移。引桥监测点和水中桥墩监测点,应根据实际情况布设成附合路线或闭合路线。引桥监测点在岸上,其施测方法与一般水准测量方法相同;水中监测点从一个墩到另一个墩的监测,可采用跨河水准测量,或跨墩水准测量。即把仪器设站于一个墩上,监测后视、前视两相邻桥墩,形成跨墩水准测量,考虑其照准误差、大气折光误差等,必须采取措施提高监测精度。垂直位移监测方法主要有:①精密水准测量;②三角高程测量;③液体静力水准测量(又称连通管测量);④压力测量法;⑤GPS测量。

(4)监测周期。监测系统建立初期连续监测两次,确定可靠的初始值;正常情况下,根据变形速率和变形监测的精度要求确定,一般是1次/周,混凝土浇筑期间,定期进行温度监测、桥梁主要部件架设;桥梁基础工程施工期间,如连续墙施工期间,应加密监测,监测周期随施工状态和监测点位移情况及时调整;监测资料能充分证明变形体趋于稳定,或3次连续监测的变形量小于监测精度时,可适当延长监测周期。

11.2.2 水平位移监测

桥面水平位移主要是指垂直于桥轴线方向的水平位移。主要由基础位移、倾斜及外界荷载(风、日照、车辆等)等引起,对大跨径斜拉桥和悬索桥,风荷载可使桥面产生大幅度摆动,对桥梁安全运营十分不利。测定水平位移的方法与桥梁形状有关:直线形桥梁,一般采用基准线法、测小角法等;曲线桥梁,一般采用三角测量法、交会法、导线测量法等。

(1)三角测量法。在桥址附近建立三角网,将起算点和变形监测点都包含在此网内,定期对该网进行监测,求出各监测点坐标值,根据首期监测和各期坐标值,求出各监测点的位移值。三角网监测可采用测角网、边角网、测边网等形式。

(2)交会法。该方法适用于桥梁墩台水平位移监测,也可用于塔柱顶部水平位移监测。该法能求得纵、横向位移值的总量,投影到纵、横方向线上,即可获得纵、横向位移量。

(3)导线测量法。导线两端连接于桥台工作基点上,每个墩上设置导线点作为监测点。这是一种两端不测连接角的无定向导线。通过重复监测,比较两期监测成果,可得监测点位移。

(4)基准线法。直线形桥梁以基准线法测定桥墩台横向位移,而纵向位移用高精度测距测定。大型桥梁包括主桥和引桥,分别布设 3 条基准线,其中主桥 1 条,两端引桥各 1 条。

其他还有测小角法、GPS 监测及多点位移计等专用设备对工程局部进行水平位移监测。

11.2.3 挠度监测

主梁挠度变形是主梁结构状态改变最灵敏、最精确的反映,桥梁挠度测量是桥梁检测的重要组成部分。桥梁建成后,桥梁承受静荷载和动荷载,必然会产生挠曲变形,因此,对主梁进行挠度监测,可准确掌握主梁结构内力状态。此外,结构损伤也将导致主梁挠度异常,通过对主梁挠度的监测可判别这些损伤。

桥梁挠度监测分为桥梁静荷载挠度监测和动荷载挠度监测。静荷载挠度监测时测定桥梁自重和构件安装误差引起的下垂量;动荷载挠度监测测定车辆通过时,其重量和冲量作用下桥梁产生的挠曲变形。大型桥梁的挠度监测包括桥面挠度监测,而斜拉桥和悬索桥还应包括索塔挠度监测。

主梁挠度监测的主要方法有:水准测量法、全站仪测量法、专用挠度仪测量法、动态 GPS 测量法、液体静力水准测量法、连通管测压法等。前 3 种方法一般需封闭桥梁才能监测,且测量时间较长,不利于桥梁运行管理;液体静力水准测量对测点高差要求较高,虽测量精度高,但测程较小,限制了该法的应用。因此,目前大型桥梁长期挠度监测主要采用动态 GPS 测量和连通管测压两种方法。

(1)悬锤法。设备简单、操作方便、费用低廉,在桥梁挠度测量中广泛采用。该法要求在测量现场有静止的基准点,一般适用于干河床情形。另外,利用悬锤法只能测量某些监测点的静挠度,无法实现动态挠度检测,也难给出其他非测点的静挠度值。由于测量结果中包含桥墩下沉量和支墩变形等误差,因此,测量结果精度不高。

(2)精密水准法。通过监测桥体在加载前和加载后的测点高程差,计算桥梁检测部位的挠度值,由于大多数桥梁的跨径都在 1km 以内,所以,利用水准测量方法测量挠度,一般精度能

达到±1mm。

(3)全站仪监测法。实质是三角高程测量,大气折光是重要的误差来源,桥梁挠度监测一般在夜间进行,这时大气状态较稳定,且挠度监测不需绝对高差,只需高差之差,因此,只有大气折光变化对挠度有影响,而该项误差相对较小。

(4)GPS监测法。分三种模式:静态、准动态和动态。

(5)静力水准监测法。利用连通管将各测点连结起来,监测各测点间高程相对变化。其测程一般在20cm内,精度可达±0.1mm以上,另外,该法可实现自动化数据采集和处理,仪器稳定性和数据可靠性高。

(6)测斜仪监测法。利用均匀分布在测线上的测斜仪,测量各点的倾斜角变化量,再利用测斜仪之间距离累计,计算点的垂直位移量。其缺陷是误差累积快,精度易受影响。

(7)摄影测量法。摄影前,在上部结构及墩台上预先绘出一些标志点,在未加荷载情况下,先进行摄影,根据标志点影像,在量测仪上量出它们之间的相对位置。当施加荷载时,再用高速摄影仪进行连续摄影,并量出不同时刻各标志点的相对位置,从而获得动载时挠度连续变形的情况。

(8)专用挠度仪监测法。以激光挠度仪最为常见,其原理为:在被检测点上设置光学标志点,在远离桥梁的适当位置安置检测仪器,当桥上有荷载通过时,靶标随梁体振动的信息通过红外线传回检测头成像面上,通过分析将其位移分量记录下来。优点是可全天候工作,受外界条件影响小。其精度主要受测距影响,通常情况下,精度可达±1mm左右。

11.2.4 应力监测

结构截面的应力(包括混凝土应力、钢筋应力、钢结构应力等)监测是施工监测的主要内容。无论拱桥、梁(刚构)桥,还是斜拉桥和悬索桥,测点应力随工作推进不断变化。桥梁施工时间一般较长,所以应力监测是一个长时间连续的量测过程。要实时、准确监测结构应力情况,采用方便、可靠和耐久传感组件非常重要。

11.2.5 索力监测

大跨度桥梁采用斜拉桥、悬臂桥等缆索承重结构越来越广泛,特别是跨径500m以上时,基本是斜拉桥或悬索桥。斜拉桥的斜拉索、悬索桥的主缆及吊索索力是重要设计参数,也是施工需监测与调整的参数之一。索力量测效果直接对结构施工质量和施工状态产生影响。施工过程中准确了解索力实际状态,选择适当量测方法和仪器,消除或降低现场量测中各种误差因素非常关键。目前索力量测主要有以下三种方法:

1)压力表量测法

索结构通常使用液压千斤顶张拉,千斤顶张拉油缸中的液压和张力有直接关系,所以,只要测定张拉缸压力就可求得索力。通过标定0.3~0.5级精密压力表,求得液压和千斤顶拉力之间的关系,利用压力表测定索力,精度可提高1%~2%。千斤顶的液压可用液压传感器测定。液压传感器受液压后输出相应电信号,仪表接收信号后显示压强或张拉力。电信号可通过导线传输,能进行遥测,使用方便。

2)压力传感器量测法

压力传感器法是指在悬索桥主缆股或斜拉桥斜拉索等锚下安装压力传感器，通过二次仪表读取拉索索力。这种方法量测准确性高，稳定性较好，且易于长期监测。

3)振动频率量测法

利用索力与索振动频率之间存在的对应关系，已知索的长度、两端约束情况、分布质量等参数时，通过测量索的振动频率，计算索的拉力。

桥梁结构中的索时刻发生随机振动，且各阶频率混在一起。根据功率图上的峰值判断其各阶频率，据此求算索力。当索力端部约束不明显时，经现场试验确定相应换算长度。

虎门悬索桥主缆锚跨索股张力，安装440束索股，采用几种方法结合使用、互相校验。根据主缆锚固端的结构特点，设计专门插入式压力传感器，埋设于部分索股钳下，其位置依据索股长度不同，将一锚块的110束索股分为5个长度等级，每个长度等级索股下安装1～2个压力传感器，在索股架设时主要采用油压表量测和压力传感器量测相结合进行测试与调整。所有索股张力采用张拉千斤顶油压表测读，对埋有插入式压力传感器的索股，通过压力传感器量测值校正油表的读数换算值，同时对埋有插入式压力传感器的索股采用振动频率法作校正量测，量测采用人工激振与环境激振法相结合。通过现场对比测试，对频率法进行率定并获得不同长度索股的修正值后，在加劲梁吊装阶段即以振动频率法量测为主，辅以锚下压力传感器检验校正。

11.2.6 温度监测

大跨度桥，特别是斜拉桥、悬索桥等，其温度效应十分明显。如温度变化时斜拉桥拉索长度变化，直接影响主梁标高；悬索桥主缆线高随温度变化而改变，索塔也因温度变化而变位，都会对主缆架设、吊杆杆长计算确定等产生重要影响；悬臂施工连续刚构(梁)桥标高也随温度变化发生挠曲。因此，大跨度桥梁施工过程中监测结构温度，寻求合理立模、架设等时间，修正实测结构状态的温度效应，对桥梁按目标施工和实施监控十分重要。

结构温度测量方法包括辐射测温法、电阻温度计测温法、热电偶测温法及其他各种温度传感器等。每种方法的测量范围、精度和测量仪器的体积及测量繁杂程度都有所不同，通常应选用体积小、性能稳定、精度高且可进行长距离监测传输的测温组件。

11.3 监测点埋设

桥梁变形监测内容多，通过周期性重复监测，求取监测周期内的变化量。可以说监测点是变形量的载体，监测点布设优劣、科学与否，直接影响监测数据能否正确反映桥梁实际状态及变形量大小。布设监测测点时，应遵循必要、适量、最能反映变形体的变形和方便监测的基本原则。

(1)满足监测目的，测点数量和布置充分、足够，测点宜少不宜多，不能盲目设置测点。

(2)测点位置必须具有代表性，以便分析和计算。主要测点的布设应能反映结构的最大应

力(应变)和最大挠度(或位移)。

(3)测点布设使监测工作方便、安全,不便于监测读数的测点往往不能提供可靠结果,对于危险部位,要妥善考虑安全措施或者选择布置特殊测量方法和仪器。

(4)布置一定数量校核测点,保证监测结果绝对可靠,并提供多余监测数据,供分析时采用。

(5)监测点布置在点位稳定并能长期保存的地方,同时要求监测点与桥梁牢固地结合在一起。对于大跨度桥梁的健康监测,监测点的布设可按桥型的不同区别对待,原则如下:

①控制网的布设。由基准点与工作基点构成,基准点应埋设在变形区外稳固的基岩或原状土中,且能长期保存,工作基点应埋设在索塔附近便于监测的地方。控制点一般都应建立监测墩,并埋设强制归心底盘。为保证控制网的精度和可靠性,控制点应组成合适的图形,目前,一般用大地四边形即能达到较好的效果。变形监测控制网应充分利用施工控制网点,在精度和稳定性满足要求情况下,可不再另设变形监测网。

②测点的布设。监测点布设位置和数量应以能反映桥梁摆动和扭转变形特征为原则,同时利于监测。测点间隔一般以每隔 30m 布设一监测点为宜。另外,测点布设时还应考虑塔柱的变形特征,需在塔柱顶部、各横梁处布设测点。同一高度断面上应布设两个监测点,为便于在岸上监测照准,测点一般应布设在江岸一侧。监测点上应预埋强制对中装置,或埋设永久性照准标志。

11.3.1　上部结构监测点

对监测点的布设,要求能够测量结构竖向挠度、横向位移和扭转变形,能给出所监测跨的挠度曲线和最大挠度,每跨一般布设 3～5 个点。挠度监测结果应考虑支座下沉量、墩台的沉降、水平位移与转角、连拱桥多个墩台水平位移等。

1)拱桥

下承式拱桥上部结构监测点应布设在拱脚、$L/4$ 处、跨中、$3L/4$ 处拱肋或拱圈截面及墩台顶处,必要时还可增加 $L/8$、$3L/8$、$5L/8$、$7L/8$ 截面处布设各种监测点。中承式或下承式拱桥,还应布设针对吊杆变形的监测点。

2)连续刚构桥

连续刚构桥,控制截面的设计内力包括中跨跨中截面、中跨 $L/4$ 截面、中跨 $3L/4$ 截面的应变、零号块顶面、边跨(次边跨)跨中截面的弯矩和剪力。为此,监测点应布设在零号块顶面处,监测零号块沉降;此外,在 $L/4$、跨中、$3L/4$ 截面处也应布设监测点。

3)斜拉桥与悬索桥

斜拉桥控制截面设计内力监测,在成桥状态的最大正负弯矩截面、主塔及其横梁的应力控制截面以及设计考虑的其他控制截面,一般梁体应力监测断面布设 6～20 个,主塔 4～6 个。对于箱梁,应在顶板和底板上布设测点;对于主梁结构,应在主梁上下边缘布设测点,还应在剪力控制截面、剪力最大部位布设主拉应力测点,在主横梁中部布设横向应力测点。对于加劲梁控制截面的弯矩、扭矩与轴力,索塔控制截面的弯矩与轴力,控制拉索的轴力,桥面系的局部弯曲应力等，监测点应布设在斜拉桥各跨支点、$L/4$、跨中、$3L/4$ 截面处，监测其截面处的竖向挠度、位移、内力。悬索桥控制截面的设计内力包括加劲梁控制截面的弯矩、剪力，主缆的轴力、弯矩，吊杆的轴力，桥面系的应力等，监测点应包括加劲梁支点、$L/8$、$L/4$、$3L/8$、跨中、$5L/8$、$3L/4$、$7L/8$ 截面处的挠度监测点，求得上述测点的挠度以及在偏载情况下扭转角和横桥向位移。桥面线形与挠度监测点布设在主梁上，对于大跨度的斜拉段，线形监测点还与斜拉索锚固着力点位置对应，悬索桥桥面水平位移监测点与桥轴线一侧的桥面沉降和线形监测点共点。

塔柱摆动监测点一般布设在主塔上塔柱顶部的侧壁或顶面上便于测量的地方，必要时应在塔柱的不同高度处布设多个截面的监测点。

主缆线形监测点一般要分别布设在两边跨的跨中，中跨的 1/4、1/2 和 1/4 处，以及主缆在塔顶和锚碇出口处。监测缆顶标高时，一般要在主缆上放样这些测点的平面位置，测量后再根据缆径换算到主缆的中心。

11.3.2 下部结构监测点

大跨度桥梁的墩台一般都比较高大，特别是一些城市建设中的高墩连续刚构桥。对高大墩台，不但要监测其基础沉降，还要监测其水平位移，测点应布设在墩台地面处和其他各截面处，以监测各截面处的竖向位移、水平位移和转角。连续刚构桥的桥墩(台)沉陷监测点，一般布置在承台面上，当承台被水淹没时，可布设在与墩(台)顶面对应的桥面上，对于斜拉桥和悬索桥的索塔，沉降监测点一般布设在索塔基础承台面上。

11.4 监测精度与周期

依据允许变形值的安全度确定桥梁变形监测精度指标。控制网最弱点的点位中误差一般要求不超过±5mm。由于工作基点大多位于江边，点位稳定性较差，每隔一定时间需对控制网进行复测。根据复测结果，采用拟稳平差对控制点进行稳定性评价。

混凝土斜拉桥误差限值为(单位 mm)：索塔轴线偏位±10；倾斜度小于 $H/2500$，且小于 30(H 为桥面以上塔高)，塔顶高程小于±10；悬浇主梁时，轴线偏位±10，合拢高差±30，线形小于±40，挠度小于±20，悬拼主梁时，轴线偏位±10，拼接高差±10，合拢高差小于±30；悬索桥施工控制误差限值，索塔同斜拉桥，主缆线形基准索标高大于 0 小于 35，上下游基准索股高差小于±30，一般索股标高相对值小于±10，主缆线形垂直标高小于±50；索夹纵、横偏位小于±20，纵向位置±10，横向扭转 6；索鞍纵横位置±10，标高 20，中线偏差 2，高差偏差±20，索鞍偏移值±5。

施工期间，沉降监测一般 1 次/3d，稳定后一般 1 次/6d；水平位移监测周期，不良地基土监测可与沉降监测协调确定；受基础施工影响的有关监测，按施工进度需要确定，可逐日或数日监测一次，直到施工结束；其他监测项目，可根据影响桥梁受力变化的具体工况而定(如钢箱梁吊装、混凝土浇注、斜拉索张拉等)，一般 1 次/6d，但为观察桥梁一昼夜的变形规律，一般每小时监测 1 次，工程竣工后，应每半年或一年监测 1 次。

11.5 桥梁结构的健康诊断

11.5.1 运营监测内容

桥梁健康诊断监测贯穿于整个工程建设过程中，即在桥梁施工过程与运营过程中应进行连续监测。随现代技术的发展，桥梁结构健康监测技术向实时化、自动化、网络化发展。桥梁运营监测的对象主要包括：墩台、塔柱和桥面等。桥梁变形监测是桥梁运营期养护的重要内容，对桥梁的健康诊断和安全运营有重要意义。

由于气候、环境等自然因素影响和日益增加的交通量及重车、超重车过桥数量不断增加，桥梁结构安全使用性能受到影响。同时，由于大跨径桥梁施工和功能的复杂化，其安全性不容忽视。相继发生的桥梁结构突然断裂事件表明，导致桥梁结构发生破坏和功能退化的原因是多方面的，有些桥梁破坏是由人为原因造成的，但大多数桥梁破坏和功能退化是由自然原因造成的。自然原因中，循环荷载作用下疲劳损伤累积及有损结构在动荷载作用下的裂纹失稳扩展，是造成许多桥梁结构发生灾难性事故的主要原因。研究表明，成桥后结构状态识别和确认，桥梁运营过程中的损伤检测、预警及适时维修制度，有助于从根本上消除隐患及避免灾难性事故发生。

桥梁安全监测信息反馈于结构设计，使结构设计方法与相应规范标准等能得以改进。对桥梁在各种交通条件和自然环境下真实行为的理解，以及对环境荷载的合理建模是实现桥梁“虚拟设计”的基础。桥梁安全监测带来的将不仅是对监测系统和对某特定桥梁设计的反思，还可能并应该成为桥梁研究的“现场实验室”。为能及时发现桥梁运营过程中存在的安全隐患，有必要对桥梁工作性态进行监测与分析。

1)桥梁墩台变形监测

桥梁墩台监测包括两方面内容：墩台垂直位移监测，主要包括墩台特征位置的垂直位移和沿桥轴线方向或垂直于桥轴线方向的倾斜监测；墩台水平位移监测，其中各墩台在上、下游的水平位移监测称为横向位移监测，各墩台沿桥轴线方向的水平位移监测称为纵向位移监测，横向位移监测更为重要。

2)塔柱变形监测

塔柱在外界荷载作用下发生变形，及时而准确监测塔柱变形对分析塔柱受力状态和评判桥梁工作性态十分重要。塔柱变形监测主要包括：

(1)顶部水平位移监测。

(2)整体倾斜监测。

(3)周日变形监测。

(4)塔柱体挠度监测。

(5)塔柱体伸缩量监测。

3)桥面挠度监测

桥面挠度是指桥面沿轴线的垂直位移。桥面在外界荷载作用下将发生变形，使桥梁的实际线形与设计线形产生差异，从而影响桥梁内部应力状态。过大的桥面线形变化影响行车安全，并对桥梁使用寿命产生影响。

4)桥面水平位移监测

桥面水平位移主要是指垂直于桥轴线方向的水平位移。桥梁水平位移主要由基础位移、倾斜及外界荷载(风、日照、车辆等)等引起。对于大跨径斜拉桥和悬索桥，风荷载可使桥面产生大幅度摆动，对桥梁安全运营十分不利。

11.5.2 健康诊断理论

桥梁健康诊断理论研究主要集中于结构整体性评估和损伤识别。根据采集数据与信号，反演桥梁结构工作状态和健康状况，识别可能的结构损伤程度及其部位，并在此基础上进行桥梁安全可靠性评估，为桥梁运营维护管理提供指引，是结构安全监测系统要解决的主要问题。

结构状态反演和损伤识别是健康诊断的核心，其目的是建立与桥梁安全监测系统适配的结构状态识别系统，根据结构监测系统采集数据与信号，应用结构识别理论和损伤识别方法反演桥梁工作状态或识别可能的结构损伤及其程度。内容包括：

(1)桥梁结构动态检测模态参数识别方法。

(2)基于桥梁结构的各种神经网络模型和结构分析损伤分级识别策略。

(3)各种结构损伤参数识别方法，优选及改造合适方法应用于桥梁结构状态监测和损伤识别。

(4)通过实体模型试验，对所选损伤识别方法及软件进行实测对比、验证、优选。

(5)通过结构损伤检测分析方法研究，建立结构损伤报警系统，给桥梁管理部门进行人工探伤确认及维护提供指引。

我国在大型桥梁结构病害调查、传感器最优布点、结构损伤识别、系统识别、结构剩余可靠度评定、桥梁结构理论模型修正及斜拉桥结构环境变异性等方面开展了深入的研究。

11.5.3 决策系统

桥梁辅助决策系统可使桥梁管理维护由被动走向主动，因为通过监测系统和评估系统，可清楚了解桥梁主要构件状态，在准确的桥梁结构模型及结构响应模拟分析基础上，可预测结构在各种可能工况下的反应、极限荷载和失效路径，并有针对性地对相关桥梁构件进行预测性或保护性维护。

基于计算机技术的监测数据管理系统和数据处理软件，可对数据进行存储、管理、制作图表及统计分析，供管理人员进行多途径的交互式分析判断，为安全监控提供支持。

辅助决策系统的功能是把各类经整编的监测资料与各类评判指标进行比较，识别监测数据和资料的正常或异常性质。当判断监测数据和资料异常时，进行成因分析，并根据分析成果，发出报警或提供辅助决策信息。系统主要包含：①异常测值检查，利用异常值分析准则对实测值进行检查，通过定量方法检查发现的异常情况可归结为三种原因：与测量因素有关，与结构因素有关，模型或检查方法不适应；②结构异常成因分析，排除由监测因素引起的异常情况，须进行物理成因分析，其中包括外因分析、内因分析，该分析过程需调用结构分析计算结果;③综合评判,经上述分析还未得到结论时,则进入综合评判处理,根据正确反映桥梁安全运行基本要求的准则,利用正确评判方法得出可靠评判结果;④结构异常程度及技术报警级别的确定,发现异常情况时,需确定异常程度并调用辅助决策系统做出相应级别报警。图 11-1 为润扬大桥地基基础结构安全辅助决策结构框图。

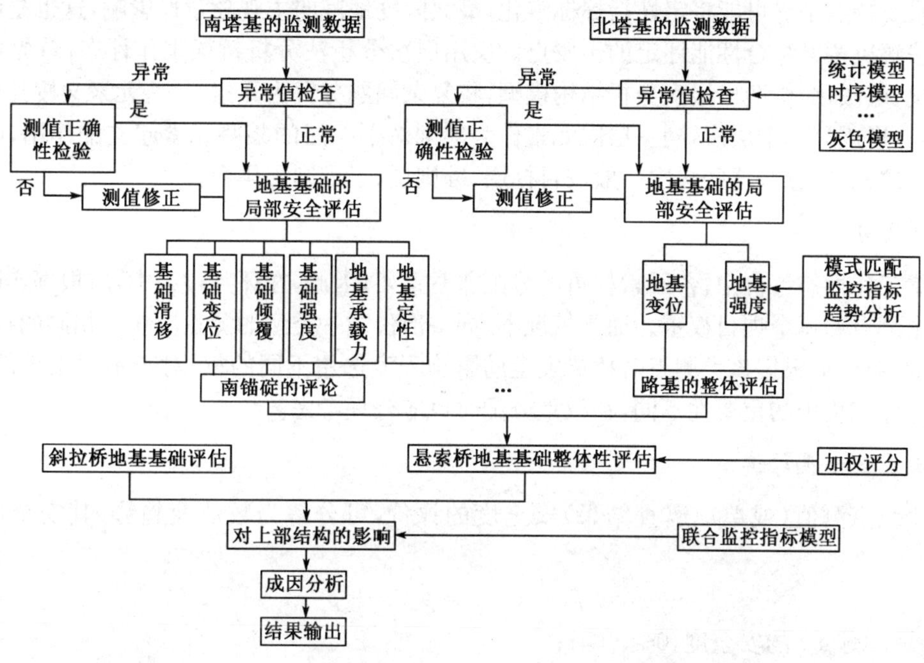

图 11-1 润扬大桥地基基础结构安全辅助决策框图

11.5.4 安全评判

通过埋设在桥体内的各类监测元器件所获取的监测信息反映桥梁工作性态。单个测点的实测性态评价并不能完整描述桥梁整体实际安全状况,因此,需对桥梁不同部位、不同项目的实测性态进行综合评价。由于桥梁是由若干个工程部位组成,桥梁工作性态是由各工程部位的安全性态构成,而各工程部位的工作性态由若干类监测项目特征决定,各监测项目又有若干监测点组成,所以桥梁工作性态最终由测点的监测性态决定。

用模糊综合评价方法对桥梁进行风险评估,该方法基于层次模型,将评价指标的隶属度与权重进行模糊运算,使计算结果更客观。层次分析法是 Saaty 等于 20 世纪 70 年代提出的一种决策方法,它将半定性、半定量问题转化为定量问题,将各因素层次化,并逐层比较关联因素,为分析和预测事物的发展提供可比较的定量依据。层次模型主要是采用九度法对各影响因子进行比较,进而构造判断矩阵。

1)安全度

安全度是对事物当前状态正常程度的一种定量描述。通过对不同对象评价的统一标度,利用安全度概念可逐层分析上层元素的安全度。关于安全度评价,习惯上以若干个等级来描述，若等级过少则将失于粗略，而过多又会使确定界限难度加大。通常情况下，取安全度为5个等级，其评语依次为：正常V_1、基本正常V_2、轻度异常V_3、重度异常V_4、恶性异常V_5，构成评价向量$V=[V_1V_2V_3V_4V_5]$。

2）层次分析法

其重要特点是尽可能将定性指标标准化，最大限度地减弱主观随意性影响，这也是应用层次分析法解决桥梁综合性能评定的出发点。应用层次分析法分析桥梁工作性态，首先要把问题条理化、层次化，构造出层次分析结构模型，将复杂问题分解为元素，这些元素又按其属性分成若干组，形成另一个层次，同一层次元素作为准则对下一层的某些元素起支配作用，同时又受上一层次元素支配，这些层次一般按目标层、准则层、子准则层排列。

3）权重分配

桥梁工作性态评价中，各因素权重的分配非常重要，因此，在评判过程中，应根据实际情况确定每个测点和每个项目权重。通常情况下，同一部位同一类型的测点应赋予相同的权，而不同类型的测点，应根据该类测点对桥梁安全的影响程度选用不同的权；对于不同工程部位，由于其在整体工程中的重要性不同，在权重分配时也应合理考虑。

4）测点安全度评价

单个测点测值（或单项巡查结果）安全度的评价，可分解为数值及趋势，其安全度可表示为：

$$r_i = f(r_{i1}, r_{i2}) = p_{i1} r_{i1} + p_{i2} r_{i2} \tag{11-1}$$

式中：r_i——测点i的安全度，$0 \leqslant r_i \leqslant 1$；

r_{i1}——测点i的数值安全度；

r_{i2}——测点i的趋势安全度；

p_{i1}——测点i的数值安全度权重；

p_{i2}——测点i的趋势安全度权重，$P_{i1}+P_{i2}=1$。

5）安全度递归

桥梁安全综合评价是一个复杂的多层次安全度递归过程，在这个过程中，一般将评价层各因素安全度的加权平均值作为上一层的安全度指标。

$$r^{k-1} = \frac{\sum_j p_j^{(k)} r_j^k}{\sum_j p_j^{(k)}} \tag{11-2}$$

式中：r^{k-1}——第$k-1$层的因素安全度；

$r_j^{(k)}$——第k层的第j个因素安全度；

$p_j^{(k)}$——第k层的第j个因素权重。

6）工作性态

根据已得到桥梁的安全度指标r和桥梁工作性态的评价，利用贝叶斯决策理论确定事件的最小风险分类，但在实际工作中，由于一般不知道各事件的概率密度及各类事件的概率密度，因此，该类方法在实际应用中有一定困难。解决该问题的有效办法是对安全度指标实行有序分割，即将安全度值空间划分为 5 个对应于工作性态评价空间的子空间，根据工程实际情况确定各区间的分位值。

11.6 工程实例

某地铁基坑采用明挖顺筑法施工，北侧高架桥宽 20m，双向 4 车道，车流量大。基坑北侧离高架桥桥基较近，为减小基坑开挖对高架桥的影响，基坑开挖采用 3 道钢筋混凝土斜撑。为反馈基坑开挖对周边环境影响，设计高架桥专项监测方案。

11.6.1 监测点布设

沉降监测工作基点成组埋设在离基坑 100m 外或 3 倍基坑深度外，埋设 3 个，以检核其稳定性。高架桥沉降监测点钻孔埋设≥ϕ14mm 的“L”形标志，并用水泥砂浆固定，监测点离地面 20～50cm，监测布点如图 11-2 所示。

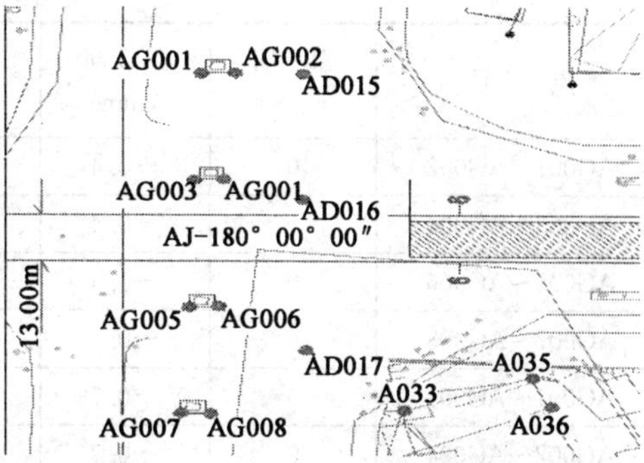

图 11-2 桥梁监测布点图

11.6.2 监测方法

采用徕卡 DNA03 水准仪按二级沉降要求、闭合水准形式测量沉降值。首级网监测控制点高程，二级水准网监测各沉降点高程。按满足变形监测“三定”要求监测，闭合或附合水准测站数限制在 50 站内，支线水准进行往返监测或单程双测，且不超过 5 站。通过测量高架桥基础相对沉降确定高架桥倾斜。

11.6.3 变形分析

基坑北侧开挖至底板浇注，以 3d 为一周期，共进行 7 次监测，监测数据如表 11-1 所示，两桥墩沉降差结果如表 11-2 所示，倾斜值结果如表 11-3 所示。

监 测 数 据 表 11-1

点号	第 1 期 (mm)	第 2 期 (mm)	第 3 期 (mm)	第 4 期 (mm)	第 5 期 (mm)	第 6 期 (mm)	第 7 期 (mm)
AG001	0	0.3	−0.7	2.5	0.9	1.3	0.3
AG002	0	0.7	0.6	0.6	1.2	0.4	2.1
AG003	0	1	−0.3	0.6	0.3	0.5	−0.3
AG004	0	1.4	−0.7	0.6	0.2	0.4	−0.2
AG005	0	0.6	−0.2	0.2	0.4	0.4	−0.4
AG006	0	2	−0.3	0.3	0.2	0.2	−0.7
AG007	0	0.9	−0.5	1.3	0.5	1.1	0.9
AG008	0	1.2	−1.2	1.6	0.3	1.4	0.9

由表 11-1 可知，高架桥桥墩沉降值均较小。AG001 点累计沉降 4.6mm，最大沉降值发生在第 4 期，沉降 2.5mm；AG002 点累计沉降 5.6mm，最大沉降值发生在第 7 期，沉降 2.1mm；AG003 点累计沉降 1.8mm，最大沉降值发生在第 2 期，沉降 1mm；AG004 点累计沉降 1.7mm，最大沉降值发生在第 2 期，沉降 1.4mm；AG005 点累计沉降 1mm，最大沉降值发生在第 2 期，沉降 0.6mm；AG006 点累计沉降 1.7mm，最大沉降值发生在第 2 期，沉降 2mm；AG007 点累计沉降 4.2mm，最大沉降值发生在第 4 期，沉降 1.3mm；AG008 点累计沉降 4.2mm，最大沉降值发生在第 4 期，沉降 1.6mm；左右两个桥墩最大沉降值基本同时达到最大值，且每期最大沉降值处于 1～2mm 间。

两桥墩沉降差值 表 11-2

点号	第 1 期 (mm)	第 2 期 (mm)	第 3 期 (mm)	第 4 期 (mm)	第 5 期 (mm)	第 6 期 (mm)	第 7 期 (mm)
AG001～AG002	0	−0.4	−1.3	1.9	−0.3	0.9	−1.8
AG003～AG004	0	−0.4	0.4	0	0.1	0.1	−0.1
AG005～AG006	0	−1.4	0.1	−0.1	0.2	0.2	0.3
AG007～AG008	0	−0.3	0.7	−0.3	0.2	−0.3	0
AG001～AG003	0	−0.7	−0.4	1.9	0.6	0.8	0.6
AG002～AG004	0	−0.7	1.3	0	1	0	2.3
AG003～AG005	0	0.4	−0.1	0.4	−0.1	0.1	0.1
AG004～AG006	0	−0.6	−0.4	0.3	0	0.2	0.5
AG005～AG007	0	−0.3	0.3	−1.1	−0.1	−0.7	−1.3
AG006～AG008	0	0.8	0.9	−1.3	−0.1	−1.2	−1.6

两桥墩倾斜值 表 11-3

点号	第 1 期 (mm/m)	第 2 期 (mm/m)	第 3 期 (mm/m)	第 4 期 (mm/m)	第 5 期 (mm/m)	第 6 期 (mm/m)	第 7 期 (mm/m)
AG001～AG002	0	−0.03	−0.09	0.13	−0.02	0.06	−0.12
AG003～AG004	0	−0.03	0.03	0.00	0.01	0.01	−0.01
AG005～AG006	0	−0.09	0.01	−0.01	0.01	0.01	0.02
AG007～AG008	0	−0.02	0.05	−0.02	0.01	−0.02	0.00
AG001～AG003	0	−0.02	−0.01	0.06	0.02	0.03	0.02
AG002～AG004	0	−0.02	0.04	0.00	0.03	0.00	0.08
AG003～AG005	0	0.01	0.00	0.01	0.00	0.00	0.00
AG004～AG006	0	−0.02	−0.01	0.01	0.00	0.01	0.02
AG005～AG007	0	−0.01	0.01	−0.04	0.00	−0.02	−0.04
AG006～AG008	0	0.03	0.03	−0.04	0.00	−0.04	−0.05

由表 11-2 和表 11-3 知，高架桥桥墩相对沉降值均较小。AG001～AG002 点间累计相对沉降差－1mm，最大相对沉降差发生在第 4 期，沉降差 1.9mm，累计倾斜－0.07mm/m，最大倾斜值 0.13mm/m；AG003～AG004 点间累计相对沉降差 0.1mm，最大相对沉降差发生在第

2、4期，沉降差0.4mm，累计倾斜0.01mm/m，最大倾斜0.03mm/m；AG005～AG006点间累计相对沉降差为－0.7mm，最大相对沉降差发生在第2期，沉降差－1.4mm，累计倾斜－0.05mm/m，最大倾斜值0.09mm/m；AG007～AG008点间累计相对沉降差0，最大相对沉降差发生在第2期，沉降差0.7mm，累计倾斜0，最大倾斜0.05mm/m；AG001～AG003点间累计相对沉降差2.8mm，最大相对沉降差发生在第4期，沉降差1.9mm，累计倾斜0.09mm/m，最大倾斜0.06mm/m；AG002～AG004点间累计相对沉降差3.9mm，最大相对沉降差发生在第3期，沉降差值1.3mm，累计倾斜0.13mm/m，最大倾斜0.04mm/m；AG003～AG005点间累计相对沉降差0.8mm，最大相对沉降差发生在第2、4期，沉降差0.4mm，累计倾斜0.03mm/m，最大倾斜0.01mm/m；AG004～AG006点间累计相对沉降差0mm，最大相对沉降差发生在第2期，沉降差－0.6mm，累计倾斜为0，最大倾斜0.02mm/m；AG005～AG007点间累计相对沉降差－3.2mm，最大相对沉降差发生在第4期，沉降差－1.1mm，累计倾斜为0，最大倾斜0.02mm/m；AG006～AG008点间累计相对沉降差－2.5mm，最大相对沉降差发生在第7期，沉降差－1.3mm，累计倾斜－0.11mm/m，最大倾斜－0.04mm/m。

11.6.4　安全评估

目前，大型基坑工程施工对周边桥梁风险评估基本采用半定性评估方法，如基于层次模型的模糊评估方法。由于各类型建(构)筑物基础及结构不同，抵抗变形能力各异，移动变形划分标准如表11-4所示。

地表移动与变形划分标准　　表11-4

分类等级	倾斜(mm/m)	水平变形(mm/m)	曲率(1/m)
Ⅰ	≤2.5	≤1.5	$\leqslant 50\times10^{-4}$
Ⅱ	≤5.0	≤3.0	$\leqslant 83\times10^{-4}$
Ⅲ	≤10.0	≤7.0	$\leqslant 166\times10^{-4}$
Ⅳ	≤15.0	≤9.0	$\leqslant 250\times10^{-4}$

(1)作为建(构)筑物的保护等级。Ⅰ级表示最重要建筑物，其损坏可能带来严重后果，因此损坏程度很小；Ⅱ级表示一般性工厂、水塔、火车站、大型学校、大型水池、较大河床、主要铁路隧道等；Ⅲ级表示不大住宅、二级铁路、较小河床、中小水池或蓄水池；Ⅳ表示锚固的砖结构房屋、不太重要的金属结构及无客运的次级铁路公路。

(2)作为建(构)筑物的损害程度的分级。Ⅰ级表示损害很小；Ⅱ级表示容易修复的损害；Ⅲ级表示严重的开采损害，但不致使建筑物有毁坏或中断使用的危险；Ⅳ级表示建筑物需要加强，或者采取预防措施。

上海基坑监测规范规定：一级基坑变化速率2～3mm/d，累计值25～30mm；二级基坑变化速率3～5mm/d，累计值50～60mm。一级基坑在H范围内地表最大沉降值小于0.2%H，二级基坑地表最大沉降值小于0.5%H。

国家建筑基坑规范规定：一级基坑累计值30mm；二级基坑累计值60mm；建筑整体倾斜度累计值达到2/1000或倾斜速率连续3d大于0.0001H/d时应报警。基坑周边地表竖向位移：一级基坑25～35mm，变化速率2～3mm/d；二级基坑50～60mm，变化速率4～6mm/d。

相关文献认为：地表下沉值小于 200mm，倾斜小于 3mm，静定结构不均匀沉降不允许超过 1.5cm，简支梁桥墩台均匀沉降（不包括施工中的沉降）小于或等于 $2\sqrt{L}$ mm，相邻墩台不均匀沉降差值小于或等于 $\sqrt{L}$ mm（L 为相邻墩台最小跨径长度，小于 25m 时按 25m 计算），特大桥、大桥连续超静定结构墩台间不均匀沉降不超过 1.5cm，对于外静定体系的桥梁，相邻墩台间均匀沉降差不应使桥面大于 2/1000 的坡度。

由于基坑开挖引起地表变形过大可能导致基坑垮塌，从而引发高架桥垮塌，因此高架桥安全阈值必须控制在一定范围内。

综上所述，由于高架桥地处繁华城市，为安全考虑，规定桥墩沉降值 30mm，相邻墩台不均匀沉降差值 $\leqslant\sqrt{L}$ mm，倾斜值≤2/1000。该高架桥横向两桥墩长 15m，纵向长 30m，据此该高架桥安全阈值为：桥墩累计沉降值为 30mm，墩台纵向累计不均匀沉降差值 5.5mm，墩台横向累计不均匀沉降差值 3.9mm，倾斜值小于 2mm/m。

从表 11-1～表 11-3 可知，高架桥桥墩沉降值较小，沉降点最大累计沉降值5.6mm，最大沉降值 2.1mm，两桥墩相对沉降差纵向累计最大值 3.9mm，横向累计最大值 1.9mm；高架桥累计倾斜最大 0.13mm/m。根据高架桥安全风险评估标准，地表沉降累计值安全阈值 30mm，实测最大累计沉降值 5.6mm；两桥墩相对沉降差累计安全阈值 5.5mm，实测 3.9mm；高架桥累计倾斜值安全阈值为 2，实测值 0.13mm/m。

综合评价：该高架桥桥墩沉降，两桥墩沉降差、倾斜值均在高架桥安全评价阈值范围内，表明基坑工程开挖对该高架桥影响较小，高架桥整体安全。

第 12 章　大坝安全监测技术

大坝在各种各样地形、地质、水文环境中，承受静水、动水、渗水的各种作用，工作条件十分复杂，其正常运作时有巨大的经济和社会效益，但万一失事又会带来严重危害，因此，保证大坝安全非常重要。为确保大坝正常工作并发挥效益，要切实做好大坝的勘测、设计、施工。但是，由于客观条件的复杂性和技术水平的限制，即使是精心设计、精心施工的坝，也不能做到尽善尽美、万无一失。实际上许多坝都存在着某些缺陷，随着时间的推移，还会老化、衰弱，所处的环境也在不断变化。所以必须从建坝起就严密地对大坝进行监测，掌握其性态和动态，及时发现不安全迹象，采取措施防患于未然，并通过监测检验大坝的设计和施工，促进坝工技术发展。

12.1　大坝安全监测的目的与意义

大坝安全监测是通过仪器观测和巡视检查对坝体、坝基、坝肩、近坝区岸坡及坝周围环境所做的测量与观察。“大坝”泛指与大坝有关的各种水工建筑物和设备；“监测”包括对坝的固定测点进行一定频次的仪器观测，也包括对大坝外表及内部大范围对象的定期或不定期的直观检查和仪器探查。

进行大坝安全监测，并据此及时获取第一手资料，了解大坝工作性态，评价大坝状况和发现异常迹象，并制订适当的水库控制运行计划及大坝维护修理措施，在发生险情时还可据此发布警报，避免事故损失。尽管大坝在设计时采用一定安全系数，使坝能安全承担所考虑的各种荷载组合，但由于设计中不可能对坝的工作条件及承载能力作出完全准确的估计，施工质量也不可能完美无缺，大坝在运行过程中还可能发生某些不利的变化。相继发生的美国 Teton 土石坝、法国马尔巴塞(Malpasset)拱坝、意大利瓦依昂(Vajaut)拱坝、我国板桥和石漫滩等水库的垮坝事件(如图12-1所示)，均带来了惨重的灾害和巨大的经济损失，引起人们对大坝安全监测的高度重视。

图 12-1　板桥、石漫滩大坝垮坝

开展监测及其资料分析可有效地监控大坝安全。如松花江的丰满大坝通过监测、日常检查，并及时采取有效的补强维修措施，使先天缺陷严重的大坝保持着长期安全运行。安徽梅山大坝通过现场监测渗流量、倾斜、裂缝而及时发现危险，并立即放空水库，进行加固处理，使大坝转危为安。

大坝监测除作为判断安全的依据以外，还是检验设计和施工、发展坝工技术的重要手段。由于大坝监测项目和测点多、观测频次密、跨越时期长，能体现现场复杂条件和监测量时空变化规律，因此可作为检验设计方法、计算理论、施工措施、工程质量、材料性能等的依据。

12.2 大坝安全监测内容

12.2.1 常规监测项目

大坝主要监测项目有变形监测、渗流监测、应力应变监测、温度监测和周围环境监测等。变形监测能直观反映大坝运行性态，许多大坝出现异常，最初都是通过变形监测值异常而反映的，因此变形监测是大坝安全监测的首选。

大坝变形观测通常分为两类：一类是内部观测，如应力、应变、温度、接缝、渗透压力、基岩变形等；另一类是外部观测，如垂直位移、水平位移、坝体挠度、坝体和坝基转角、扬压力、渗漏量等。内部观测和外部观测过程就是系统观测水工建筑物、岸坡和地基及所在环境的结构性态的物理量，然后对观测资料进行整理、计算和分析，进而得出结论的过程。

土石坝的变形分为3个分量：竖直方向，上、下游方向，沿坝轴线方向。土石坝是由多种材料组成的散粒体，在荷载的作用下，竖直位移要比混凝土坝大得多，变位大小和变位时间性对坝体的安全富裕度、防止裂缝出现等都是重要影响因素。影响土石坝变形的因素有：坝型、剖面尺寸、坝体材料、施工程序和质量，坝基地形、地质及库水位变化情况等。由于这些因素错综复杂，有些难以定量描述，因此，理论上常用统计模型方法分析。

混凝土坝观测位移中存在两部分：其一是弹性位移；其二是随时间和荷载而变化的非线性位移（俗称时效位移），包括坝体混凝土和岩基的徐变及坝基的裂隙、节理和其他软弱构造等，在自重力作用下发生的压缩和塑性变形，其变化特点是初期变化急剧，随时间推移渐趋稳定。

12.2.2 现场巡视检查

为掌握大坝工作状态，使用仪器设备进行观测可获得较精确的数据。但也存在一定局限性，因为固定观测点仅布设在大坝的典型断面，而大坝的损坏通常是从局部开始的，如渗水、裂缝、塌陷等往往不一定正好发生在测点位置，也不一定正好发生在观测时候。因此，为及时、全面发现大坝各种异常，便于对观测值分析和综合判断，必须经常进行现场巡回检查，以弥补仪器观测的不足。

检查一般可分为四类：①日常巡查：依靠人工或简单工具对坝进行连续观察，包括渗水、浸蚀、渗坑、管涌、裂缝、位移、磨损、冲刷等；②年度详查：在汛期、枯水期和冰冻期对大坝及水库上下游进行全面检查；③定期检查：对大坝及附属设备，根据现行的技术标准和规程、规范对坝对设计、施工和运行进行再评价，对大坝安全稳定情况进行鉴定；④特种检查：当大坝发生严重破坏现象，或运用条件改变对大坝安全有重大怀疑时，组织专门力量所进行的检查。必要时对可能出现险情的部位昼夜监视，对屡经观察而无明显变化的部位，可适当减少观察次数。现场检查范围广泛，具体可分为以下几方面。

1)坝体

(1)检查坝顶、坝面和廊道内有无裂缝。对一般性裂缝,详细记录所在坝段、桩号、高程、走向、长度、宽度等,绘制平面图及形状图,必要时拍摄照片。对于较重要的裂缝,应埋设观测设备,定期观测裂缝长度和宽度的变化。

(2)检查下游坝面、溢流面、廊道及坝后地基表面有无渗透现象,特别是高水位期间要加强观察。如发现渗水现象,应记录渗水部位、高程、桩号等,要绘制渗水位置图或拍摄照片,必要时需定期进行渗透流量观测。当在下游坝面或廊道内发现渗水出逸点,经分析怀疑上游面有渗水孔洞时,应查明处理。

(3)检查坝面有无脱壳、剥落、松软、浸蚀等现象,并记录位置、面积、深度且观察其前后的变化。要注意观察溢流坝面有无冲蚀、磨损及钢筋裸露现象。

(4)检查集水井、排水管排水情况是否正常,有无堵塞或恶化现象。在严寒地区的混凝土坝,冬季结冰期间要注意观察库面冰盖对坝体的影响及渗透水的结冰情况。

(5)检查相邻两坝段之间有无不均匀位移,伸缩缝有无严重的扩张或收缩,止水片和缝间填料是否完好及有无损坏流失等情况。

2)坝肩与坝基

(1)如果水库蓄水,则需有专门的水下检查设备才能对上游坝肩接头和上游坝基进行检查,因此一般检查多局限于大坝的下游坝肩接头部分、坝体与岸边的交接处以及大坝下游坝脚。此外有些部位可以通过坝体廊道,特别是灌浆排水廊道来检查,如地下水和渗透水的检查。

(2)检查坝体和坝基的接岸部分岩质风化特性,可从公路的削坡或从其他开挖地点加以鉴定。对基础岩质含水饱和的情况,可从库水位变动区的岩石露头处观察。

(3)检查出坝体的反常现象往往也是基础变化的一种反映。例如,伸缩接缝发生的错距,可反映坝基的变化及缺陷;大坝附属设施的下沉或倾斜,则表明基础部分有过度变形或压缩。

3)水库

(1)检查库区附近的渗水坑、地槽、公路及建筑物的沉陷情况,以及矿物、煤、气、油和地下水的开采情况,与大坝在同一地质构造上的其他建筑物的反映,也可以提供大坝工作情况的信息。

(2)利用低水位时对上游坝肩及库盆情况进行检查,也可对一些重点怀疑部位进行水下检查,要注意库盆表面有无缺陷、渗水坑和原地面剥蚀的现象。

(3)检查水库库盆上方有无严重淤积,因为库盆上的大量淤积可能加重大坝的荷载负担,有时还可能对溢洪道、泄水孔的进水情况产生不利影响。

4)滑坡

(1)对库区已经发现的和可能发生的每个滑坡区都应进行深入的检查。库区滑坡有时会引起库水面的剧烈波动,甚至漫过坝顶,威胁到附近附属建筑物的安全,造成库边严重冲刷。要记录滑坡的特征参数,包括规模、方位及与水库形状的相对关系,滑坡离开大坝、附属设施和一些关键地段的距离,下滑速度,滑坡体的类别及下滑机理。

(2)在大多数情况下，大坝、附属工程及道路等的施工开挖会破坏山体的天然坡度和自然排水，需检查不稳定情况。修建大坝会改变地下水的分布状态，可能影响山体坡面的稳定。此外，小型边坡剥落可能堵塞排水沟，导致雨水积滞和坡面浸水饱和。若岩石的喷锚加固不好，还可能造成岩石松弛，而导致边坡的滑塌。

(3)对已有的和可能出现的滑坡区，在大雨、地震、库水位下降、特高洪水位、波浪淘刷等情况下，对可能出现的后果进行检查。对进水渠和尾水渠两侧的边坡应进行鉴定，并检查溢洪道和泄水孔的泄流能力是否由于边坡原因而受到影响，还应检查公路和重要建筑物上方坡面是否稳定，这些地点出问题，会妨碍交通和影响运行。

5)附属工程

(1)应检查渠道地段有无渗水坑、冒泡和管涌现象。检查渠道进水和出水建筑物的水流有无漩涡危害。对于出水渠应检查有无严重冲刷，对于进水渠特别是溢洪道的进水渠附近应设有安全栅。

(2)检查溢洪道、泄水设施和发电隧洞等建筑物混凝土有无风化、过应力、碱料反应、冲刷、气蚀、磨损及人为作用等引起的破损和裂缝情况。所有伸缩缝均不应生长植物，通气槽内应无淤泥和碴屑。检查过水建筑物的填方有无下陷现象，填方与建筑物的接触部分有无管涌现象，并检查附近挖方和填方边坡是否有不稳定以及下游冲刷坑的长度和深度情况。

(3)检查坝体机械设备运行是否正常，电力供应是否有保证，辅助电源、通讯和遥控是否稳妥可靠。

(4)检查闸门变形情况及门槽和导轨止水有无损坏、开裂、磨损、气蚀和漏水现象。集水坑的水泵工作及水库水位观测装置运行是否可靠，以及爬梯、便道和栏杆是否损坏、折断。

12.3 大坝安全监测方法

12.3.1 现场检查

根据现场检查部位的不同，其检查方法也不相同。

1)表面检查

(1)目测检查。检查工具主要有：钢卷尺、花杆、量具、地质镐头、罗盘仪、取样器、温度计、照相机、手电筒、测船及记录本等。用来对大坝和水库周围的外部情况进行目视巡回检查或拍摄照片并做详细记录，上游坝面可在测船上检查观察。其中混凝土表面的冲刷、气蚀、脱壳、渗水、流浆等，应记录其面积和体积，裂缝则记录其条数和长度。

对严重破坏部位，以破坏部位附近的某边棱线为基线，在破坏范围内打成网格，进行定点破坏深度观测。网格疏密程度，以能控制破坏范围和深度为准，以便绘制破坏等深线图。如破坏部位系钢筋混凝土结构，则应在图上绘出断筋位置及数量。此外，对大面积破坏，可采用水准仪进行方格测量或断面测量方法定量测出各部位深度。在检查测绘过程中，还可在整个破坏区内做出各种标记，然后用摄影、录像及拍摄电影等方法记录破坏全貌。

(2)望远镜检查。检查大坝混凝土表面特别是不易到达部位的裂缝、蜂窝、渗水露头和湿润面积等。根据大坝各部位的轮廓线按其相对位置、形状和尺寸绘图，并按坝段计算出各种现象的总和。这种检查宜在晴天进行，如有阳光照射则效果更佳。

(3)平面摄影检查。使用摄影经纬仪或焦距使物体成像于底片上，可按相似三角形的几何原理计算物体与物像的几何关系。

(4)光电测距仪检查。对于库区岸坡或距离比较远的部位，可采用长距离红外线光电测距仪进行检查，将仪器的反射镜置于测点上，在测站上安置仪器，量测距离变化来检查测点移动。

(5)遥感技术检查。这是根据电磁波的原理从高空或远距离通过传感器进行检查的一种技术，可分为航天、航空和地面遥感三种。近年来已开始用于检查库区边坡稳定。利用航空照片可检查边坡不稳定地段的大致范围，可从照片上分辨出大型滑坡或新发生的滑坡。借助于双目立体镜观察航片，可直观看到滑坡地形、地貌形态，从而确定滑坡变形特性。

2)内部检查

对大坝混凝土内部的质量检查多采用在外部进行非破损试验的方法，可分为回弹法、谐振法、超声法及综合法等。回弹法主要是利用回弹仪检查混凝土的抗压强度，适用于高强度等级混凝土，测量方便但误差较大，使用时必须对回弹仪进行定期和及时标定。谐振法对试件要求较高，主要是在试验室内使用。目前，广泛利用测定超声脉冲速度的方法对现场混凝土进行检查，探测混凝土缺陷、裂缝、强度及动弹性模量等，并可了解混凝土的均质程度及老化过程。除混凝土以外，也应用于岩石的检查和分级。近年来又发展了超声法与回弹法相结合的综合法。

12.3.2　水平位移监测

水工建筑物及其地基在荷载作用下将产生水平位移，建筑物的位移是其工作条件的反映，因此，根据建筑物位移的大小及其变化规律，可以判断建筑物在运用期间的工作状况是否正常和安全，分析建筑物是否有产生裂缝、滑动和倾覆的可能性。

1)观测断面

(1)土石坝(含堆石坝)：

①观测横断面。布置在最大坝高、原河床处、合龙段、地形突变处、地质条件复杂处、坝内埋管或运行可能发生异常反应处。一般不少于2～3个。

②观测纵断面。在坝顶的上游或下游侧布设1～2个，在上游坝坡正常蓄水位以上1个，正常蓄水位以下可视需要设临时断面，下游坝坡2～5个。

③内部断面。一般布置在最大断面及其他特征断面处，可视需要布设1～3个，每个断面布设1～3条观测垂线，各观测垂线还应尽量形成纵向观测断面。

界面位移一般布设在坝体坝坡连接处，不同坝料的组合坝型交接处及土坝与混凝土建筑物连接处。

(2)混凝土坝(含支墩坝、砌石坝)：

①观测纵断面。通常平行坝轴线在坝顶及坝基廊道设置观测纵断面，当坝体较高时，可在中间适当增加1～2个纵断面。

当缺少纵向廊道时，也可布设在平行坝轴线的下游坝面上。

②内部断面。布置在最大坝高坝段或地质和结构复杂坝段，并视坝长情况布设1～3个断面。应将坝体和地基作为一个整体进行布设。

拱坝的拱冠和拱端一般宜布设断面，必要时也可在1/4拱处布设。

(3)近坝区岩体及滑坡体：

①靠两坝肩附近的近坝区岩体，垂直坝轴线方向各布设1～2个观测横断面。

②滑坡体顺滑移方向布设1～3个观测断面，包括主滑线断面及其两侧特征断面。

③必要时可大致按网格法布置。

2)观测点

(1)监测点。

土石坝：在每个横断面和纵断面交点等处布设位移标点，一般每个横断面不少于3个。位移标点的纵向间距，当坝长小于300m时取30～50m，坝长大于300m时一般取50～100m。

混凝土坝：在观测纵断面上的每个坝段、每个垛墙或每个闸墩布设一个标点，对于重要工程也可在伸缩缝两侧各布设一个标点。

在近坝区岩体每个端面上至少布设3个标点，重点布设在靠坝肩下游面。滑坡体每个观测断面上的位移标点一般不少于3个，重点布设在滑坡体后缘起至正常蓄水位之间。

(2)工作基点。

土石坝：在两岸每一纵排标点的延长线上各布设一个工作基点，当坝轴线为折线或坝长超过500m时，可在坝身每一纵排标点中部增设兼作标点，工作基点的间距取决于采用的测量仪器。

混凝土坝：可将工作基点布设在两岸山体的岩洞内或位移测线延长线的稳定岩体上。

近坝区岩体及滑坡体，选择距观测标点较近的稳定岩体建立工作基点。

(3)校核基点。

土石坝：一般仍采用延长方向线法，即在两岸同排工作基点连线的延长线上各设1～2个校核基点。

混凝土坝：校核基点可布设在两岸灌浆廊道内，也可采用倒垂线作为校核基点，此时校核基点与倒垂线的观测墩宜合二为一。

近坝区岩体及滑坡体，可将工作基点和校核基点组成边角网或交会法进行观测，有条件时可设置倒垂线。

3)监测方法

水平位移的监测方法如表12-1所示。

(1)视准线法。详见第三章。为了保证观测精度，对混凝土坝要求采用测角精度为0.5″以上，测距精度$2\text{mm}+2\times D\times 10^{-6}\text{mm}$以上全站仪；对土石坝和滑坡体可采用测角精度为1″以上，测距精度$1\text{mm}+2\times D\times 10^{-6}\text{mm}$以上全站仪，视准线法工作基点间距如表12-2所示。

水平位移监测方法 表12-1

部位	方法	说明
重力坝	引张线	一般坝体、坝基均适用
	视准线	坝体较短时用
	激光准直	包括大气和真空激光，坝体较长时可用真空激光
拱坝	视准线	重要测点用
	导线	一般均适用，可用光电测距仪测导线边长
	交会法	交会边较短、交会角较好时用
土石坝	视准线	坝体较短时用
	卫星定位	坝体较长时用
	测斜仪或位移计	测内部分层及界面位移用
	交会法	同拱坝
近坝区岩体	测斜仪	一般均适用
	交会法	同拱坝
	卫星定位	范围较大时用
	多点位移计	也可用于坡体及坝基
高边坡、滑坡体	视准线	一般均适用
	卫星定位	范围较大时用
	直线测距	用光电测距仪或铟钢线位移计、收敛计
	边角网	一般均适用，包括三角网、测边网及测边测角网
	同轴电缆	可测定位移深度、速率及滑动面位置
断层、夹层	断层测斜仪	可测断层水平及垂直三维位移
	变位计	可测层面水平及垂直位移
	测斜仪	一般均适用
校核基点	岩洞稳定点	也可精密量距或测角
	倒垂线	一般均适用
	边角网	有条件时用
	延长方向线	有条件时用

视准线法工作基点间距 表12-2

坝型	工作基点间距(m)		位移值中误差(mm)
	测角中误差1″	测角中误差0.5″	
重力坝、支墩坝	≤200	≤400	1
土坝、拱坝	≤400	≤800	2
高边坡、滑坡体	≤600	≤1200	3

视准线的工作基点一般布设在大坝两端的廊道内或山坡上，距大坝一定距离处，埋设在新鲜的岩石或稳定土层内。视线俯角不宜太高也不宜太低，并应布设在靠近下游面与坝轴线平行处，视线离开吊车架、栏杆等障碍物1m以上。工作基点的观测墩采用钢筋混凝土浇筑，顶

部埋设固定的强制对中设备，精度不低于 0.2mm。

视准线的位移标点采用钢筋混凝土设置在结构上，与视准线的偏离值不应超过 2cm，距地面高度不小于 1m，旁离障碍物不小于 1m，标点顶部同样埋设上述强制对中设备，以便安置觇牌。考虑折光差影响等因素，视准线法的观测精度为 3×10^{-6}。为提高观测质量和观测速度，有条件时，宜布设在廊道内进行观测。

视准线觇标的形状、结构、尺寸、颜色对观测精度有重要影响，应合理设计。一般来说，觇标应满足图案对称、没有相位差、反差大、便于安装、具有适当参考面积等条件，实践证明，白底黑标志的平面觇标为最佳，并要求觇标的旋转轴通过标志的中心。

(2)引张线法。详见第三章。为了防止风等外界环境因素的影响，引张线需套在保护管内。

(3)前方交会法。利用河道两岸 2 个及以上的稳定已知点，在其上架设全站仪，观测坝体上各位移观测点的角度，进行边角网平差，得到坝体位移点的坐标值。不同时间观测的坐标值之差就是该点的相对水平位移。计算方法见第三章。

12.3.3 垂直位移监测

垂直位移观测的目的是要测定大坝及其基础、水库库岸边坡、监控网控制点在垂直方向上的升降变化。随外部条件变化，所产生的垂直位移在方向上可能有所不同。基础开挖时，由于表层荷载卸除，基础回弹上升；而施工中建筑物增加荷载，基础下沉。在荷载影响下，基础下土层压缩是逐渐形成的，反映在基础沉陷上则是数量上的逐渐增加。对混凝土坝来说，气温和库水位的升降会使坝体产生升降，因此，了解大坝垂直位移情况，也就能掌握大坝与基础及各种被监测对象在外力作用下的工作状态。

1)监测方法

垂直位移是指在荷载的作用下，沿竖直方向发生的位移。它主要分为 3 个阶段：初始沉降、固结沉降和次压缩沉降。垂直位移监测方法见表 12-3。

2)监测布置

(1)精密水准法。

水准基点是观测的基准点，应根据大坝规模、受力区范围、地形地质条件及观测精度要求等综合考虑，原则上要求该点长期稳定，且变形值小于观测误差，一般在大坝下游 1～3km 处布设一组或在两岸各布设一组 3 个水准基点，组成边长 50～100m 的等边三角形，以检验水准基点的稳定性。对于山区高坝可在坝顶及坝基高程附近的下游分别建立水准基点。有条件时，将水准基点布设在两岸灌浆廊道内，以简化观测。根据实际情况，水准基点结构有：土基标、岩石标、深埋钢管标、双金属标、平洞标等。

工作基点是观测位移标点的起始点或终结点，力求布设在与所测标点处于大致相同的高程上，如坝顶、廊道或坝基两岸的山坡上，对于土坝可在每一纵排标点两端岸坡上各布设一个。

位移标点一般在坝顶及坝基处各布设一排，在高混凝土坝中间高程廊道内和高土石坝的下游马道上，也应适当布置垂直位移观测标点。另外，混凝土坝每个坝段相应高程各布置一点；土石坝沿坝轴线方向至少布置 4～5 点，重要部位可适当增加；在拱坝坝顶及基础廊道每隔

30～50m 布设一点,其中在拱冠、四分之一拱及两岸拱座应布设标点,近坝区岩体的标点间距一般为 0.1～0.3km。大型工程一般布设成水准网的形式。

垂直位移监测方法 表 12-3

部　位	方　法	说　明
混凝土坝	一等或二等精密水准	坝体、坝基均适用
	三角高程	可用于薄拱坝
	激光准直	两端应设垂直位移工作基点
土石坝	二等或三等精密水准	坝体、坝基均适用
	三角高程	可配合光电测距仪或全站仪使用
	激光准直	两端应设垂直位移工作基点
近坝区岩体	一等或二等精密水准	观测表面、山洞内及地基回弹位移
	三角高程	观测表面位移
高边坡、滑坡体	二等精密水准	观测表面及山洞内位移
	三角高程	可配合光电测距仪或全站仪使用
	卫星定位	范围大时用
内部及深层	沉降板	固定式,观测地基和分层位移
	沉降仪	活动式或固定式,可测分层位移
	多点位移计	固定式,可测各种方向及深层位移
	变形计	观测浅层位移
高程传递	垂线	一般均适用
	铟钢带尺	一般需利用竖井
	光电测距仪	要用旋转镜和反射镜
	竖直传高仪	可实现自动化测量,维护较困难

位移标点按埋设位置不同,可设计成:①综合标,将水平和垂直位移标点综合起来,多用于坝面;②混凝土标,适用于坝顶、廊道及其他混凝土建筑物,也可用于基岩;③钢管标,适用于当基础部位浇注混凝土较厚时,观测地基岩石位移;④墙上标,多用于净空较矮的廊道内,由于不便竖立 3m 水准尺,可在廊道墙上埋设墙上标,用特制微型水准尺观测,该尺也可用于外表面的标点观测。

(2)三角高程法。

由于对大气折射问题的研究,三角高程测量已接近二等水准测量精度。三角高程测量外业简单、快速而且可观测难以到达测点的高程和垂直位移。布设测点时要求推算高程的边长不大于 600m,每条边中误差不大于 3mm,竖角中误差不大于 0.3″,仪器高度量测中误差不大于 0.1mm。

工作基点至少设置两个,位移标点最好安置反射镜,并采用对向观测作业。如往、返测不能做到同步进行时,则可使其间隔保持在 0.5h 左右,以使往、返测高差平均值因垂直折光影响最小。

(3)遥测法。

①沉降仪法。如图 12-2 所示,沉降仪主要用于监测土石坝及滑坡体内部沿导管或测斜管轴向多点的垂直位移,读数精度一般为 1mm,测值为相对于沉降管管口或管底的位移。如要求监测绝对值,则应先测定管口或管底高程。观测横断面宜布设在坝体最大横断面及其他特征断面,每个观测断面的坝轴线附近及其上、下游可布设 1～3 条观测垂线,垂线上的测点间距根据材料特性及施工方法而定,一般为 2～10m,在地基表面应设置测点,当填土直接与基岩接触时,沉降管管底应深入基岩。另外,水管式沉降仪可布设在建基岩(软基)、1/3、1/2及 2/3 坝高处,每处设测点 1～3 个。

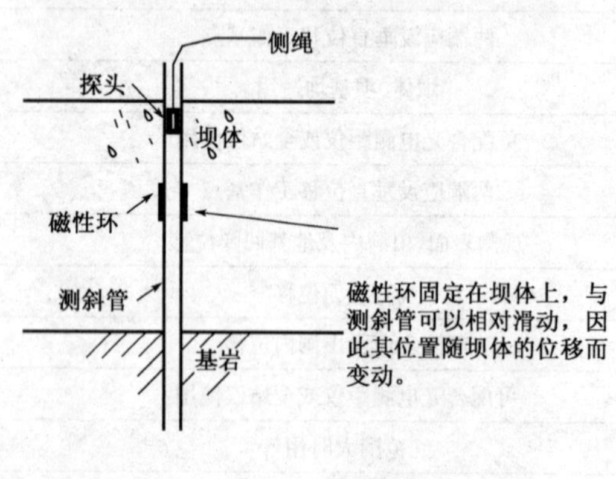

图 12-2　沉降仪法

②多点位移计法。位移计分单点和多点两种,主要用来测量围岩或近坝区岩体钻孔孔口与锚固端之间的轴向位移及其位移速率,已广泛用于大坝、地基、边坡及地下峒室等变形测量,可在垂直的、水平的或任何无套管的钻孔内安装。

③变形计法。变形计可用来测量大坝、围堰及界面垂直、水平或任意方向沿仪器轴向变形。与位移计的区别是其仅适用于表面附近,最大钻孔深度一般为 10m。该仪器可由测缝计改装而成,测量范围一般为 12mm,最大可达 100mm,分辨率为 0.01～0.02mm。

3)高程传递

进行垂直位移监测设计时,常需将坝外的水准高程传递至坝内,其方法有钢带尺法、垂线法、光电测距仪法等。

12.3.4 挠度监测

混凝土坝建成蓄水后,在水压力、泥沙压力、浪压力、扬压力及温度变化等因素作用下,坝体发生变形,其中坝体的挠度与各种荷载作用和影响因素之间有相应关系,外部荷载使大坝各部位产生应变,将其积分得到各部位的偏转角,而转角的积分即为坝体挠度。因此挠度显示了大坝结构整体的综合现象,是了解大坝工作状态及安全管理工作中最重要的观测项目之一。挠度监测一般采用正垂线和倒垂线法监测。

12.3.5 倾斜监测

混凝土坝倾斜观测特别是基础倾斜观测具有重要意义,通过观测,不仅可以判断坝体倾覆及稳定情况,还可了解基础运动规律。此外,由于位移引起的倾斜包含在挠度观测成果内,因而在不宜进行挠度观测时,可利用倾斜观测在不同高程上所获得的倾斜角,求得近似挠度曲线。倾斜监测方法如表 12-4 所示。

倾斜监测方法　　表 12-4

部　位	方　法	说　明
混凝土坝	倾斜仪	包括光学及遥测仪
	静力水准仪	用于坝体及坝基
	一等精密水准	用于坝体及坝基表面倾斜
土石坝及面板坝	测斜仪或倾斜仪	用于观测内部或面板倾斜、挠度
	静力水准仪	用于坝体及坝基
	一等或二等精密水准	用于坝体及坝基表面倾斜
高边坡及滑坡体	倾斜仪	多采用遥测倾斜仪
	测斜仪或应变管	可分固定式与活动式两种
	静力水准仪	多采用遥测静力水准仪
	二等精密水准	用于测表面倾斜

(1)倾斜仪。气泡式倾斜仪适用于标距较短的两点之间的倾斜观测,可以固定在建筑物上,也可是携带式。其误差取决于安置误差、置平误差和读数误差。活动式倾斜仪观测误差为±(3″～4″),固定式倾斜仪则为±(1″～2″)。为观测垂直壁或倾斜壁变形,倾斜仪也可以垂直安置。遥测倾斜仪一般布设在测点上,能自动进行观测,也可作动态观测,因此便于实现观测自动化。

(2)测斜仪。根据其探头是否固定,分为活动式和移动式两种。测斜仪是根据测斜管轴线与铅垂线之间的夹角变化量来计算各测点水平位移和挠度。

(3)静力水准仪。测量精度高,中误差小于 0.1mm,量程为±(50～100)mm,且不受距离限制,也能保证同步性和连续性。特别适合安装在大坝廊道内及人员不易到达的地方。

观测基面一般选在大坝最高及两坝肩处或其他地质条件差的特殊需要监测部位。从基础到坝顶一般选 3～5 个测点,坝体测点和基础测点最好设在同一个垂直面。倾斜观测点应尽量设在垂线测点附近,以便校核。用精密水准法观测时,两点间距离在基础附近不宜小于 20m,在坝顶不宜小于 6m。高边坡及滑坡体倾斜观测宜尽量采用遥测法。

12.3.6　接缝及裂缝监测

土坝发生裂缝后,为了进一步了解其现状和发展情况,分析其产生原因和对建筑物安全的影响,以便进行及时有效处理,应进行裂缝观测。接缝及裂缝监测方法见表 12-5。

应在可能或已经产生裂缝的部位和裂缝可能扩展处的混凝土内部及表面布设裂缝计;在观测面及坝体不同高程的代表性部位布置 3～5 个接缝观测点;在基岩与混凝土结合处,宜布设单向、三向测缝计或裂缝计。

对在建土石坝可在坝体与混凝土建筑物及岸坡岩石结合处、窄心墙或窄河谷坝拱效应突出部位布设测点;对已建土石坝的表面非十缩裂缝及冰冻缝,在以下几种情况时布设测点:①裂缝大于 5mm;②缝长大于 5m;③缝深大于 2m;④穿过坝轴线;⑤裂缝呈弧形;⑥有明显竖向错距;⑦土体与混凝土建筑物连接处;⑧可能集中产生渗流冲刷处;⑨两坝端贯穿性的横向缝;⑩可能产生滑动的纵缝。

接缝及裂缝监测方法

表 12-5

项目	部位	方法	说明
接缝	混凝土坝	测微器、卡尺及百分表或千分尺	适用于观测表面
		测缝计(单向及三向)	适用于观测表面及内部
	面板坝	测缝计	观测面板接缝,可分别测定各向位移
		两向测缝计	河床部位周边缝观测
		三向测缝计	岸坡部位周边缝观测
裂缝	混凝土坝	测微器、卡尺、伸缩仪	观测表面裂缝长度及宽度
		超声波、水下电视	观测裂缝深度
		测缝计	观测裂缝宽度
	土石坝	钻孔、卡尺、钢尺	观测表面裂缝长度、宽度、深度
		探坑、竖井及电视	观测立面裂缝长度、宽度、深度及位移
		位移计、测缝计	观测表面和内部裂缝及发展变化
		探地雷达	观测裂缝深度

12.3.7 渗流监测

大坝建成蓄水后,在水头作用下导致坝体、坝基和坝肩出现渗流现象,对大坝运行不利,但又不可避免。渗流过大可能引起大坝失事和损坏,如法国马尔巴塞拱坝和美国提堂土坝失事,都是由于渗流造成。据国内外统计,因渗流问题引起的大坝失事占 40%。

土石坝失事多由渗流破坏引起,迎水面和下游面滑坡、塌陷,坝基滑动等,也都和孔隙水压力变化密切相关。因此,渗流监测被认为是土石坝安全监测的重点,土石坝渗流监测包括浸润线、渗透压力、孔隙压力(施工期)、绕坝渗流、渗流量、地下水位等观测。

1)土石坝渗流监测

我国已建土石坝中,1970 年之前大都采用测压管来进行渗流监测。近年来,按《土石坝安全监测技术规范》规定,在新建土石坝中,有些采取测压管,有些埋设渗压计。图 12-3 为土坝、土石坝或面板堆石坝的渗流图。

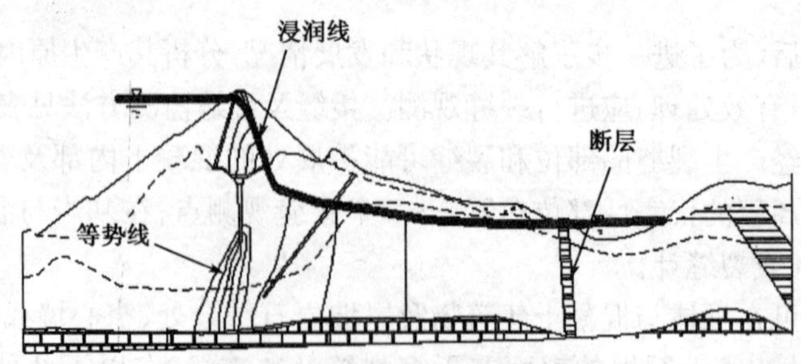

图 12-3 土坝、土石坝或面板堆石坝

(1)渗压计监测。对渗透系数小于 10^{-4} m^3/s 的坝体埋设渗压计,因为渗压计反应快,能较快反映坝体内渗透压力变化。埋设点所占空间小,不破坏埋设位置的渗流状态,基本反映测点的渗压大小。但埋设时有两点必须重视:①埋设仪器必须是长期稳定性好的仪器,如果仪器有较大的时飘、零移,因为没有检查校测,势必导致错误的分析结果;②埋设仪器无法修理更换,如果损坏,测值短缺无法弥补,造成资料分析困难。在深圳松子坑水库,原坝内埋设国产钢弦式渗压计在1～2年内全部失效,不得不全部更新;云南省鲁布革土坝也是埋设钢弦式渗压计监测渗透压力,运行几年,能够正常测量的渗压计所剩无几,无法测出断面的浸润线,更不要说坝体流网。对这两座坝监测系统更新改造,采取了测压管方式监测渗压水位,在测压管中安装进口或国产钢弦式渗压计实现监测自动化。

(2)测压管监测。有两个突出优点:①人工比测和自动化监测可同时进行,相互校验;②万一放置在测压管中的渗压计损坏或性能较差,可以更换,继续进行监测。如山东某大坝,按业主要求,在测压管内安装国产钢弦式渗压计,实现渗流自动化监测,运行一段时间后,通过人工比测发现仪器测值飘移,通过更换,保证了自动化监测数据的准确性。

从安全监测角度看,测压管方式能满足监测要求,能较快反映集中渗流造成的渗透水位变化。正常渗流状态下,虽靠近上游侧的测压管水位滞后于上游水位变化,但从长期监测来看规律可循。事实上,在黏土层或低渗透性土料中,上游水位变化反映到坝中测点,也有相当长时间的渗透过程,用埋设渗压计测量也存在滞后现象,只是滞后时间长短而已。正常的滞后并非大坝异常征兆,而滞后时间变短正是渗流异常表现,测压管或埋设渗压计都可反映。

基于以上观点,对已建土坝的渗流监测改造,一般宜采用测压管方式。对于心墙坝或斜墙坝,宜在防渗体下游布置少量测压管,防渗体内可适当埋设渗压计或不埋设渗压计。

2)混凝土坝渗流监测

混凝土坝渗流监测主要是监测扬压力、地下水位、绕坝渗流(水位)、渗流量、特殊部位的渗透压力(如断层内部,软弱夹层内部等)。一般采用钢弦式渗压计,该仪器直径较小,可安装在测压管中,测值稳定,飘移量较小,可修正温度影响,图12-4为混凝土坝或砌石坝扬压力图。

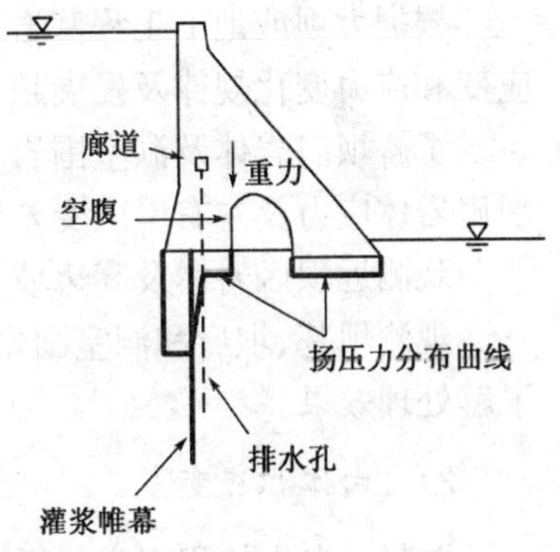

图12-4　混凝土坝或砌石坝

为提高防雷性能,深圳茜坑大坝采用加拿大Roctest公司FOP型光纤压力传感器。渗流测量采用多种方案,如高精度微压计进行量水堰水位监测,采用超声波流量计,一些不适宜用量水堰测量的渗流量可采用翻斗式遥测渗流量计。对集水井平均渗流量采用集水井专用测控装置及配套水位传感器测量,能按设定水位自动控制水泵抽水并给出大坝总渗流量。

12.3.8　应力监测

为保证大坝安全,大坝在设计和运行时须遵循:坝体和坝基保持稳定;坝体应力控制在材料强度允许范围内。大坝应力应变观测是为了了解坝体应力实际分布,寻求最大应力(拉、压应力和刃应力)的位置、大小和方向,以便估计大坝安全程度,为大坝运行和加固维修提供依据。

大坝应力观测目的是为了解大坝承受外部荷载后，各部位产生的应变，其一次积分为转角，二重积分才是位移，故应力及应变观测能较早发现局部范围内结构性态变化原因和部位。此外，混凝土极限应力及应变离差要比极限位移离差小得多。

混凝土应力监测是通过在混凝土中埋设应变计来测定混凝土应变值，由应变值通过弹性理论计算混凝土应力值。同时通过测定水平、倾斜和垂直方向应力值，计算测点的大小主应力值。

1)混凝土应力及应变

混凝土坝应力监测应根据坝型、结构特点、应力状况及分层分块施工情况，合理地布置测点，使观测成果能反映关键部位结构应力分布及最大应力大小和方向，以便和计算成果及模型实验成果进行对比，并与其他观测资料综合分析。

测点的应变计支数和方向应根据应力状态确定，空间应力状态宜布置 7～9 向应变计，平面应力状态宜布置 4～5 向应变计，主应力方向明确的部位可布置 1～3 向应变计，不但每一组应变计附近需布置相应的无应力计，还要单独布设无应力计直接观测自由体积应变，即将混凝土自由体积应变作为独立监测内容。

坝体受压部位可布置压应力计，以便与应变计相互验证。应力、应变及温度监测应与渗流监测结合布置，在布置应力、应变监测项目时，宜对所采用的混凝土进行力学、热学及徐变等性能实验。

2)岩体应力及应变

根据大坝或地下工程基岩及围岩力学性质和结构情况合理布置测点，以便掌握岩体变形、应变和应力变化规律及发展趋势。

了解坝肩岩体及洞室围岩变形情况，掌握有无沿深层特定结构面发生滑移迹象，重视拱坝坝肩岩体应力及左右岸应变差异观测。

观测近坝区岩体及高边坡和消能区山体稳定状态，包括裂缝、压缩、剪切应变发展情况。

观测坝基、坝肩和洞室围岩经锚固、洞塞、混凝土置换等基础处理结构的应力、应变状态，了解处理效果。

3)自由体积应变

混凝土自由体积应变包括温度变形、湿度变形和自生变形 3 部分，通常是采用无应力计进行观测。无应力计与应变计组结合布设时，其中心距离一般为 1.5m。无应力计筒内的混凝土与相应应变计组处施工时采用的混凝土性质相同，其湿度和温度条件也应相同。

在进行岩体应力和应变观测时，应布设岩石无应力计。必要时可在测点附近选取性质相同的岩体钻取试样，在室内进行实验，测取岩石温度膨胀系数等力学参数。

12.3.9 土压力

为了解坝体受力情况和土与混凝土建筑物作用压力大小、判断工程安全、验证设计，重要且有条件的工程可进行土压力观测。

1)坝内土压力

土压力观测包括土与堆石体的总应力(即总土压力)、垂直土压力、水平土压力及大、小主应力等。

土压力观测断面的布设位置应根据坝体结构、地质条件等因素确定,一般大型工程可布设1个观测横断面,特别重要的工程或坝轴线呈曲线的工程,经论证有必要时可增设1个观测横断面,观测断面的位置应与坝内孔隙水压力、变形观测断面相结合。土压力观测断面上,一般可布设2～3个高程的观测截面。图12-5为坝体内部土压力示意图。

2)接触土压力

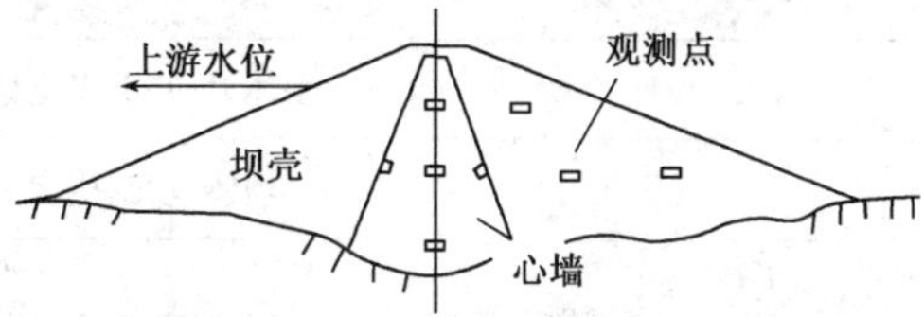

图12-5　坝体内部土压力示意图

接触土压力监测包括土和堆石体等与混凝土、岩石或圬工建筑物接触面上(边界)的土压力观测,以及混凝土坝上游淤沙压力观测,采用的仪器为边界式土压计。

对于混凝土与岩体接触面上的压力,应属于混凝土压应力观测,而不应作为接触土压力观测。

观测断面一般选择在土压力最大、受力情况复杂、工程地质条件差或结构薄弱等部位,布置1～3个观测断面。图12-6为挡土墙土压力及建筑物基础部位边界式土压力测点布置示意图,图12-7为外土压力测点布置示意图。

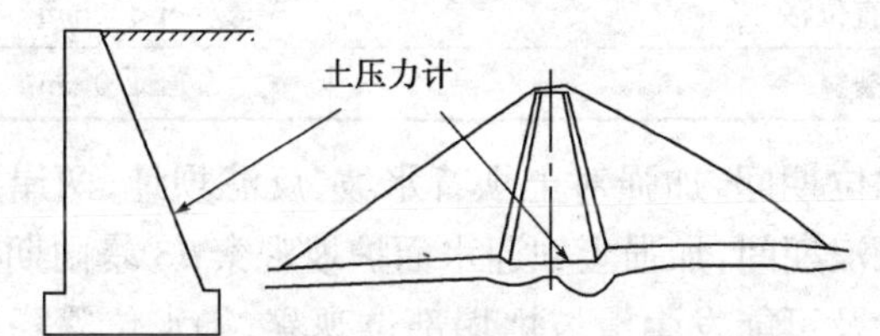

图12-6　挡土墙土压力及建筑物基础部位边界式土压力测点布置示意图

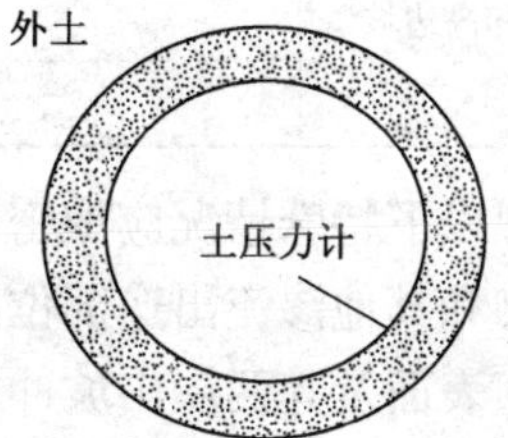

图12-7　外土压力测点布置示意图

12.4　监测精度与频率

大坝各项位移量相对于工作基点的测量中误差(偶然误差和系统误差的综合值),按表12-6限值要求。

监测频率因项目和阶段而异。第一次蓄水前及第一次蓄水后前5年运行中,一般每旬1次至每月1次;第一次蓄水期一般每天1次至每旬1次;第一次蓄水且运行超过5年后,一般每月1次至每季1次。各时期上、下游水位和气温,均需每日观测。应力应变及湿度监测传感器在埋设后前1个月内要加密测次,间隔从4h、8h、24h到5d,以后逐渐转入常规频次。自动化监测项目测次常适当加密,长期运行后,往往通过鉴定对测次做适当调整。

巡视检查分为日常巡查、年度巡查及特殊巡查3类。日常巡查在施工期每周1次;水库第一次蓄水或提高水位期间一到两天1次;正常运行期间每月不少于1次;汛期特别是高水位期应加密检查次数。年度巡查每年2～3次,在汛前、汛后及高水位、低气温时进行。

大坝位移中误差 表12-6

<table>
<tr><th colspan="4">项　目</th><th>位移中误差限值</th></tr>
<tr><td rowspan="6">水平位移</td><td rowspan="3">坝体</td><td colspan="2">重力坝、支墩坝</td><td>±1.0mm</td></tr>
<tr><td rowspan="2">拱坝</td><td>径向</td><td>±2.0mm</td></tr>
<tr><td>切向</td><td>±1.0mm</td></tr>
<tr><td rowspan="3">坝基</td><td colspan="2">重力坝、支墩坝</td><td>±0.3mm</td></tr>
<tr><td rowspan="2">拱坝</td><td>径向</td><td>±1.0mm</td></tr>
<tr><td>切向</td><td>±0.5mm</td></tr>
<tr><td colspan="4">坝体、坝基垂直位移</td><td>±1.0mm</td></tr>
<tr><td colspan="4">坝体、坝基挠度</td><td>±0.3mm</td></tr>
<tr><td rowspan="2" colspan="2">倾斜</td><td colspan="2">坝体</td><td>±5.0″</td></tr>
<tr><td colspan="2">坝基</td><td>±1.0″</td></tr>
<tr><td colspan="4">坝体表面接缝和裂缝</td><td>±0.2mm</td></tr>
<tr><td rowspan="2">近坝区岩体</td><td colspan="3">水平位移</td><td>±2.0mm</td></tr>
<tr><td colspan="3">垂直位移</td><td>±2.0mm</td></tr>
<tr><td rowspan="3">滑坡体和高边坡</td><td colspan="3">水平位移</td><td>±(0.5～3.0)mm</td></tr>
<tr><td colspan="3">垂直位移</td><td>±3.0mm</td></tr>
<tr><td colspan="3">裂缝</td><td>±1.0mm</td></tr>
</table>

出现以下特殊情况应加密观测：①高水位期间，加强对土坝背水坡、反滤坝址、两岸接头、下游坝脚和其他渗流出逸部位观察；②大风浪期间，加强土坝迎水面护坡观察；③暴雨期间，加强土石坝表面及其两岸山坡冲刷、排水情况及可能发生滑坡坍塌部位观察；④水位骤降期间，加强对土坝迎水坡可能发生滑坡部位观察；⑤冰凌期间，注意冰冻情况、冰凌对建筑物影响，进行防冻、防凌措施效果观察；⑥冬季和温度骤降期间，加强对混凝土建筑物缝形变化和渗水情况观察；⑦遭受五级以上地震时，应立即对土石坝建筑物进行全面观察，特别注意有无裂缝、塌陷、翻沙冒水及渗流量异常现象。

12.5 大坝安全监测系统及自动化

现代化建设和科学技术发展，使得计算机技术与测绘技术联系越来越紧密。变形观测作为重要测量任务也越来越引起各部门重视。变形观测内业处理工作较繁琐。以往变形观测数据处理和绘制成果资料多采用手工，工作效率低，易出现各种人为误差和粗差。先进的测绘技术与计算机成图技术充分结合起来后，大大提高工作效率。

大坝监测信息管理是以大坝监测数据采集、处理、整编、分析为主要内容的专业性工作，该工作以不同方式对大坝各种观测数据及环境数据进行采集、记录、处理，这些数据具有种类繁多、连续性强、数据量多等特点，除详尽记录大坝及环境各种观测量外，其主要用途在于对大坝运行状况进行监测、预测和安全分析，同时为水利调度提供相关数据资料。

大坝安全监测系统通常包括变形、渗漏、渗压、应力应变、温度等多种人工或遥测仪器设备,由人工或自动采集装置实施监测。传统人工监测所采用的仪器设备精度较低,且常受周围环境影响。对于中大规模大坝监测系统,人工监测的劳动强度大,尤其当大坝经受洪水等较危险荷载作用而加密监测时,人工监测常难以胜任。自动监测系统以精度高、速度快,省工、省力、省时,可任设观测频次,且可实现远程监测等优点,得到广泛应用。

(1)测点。随着监测技术发展,"点"的概念逐步削弱,"线"、"面"乃至"体"的概念正在加强。如分布式光纤温度测量和裂缝监测系统,光纤上任一点温度或任一条通过监测面裂缝都会被监测到,从而使监测范围由"点"变成"线"或"面";同样,电磁探测法、CT、地质雷达等监测范围是一定"体积"区域。光纤测量系统已在三峡工程、古洞口面板堆石坝工程、葛洲坝水电工程、隔河岩石坝肩高边坡进行了成功应用。

(2)监测仪器。随着传感器技术的不断发展,新型监测仪器不断问世。监测仪器除将被测点的物理量转换成电或电参量外,还可转化成光或光参量,甚至其他可采集处理信号。如光纤监测仪器(传感器)包括点式光纤监测仪器和分布式光纤监测传感器,Roctest公司是前者的典型生产厂家。分布式光纤测量系统是将整个光纤上监测物理量转化成光信号(或光调制信号),实现分布式测量。智能型监测仪器是在"测点处"实现监测物理量转化后,立即将模拟信号转化成数字信号,方便信号传送、接口或提高信号抗干扰能力。许多监测仪器能监测多个物理量,如差阻式仪器和一些振弦式仪器都能监测测点温度。

(3)监测项目和监测方法。安全监测包括变形、渗流、应力应变、温度及环境量等项目。随监测技术发展,已出现一种监测仪器或方法用于不同监测项目,如应用温度监测仪器进行渗流监测,应用差动电阻式仪器同时进行坝体内部变形监测和温度监测等。

大坝安全自动监测系统如图12-8所示,分3类采集方式:集中式、分布式和混合式。

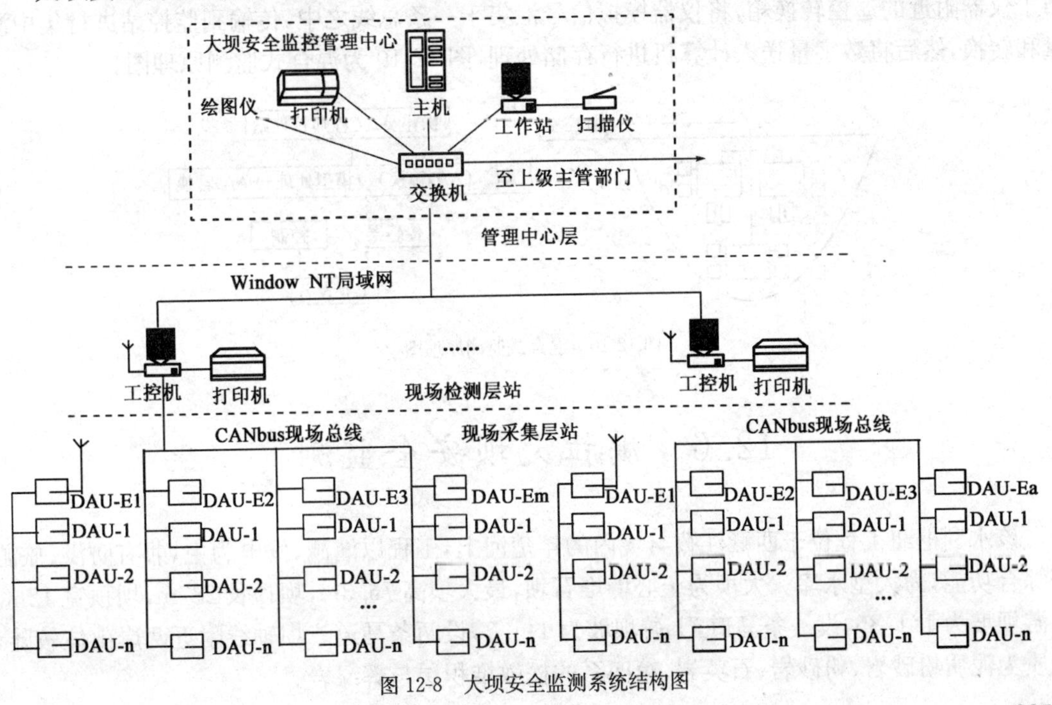

图12-8 大坝安全监测系统结构图

集中式采集方式，在大坝廊道内设专门监测室，内置采集装置，布设于坝内各处的仪器通过电缆直接与采集装置相连，仪器信号通过采集装置转换为数字信号传到坝外的微机监控室进行存储管理，适合小型水电站大坝监测，测点数量一般控制在200以内，仪器布置相对集中，采集装置集中设置在坝内廊道，信号传输距离不远，且监测室设有专门防潮通风设备。

分布式采集系统，是将采集装置分散布置在靠近仪器地方，一般称为数据采集单元，如图12-9所示。可缩短命令执行测量传输距离，降低系统防外界干扰技术难度，能暂存监测数据，因此系统故障所造成的数据丢失可相对减少。分布式采集较适合于工程规模大、测点数量多且分散的监测系统。由于每个采集装置导致系统造价较高，随着电子技术成熟和大规模生产，电子元器件成本大幅度下降，其性能价格已得到较大提高。

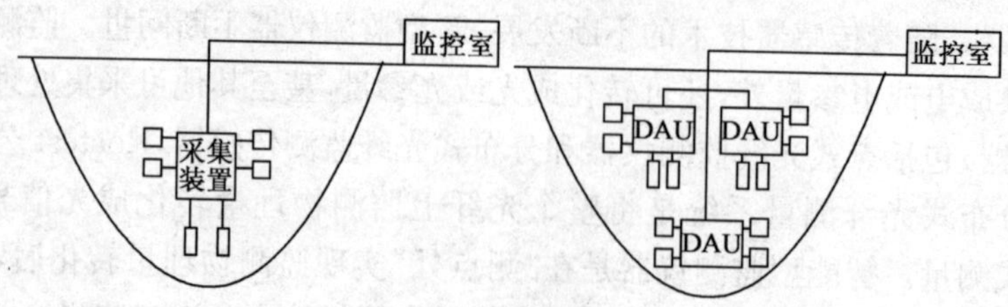

图12-9 分布式原理图

混合式是介于集中式和分布式之间的一种采集方式。具有分布式布置外形，而采取集中方式进行信号采集。设置在仪器附近的遥控转换箱类似于信号器，但不具备转换和数据暂存功能，故其结构简单，恶劣环境条件下其故障产生概率较低。遥控转换箱传输的信号是模拟量，因此混合式的关键技术是经济可靠地解决模拟量的长距离传输技术。混合式系统利用散布于仪器附近的遥控转换箱，将仪器模拟信号汇集于一条总线之中，传输到监控站进行集中测量和转换，然后将数字量送入计算机进行存储处理，图12-10为混合式监测原理图。

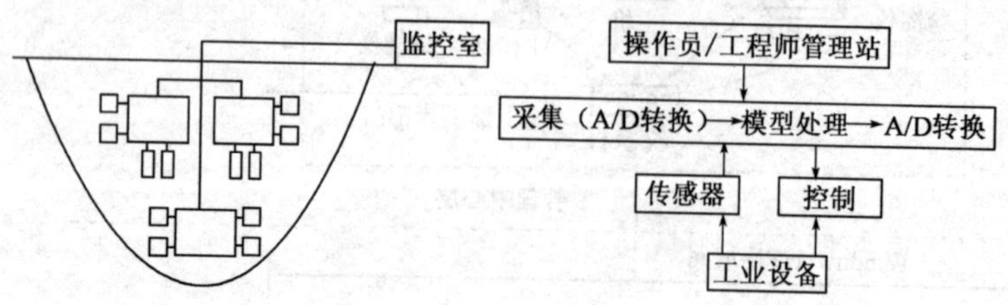

图12-10 混合式监测原理图

12.6 满拉大坝安全监测

该水利枢纽工程位于西藏江孜县境内的年楚河上，工程以灌溉、发电为主，兼有防洪、旅游等综合功能，为大型水库。大坝为土心墙堆石坝，最大坝高76.3m，坝顶长287m，坝顶宽12m。上游坝坡为1:1.85，设一条马道，下游坝坡为1:1.7，设两条马道。坝轴线附近两岸山体较陡，地质为泥质粉砂岩、粉砂岩、石英岩、第四系的松散堆积层与辉绿岩。

坝址左岸上下游存在着稳定性较差、方量较大的塌滑体，坝基覆盖层较厚，坝区位于地震高烈度区。水库蓄水后，由于水文地质条件变化或地震影响，松散堆积可能产生滑动，影响坝的安全。为保证工程正常运行，需设置必要观测仪器，对工程运行情况和大坝工作性态进行监测。

根据本工程特点和实际存在问题，进行安全监测设计时应考虑：①在枢纽工程的各主要建筑物及上游一定范围内，重点对大坝及两岸岸坡近坝区塌滑体设置有针对性观测项目，以了解大坝及其建筑物运行状态；②观测断面及测点选择在便于检验水工设计、施工及控制工程安全的代表性部位，同时尽量缩短与观测站距离；③观测方法力求简单、经济、实用，观测仪器性能稳定可靠；④各观测项目尽可能做到自身校核，以保证观测成果可靠性。

满拉坝观测仪器主要布置在两个横断面和一个纵剖面上，两个横断面的桩号分别为K0＋142.3与K0＋080.0，纵剖面为土心墙中心线剖面，其中桩号为K0＋142.3断面基本位于最大坝高处，且该断面覆盖层最深，坝基设有混凝土防渗墙，在施工期和蓄水期坝体内部变形较大，坝体代表性断面。桩号K0＋080.0断面位于左岸陡坡的转折处，是不均匀沉陷变形集中部位，有引起裂缝的可能。因此，内外部观测均以两岸坝肩及最大坝高处断面为重点监测部位。

对坝及岸边确定下列监测项目：大坝及左岸塌滑体外部变形观测；坝体内部变形观测；渗流观测；土心墙与混凝土防渗墙的力学参数观测；坝体强震反应观测。

大坝变形可反映施工期和运行期坝体的位移情况，因此，变形观测是大坝安全监测中的重要内容。大坝外部变形观测，主要是观测坝体的水平位移和垂直位移。

为观测坝体的水平位移，在坝体上布置了22个水平位移观测点，这些点分别位于坝顶、上游坝坡正常高水位以上及坝下游面两条马道上。测点布设是以坝最大剖面为基准面，分别向两岸等间距布置。

观测方法为在近坝区两岸山体上布设14个控制点，建立三角形测量控制网，用TC2002全站仪边角交会法进行水平位移观测。

坝体垂直位移观测的表面测点与水平位移观测测点设在同一标点桩上。垂直位移观测的工作基点布设在坝顶两端和马道两端山坡及厂房、进水口等处，共设20个工作基点。为校核垂直位移工作基点稳定性，在坝下游1.5km处设一组校核基准点，建立一等精密水准网，大坝的垂直位移用该水准网以Ni003精密水准仪进行观测。

在坝左岸上下游塌滑体的上部、中部及趾部布设20个表面点，用塌滑体外部的三角点进行边角交会法观测。

坝体内部变形观测分水平位移观测和垂直位移观测。水平位移是指垂直坝轴线方向和平行坝轴线方向位移；垂直向位移是指坝体内固结和沉降位移。通过观测判定坝体稳定性和有无变形开裂等情况。

为观测土心墙水平位移，在坝体桩号K0＋143.3剖面土心墙轴线上布置测斜管（见图12-11），测斜管底部埋入混凝土防渗墙顶部楔形体内1m，高程为4191m。测斜管引至坝顶，用PSH-2型伺服式单向测斜仪观测土心墙水平位移。

坝下游堆石体水平位移观测，以桩号K0＋142.3剖面为基本剖面，在不同高程上布置两条测线（见图12-12），其中在约1/3坝高（4209m高程的马道）处布置一条测线，设3个测点，土心墙下游砂砾石反滤层内1点（距坝轴线15.244m），下游堆石体内2点（分别距坝轴线

43.244m与64.244m)。在约2/3坝高(4234m高程的马道)处布置一条测线,设两个测点,其中土心墙下游砂砾石反滤层内1点(距坝轴线9.744m),下游堆石体内1点(距坝轴线34.744m)。安装SHE型引张线式水平位移计,所有测点仪器管路均引至下游坝坡相应高程马道观测室进行观测。观测室的位移由相应的外部变形观测来确定。

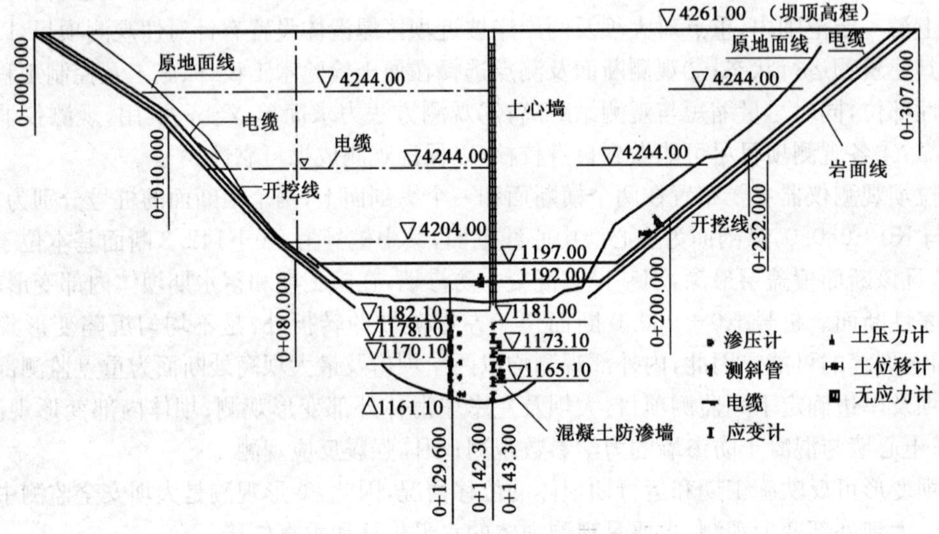

图12-11 坝体纵剖面观测仪器布置

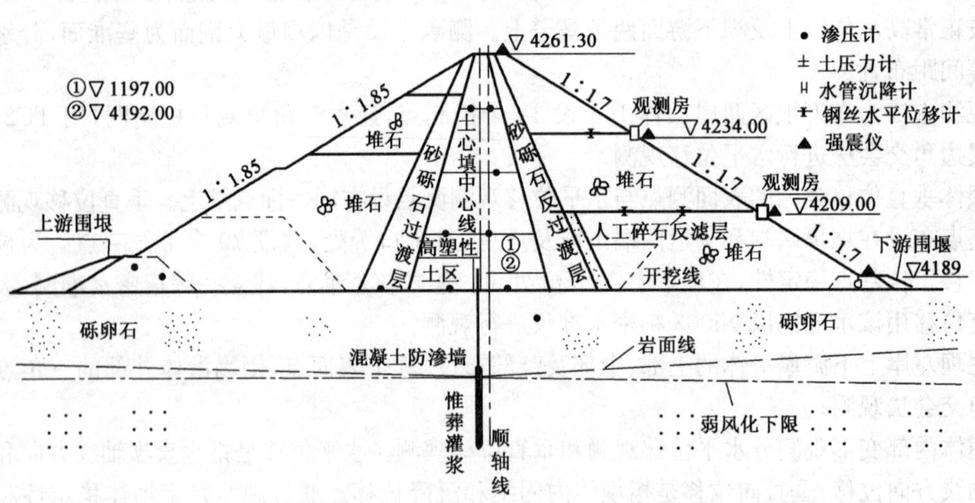

图12-12 坝体最大横剖面观测仪器布置

为观测两岸岸坡混凝土底垫与土心墙的结合情况,分别在4204m、4224m及4244m高程上的土心墙与混凝土底垫结合部位,沿心墙纵向中心线布置6支型号为JH-100的差动电阻式高压土位移计(左、右岸各布设3支),并为观测土心墙在岸坡处的剪切位移,在4204m与4224m高程上再布置了4支JH-100型剪切土体位移计(左、右岸各布置2支)。

为观测土心墙的分层沉降,采用上述布置的测斜管,在测斜管上安装沉降磁环,测环的间距为2m,采用电磁式沉降仪观测。

下游堆石体的垂直位移观测，采用 WFS 型的水管式沉降仪进行，仪器布置与引张线式水平位移计相同，相应的管路引至下游坝坡的观测室内，观测室的沉降由外部观测确定。

渗流是一个综合量，它是反映坝体是否正常运行的重要指标，因此也是一个重点监测项目。大坝渗流观测包括坝体、坝基、两岸岸坡与土心墙接合面处的渗流压力，绕坝渗流及坝体总渗流量。

为观测坝体土心墙孔隙水压力的消散和浸润线分布情况，在桩号 K0＋142.3m 和 K0＋80.0m 剖面的心墙内分别布置 GKD 型钢弦式孔隙水压力计。具体布置：在最大剖面（桩号 K0＋142.3m）的心墙内共布置 14 支仪器，其中土心墙底部与混凝土底垫接合面处（高程 4186m）的心墙轴线上下游各布置 1 支，混凝土防渗墙楔形体顶部 1 支，上游过渡层、下游反滤层与混凝土垫层接合面处各布置 1 支，在土心墙内 4204m 高程处上下游方向各布设 2 支，4224m 高程设 3 支，4244m 高程设 2 支。在校核观测剖面（桩号 K0＋080m）共布设 10 支仪器，其中土心墙底部 5 支，4224m 高程 3 支，4244m 高程 2 支。此外，为观测两岸岸坡与土心墙接合面的渗流压力，在桩号 K0＋040.0，K0＋200.0 与 K0＋232.0 剖面的混凝土底垫与土心墙接合处，顺河流向布置 3 支孔隙水压力计。

绕坝渗流观测，在两岸防渗帷幕下游侧，共布置 8 个地下水位观测孔，用电测平尺水位计观测孔内的水位变化；坝体总渗流量观测，根据工程的实际条件，对通过坝体、坝基的总渗流量采用断面法进行观测，主要在下游坝脚处钻孔，布置测压管，由实测的测压管水头来推求渗流量。

为了解土心墙与坝基、岸坡混凝土底垫之间的土压力，进行接触面土压力观测，共布设 9 支 YUB 型差动电阻式土压力计，其中在桩号 K0＋142.3 断面的心墙底部与混凝土底垫接合面上布设 5 支，此外，在桩号 K0＋040、0＋080、K0＋200 及 K0＋232 断面的心墙与岸坡混凝土底垫接合面处的心墙中心线上各布设 1 支。

为观测墙体的应力、应变，在防渗墙桩号 K0＋143.3 断面的上下游侧，各布设 6 支 SH-25 型差动电阻式高压应变计，仪器埋设高程从 4161m 开始，至 4181m 高程结束，在这两个高程间仪器安装高程差为 4m。此外，为观测非应力因素产生的混凝土应变，在该断面的 4162.5m、4166.5m、4170.5m 及 4174.5m 高程，各布设 1 支 SH-15 型无应力计。

为观测作用于防渗墙上的外力，在防渗墙桩号 K0＋129.6 断面的上下游侧各布设 6 支接触式土压力计，同时在该断面的下游侧布置 7 支孔隙水压力计，仪器埋设从 4161.4m 高程开始，至 4182.4m 高程结束，中间部位仪器埋设高差为 4m。

地震时土石坝最危险的部位是最高挡水坝段，因此，选取坝的最大剖面（桩号 K0＋142.3）作为强震观测断面，在该断面下游坝坡的不同高程上布置强震仪，仪器具体布置为在坝顶及坝脚部位（高程 4189.8m）各布置一组三向强震仪，观测顺河向、横河向与竖向地震反应。

在下游坝坡第 1 条马道（高程 4209m）上布置顺河向强震仪，在第 2 条马道（高程 4234m）上布置顺河向与横河向强震仪。此外，在坝外距坝脚约 100m 处的下游右岸布置基岩测点（高程为 4191m），设置三向强震仪，观测基岩的地震动力特性。

第13章 监测信息管理系统

——以尾矿库在线监测系统为例

大型工程监测项目多,监测频率高,采用传统成图和管理手段无法满足工程监测技术需求,建立基于GIS的监测信息管理系统对监测数据进行处理,并对其电子数据归档管理,是工程变形监测领域实现科学化、现代化监测分析和处理的有效途径。监测信息管理系统解决了长期以来监测数据管理零乱和分散不集中等问题,为用户提供强大可视化平台,使其能更紧密地将监测成果与实际空间对应起来,自动实现监测数据建库、处理、分析和预警报警等功能,并具备多个监测信息系统联网、数据资源共享等扩展功能。对于危险变形体,如尾矿库采用在线远程监测系统,只需一次性投入,后期无需技术人员进入现场监测,实现自动化监测,节省人力物力,同时便于管理部门及时了解变形状况。

矿山安全在线监测及预警应急三维智能系统,建立矿山尾矿库、采空区、高陡边坡、井巷及水库地质灾害全过程安全在线监测系统综合安全信息化管理平台,提高矿山企业安全防范水平。该系统具有监测设备联网、全天候自动数据采集、远程控制与无线传输、太阳能自动供电系统、干滩数字影像自动监测和现场自动报警等特点,具有三维信息管理与发布平台,通过建立真三维矿山安全状况演变与预测模型,仿真矿山安全状况演变过程,多源数据集成分析,实现安全预测。任何远程网络终端,根据权限均可查看安全监控可视化信息,并通过远程网络终端会商安全应急事项,利用空间模糊解算技术,制定并优化应急预案,进行应急救援指挥。

13.1 系统设计要求

尾矿库在线监测系统根据《尾矿库安全监督管理规定》(国家安监总局第38号令)等有关规定,实现尾矿库在线监测系统联网功能,提高尾矿库安全保障水平。

13.1.1 系统建设原则

(1)符合性。符合国家现行法律法规及技术标准要求。

(2)兼容性。具备人工监测、人工巡查信息上传、建库、管理与发布功能。

(3)可扩展性。系统能不断满足尾矿库新的安全管理需要和长期有效运行,在线监测系统应提供开发式接口,具备升级与扩展功能。

(4)可联网性。便于对尾矿库安全在线统一管理,在线监测系统应具备联网功能,能够接入安监局在线监控平台。

(5)长效性。保证在线监测系统长期有效运行,能长期提供系统升级和运行维护。

13.1.2　总体要求

(1)在线监测系统应包含坝体位移、浸润线、渗流量、干滩、库水位、降雨量、现场在线巡查等7项。根据尾矿库运行情况,可选做视频监控和孔隙水压力、绕渗、浑浊度监测。

(2)由现场各类监测监控设备、自动数据采集器、供电系统、防雷系统、通信系统、监控中心、远程自动数据采集与预警平台、在线监测与安全信息发布平台、尾矿库三维仿真安全分析平台等组成。

13.1.3　执行的技术规范

执行的技术规范有:《尾矿库安全技术规程》,《选矿厂尾矿设施设计规范》,《尾矿设施施工及验收规程》,《土石坝安全监测技术规范》,《降水量观测规范》,《岩土工程勘察规范》,《岩土工程监测规范》,《碾压式土石坝设计规范》,《碾压式土石坝施工规范》,《工程测量规范》,《国家三、四等水准测量规范》,《国家一、二等水准测量规范》,《尾矿库安全监测技术规范》,《安全防范报警设备安全要求和试验方法》,《信息安全技术、信息系统通用安全技术要求》等。

13.1.4　现场建设技术要求

1)基本要求

在线监测设备防腐、防水、防雷电感应,性能稳定,技术指标符合规范要求,并具备自动测量、数据传输、远程受控功能;监测设备和配套的通信、供电线缆应有可靠的保护装置,地埋线缆接驳处应设置检修井;现场监测监控设备安装后,应测绘竣工图、测(调)试监测设备的工作参数和工作状态、比测自动监测数据正确性,并详细记录建档。

2)位移监测

包括坝体表面位移(水平和竖向位移)监测、坝体内部位移监测。三等及三等以上尾矿库坝体位移监测精度应达到《工程测量规范》二等变形测量精度要求;四等及四等以下尾矿库坝体位移监测精度应达到《工程测量规范》三等变形测量精度要求。坝体表面竖向位移、坝体内部位移采用在线监测方法;坝体表面水平位移采用在线监测或人工监测方法,采用人工监测时应及时将监测成果上传至在线监测系统。

(1)坝体表面位移监测。

①监测断面宜选在最大坝高断面、有排水管通过断面、地基工程地质变化较大地段及运行有异常反应处。初期坝顶和后期坝顶各布设一排,每30～60m高差布设一排,一般不少于3排。测点间距,一般坝长小于300m时,宜取20～100m;坝长大于300m时,宜取50～200m;坝长大于1000m时,宜取100～300m。监测基点应设在稳定区域内,测点与坝体或岸坡牢固结合。测点和基点的结构必须坚固可靠,且不易变形。测点和土基上基点底座埋入土层深度不小于1.0m,冰冻区应深入冰冻层以下0.5m。

②采用高性能双频GPS接收机或伺服型全站仪进行水平位移在线监测,智能型静力水准仪进行竖向位移在线监测。

③采用DJ05或DJ1级全站仪(经纬仪)、DS05或DS1级水准仪进行尾矿坝位移人工监测;监测方法符合《工程测量规范》中变形测量技术要求;正常状态下监测频率为每月监测1次,当尾矿库存在安全隐患时,应加密监测。

(2)坝体内部位移监测:坝体内部位移监测中误差小于0.2mm/m,采用智能型测斜传感器。

①监测断面的布置视尾矿库等别、坝结构形式、施工方法及地质地形而定,布置在最大坝高断面及其他特征断面(原河床、地质及地形复杂段、结构及施工薄弱段等)上,设1~3个断面。每个监测断面布设1~3条监测垂线,其中一条布设在坝轴线附近。监测垂线布置应尽量形成纵向监测断面,测点间距根据坝高、结构形式、坝料特性及施工方法与质量等确定,一般2~10m,每条监测垂线上布置3~15个测点。

②采用钻机竖直钻孔方法埋设内部位移监测管(新建尾矿库宜在施工过程中同步埋设),监测管内牢固安装测斜传感器,安装质量符合规范要求。

3)浸润线监测

采用智能型渗压计或水位计实现浸润线在线监测,监测精度达到20mm,并定期进行人工比测。

(1)监测断面选择和测点布置。

监测横断面选在有代表性且能控制主要渗流情况的坝体横断面,及预计有可能出现异常渗流横断面,一般不少于3个,并与位移监测断面相结合。监测横断面上的测点,根据坝型结构、断面大小和渗流场特征确定。在堆积坝坝顶、初期坝上游坡底、下游排水体前缘各布置1条铅直线,其间每20~40m布设1条铅直线,根据浸润线深度确定埋深。在渗流进、出口段,渗流各向异性明显土层中,以及浸润线变幅较大处,根据预计浸润线最大变幅沿不同高程布设测点,每条铅直线上测点数一般不少于2个。

(2)监测设施安装

浸润线监测仪器,应根据不同监测目的、土体透水性、渗流场特征及埋设条件等选用测压管或振弦式孔隙水压力计。作用水头小于20m的坝、渗透系数大于或等于10^{-4}cm/s土中、渗压力变幅小部位、监视防渗体裂缝等,采用测压管;作用水头大于20m的坝、渗透系数小于10^{-4}cm/s的土中、监测不稳定渗流过程以及不适宜埋设测压管部位,采用振弦式孔隙水压力计,其量程应与测点实际压力相适应。

采用钻机竖直钻孔方法埋设测压管(埋设深度为设计浸润线下4m,钻孔竖向偏差小于1°,新建尾矿库在施工过程中同步埋设测压管),测压管采用ϕ50mm镀锌钢管或硬塑料管。测压管透水段一般长1~2m,当用于点压力监测时应小于0.5m,测压管沉积段一般长0.5~1m。外部包扎足以防止周围土体颗粒进入的无纺土工织物,透水段与孔壁之间用反滤料填满。测压管导管段应顺直,内壁光滑无阻,接头应采用外箍接头。管口应高于地面,并加防止雨水进入和人为破坏的保护装置。安装时不能破坏人工监测设施,保证在线监测和人工监测设施两套设备正常使用。

4)渗流量监测

监测精度为±0.1%FS,采用智能型量水堰实现渗流量在线监测。

(1)监测点布设要求：

①渗流量监测系统的布置，应根据坝型和坝基地质条件、渗漏水出流和汇集条件以及所采用测量方法等确定。对坝体、坝基、绕渗及导渗(含减压井和减压沟)的渗流量，应分区、分段进行测量；所有集水和量水设施均应避免客水干扰；对排渗异常部位应专门监测。

②下游有渗漏水出逸时，应在下游坝趾附近设导渗沟(可分区、分段设置)，在导渗沟出口或排水沟内设量水堰测其出逸(明流)流量。

③透水层深厚、地下水位低于地面时，在坝下游河床中设测压管，通过监测地下水坡降计算出渗流量。测压管布置，顺水流方向设2根，间距约10～20m；垂直水流方向，根据控制过水断面及其渗透系数需要布置适当排数。

(2)监测设施及安装：

①根据渗流量大小和汇集条件选用：当流量小于1L/s时采用容积法；当流量在1～300L/s时采用量水堰法；当流量大于300L/s或受落差限制不能设量水堰时，将渗漏水引入排水沟中，采用测流速法。

②量水堰设在排水沟直线段的堰槽段。该段采用矩形断面，两侧墙应平行和铅直，槽底和侧墙加砌护，不漏水，不受客水干扰；堰板与堰槽两侧墙和来水流向垂直。堰板平整和水平，高度应大于5倍堰上水头；堰口水流形态为自由式。

5)干滩监测

滩顶高程监测误差小于20mm，干滩长度监测误差小于0.1m(干滩长度大于100m时监测相对误差小于1/1000)，干滩坡度测点高程测量误差小于5mm。采用在线监测方法或人工监测方法。

采用高清数字近景摄影自动测量方法进行干滩在线监测。干滩在线监测测点布置满足尾矿库干滩长度最大变化需要，且为避免尾矿坝堆积高度发生变化时影响干滩在线监测，不宜布设在尾矿坝上，数字相机间安装距离与相机物距基本相等，并按规范要求标定数字相机内外方位元素。

人工监测时采用水准仪、无标尺激光测距仪、标杆、皮尺等。尾矿库滩顶高程测点布设，应沿坝(滩)顶方向布置测点，当滩顶一端高另一端低时，在低标高段选较低处检测1～3点；当滩顶高低相同时，应选较低处不少于3点；其他情况，每100m坝长选较低处检测1～2点，但总数不少于3个点；视坝长及水边线弯曲情况，选干滩长度较短处布置1～3个断面；测量断面应垂直于坝轴线布置，并在测量结果中选最小者作为该尾矿库沉积滩干滩长度；正常状态下每月监测1次，汛前监测1次。

6)库水位、雨量监测

采用超声波水位计实现库水位在线监测，监测误差小于20mm。根据坝型、筑坝及排尾方式确定库水位测点，设置在基本能代表库内平稳水位，满足工程管理和监测资料分析需要的地方。一般宜布置在库内排水构筑物(如排水井、排水斜槽等)上。

采用智能型雨量计实现雨量在线监测，监测误差小于0.1mm。雨量监测点布设在能反映库区降雨量且不易受破坏处。

7)视频监控、在线巡查及数据采集

白天视频监控半径大于 500m、夜晚大于 300m;视频监控点安装在方便监控尾矿库总体运行状况和重点关注区域。

现场在线巡查系统符合《尾矿库安全技术规程》规定,巡查信息包括巡视日期、时间、气象、巡视路线与区域、尾矿库运行状况、坝体及周边异常情况、现场图像、巡查人员电子签名等,巡查信息能在现场即时上传至在线监测系统,在线监测系统对巡查信息进行统一管理、建库和信息发布。

现场监测数据自动采集器实现自动控制和管理各类监测设备、自动采集和数据传输、自动数据储存(储存量为不少于 1 年监测数据)、防雷电感应(不小于 1000V)、防水等功能。

8)供电、通信系统及监控中心

在线监测系统采用自备电源(太阳能等)和 220V 交流供电等供电方式,采用交流供电时,使用专线供电,并在供电线路起始段安装稳(调)压器,避免受电源波动过大影响;对直接供电设备配置大功率蓄电池作为应急电源,确保自备电源供电时间不低于 7d。

数据自动采集器与远程监控中心采用有线通信(通信电缆、光纤等)、无线通信(内部无线网桥、公众通信网络等)多种方式。选用通信方式应充分考虑当地通信条件,确保稳定、可靠。

机房须具有良好、可靠供电系统,配备 UPS 不间断电源,具有可靠接地保护系统和照明系统,光纤通信网络和固定 IP 地址布设在矿山本部,建立监控操作台,机房配备备用服务器。

9)安全性要求

防雷设计应满足现场监测监控设备免遭受雷击和雷电感应需要,监控设备应采取防过热措施。设备存储介质按要求进行保护。

13.1.5 功能要求

1)远程自动数据采集与预警平台

(1)按照设定监测频率自动采集数据;每个传感器采集频率可远程在线控制。巡测采样时间小于 30min,单点采样时间小于 3min;监测周期 5min 至 1d 可调。

(2)自定义监测类型和采集行为,兼容其他未知监测类型数据采集。为适应后期扩展监测其他未知新监测类型,系统能动态添加新监测类型,定义采集行为。

(3)单个传感器采集行为根据监测类型区分。记录变化量监测类型,采集平台实时计算累计差及当前变化速率。

(4)监测数据采集二次确认功能。采集平台在探测监测数据粗差或监测数据超预警值时,自动发出二次确认,经二次确认数据无误后执行粗差剔除或预警发布。

(5)"黑匣子"功能。为便于还原和分析各监测设备工作状态及采集监测数据质量状况,使用独立数据库记录采集平台所有采集细节及通信过程中原始数据。

(6)自动分析安全等级。探测到预警信息(含监测信息、人工巡查信息、分析预测信息)后,根据同一区域其他监测类型当前预警状态综合评定尾矿坝安全等级。

(7)预警短信和系统自动提示预警信息同时发布。从探测、预警到预警短信发送全程耗时小于30s,系统自动提示报警延时小于5s;预警系统故障率不大于5%。

(8)按等级区分预警信息发布行为。根据设定管理规则,按不同等级向不同人群发送预警信息。

2)在线监测与安全信息发布平台

在线监测系统应采用B/S架构,通过互联网实现安全与监测信息实时发布,并提供免安装浏览器访问。具备如下基本功能:采用二维影像可视化信息发布方式;动态添加监测对象,如尾矿坝、断面、监测项目、监测点;能自定义监测类型,动态添加新监测类型的监测点和监测数据展示;监测对象、监测点分布情况浏览;监测对象、监测点安全状态展示;实时查看安全信息、监测数据、监测点变形曲线,自动生成监测报表和安全监测报告;能根据库水位、堆坝高度、力学指标等关联因子进行变形分析,自动生成变形预测曲线;具备尾矿库日常安全管理功能;具备按权限查看、处置安全与监测信息功能。

3)尾矿库三维仿真安全分析平台

其基本功能有:尾矿库及周边三维场景展示;尾矿库监测点及内部(浸润孔、测斜管)三维展示,属性查询,数据浏览;尾矿坝变形三维仿真分析;尾矿坝浸润面三维仿真分析;尾矿库调洪库容三维仿真推演。

4)监测数据及系统备份

监测数据自动存档备份,自动备份间隔不大于12h,监测数据永久性存档;视频信息实时录像存档,视频信息存档保存时间不少于1个月。

建立远程自动数据采集与预警平台、数据库服务器以及Web服务器等全套备份系统。当现场系统出现故障时,能及时切换到备用系统,并在0.5h内恢复正常运行。

13.2 工程实例

六苴矿区鱼祖乍尾矿库位于大姚县城以北,直线距离20km的六苴河畔,库标高为1820~1945m,常年气温15℃左右,气候温和,雨量较为充沛,库区植被良好,库两岸山坡坡度20°~30°,尾矿库处于"V"形冲沟沟谷地带,三面环山,一面筑坝,库身狭长,属山谷型尾矿库。该库由主沟及东部支沟组成,主河槽平均坡度68.3m/km,汇水面积5.71km^2,库区地质情况良好,基岩为六苴中上亚段砂质泥岩及大村段炭质泥岩,库区交通条件良好,有四级公路可直达坝顶,如图13-1所示。

图13-1 鱼祖乍尾矿库

该库1976年5月投入使用,原设计坝高85m,库容1116万立方米,堆坝至1911m属三等库,采用上游式按外坡比1∶5堆筑。2003年完成加高增容设计,加高增容后,最终堆积至

1934m，总坝高达108.0m，外坡比1∶5，总有效库容达2497万m^3，库升级为二等库。

初期坝为透水堆石坝，内设反滤层，孔隙率小于35%，内坡比1∶1.5，外坡比1∶1.75。坝高24m，坝顶标高1850m，坝顶平均宽度12.0m，初期库容50万立方米。

排洪系统为井—管—隧洞形式。1号、2号、5号、6号、7号、8号为框架式排水井，内径3.0m，井间排水管1号、2号间内径为1.5m，其余为1.2m，3号、4号窗口式排水井内径2.0m，排洪隧洞断面为1.5m×3m的直墙圆拱，隧洞长653m，坡度1.53%，最大泄洪能力10m^3/s。抗震按7级设防，防洪按500年一遇103万立方米设防。首次于1995年在5～8、6～9子坝建成10组水平孔—竖直井联合自流排渗系统，后随子坝不断堆积，在14子坝建成6组、24子坝建成59组、27子坝建成19组排渗管，排渗系统正常运行，有效控制坝体浸润线在7m以下，现坝体日渗流稳定，旱季约350m^3，雨季约500m^3，如表13-1所示。

目前尾矿库尾矿坝共有31个子坝，堆积坝顶标高1924.2m，坝高98.2m，坝长741m，滩顶1922.2m，干滩长1020m，库水位1916.1m，已堆存库容1800万立方米，2012年用7号排水井调洪，留有调洪库容300余万立方米，坝体浸润线高度在7～11m，入坝尾矿粒径+74μm约占30.8%，平均为0.036mm。

尾矿库初期坝和部分子坝平台结构参数统计 表13-1

坝体	初期坝底标高(m)	平台标高(m)	总坝高(m)	坝轴长(m)
初期坝	1826	1865	39	120
8平台	1826	1878.5	52.5	199
16平台	1826	1896.5	70.5	385
30平台	1826	1924.3	98.3	741
最终平台	1826	1934	108	

现尾矿库坝体中部布设1个剖面共6个浸润线观测孔，和1个断面共6个坝表位移监测点，采用人工监测方法对坝体浸润线、坝表位移、库水位、干滩、库区雨量进行监测。

13.2.1 在线监测系统

1）坝体位移监测

尾矿库位移监测系统融合了测量机器人法坝体表面水平位移监测、静力水准法坝体表面竖向位移监测、测斜法坝体内部位移监测，组成完整坝体空间位移监测体系，能对监测数据互相验证。在施工安装位移监测设备时，不破坏尾矿库原有人工位移监测设施。

(1)坝体表面位移监测。监测断面宜选在最大坝高断面、由排水管通过的断面、地基工程地质变化较大地段及运行有异常处；初期坝和后期坝顶各布设一排，每30～60m高差布设一排，一般不少于3排；测点间距，坝长300～1000m，取50～200m。

在尾矿库下游北侧开阔、稳定山体上布设1个测量机器人监测站房（编号为Q1），在周边稳定山体上布设2个监测基准点（编号为G11、G12），在尾矿坝30级子坝平台上布设5个监测点（编号为G1～G5）、在16级子坝平台布设3个监测点（编号为G6～G8）、在基础坝平台外侧布设2个监测点（编号为G9、G10）。尾矿坝位移监测设施布置如图13-2所示。

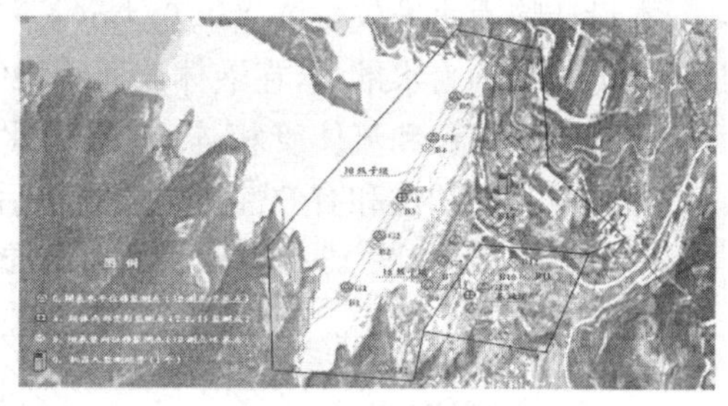
图 13-2　尾矿坝位移监测设施布置示意图

基准点埋设在与监测站房通视、地基稳固、不易被破坏的山体基岩上；监测点按设计位置埋设，并保证与监测站房间通视。

监测站房建在地基稳固、视野开阔、不易被破坏地段，如图 13-3 所示。在观测站房基础施工期间，同步建造测量机器人安装混凝土墩（混凝土墩采用双层结构，距地面高度为 1.7m，其他尺寸与水平位移观测墩相同，混凝土墩顶部安装强制对中装置）。

在监测站房内安装测量机器人，AutoCRS 控制系统，供电系统（UPS＋120Ah 应急电源），防盗视频装置，高精度气温、气压计。进行通电、通信测试，并接入 OnlineSME 系统。

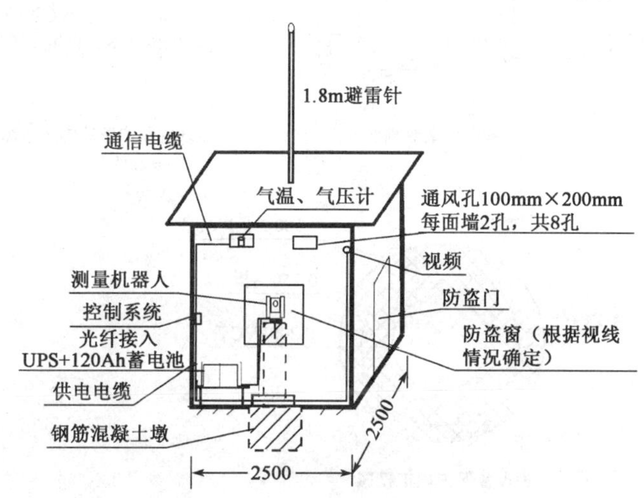

图 13-3　监测站房示意图(尺寸单位:mm)

以尾矿库周边测量控制点起算（1 个点坐标和 1 条起算方位角边），依据二等平面控制测量精度要求实测测量机器人安装墩、各监测基准点坐标。采用机器人在线监测系统软件，按既定观测程序对尾矿坝各水平位移监测点实现在线监测。

（2）坝体表面竖向位移（坝体不均匀沉降及坝体整体沉降）监测。采用静力水准测量方法实现在线监测。安装静力水准测量系统时，同一个液体连通系统的静力水准仪基本保持在同一个水平面上。

根据鱼祖乍尾矿库现状，在尾矿坝 30 级子坝平台上布设 5 个监测点（编号为 B1～B5）、在 16 级子坝平台布设 3 个监测点（编号为 B6～B8）、在基础坝平台外侧布设 2 个监测点（编号为 B9、B10），竖向位移监测点与水平位移监测点布设在同一位置。在上述 3 个子坝平台两端岩基或稳固土基上各布设 2 个基准点，共布设 6 个基准点（编号为 B11～B16）。在每个监测点和基准点上安装 1 套静力水准仪，共需 16 套静力水准仪。

静力水准仪采用地埋方式，埋深 0.5～1m，相邻静力水准仪之间用液体流通管连接，使用防冻液作为液体流通流体管。根据设计静力水准系统布设，开挖静力水准槽，并保持槽底在同一个水平面上。

在设计静力水准仪位置浇筑 0.4m(长)×0.4m(宽)×0.2mm(高)混凝土基座,凝固之后,在基座上安装静力水准仪,在液体流通管槽中敷设流体管,流体管外套 ϕ30mmPVC 保护管。

将静力水准仪和流体管相连,在静力水准仪的液体罐内注入 2/3 高度的防冻液并观察 1～2d,检验其密闭性和有效性。检验合格后,用细颗粒土进行填平。

安装完毕后,按图 13-4 所示在静力水准仪上建造仪器保护墩,防止设备遭破坏。

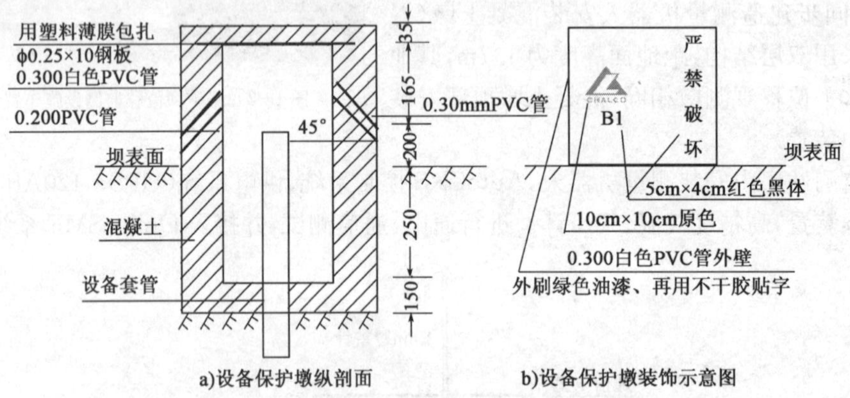

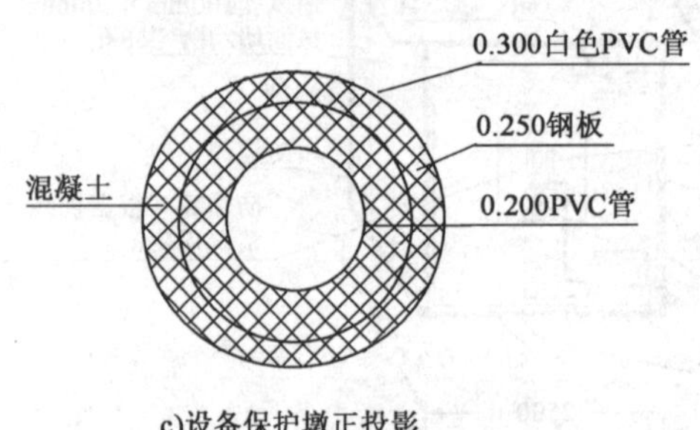

图 13-4　静力水准保护设施示意图(尺寸单位:mm)

每批次安装完成后,做好数据采集、通信性能测试。将产品专用线缆连接至 AutoCTS 系统六芯总线。

(3)坝体内部位移监测。采用土体测斜方法,即在坝顶竖直钻孔,孔内安装测斜管,将测斜管下端固定在基岩或稳固土体中,在测斜管内各监测点设计位置分别安装固定式测斜仪,以最下端测点作为内部位移起算基点,求出坝体内部不同高度水平位移量。位于测斜管内坝顶测斜仪所监测位移量,即为该处坝体表面水平位移量。

内部位移监测断面布置在最大坝高断面及其他特征断面上,可布设 1～3 个断面。每个断面上布置 1～3 条监测垂线,其中一条布设在坝轴线附近。监测垂线上测点间距为 2～10m。根据鱼祖乍尾矿库现状,在尾矿坝 30 级子坝平台中部布设 1 个内部位移监测孔,在孔内每 10m 安装 1 套测斜仪,共安装 10 套测斜仪,在尾矿坝 4 级子坝平台中部布设 1 个内部位移监测孔。测斜管保护设施如图 13-5 所示。

2)浸润线监测

坝体浸润线监测横断面选在有代表性且能控制主要渗流情况的坝体横断面,以及预计有可能出现异常渗流的横断面。宜在堆积坝坝顶、初期坝上游坡底、下游排水体前缘各布置 1 条铅直线，其间每 20～40m 布设 1 条铅直线，埋深参考实际浸润线深度确定。采用在测压孔内安装智能型渗压计测量方法实现浸润线在线监测。

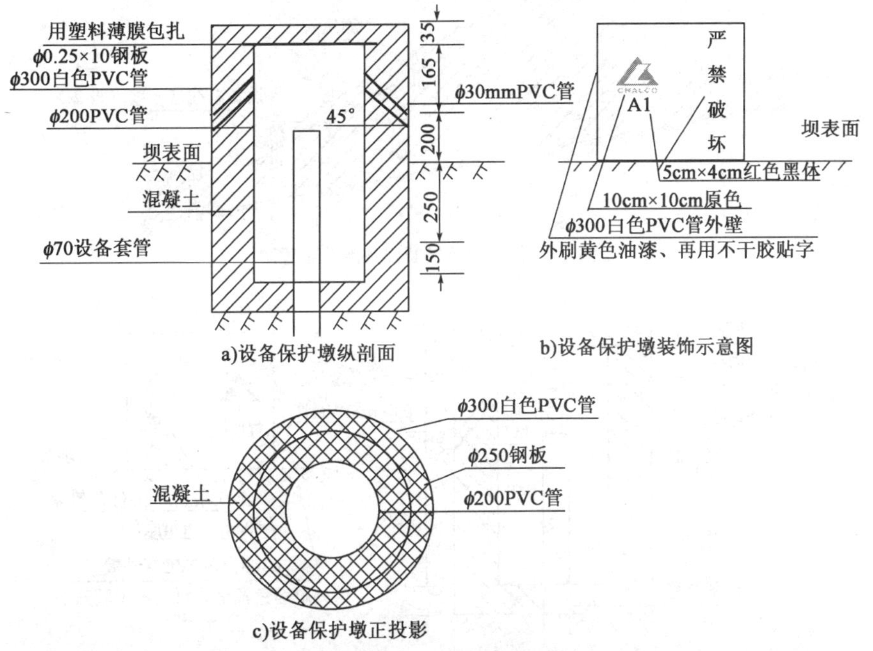

图 13-5　测斜管保护设施示意图(尺寸单位:mm)

(1)监测设施布设。鱼祖乍尾矿库目前浸润线深度为 7.5～11m。根据该尾矿库现状，拟在尾矿坝基础坝上游坡底布设 1 个浸润线观测孔，在 8 级子坝平台布设 2 个浸润线观测孔，在 16 级、21 级、30 级子坝平台各布设 3 个浸润线观测孔，共布设 12 个浸润线观测孔，在每个监测孔中安装 1 套智能渗压计，共形成 3 条浸润线观测剖面。图 13-6 为浸润线布点示意图，图 13-7 为最大坝体横断面观测孔布置图。

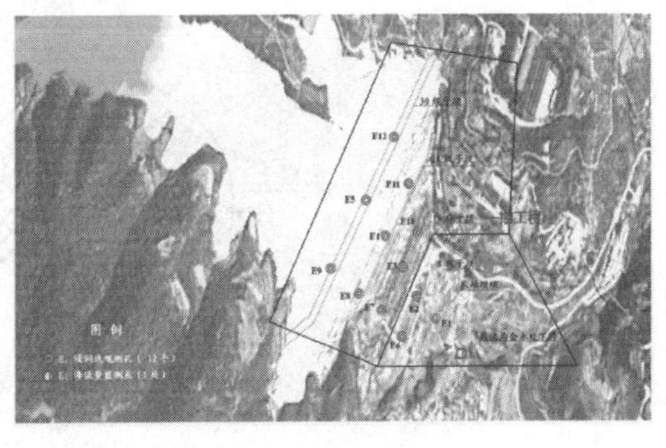

图 13-6　浸润线布点示意图

(2)施工安装。在浸润线观测孔设计位置采用钻机竖直钻孔至设计浸润线以下 4m(钻孔深度为 14～15m)，钻孔竖向偏差应小于 1°；渗压计安装在设计浸润线以下 2m，将渗压计尾端和钢丝绳连接，避免连接总线受力，通过钢丝绳控制渗压计安装位置高程，并将钢丝绳固定在浸润线观测孔孔口位置。准确测量连接渗压计钢丝绳有效长度，用水准仪或全站仪测定浸润线观测孔孔口高程，推算出渗压计所在位置高程；每个设备安装完成后，做好数据采集、通信性能测试。将产品专用线缆连接至 AutoCTS 系统六芯总线。封孔前，采用人工监测方法比对自动监测孔内水位深度，验证自动监测准确性；设备安装调试完毕后，按图 13-8 所示在浸润线观测孔上建造仪器保护墩，防止设备遭受破坏。

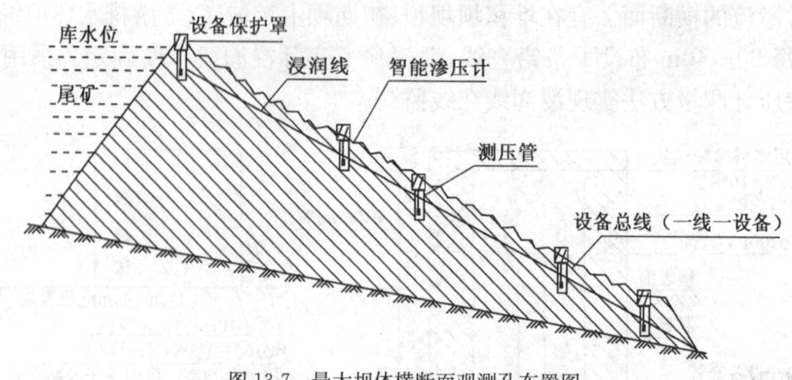

图 13-7　最大坝体横断面观测孔布置图

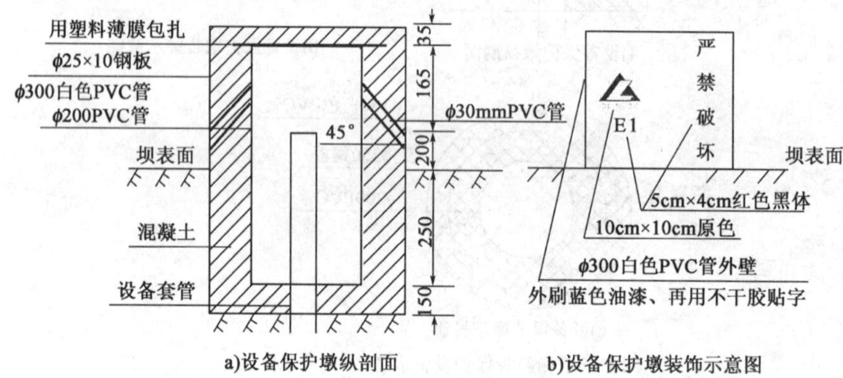

a)设备保护墩纵剖面　　b)设备保护墩装饰示意图

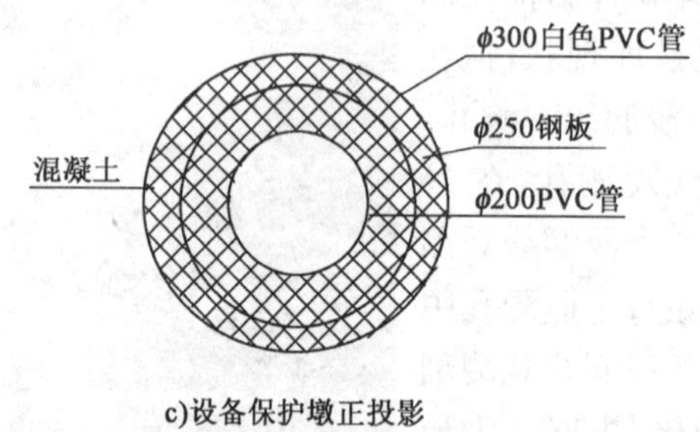

c)设备保护墩正投影

图 13-8　浸润线观测孔保护墩(尺寸单位:mm)

3)渗流量监测

采用直角三角形量水堰法进行渗流量在线监测。渗流量监测点布设在尾矿库基础坝两侧截洪沟会水处下游缓坡的直线段,在监测点上安装 1 套量水堰计,如图 13-9 所示。图 13-10 为直角三角形量水堰板制作,图 13-11 为量水堰计安装。

4)干滩监测

定期进行干滩监测,监测内容包括滩顶高程、平均干滩坡度、干滩长度。滩顶高程测点沿坝(滩)顶方向布置,当滩顶一端高另一端低时,在低高程段选较低处检测 1～3 个点;当滩顶高低相同时,选较低处不少于 3 个点;其他情况,每 100m 坝长选较低处检测 1～2 个点,但总数

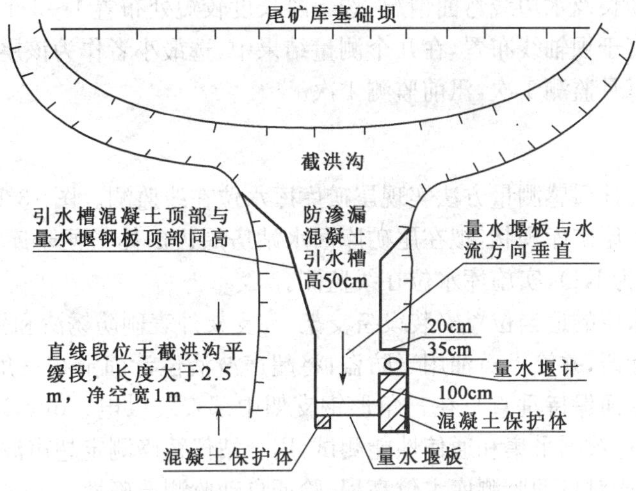

图 13-9　渗流量监测布设示意图

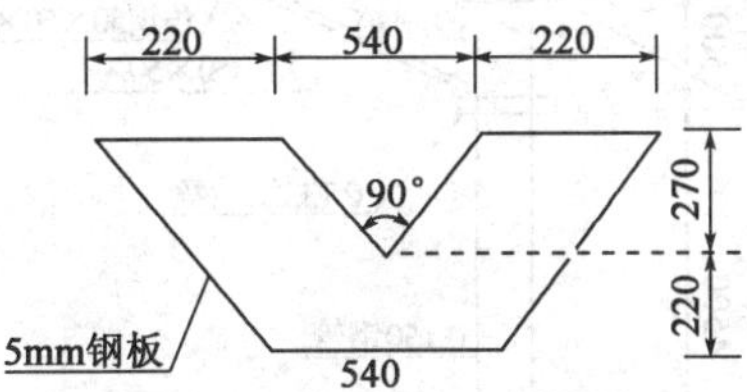

图 13-10　直角三角形量水堰板制作加工图(尺寸单位:mm)

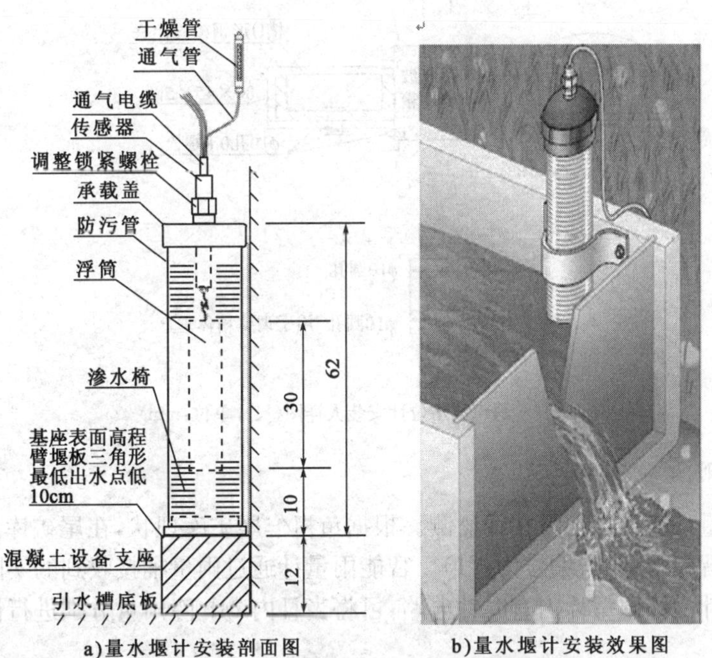

图 13-11　量水堰计安装图(尺寸单位:cm)

不少于 3 个点。视坝长及水边线弯曲情况,选干滩长度较短处布置 1～3 个断面。

测量断面应垂直于坝轴线布置,在几个测量结果中,选最小者作为该尾矿库的沉积滩干滩长度。正常状态下每月监测 1 次,汛前监测 1 次。

5)库水位监测

采用超声波液位计遥感测量方法实现尾矿库库水位在线监测。图 13-12 为超声波水位计安装图。根据鱼祖乍尾矿库现状,拟在尾矿库回水站房周边山体上便于库水位监测位置安装超声波液位计(编号为 K1),实施库水位在线监测。

在便于监测库水位的适当位置安装设备支架,在支架外表刷防锈漆和白色漆,用不干胶贴上标志和监测警示标语,并涂上黄油用于防盗;将超声波液位计固定在三角形钢架顶部(超声波液位计探头应与水面保持垂直);在三角形钢支架中部安装供电、AutoCTS 数据采集系统;设备安装完成后,进行数据采集和通信性能测试,用全站仪精确测定超声波液位计探头中心的高程;采用人工监测比对自动监测库水位高程,验证自动监测准确性。

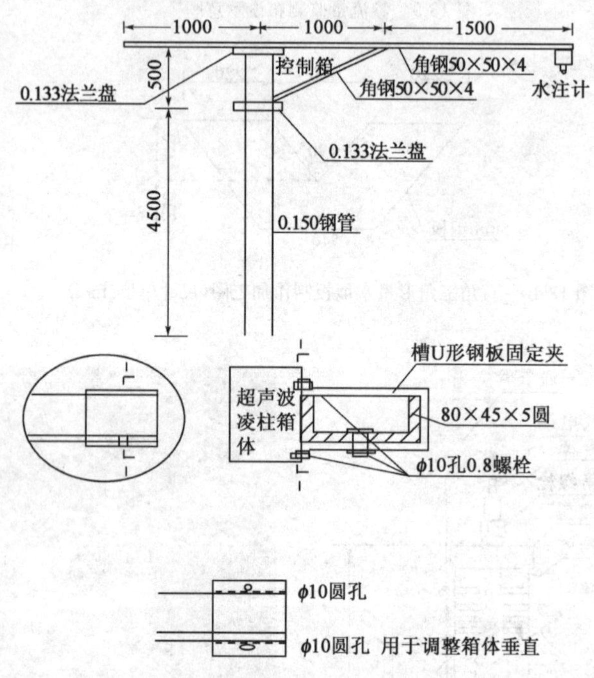

图 13-12　超声波水位计安装大样图(尺寸单位:mm)

6)降雨量监测

采用智能雨量计实现降雨量在线监测。根据鱼祖乍尾矿库现状,在尾矿库东北侧山体 S2 视频支架上安装智能雨量计(编号为 Y1)。智能雨量计通过雨量桶接收到的实际降雨量,按照小时进行雨量统计。该雨量计内有时钟电路,可将当日内 24h 降雨量分别进行记录,并统计每日降雨量。

将雨量计、供电、AutoCTS 数据采集系统安装在尾矿库 S2 视频支架上;安装雨量计时左手轻轻扶住感应尺,右手松开固定塑料按钮,慢慢放下感应尺;插上电瓶插头,注意正(红色)负

(黑色)极性不要接错,否则将损坏雨量计;加水试验,向雨量计塑料漏斗慢慢加入一定量水,检查感应尺移动是否顺畅,上下电动阀门动作是否正常,脉冲是否有正常输出;设备安装完成后,做好数据采集、通信性能测试。

7)视频监控

采用带激光、红外线、云台功能高端视频机实现库区在线视频监控。在尾矿库回水泵站附近山坡、尾矿库区东北侧山坡、基础坝南侧山坡上分别布设一套视频监控设备,共布设3套视频装置(编号为S1～S3)。

S1视频杆高于现库水面30m,能清晰监控库区最大范围;S2视频杆高于现库水面30m,能清晰监控尾矿坝全貌和库区最大范围;S3视频杆能清晰监控尾矿库基础坝和周边截洪沟全貌及坝体最大范围。视频采用220V交流供电、光纤传输通信,如图13-13所示。

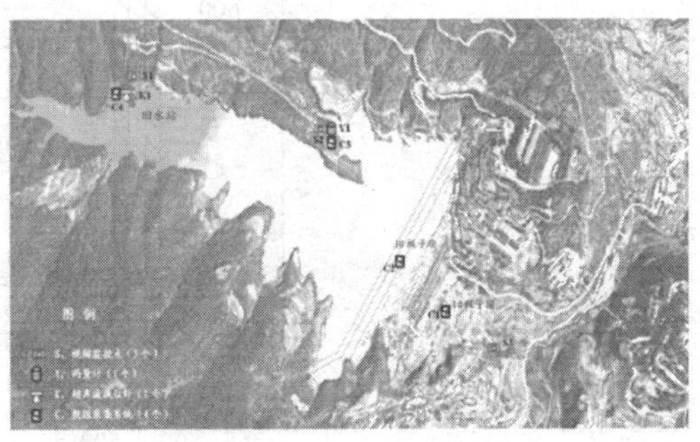

图13-13　视频监控、雨水、库水位监测及数据采集设施布置图

视频监控设施应安装视频机、供电设施、防雷设施等。视频机底座固定在设备支架顶端钢板上,视频服务器、供电设备安装在三角形角钢架钢板上。连接视频机、视频服务器及供电设备,接通电源后,调试视频工作状态,将视频调整到最佳位置,并设定为初始位置。图13-14为S1、S3视频安装示意图,图13-15为S2视频安装示意图。

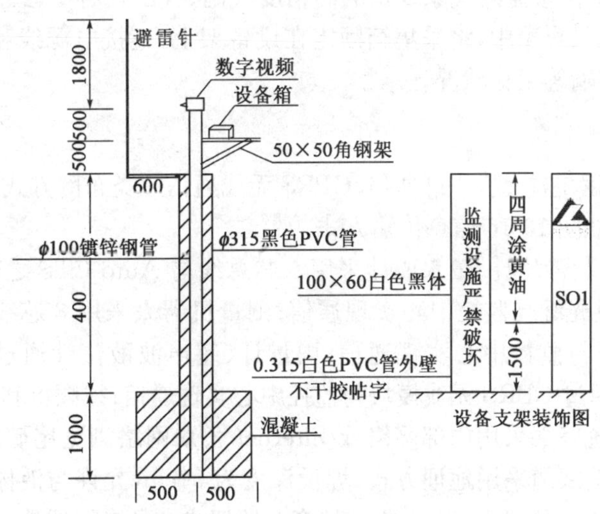

图13-14　S1、S3视频安装示意图(尺寸单位:mm)

8)Auto CTS自动数据采集传输系统

Auto CTS自动数据采集传输系统具有性能稳定、使用寿命长、能适应复杂环境等特点。其主要功能是:通过总线同步连接、智能控制多制式监测设备,实现监测设备开关机自动化、测量自动化、数据储存自动化、数据传输自动化,达到远程在线全过程自动监测目标。

Auto CTS 自动数据采集传输系统兼容 220VAC 电源、太阳能、蓄电池供电，有效解决野外供电困难难题。各类传感器通过六芯总线或内部无线网络与 Auto CTS 进行连接，Auto CTS 通过无线 GPRS 传输模块或光纤通信实现远程在线监测与智能控制。

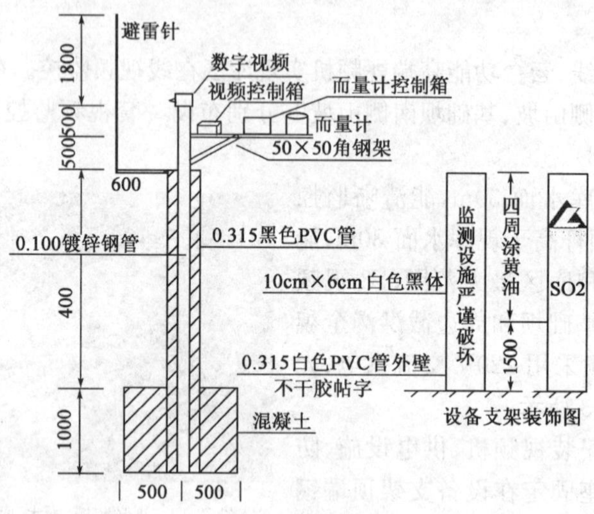

图 13-15 S2 视频安装示意图(尺寸单位:mm)

在尾矿坝 30 级、10 级子坝平台中部共布设 2 套 Auto CTS 数据采集器(编号为 C1、C2)；在 S2 视频支架、库水位设备支架上共布设 2 套 Auto CTS 数据采集系统(编号为 C3、C4)；在 C2 支架上安装用于水平位移监测气象改正的高精度气温、气压计各 1 套。Auto CTS 自动数据采集传输系统集成在采集箱中，将采集箱固定在设备架上，连接电源线和六芯总线，通电后测试数据采集、储存、传输等工作状况。

9)通信系统

在线监测系统采用六芯总线、光纤通信、GPRS 无线通信三类布网方式。结合现场条件和监测点布置情况，采用如图 13-16 信息传输方式。

静力水准仪、测斜仪、渗压计、量水堰计采用六芯总线与 Auto CTS 之间组成 4 个独立通信网络，Auto CTS 通过光纤与监控中心实现通信；测量机器人采用 8 芯线缆与 AutoCRS 相连，AutoCRS 通过光纤与监控中心实现通信；雨量计、超声波液位计通过六芯总线与 Auto CTS 相连，Auto CTS 通过 GPRS 无线模块与监控中心实现通信；视频机利用光纤通信方式与监控中心实现通信；系统终端采用内部网络或 Internet 公众网络浏览尾矿库在线监测监控及安全信息；尾矿坝上通信线缆采用地埋方式，埋设深度为 50cm，允许与液体流通管同槽，不允许同护管穿线，每区段线缆预留 1m 以上收缩长度。地埋式产品专用线缆、六芯总线全部采用 ϕ25mm 的 PVC 管作为护管；位于非尾矿坝地段的带屏蔽层光纤采用架空方式，可直接在现有电话线杆、低压电杆上架线，否则应按相关要求埋设电杆。

10)供电系统

在线监测监控系统采用 220V 交流供电，系统供电线路布设如图 13-17 所示。视频供电采用 220V 交流电直接供电；超声波液位计、雨量计及 C3、C4 号 Auto CTS 数据采集器采用

220V 交流电＋UPS＋36Ah 蓄电池供电；尾矿坝上各类传感器及 C1、C2 号 Auto CTS 数据采集器采用 220V 交流电专线＋UPS＋120Ah 蓄电池供电；测量机器人、监控中心、尾矿库值班室终端计算机采用 220V 交流电＋UPS＋120Ah 蓄电池供电；尾矿坝上带屏蔽层铜芯供电线缆采用地埋方式，埋设深度为 50cm(允许与通信线缆同槽，不允许同护管穿线)，每区段线缆预留 1m 以上收缩长度。地埋式电线全部采用 ϕ25mm 的 PVC 管作为护管(跨水沟、道路地段采用 ϕ25mm 镀锌钢管作为护管)；位于非尾矿坝地段的带屏蔽层铜芯供电线缆采用架空方式，可与光纤线缆同杆架线。

图 13-16　光纤路线布设示意图

图 13-17　系统供电线路布设

11)现场在线巡查系统

库区现场巡查人员可以利用装有在线巡查软件的手机，采集现场巡查信息(如巡视日期与时间、气象、巡视路线与区域、尾矿库运行状况、坝体及周边异常情况、现场图像、巡查人员等)，通过 GPRS 无线网络发送到监测中心，系统接收到巡查信息后进行数据建库和统一管理，并在线实时发布巡查信息。

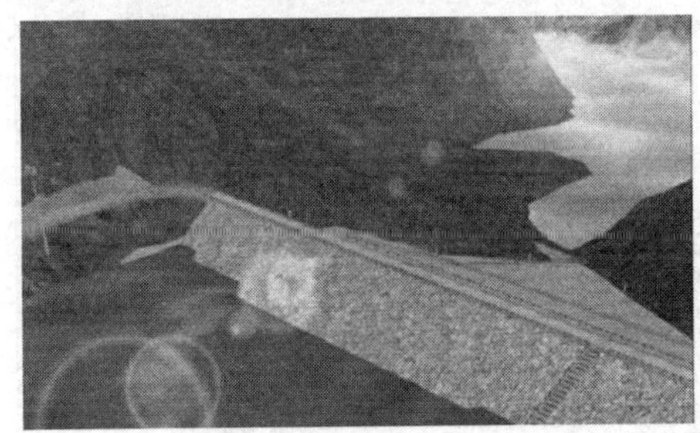

图 13-18　三维仿真图

12)尾矿库三维仿真建模

通过建立尾矿库库区三维仿真模型，在三维虚拟现实环境中查看监测点的监测信息，实现尾矿库安全状况三维动态演变模拟，为尾矿库安全管理提供技术支持。根据尾矿库现有设计资料、数字地形图、现场影像等资料，构建尾矿库三维仿真模型，预计三维建模面积为 2km^2，如图 13-18所示。

13)防盗、防雷措施

安装于地表的监测设备均采用钢支架架空方式。在钢支架顶部架设 1.8m 避雷针。系统各个监控设备、数据传输设备内均设置了防雷感应设施，有效杜绝系统局部设备遭受雷击时产生关联破坏。

14)监控中心

包括系统服务器、大屏幕显示屏、网络硬盘录像机、不间断电源等设备；并在尾矿库值班室设置终端计算机(含不间断电源)。

供电系统是监控中心建设中最重要的方面，是在线监测系统安全、可靠运行的基础。监控中心配电使用可靠的供电线路，照明、办公设备、空调设备不与工作计算机及通信设备相连。系统服务器、尾矿库值班室终端计算机、网络硬盘录像机、通信设备拟采用 220V 交流电＋UPS 供电，备用 120Ah 大容量蓄电池组作为应急电源。

13.2.2 在线监测系统功能

1)在线监测功能

(1)监控设备进行远程智能控制与管理。在监测信息系统的发布和浏览终端(凭特许身份进入)，用户可以通过对话窗口掌握和控制现场监测监控设备的性能参数、工作状态、数据采样周期等，如图 13-19 所示。

图 13-19 监测信息系统发布平台

(2)"黑匣子"功能。系统建立监测设备采集过程详细记录平台("黑匣子")，该平台可对每个监测设备在采集数据过程的每个动作和细节进行记录，便于还原和分析各监测设备工作状态及采集监测数据质量状况，图 13-20 为黑匣子界面。

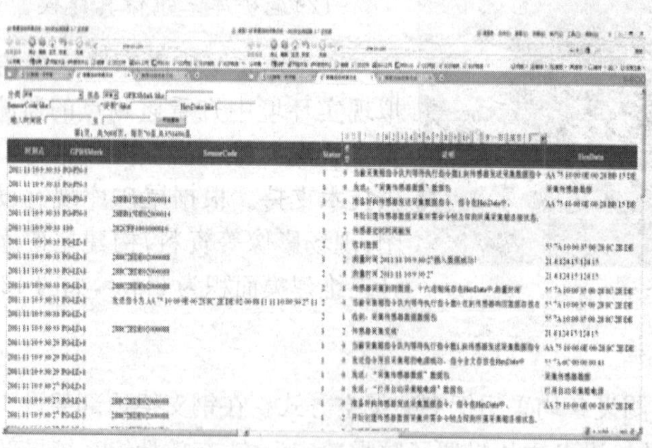
图 13-20 黑匣子界面

(3)数据建库与储存。在线监测系统建立原始数据库，包括尾矿库勘测设计资料、安全管理资料、在线监测系统采集原始数据信息、现场巡查信息、库区仿真建模数据等；成果数据库，包括监测数据平差计算资料、数据分析资料、监测成果及图表、预警及报警信息、事故处置信息等。采用双备份方式进行数据储存，数据保存时间不低于 20 年，如图 13-21 所示。

(4)人工监测与验证监测。信息浏览终端提供了人工监测数据接口,特许人员能够通过登录系统上传人工监测数据,系统对人工上传数据自动进行建库和统一管理。同时,系统自动实现同名点监测数据的比对功能,通过比对监测数据可判断二者差异,当较差值大于容许值时系统自动提示报警,需分析存在问题原因,采取改进措施。

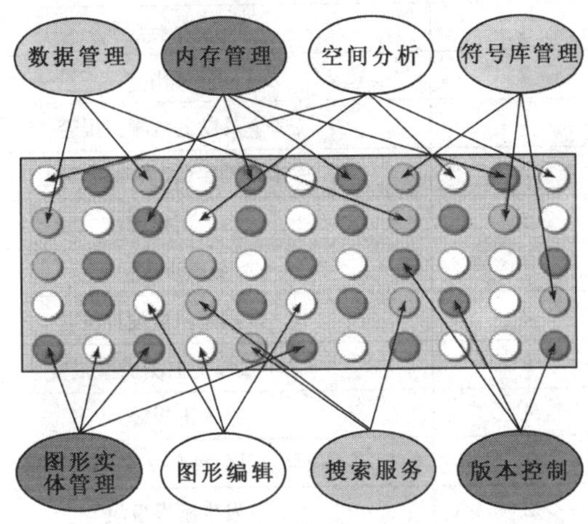

图 13-21 在线监测系统数据建库设计

2)数据分析处理功能

(1)监测数据粗差剔除技术。为确保在线监测数据准确性和可靠性,除保证监测设备质量外,需建立一套稳定、准确和高效数据入库机制。远程接收监测数据有可能存在粗差、数据不全等问题,应避免上述情况对监测效果影响。系统采用一套对入库监测数据进行粗差剔除、二次采集确认、自动预警和报警、应急管理系统交互等完整的数据智能入库技术,确保在线监测数据库准确、可靠和有效。

(2)监测数据平差计算。系统自动对数据进行计算处理。对测量机器人观测数据、静力水准仪测量数据、测斜仪观测数据按严密平差法计算平差值和测量中误差,并自动解算尾矿坝坐标系中坐标。

(3)尾矿坝变形预测。尾矿坝发生变形除受到库内尾矿和积水外荷载作用外,还受坝体筑坝方式、材料、自重、降雨量和温度影响;另外坝体位移还会随时间发生不可逆变形。系统采用组合预测技术和特征探测技术,建立形变与多因子之间预测模型和时序曲线拟合模型,基于现有监测数据对未来某时期内坝体形变进行预测,并利用实时动态监测数据对已建立模型进行自动修正,使预测模型更加贴近实际情况。

(4)预警和报警分析。当在线监测系统采集到异常变化监测数据并经分析判断无误后,能够自动进行报警等级判别,并根据报警级别进行不同形式不同人员范围的预警和报警。对于日常巡查信息、人工上传监测信息、人工输入报警信息,系统能自动实现相应级别报警。

监测报警分为人工报警和自动监测报警。自动监测报警包括单个监测点报警和尾矿库综合报警。在线监测系统中每个监测点安全状态分为三个等级:安全(绿色)、预警(黄色)和报警(红色)。对应有预警值和报警值。尾矿库综合报警分为四级:四级报警(黄色)、三级报警(黄色)、二级报警(红色)和一级报警(红色)。在网页上用三种颜色图标,绿色图标表示安全、黄色图标表示三级或者四级、红色图标表示一级或二级。监测对象报警等级、报警条件如表 13-2 所示。

报　警　等　级　　　　表 13-2

监测对象报警等级	序　号	报 警 条 件	图 标 颜 色
四级报警	1	单个监测点预警	黄色
	2	暴雨	
三级报警	1	2 个及以上监测点报警	黄色
	2	库水位预警(调洪深度不足)	
	3	人工报警	
二级报警	1	最高洪水位	红色
	2	浸润线超过设计值	
	3	2 个及以上监测类型报警	
	4	人工报警	
一级报警	1	位移、沉降、测斜 2 个同时报警	红色
	2	发生漫堤事故	
	3	发生溃坝事故	
	4	人工报警	

报警值主要为:根据设计资料确定,如设计浸润线高度、坝体容许变形值等;根据国家相关规范确定,如最小干滩长度、最小安全超高、土石坝变形容许值等;根据历史监测数据统计分析进行预警及报警;长时间监测数据呈现出一定规律,可利用变形预测值进行预警及报警;预警值按照报警值的 80%确定。

3)监测信息在线发布功能

尾矿库在线监测系统可进行在线监测信息查询,自动生成监测成果报表,自动生成浸润线,自动生成监测数据变化过程曲线,自动生成变形分析与预报曲线,预警与报警,现场视频,三维仿真可视化信息发布。其功能界面如图 13-22～图 13-29 所示。

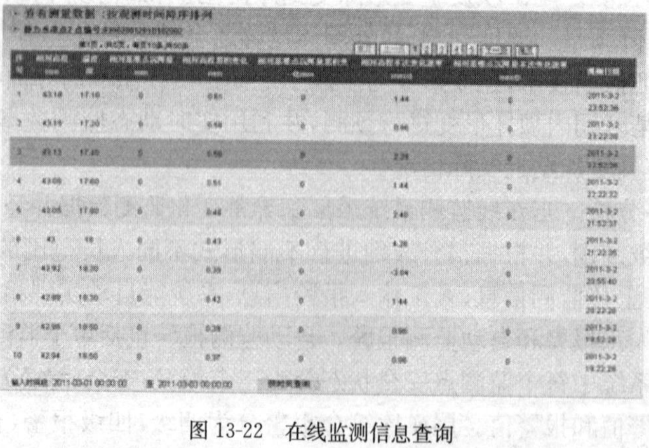

图 13-22　在线监测信息查询

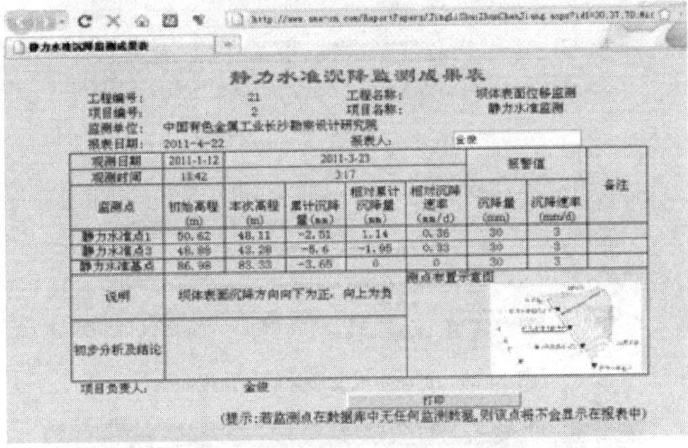

静力水准沉降监测成果表

工程编号：21　　工程名称：坝体表面位移监测
项目编号：2　　项目名称：静力水准监测
监测单位：中国有色金属工业长沙勘察设计研究院
报表日期：2011-4-22　　报表人：金铁

观测日期	2011-1-12	2011-3-23				报警值		备注
观测时间	13:42	3:17						
监测点	初始高程(m)	本次高程(m)	累计沉降量(mm)	相对累计沉降量(mm)	相对沉降速率(mm/d)	沉降量(mm)	沉降速率(mm/d)	
静力水准点1	50.62	48.11	-2.51	1.14	0.36	30	3	
静力水准点3	48.89	43.28	-5.6	-1.95	0.33	30	3	
静力水准基点	86.98	83.33	-3.65	0	0	30	3	
说明	坝体表面沉降方向向下为正，向上为负					测点布置示意图		
初步分析及结论								

项目负责人：金铁

打印

(提示:若监测点在数据库中无任何监测数据,则该点将不会显示在报表中)

图 13-23　自动生成监测成果报表

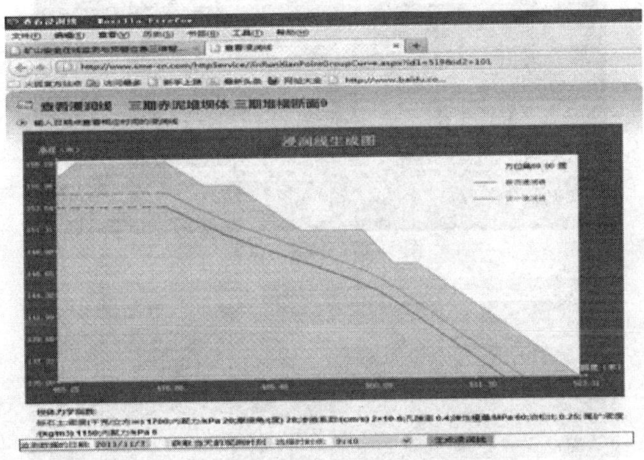

图 13-24　自动生成浸润线

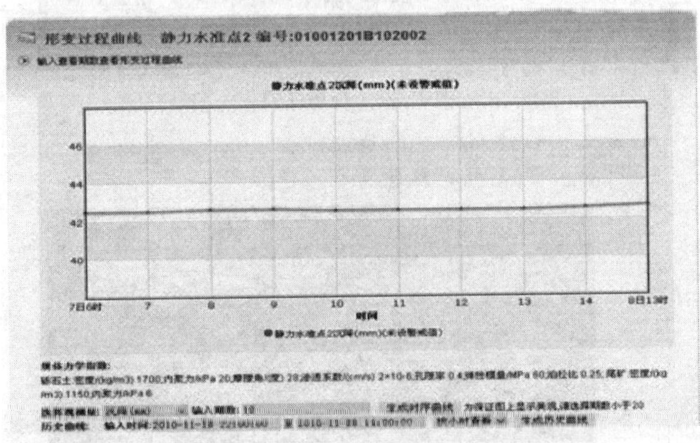

图 13-25　自动生成监测数据变化过程曲线

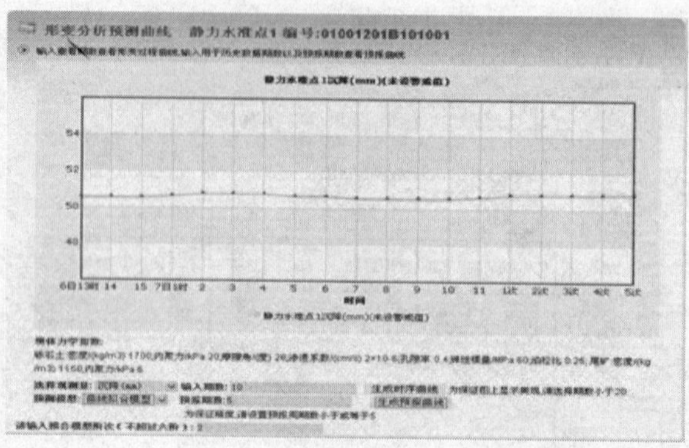

图 13-26　自动生成变形分析与预报曲线

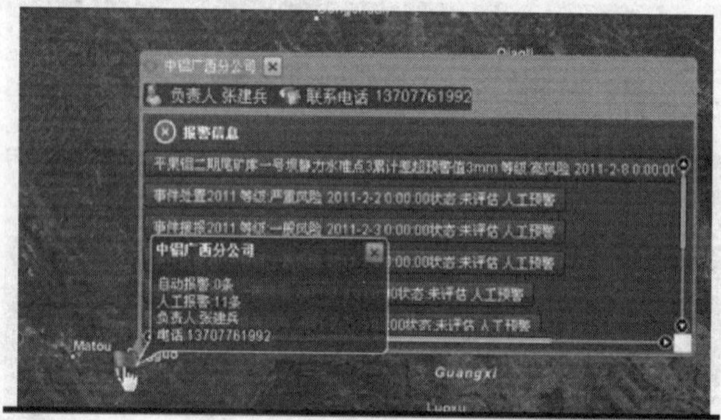

图 13-27　预警与报警

图 13-28　现场视频

图 13-29　三维仿真可视化信息发布